复杂零件智能加工中的几何学原理与方法

万 能　向 颖　庄其鑫　著

西北工业大学出版社

西安

【内容简介】 智能加工是先进制造技术发展的趋势,本书主要论述复杂难加工零件在智能加工中涉及的几何学原理与方法。基于模型的定义技术已经逐步在工艺设计阶段普及,本书前四章聚焦如何从工艺几何模型中获取知识,如何基于工艺几何模型演变重用工艺知识。精密数控加工和测量技术离不开几何精确的数学模型,本书后四章聚焦工序模型精确建模、测量工艺建模和工具磨损建模。通过分析其中蕴含的几何学原理,本书为读者提供了知识工程应用、仿真工艺和优化工艺的原创方法。

本书可供机械加工领域的相关研究人员阅读、参考,也可供高等学校机械制造相关专业的研究生阅读、参考。

图书在版编目(CIP)数据

复杂零件智能加工中的几何学原理与方法 / 万能,向颖,庄其鑫著. — 西安:西北工业大学出版社,2022.4

ISBN 978 - 7 - 5612 - 8147 - 5

Ⅰ.①复… Ⅱ.①万… ②向… ③庄… Ⅲ.①机械元件-加工-几何学-研究 Ⅳ.①TH16

中国版本图书馆 CIP 数据核字(2022)第 055099 号

FUZA LINGJIAN ZHINENG JIAGONG ZHONG DE JIHEXUE YUANLI YU FANGFA

复杂零件智能加工中的几何学原理与方法

万能　向颖　庄其鑫　著

责任编辑:胡莉巾		策划编辑:何格夫	
责任校对:王玉玲		装帧设计:李　飞	
出版发行:西北工业大学出版社			
通信地址:西安市友谊西路 127 号		邮编:710072	
电　　话:(029)88491757,88493844			
网　　址:www.nwpup.com			
印　刷　者:陕西向阳印务有限公司			
开　　本:787 mm×1 092 mm		1/16	
印　　张:20.25			
字　　数:531 千字			
版　　次:2022 年 4 月第 1 版		2022 年 4 月第 1 次印刷	
书　　号:ISBN 978 - 7 - 5612 - 8147 - 5			
定　　价:110.00 元			

前　　言

现代国家重大装备中核心关重零件从结构到性能都日趋复杂,其设计和加工也变得更加依赖数字化和智能化技术,这给传统的工艺设计模式、加工理论带来了新的变化。在从多新理论、新技术的交叉融合中,几何学也发展出了它在先进制造中新的研究增长点。探索几何学原理在精密智能加工中的创新理论与应用,是智能制造研究中一项基础性工作,对于提升国家重大装备制造能力、引领机械制造领域发展出新方向都有重要意义。

本书具体内容包括以下方面:

(1)阐述基于模型的定义技术的历史背景,分析该技术在工装设计、工艺设计、数控编程、工艺发布和测量工艺设计中的应用现状。

(2)阐述基于模型的定义技术在机械加工工艺设计中的先进应用方法,分析该技术辅助工序建模、尺寸链校核和加工特征识别的应用。

(3)阐述运用基于模型的定义技术建立工艺知识模型的方法,分析基于模型的定义(Model Based Definition,MBD)技术工序模型演变过程的知识模型建模应用,进而剖析对工艺编制中所蕴含加工意图的知识建模方法。

(4)阐述应用基于模型的定义技术实现工艺知识重用的方法,聚焦讨论基于工序模型的工艺路线相似性度量方法,进而讨论多个基于工序模型演变过程的知识重用方法。

(5)阐述工艺模型的几何精确建模方法,重点研究未变形切屑、刀具跳动模型、加工过程中工件的几何精确建模方法,提供从几何角度切入加工过程中精准预测切削力和工件变形的思路。

(6)面向难加工的复杂曲面结构零件,研讨加工模型的几何优化方法,提出多层次加工模型优化理论,并讨论考虑切削变形的弱刚度零件余量优化方法。

(7)面对多轴数控机床内复杂曲面机内测量的需求,对机内测量的工艺规划方法进行创新,分析多轴机内测量引入的误差来源,并给出优化方法。针对测量中的不确定性,建立误差不确定性的传播模型。

(8)切削工具磨损是加工过程中重要的误差源,引入工具与工件之间几何精确的啮合模型,讨论多轴加工中柔性砂带和刚性砂轮的磨损预测方法,从几何学方法切入为工具磨损预测提供新思路。

本书的第1、第4、第6和第8章由西北工业大学万能撰写,第2和第3章由陕西科技大学向颖撰写,第5和第7章由西北工业大学庄其鑫撰写。本书的研究工作得到了国家自然科学基金项目"几何演变驱动的高维机加工艺知识发现与重用研究"（51375395）、"难加工薄壁类复杂曲面自适应加工的几何精确建模与工艺优化"（51775445）和"不确定切削啮合孪生模型驱动的自适应切削工艺优化与补偿"（52175435）的资助，在此谨表示衷心的感谢！

在写作本书的过程中，参阅了相关文献资料，在此谨对其作者表示感谢！

由于水平有限，书中难免存在不妥之处，敬请广大读者批评指正。

著　者

2021 年 12 月

目　　录

第1章 基于模型的定义技术发展背景与现状

1.1 基于模型的定义技术产生由来

自从计算机辅助设计(Computer Aided Design,CAD)系统面世以来,前人对尺寸标注的方法进行了不断的改进。从完全脱离图形的编程标注模式到常规的交互标注模式,再到参数化、智能型的交互标注模式,智能化程度逐步提高,输入的附加信息不断减少,至于完全自动化的尺寸标注,虽然目前仍没有一个尽如人意的实用软件,但众多的专家学者在这个方面已做了大量有意义的研究[1]。

基于模型的定义(Model Based Definition,MBD)技术是用三维实体特征模型集成产品尺寸、公差、制造技术要求等产品信息,满足产品整个生命周期各阶段不同需求的一种数字化产品定义方式。

1997年1月,美国机械工程师协会发起关于三维模型标注标准的起草工作,以协调图纸与信息系统传输之间的矛盾[2]。从设计开始,波音公司的787项目一直使用该项技术,并全面在合作伙伴中推行基于模型的数字化定义技术。数字化产品定义也经历了二维到三维模型发展的四个阶段:

(1)2D工程图,即2D方式的产品形状及注释;

(2)2D工程图和3D模型,即三维方式的详细结构及二维工程图;

(3)3D模型和简化标注的2D图,即三维形式的产品模型与简化的二维图形状和注释,在三维模型与二维注释之间产生数字连接;

(4)3D独立模型,即三维形式的产品模型与包含制造信息的三维注释标注共存。

在国外,很多著名航空公司都已经实现了全机生产过程中采用MBD技术。如B787,全机的工程信息都是通过MBD定义的,根据产品模型信息进行工艺设计与加工制造,不需要二维图纸,MBD贯穿了从产品数字化定义到数字化装配工艺设计的数据流和信息流,实现了单一产品数据源下的数字化生产。仅就数字化装配而言,以B787、A380等为代表的新机集中反映了国外对MBD的应用趋势,如洛克希德·马丁公司在研制JSF战斗机X-35过程中明确提出,采用数字化装配技术,会使JSF飞机装配制造的周期缩短67%,工装减少95%,制造成本降低50%[3-4]。

MBD模型作为含有工程意义的几何实体和信息集合是产品设计过程中输出的唯一结果,成为满足产品整个生命周期各阶段不同需求的一种数字化产品定义方式。它在完整、全面地描述产品信息和反映设计者意图的同时,保证工艺、工装等各制造部门可以从模型中抽取出所需要的数据信息,使多部门可以同时展开工作。2003年MBD模型被美国机械工程师学会

（American Society of Mechanical Engineers，ASME）批准为机械产品工程模型的定义标准[5]，作为实现数字化产品定义的重要手段，它将成为产品结构设计、工艺设计、工装设计、数控仿真、产品检验、产品装配等部门进行数字化协同设计的技术基础。

如图 1-1 所示，从表现形式来看，三维标注就是将传统二维工程图中产品的尺寸、形位公差、表面粗糙度以及技术信息等利用 CAD 软件标注在三维模型空间中。但从本质来看，这是一个产品数字化定义的过程，是将二维图中满足制造工艺信息的内容集成到三维模型中。长久以来，产品的设计制造必须经历从三维投影到二维，再由工程人员在头脑中根据画法几何、机械制图等知识从多个二维视图中重构出三维模型。引入三维标注技术，使得无论是产品的几何设计信息，还是非几何制造工艺信息都可以在三维模型空间上表达，从而省去二维工程图，免去从三维到二维再到三维的曲折的重复劳动，实现设计制造过程的三维化，直观、明确[6]。

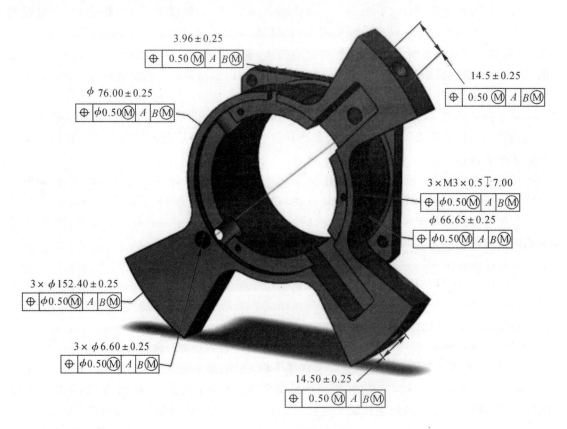

图 1-1　MBD 模型三维可视化表达

从产品数据传递来看，传统的产品数据传递工具不仅包括三维 CAD 模型，还需要二维工程图纸、工艺单等，并按照工艺表来进行工艺设计、工装设计、零件制造乃至装配检测等。这种模式可能存在很多不必要的重复性工作，并且难以保证数据的一致性，影响产品制造的准确度。传统的二维环境零件数据传递模式如图 1-2 所示。

产品的全三维数字化定义能有效地将制造工艺信息组织起来，并把 MBD 模型作为设计、分析、工艺制造的数据源头。为实现设计制造一体化，在获取产品尺寸信息和工艺信息后，自动进行工艺规划,并生成数控 NC(数控加工)代码,最后控制数控机床完成产品的加工。MBD 模型的数据传递模式如图 1-3 所示。

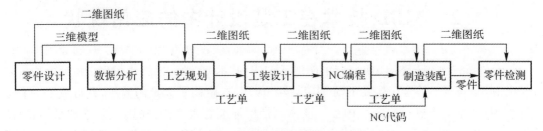

图 1-2 　传统的零件数据传递模式

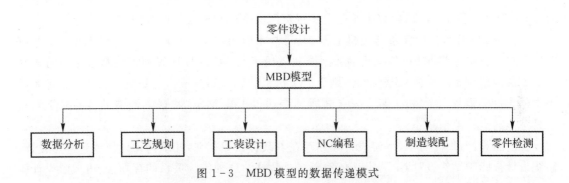

图 1-3 　MBD 模型的数据传递模式

如图 1-3 所示,MBD 技术使产品设计、制造数据的传递模式发生了根本的改变,与此同时也改变了原有的产品制造过程。MBD 模型作为设计、制造直至产品检测的唯一数据源,真正实现了三维数字化、无图纸设计制造技术,总体而言,MBD 技术的优点主要体现在以下几方面:

(1)全三维设计制造,摒弃二维图纸。在产品设计、生产的各个环节中,所有参与的设计人员和技术工人无需二维图纸,摒弃二维工程图的产品定义表达模式,这样省去了二维工程图纸的生成、更改及维修过程。三维模型作为唯一的信息载体,方便、直观地表达设计制造信息,减少数据传递不一致的情况,对于提高生产效率和降低成本有一定的意义。

(2)MBD 数据模型指导生产。三维数字化模型作为指导生产制造的唯一依据,将贯穿于产品设计、产品分析、工艺规划、工装设计、NC 编程、制造装配以及产品检测的全过程。实现了一种数据源在各个过程中的传递,方便设计人员和操作人员更好地领会设计信息,避免了数据在传递过程中丢失或信息领会不一致。

(3)MBD 技术有利于推动并行工程的发展。MBD 模型会成为产品设计、制造各部门所需的唯一指导信息,使传统数据传递模式下的下一数据传递部门对于上一数据传递部门的依托程度越来越小。这种新模式下的并行工作可以允许各职能人员共同在一个三维数字化模型上协同工作,提高产品生产效率。

MBD 技术为产品设计和制造一体化提供了坚实的基础,但是,也需要指出 MBD 技术为现有的生产模式带来了巨大的挑战。由于 MBD 模型是设计、制造过程中各个阶段数据信息的有效载体,这对于现有的生产数据管理系统的集成、数据的组织管理都是相当大的考验。另外,数据信息的传递需要各个部门统一协作,如果各个部门的工作平台不一致,将对数据信息的理解和操作的执行产生影响。

1.2　MBD 技术在工装设计中的应用现状

波音公司首次在 B787 飞机研制中使用了 MBD 技术,在随后的波音系列飞机研制中逐步过渡到 MBD 技术。波音公司在推动 MBD 技术应用时,定制了大量的系统,并形成了一套以飞机 MBD 数据集为核心的应用体系。该体系借助标准管理系统、标准工艺管理系统、CAD 系统、工艺设计和分析以及产品数据管理等系统,通过飞机 MBD 数据集集成产品设计制造信息,并建立一套基于 MBD 数据集的工艺设计分析方法和数据管理办法,使工程制造能够脱离图样,按照设计系统给出的内容组织框架实现对产品生产和检验的监督控制[7]。

工装 MBD 技术应用体系与飞机工程 MBD 技术应用体系略有差异,主要体现在产品数据管理系统到飞机工装 MBD 数据集的数据流和飞机工装 MBD 数据集到工装制造车间管理系统的安装测量设备终端的数据流的差别上。飞机工装设计的参考信息是由产品数据管理系统提供的飞机工程数据,飞机工装在安装过程需要通过工装 MBD 数据集提供工装的光学测量工具球点的坐标值信息[8]。

在产品设计过程中,上、下游设计往往存在着某种依赖关系,如结构设计依赖于外形设计,系统设计依赖于结构设计,工装设计依赖于产品数据。这种依赖关系的存在,使得上游设计驱动下游设计,实现设计过程的快速更新成为可能。这种依赖关系的建立可通过上、下游设计间的几何特征、参数化等技术实现,通过数据管理系统进行管理,从而实现在统一样机下的关联设计,既提高设计效率,又规范设计过程。

工装设计、制造环节包括工装设计和制造过程、装配和制造工装的定期检查、不合格工装的处理、工装或其他产品的协调、成品设备类工装的采购和管理,以及确认符合机体制造商、供应商提供的工装规定。

就目前的流程而言,工装指令系统是从工艺部门编写工装指令开始工作的。工装设计人员接收到工装指令(TO)后,将根据工装技术条件中的相关要求,设计工装,并通过开具发放路线,发送至情报档案部。工装制造部门按照工装指令和图纸要求制造工装(工装制造),质量管理部验收、盖章,项目运营部归档并整理合格工装清册。整个过程以工装指令(TO)和工装图纸为核心加工制造,使用部门按照工装使用说明书使用。

MBD 技术下,工装的设计要以产品、工艺数字样机为基础,根据相关技术要求,在三维数字化环境下进行设计与仿真,最终实现面向 MBD 的工装设计技术,实现工装设计的参数化、柔性化及与产品设计的关联性。表 1-1 是现行与 MBD 技术下工装的设计制造模式比较。

表 1-1　工装设计制造模式比较[9]

影响对象	工装现行设计制造模式	MBD 下工装设计制造模式
工作模式	串行工作方式为主	并行工作方式为主
工装设计人员	需要设计人员掌握产品相关数据标准	需要涉及人员掌握 MBD 相关数据标准,并掌握相关设计方法。有较高的设计要求

续表

影响对象	工装现行设计制造模式	MBD 下工装设计制造模式
工装设计技术条件	现行为纸质技术条件,不方便修改与技术条件共享	在现行技术条件可以使用的情况下,可以采用三维技术条件。方便说明与共享
工艺仿真人员	使用工装设计的三维数字化模型(简称"数模")仿真时,需用二维图纸校正工装数模的准确性,耗费工艺人员大量的精力	数模为唯一信息,不存在三维数模与二维图纸不一致的情况。工艺人员实时取用仿真并编制相关工艺,不存在因为取用以前版本数据而产生不一致现象
工装数据的发放与保存人员	需大量的人力、物力管理、维护纸质图纸及其发放与更新。多地点、多部门保存,数据追诉比较烦琐	基于单一数据源,数据保存在服务器上,方便更新与查阅
管理方式	以纸质 TO 为主要管理方式,实际生产中会出现工装的制造与设计版本不一致的情况,耗费大量的精力处理文档、查找错误	新的系统管理方式可以方便地取代、兼容旧的管理方式,系统平台只有单一数据源,避免了数据版本的不一致,管理方便,不易出错
工装制造	工人习惯的生产方式。便于生产,不便于管理	易于管理,对工人的技术能力与设备的加工能力有较高的要求。可以对加工成本进行比较准确的衡量
外协供应商	管理困难,且数据的形式与方法不一致	基于同一系统平台下,对数据的设计与发送有统一的管理接口,方便快速沟通
数据轻量化模型	相关责任人员生成轻量化模型,并保持更新	系统内部自动生成轻量化模型

　　MBD 技术下的工装设计模式是在吸收和借鉴飞机产品 MBD 模型的基础上,增加了针对工装特点的制造方式,是一种以并行工作方式为主的工作模式。虽然也需要提高人员的技术素质与设备的制造能力以满足其数字化研制系统的要求,但对于工装设计与制造,可以在 MBD 预期形成系统硬件能力、技术能力、制造能力的基础上进行补充。在数据管理系统的控制下,公司各职能人员可共同提前在进行中的模型平台上协同工作,提高了设计效率、生产效率与生产质量,缩短了生产周期,降低了制造成本。

　　进行工装 MBD 改造的设计流程对相关人员的要求如下:

　　(1)工装设计人员:需按照 MBD 的建模规范进行工装设计,并在设计中考虑到工艺人员及规划人员的制造工艺仿真验证需要。

　　(2)工艺人员:对工装设计人员设计好的工装数模快速使用工艺规划工具进行工艺仿真验证,并可以快速生成面向 MBD 的制造指令(FO)等。

　　(3)工装的制造车间:需进行工艺的创建与加工设备的改造,提高工艺人员的技术素质与设备的加工能力,满足 MBD 下的工装制造需求。

根据工装的工艺装备汇总及工装技术条件,工装部进行分析,初步设计出工装结构,确定工装的夹紧器、定位器的结构及形式。然后通过查看产品 MBD 模型设计出具有 MBD 数据结构的工装数模,并在 DPM 中进行仿真验证进而进行修改。最后将工装数模上传到 MBD 数据管理系统。

以工装 MBD 数据集为核心的工装 MBD 技术应用体系如图 1-4 所示,在规范的数据操作要求和协同设计平台的基础上,实现工装设计过程中工装设计专员与工艺部门专员、工装制造车间专员的数据共享。该体系通过工装 MBD 数据集涵盖了工艺装备的设计工艺制造信息,配合集成管理标准系统(Integrated Product Standards Management,IPSM)、计算机辅助设计系统、工艺设计管理系统、工装制造车间管理系统和产品数据管理系统,建立一套基于工装 MBD 数据集的数据管理方法,在脱离二维图纸的环境下,按照设计给出的工装内容组织形式,实现对工装安装,制造和检验的监督控制。MBD 技术程序文件规范了工装数据的操作要求,使数据信息能够在不同系统间交换和共享。

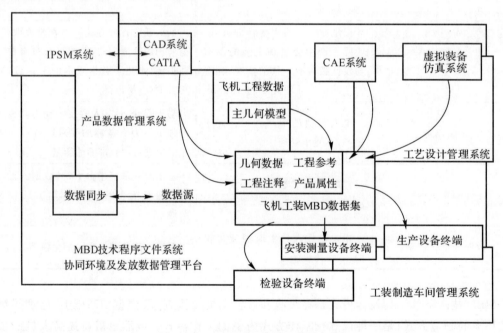

图 1-4　工装 MBD 技术应用体系[10]

集成管理标准系统管理着设计、工艺、制造和检验的所有标准,统一编码标准的工作方法、指令、要求,由计算机进行管理和发布。波音公司在改进 MBD 技术的过程中,开发了 IPSM 系统与 CATIA 软件的接口,使得设计人员在使用 CATIA 定义相关的参数时,可以直接打开集成管理标准系统选择满足要求的标准,并在工装 MBD 数据集的规范树下填入标准内容。工装 MBD 数据集包含的所有数据文件存储在产品数据管理系统中,供产品设计、工艺设计、工装制造、装配和检验等环节使用。产品管理系统为单一的工装产品数据源。产品数据管理系统从工装 MBD 数据集中提取的相关生产要使用的非几何信息需要按照一定的格式编辑,以便下游数字化系统能够识别工装 MBD 数据集信息的含义。部分以表格化定义在零件表的非几何信息,需要数据库的支持。产品数据管理系统实现了工装 MBD 数据集中的多值属性与系统中的相关内容的同步。产品数据管理系统将识别的工装 MBD 数据集内容存入相应的数据库字段中。

工艺设计管理系统通过协同平台以及产品数据管理系统获得并使用从工装 MBD 模型中导出的信息。从协同平台到工装制造车间系统、数字化设备的集成应用,工装 MBD 信息能够顺畅地贯穿于工装全生命周期的装配、制造和检验环节的设备中。数字化设备直接应用工装 MBD 三维模型进行驱动,消除了传统的模拟量传递方式中出现的工装模型形状和尺寸误差。

1.3　MBD 技术在工艺设计中的应用现状

在三维数字化模型的应用中,波音公司的工程师 Clark B. 等人[11]阐明了如何在机加工艺中综合应用 MBD 技术方法。波音公司已经实现了全部产品图纸的模型化[12-13],全机生产过程中采用 MBD 技术,基于三维数字化模型进行工艺设计与制造加工,摒弃了传统的二维图纸,实现了从产品的数字化设计到数字化装配工艺设计,实现了单一产品数据源的数字化生产。此外,Quintana V. 等人[14]阐述了 MBD 技术在产品全生命周期中的应用,指出现如今还不能完全依赖 MBD 技术,分析了 MBD 技术在应用过程中所涉及的标准、工艺等问题。Alemanni M. 等人[15]针对企业需求提出了基于质量功能展开的定义 MBD 模型的方法,对产品生命周期中企业面向工艺过程进行了分析,指出需要对 MBD 数据结构作必要的改进,针对面向工艺过程的情况,需要对加工方法的编码进行改进。周秋忠等人[16]提出了基于 MBD 的三维数字化制造应用体系,在该体系下,工艺人员直接基于三维数字化模型进行工艺开发工作,同时建立数字化装配工艺模型,对装配工艺进行仿真。乔立红等人[17]围绕如何实现三维数字化工艺设计的关键问题,提出了以制造工艺(Process of Manufacturing,POM)和 MBD 理论为基础的工艺信息模型的表达方法,在提出基于 POM 理论的三维工艺模型基础上,通过研究产品特征信息提取、工艺方法匹配、工艺方案冲突消解和工序排序优化进行现实的工艺决策方法,并提出将特征技术与三维工艺模型有机结合的快速数控加工编程技术。

三维工艺设计在国内应用时间很短,现有三维建模软件仅将三维技术作为提升工艺表达效果的可视化手段,而不是作为工艺信息的载体和工艺分析的数据来源,因此三维建模技术普遍采用轻量化模型和三角面片格式,把重点放在三维几何表达上。同时,由于装配工艺的数据来源是产品的三维结构设计模型,仅仅需要对各装配组件进行坐标变换即可实现装配过程演示,因此三维模型被广泛应用于装配工艺中。与装配工艺不同,由于机加工艺所需的是中间状态的制造过程模型,产品结构设计阶段并不产生该类模型,需要工艺员构建制造过程模型,而且工艺设计模型中的核心问题是公差的分配与分析问题,现阶段在对三维模型上标注的制造信息进行分析时仍然需要二维辅助。

在产品设计阶段,MBD 模型作为信息传递的载体已经得到了广泛的应用,国内一些航空企业的设计部门也往往使用 MBD 模型传递产品制造信息。在产品成型过程中的工艺设计阶段,针对工艺设计的三维 MBD 模型的发展还处于初级阶段[18]。由于工艺设计过程的复杂性,直接在工序模型上标注的公差、注释信息等不能用于工艺分析与公差综合,它们只能以文本的方式描述性地表征制造信息。这就决定在工艺设计阶段,本质上还是不能脱离二维的分析手段,使得工艺设计成为产品生命周期 MBD 模型应用的瓶颈。

　　随着协同设计概念的提出与推广,从产品设计到制造的整个过程中必然会越来越多地应用 MBD 技术[19],逐渐减少在工艺分析中对二维图纸的依赖,使得产品的设计与制造具有唯一的数据源,提高工艺设计的效率。基于 MBD 的产品设计与制造流程如图 1-5 所示,在产品设计、工艺设计、工装设计及产品生产阶段,将 MBD 模型作为设计及制造信息传递的载体,从而建立了完整的 MBD 数据链路。

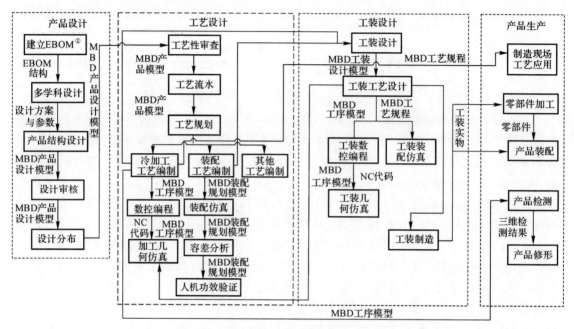

图 1-5　基于 MBD 的产品设计与制造流程

注:①BOM(Bill of Material)为物料清单,EBOM 为产品结构树工程物料清单(Engineering Bill of Material,EBOM)。

1.3.1　MBD 技术在装配工艺中的应用

　　Delmia(Digital enterprise lean manufacturing interactive application)软件是达索公司推出的产品数字化协同制造的解决方案。通过以工艺为中心的技术来定义、监测和控制各类生产系统,有效地实现产品从数字样机到数字制造的过程。Delmia 软件仿真性能优异,在虚拟样机设计及虚拟制造交互式仿真、三维自动化设备应用仿真及离线编程、虚拟工厂等方面处于世界领先地位。其重点是结合前端 CAD 系统的设计数据和制造现场的资源,通过 3D 图形仿真引擎对整个制造、维护过程进行仿真和分析,得到可达性、可维护性、可制造性以及最佳性能等方面的最优化数据[10]。图 1-6 所示为 Delmia 软件系统在数字化装配工艺规划与仿真中的应用过程。

　　Delmia 有上百个子模块,按功能模块主要划分为以下两大应用:

　　(1)DPE——数字工艺工程(Digital Process Engineer,DPE)。DPE 是 Delmia 系统下的一个模块,其功能是工艺人员基于产品的三维数模,在数字化协同工作平台的支持下,进行产品装配工艺分离面的划分,然后设置各个装配工位,安排各个工艺的顺序;结合 EBOM 确定各个工序需要装配的零、组件项目以及所支持的工装、夹具、工具等,进行三维数字化工艺设计。

它是一种能够对生产过程中的所有产品、工艺和资源进行组织、管理和评估的软件,并能将三者有效地关联在一起形成产品、工艺、资源(Product Process Resource,PPR)模型,实现工艺方案的评估、各种数据的统计计算、装配工艺结果的输出等。其主要模块有 Process Engineer, Process and resource planner,Industrial Engineer,Process Engineer Navigator 等。它的工作可描述为什么人、在什么地方、用什么工具、采用什么方法、制造什么产品,当然也包含成本和时间。DPE 的运行模式是客户端/服务器(Client/Server,C/S)模式,保证了工艺设计的并行性与协同性。

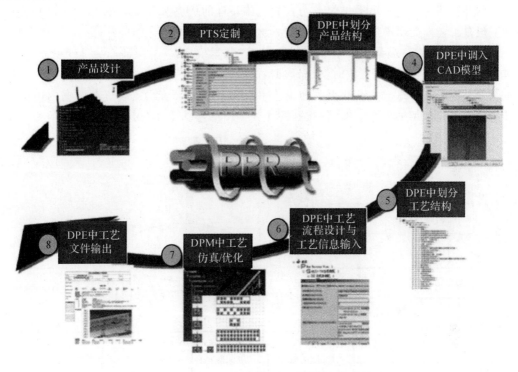

图 1-6　基于 Delmia 的装配工艺规划和仿真过程

(2)DPM——数字制造工艺(Digital Process Manufacturing,DPM)。DPM 的功能是为验证 DPE 中工艺规划的合理性而进行工艺仿真、工装仿真、生产线布局分配。其主要是按照 DPE 设计好的工艺数字样机(包括产品与各种制造资源及其工艺规划)进行三维可视化装配仿真验证,分析产品的可装配性、工装设计的合理性、工人操作的可视性、工具的可达性、生产线布局的同步协调性等,并提出相关修改意见,反馈给产品设计部门、工艺设计部门、工装设计部门等进行修改。它是在产品实物制造之前通过计算机快速检测可制造性的重要手段之一,它的出现为飞机数字化制造技术提供了不可替代的技术基础。

在国内,Delmia 软件广泛应用于工业生产中,如航空航天行业的西飞[中航工业西安飞机工业(集团)有限责任公司]、成飞[成都飞机工业(集团)有限责任公司]、上飞[上海上飞飞机装备制造有限公司]等,汽车行业的丰田、通用、奇瑞等都对其有所应用,另外在一些船舶工业、电子工业对其也有不少应用。

就目前的流程而言,工艺设计的工作是从上游收到正式发放的数据才开始的,是一种串行的工作方式。制工部工艺人员在接收到工程信息后,将根据工程制造视图 EBOM 的结构编辑

MBOM(制造物料清单)的结构(目前 ARJ 的制造 BOM 结构是基于装配大纲的生产组织结构,按照工位、站位、装配指令的形式组织),完成 MBOM(制造物料清单)结构划分以后,工艺人员将发起装配、制造等工艺指令设计活动。工艺设计活动以编制装配大纲(AO)、制造大纲(CEO)、零件状态表(MPR)等核心文件为中心。同时,工艺人员根据需要发起工装指令(TO),发起工装设计的流程。

使用三维设计以来,应用的重点仍然在产品设计,而制造、工艺环节三维数据的使用与产品设计脱节,仍然是基于二维的串行方式,具体内容包括设计阶段的工艺审查方法、产品设计与工艺设计的并行两个方面的问题,未能充分发挥三维设计的优势。当前三维设计数据的工艺审查方法一般是工艺人员现场介入,与设计人员一起工作,异地的场所之间的并行工作不易实现。

MBD 技术根据产品数据模型产生关联的工艺数据模型:一是保证产品设计和工艺设计能够并行;二是保证产品数据更改时,依靠数据的关联性使工艺数据自动更新、工装等资源数据自动更新,实现快速的产品设计更改和工艺审查、工艺设计更改、工装资源数据的快速更新。图 1-7 展示了借助达索公司的软件得到的在数字化工艺设计过程中各阶段数据的关联关系。

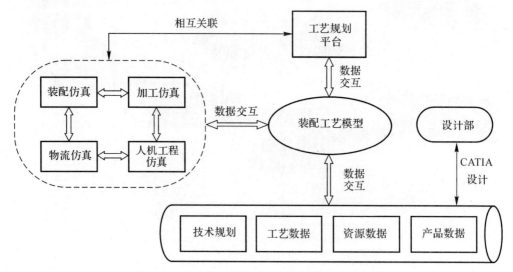

图 1-7　数字化工艺设计过程中数据的关联关系

1.3.2　装配工艺模型设计

装配工艺模型是在 MBD 产品发放以后,经过数据接口导入数字化协同应用平台中,工艺人员依据装配工艺结构模板,通过人机交互方式进行装配工艺规划与仿真,最后汇总为各类装配工艺数据集,并将其储存的数字化表达方法。整个装配工艺模型建立的过程如图 1-8 所示。

装配工艺模型的主要工作是在数字化协同应用平台[20]下进行装配工艺规划与仿真。工艺人员直接依据产品 MBD 模型完成工艺方案的制定、装配单元的换分、装配顺序的设计及详细工艺信息的输入,并产生 PPR 数据集,该过程也可以称为可视化装配工艺规划过程。如图 1-9 所示,在工艺规划完成以后,通过装配模拟仿真,确定出合理的装配工艺。在不同的工艺规划阶段,工艺仿真的内容不同。

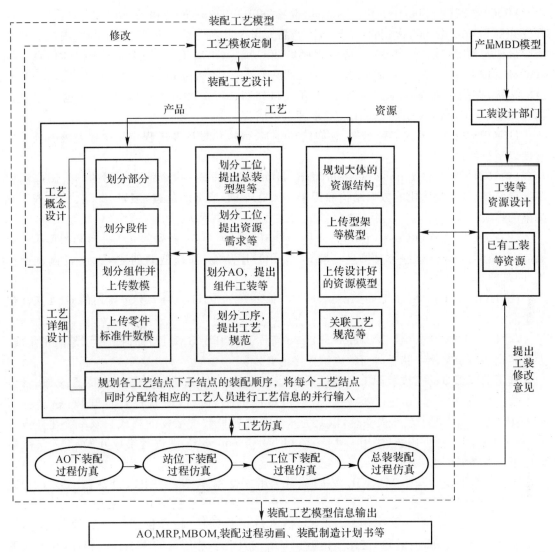

图 1-8　装配工艺模型建立过程

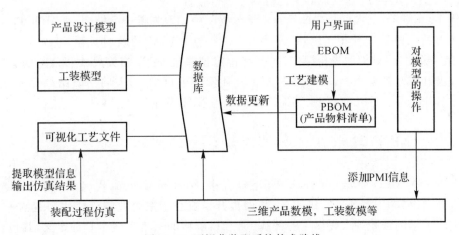

图 1-9　可视化装配系统技术路线

HOOPS 3D Application Framework(简称 HOOPS/3dAF)是由 Tech Soft America 公司开发并由 Spatial 公司再次销售的产品,该产品为当今世界上领先的 3D 应用程序提供了核心的图形架构和图形功能,这些 3D 应用程序涉及 CAD/ CAM/CAE、工程、可视化和仿真等领域。HOOPS/3dAF 是一个成熟、健壮的应用程序框架,同时也是一个可扩展的、模块化和开放的架构,提供了非常全面的应用程序开发接口(API)。HOOPS/3dAF 组件包支持包括 Python、Java、C♯、C、C+和 Fortran 等多种编程语言。

HOOPS/3dAF 集成多种组件,它们使高性能、可视化设计及工程应用快速发展。其主要包括以下组件:

(1)HOOPS 3D Graphics System(简称 HOOPS/3dGS):一个特色鲜明的场景图应用程序接口,封装了高度优化的数据结构和用于 2D、3D 图形数据的创建、编辑、存储、操作查询和渲染的算法。

(2)HOOPS MVO Cuss Library(简称 HOOPS/MVO):一系列独立于平台和图形用户界面(GUI)的C++类,这些类是构造一般 3D 应用程序功能(如模型的创建、显示、动画和操作等)的基础。

(3)HOOPS Graphical User Interface(简称 HOOPSIGUI):一系列连接不同 GUI 工具包的集成模块。

(4)HOOPS Geometric Modeler Bridges(简称 HOOPS/GM):与几何造型引擎紧密集成,大大简化了基于实体和基于曲面的应用程序的开发。

基于 HOOPS 的三维装配工艺建模系统[21],需要将三维几何模型、多媒体装配动画、部分文本数据集成在一起,是一个多种数据结构集成的平台。借助软件开发知识,建立基于 HOOPS 的三维装配工艺建模系统,以此为平台实现各种数据结构的集成。该系统建立方法为:基于 HOOPS 图形内核,采用 C♯语言,在 Net Framework 下进行集成开发,工艺参数数据库采用 MYSQL 数据库。

工艺参数数据库基于 MYSQL 数据库,分为用户表、工程表、工序表、设备表、工艺过程表等,数据表设计满足范式要求,即可扩展,便于管理,提供标准访问接口,采用语言集成查询(NET Language Integrated Query, LINQ)技术进行数据接口,提供了一条更常规的途径。Net Framework 添加一些可以应用于所有信息源的具有多种用途的语法查询特性,在对象领域和数据领域之间架起了一座桥梁。工艺数据不仅有关系型数据库的内容,还有很多非结构的数据,通过 LINQ 可以有效地对工艺数据库进行整合。

如图 1-9 所示,三维工艺建模系统将从数据库中读取三维产品模型,在 HOOPS 环境下,通过对模型的分段处理获得 EBOM,利用 EBOM 与 PBOM 的映射关系,建立 PBOM,并将 PBOM 存入数据库;对模型进行操作,包括标记定位基准,标注相关尺寸和公差信息等;以三维产品模型和工装模型作为输入,在装配仿真环境下进行仿真,并将仿真结果存入工艺数据库;最后,利用产品三维几何模型、装配操作动画等数据,生成三维 AO。

1.3.3　MBD 技术在机加工艺设计中的应用现状

张昕等人在 MBD 环境下展开三维工艺研究中,结合现有产品,提出了基于 MBD 的三维工艺的实施解决方案,实现了三维工艺,从而提升了航空制造企业的现代化制造水平[22]。南昌航空航天大学的王虓等人提出了一种基于 MBD 模型的三维工序卡片的定义,其包含 MBD

模型在工序卡中的体现以及三维工序卡的内容[23]。吴建平、梅中义在零件工艺设计过程中，依据基于模型定义的三维模型，识别了零件几何特征及工艺信息，并关联工艺路线与制造特征，形成了基于模型定义的工艺信息模型，在制定零件工艺规程下并行生产了工艺状态的模型[24]。拜明星在 MBD 技术的基础上，提出构建三维工艺设计平台，开展三维工艺设计[25]。张魁等人分析了基于模型的定义制造技术框架的特点，研究了基于 MBD 制造技术体系的飞机装配工艺数据的集成方式，并且实现和分析了控制数据一致性的方法。余志强等人介绍了基于 MBD 的数字化制造流程，研究了三维数字化制造流程实施和控制的关键技术[26]。

MBD 模型不仅可以反映零件的几何信息及非几何信息，也能组织和管理所有工程数据。它以数据库为底层支持，以设计产品结构树工程物料清单（EBOM）为核心，通过对零部件进行版本和有效性的管理，在 PLM 平台上把定义最终产品的所有工程数据和文档联系起来。当工程设计部门完成某一组件的设计方案后，将该组件的 MBD 模型发放至制造工艺部门进行后续操作。

工程设计人员按照产品的组件功能对 MBD 模型进行零部件关系的定义和划分，虽然包含工艺设计、零件制造、部件和产品装配工艺的最终状态，但并没有考虑零部件装配的中间状态，难以直接用于指导产品的工艺设计。通常，制造部门根据工厂布局分阶段进行零部件的装配，即在组件的工艺规划过程当中，为了现场装配的方便，需要在 MBD 模型的基础上对原有设计模型进行修改（如调整装配顺序）和再设计。以工序 MBD 模型为基本单位，面向工艺规划过程的 MBD 模型如图 1-10 所示。

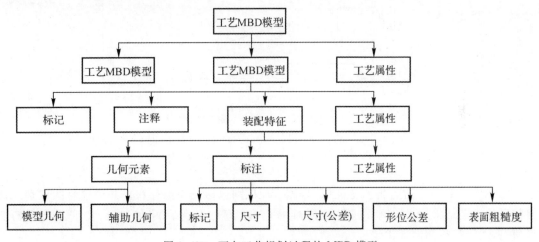

图 1-10　面向工艺规划过程的 MBD 模型

1.3.4　MBD 技术在检验检测工艺设计中的应用现状

详细工艺规划制订完后，需要在三维环境进行工艺验证以发现装配、加工和测量中可能遇到的任何问题（包括装配仿真验证结构件和系统件可装配性）；手工装配仿真验证装配工人可视性、工具可达性及可操作性；自动装配仿真验证终端执行器、柔性工装和装配件之间的干涉；零件加工仿真验证刀具、夹具和工件之间是否存在干涉；检测仿真验证测量工具与工件的干涉并进行路径优化。工艺验证完成后，对相应的工艺、工装，甚至产品设计进行可能的更改。

基于 MBD 检测方法首先需要在模型里定义与装配和零件制造相关的检测特征、尺寸公差和基准。直接利用检测特征和尺寸定义,进行自动路径规划,采用预先定义的测量规则,快速生成检测方案,并结合激光跟踪仪或三坐标测量机(CMM)的数字模型,进行仿真验证。检测工艺规划输出的是检测工艺 MBD 模型(可直接驱动设备)或测量程序的编程语言 DMIS程序。

　　基于 MBD 和特征的在线监测流程包括如基准、公差和精度等非几何信息的提取和检测结果的分析。基于 MBD 和特征的在线检测流程如图 1-11 所示。

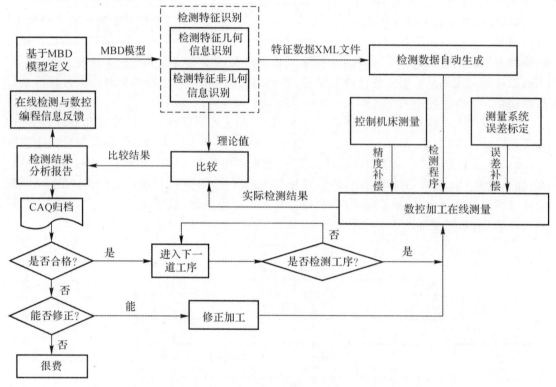

图 1-11　基于 MBD 和特征的在线监测流程图

　　(1)对 MBD 模型进行检测特征识别,该特征识别包括几何信息和非几何信息的识别。几何信息的识别结果用于检测数据的生成,而非几何信息的识别结果,如基准、尺寸、公差和精度等信息,用于与检测结果比较。

　　(2)根据检测特征识别的几何信息自动生成检测数据。

　　(3)根据检测数据、机床测量的精度补偿和测量系统的误差补偿等数据对零件进行在线检测,生成零件检测结果。

　　(4)将检测结果和检测特征识别的非几何信息进行比较,生成检测结果分析报告。

　　(5)对检测分析报告进行处理,包括计算机辅助质量(Computer Aided Quality control,CAQ)管理归档、在线检测与数控编程信息反馈以及判断零件是否合格。若零件合格,则进入(6);若零件不合格,则判断其能否修正,若能修正,则进行修正加工后再转入(3),否则零件报废。

　　(6)进入下一道工序,若该工序为检测工序时,转入(3),否则继续进入下一道工序,重复,直至零件加工完成。

1.4　特征技术和 MBD 技术在数控编程中的应用现状

1.4.1　特征技术在数控编程中的应用

基于特征的数控编程技术的研究,最早开始于 20 世纪 70 年代。英国剑桥大学 CAD 中心的 Grayer A. R.[28]于 1975 年第一次尝试从零件的实体模型中自动提取出对计算零件数控加工刀轨(即刀具轨迹)有意义的几何形状,以此进行零件的刀轨计算。基于特征的数控加工技术以特征为信息载体,能有效集成加工知识和经验,促进计算机辅助工艺规划(CAPP)系统的开发,是数控加工技术发展的重要趋势。

目前,大部分国内外航空制造企业的零件数控程序编制是基于通用 CAD/CAM 系统(如 CATIA、UG、NX、Pro/E 或 Mastercam)的。使用 CAM 软件进行数控编程仍需在现有零件三维模型的基础上,通过大量复杂的人工交互来获得 CAM 所需要的工艺信息,以几何模型的点、线、面等几何信息作为驱动生成刀轨。通过引入特征的概念,可实现基于特征的加工,以特征作为 CAPP 和 CAM 的处理对象,实现 CAM 系统和 CAPP 系统的无缝连接。

现有的特征识别方法主要分为 3 大类:基于边界匹配的特征识别方法、基于体分解的特征识别方法和混合特征识别方法。由于特征本身的难度,各种方法均存在优缺点。

为了提高识别能力,Rahmani K. 等人[29-30]提出了基于图与痕迹的混合特征识别方法;Sunil V. B. 等人[31]提出了基于图与规则的混合特征识别方法;Woo W. Y.[32]提出了基于体分解的特征识别方法,逐步添加特征,将零件逐步变成毛坯。Hou M. 等人在 UG 平台上,通过具有工艺决策功能的 FBMach 模块,以加工特征为信息载体,实现了 CAD/CAPP/CAM 信息的集成,在集成环境下自动数控编程,生成加工刀轨。Miao H. K. 等人[34]在 I-DEAS 平台上开发了具有工艺决策功能的模块,以特征为信息载体,实现了 CAD/CAM 集成环境下的自动数控编程。

在国内,闫海兵[35]研究了过渡特征的识别与抑制方法,使用离散的方式获取自由曲面的参数估值以识别出过渡特征,提出了一种复杂拓扑不固定特征的自动识别方法。为降低特征识别的复杂度,彭思桢等人[36]提出基于特征实体、特征实面和特征虚面概念的层次性特征分类方法,通过构造 2 类神经网络输入矩阵,利用神经网络在特征识别中所具有的优势,实现基于特征面的分层特征识别,但识别特征的范围受到一定限制。谭丰[37]根据工艺知识和编程经验,提出了基于图和工艺知识相结合的筋特征识别方法,将工艺知识归纳为一系列解释和识别规则,融入基于图的识别中,作为识别的辅助手段,对特征的多重解释进行判断和解释,对相交特征进行了有效的处理,并根据工艺的需要对筋进行合并,实现飞机结构件筋特征的自动识别。李艳聪等人[38]分析了 CAD/CAPP/CAM 系统的结构及 CAM 工艺信息处理流程,并基于 Pro/E 进行了二次开发,实现了 CAPP 与 CAD/CAM 系统的无缝连接和零件的自动加工过程仿真,以及 NC 代码的生成[39]。于芳芳、郑国磊等人结合飞机整体壁板结构特点及其典型加工工艺路线,采用 VC++ 6.0 在 CATIA/CAA 环境中开发了飞机壁板类零件的快速数控编程系统。将专家系统技术引入数控编程系统,减少了对编程人员经验的依赖,解决了槽加工单元识别、刀具自动选取等问题。史静等人[40]还研制了飞机结构件快速数控编程系统,提出了数控加工方案(数控加工方案区别于数控加工工序和数控加工程序)的概念。以数控加工方案规范化定义为基础,通过相似度判定的方法快速生成方案,并通过. txt 中间文件与现有CAPP 系统进行数据传递。Li Y. G. 等人[41]根据飞机结构件几何与加工工艺特点,对加工特征进行分类,采用分层式方法描述特征几何拓扑,并根据工艺规划和数控编程所需信息提取加工特征的属性参数,以完整表达特征信息。

1.4.2 MBD 技术在数控编程中的应用

1997 年 1 月,美国机械工程师学会发起关于三维模型标注标准的起草工作,以解决图纸与信息系统传输之间的矛盾,该标准最终于 2003 年被 ASME 批准为机械产品工程模型的定义标准,标准号为 ASME Y14. 41[5]。随后,Siemens PLM Software、PTC、Dassualt 等公司将该标准应用于各自的 CAD 系统中,支持三维标注。ISO 借鉴 ASME Y14. 41 标准制定了 ISO 16792 标准,为欧洲以及亚洲等国家的用户提供支持[43]。2009 年,国内也出台了相应的标准GB/T 24734《技术产品文件数字化产品定义数据通则》。

MBD 技术使用集成的三维实体模型来完整表达产品定义信息。它详细规定了三维实体模型中产品尺寸、公差的标注规则和工艺信息的表达方法,使 MBD 三维模型作为数据传递的唯一依据,将进一步提高 CAD/CAPP/CAM 系统的自动化和集成化程度。MBD 融入知识工程、过程模拟和产品标准规范等,可将抽象、分散的知识更加形象和集中,使得设计、制造的过程演变为知识积累和技术创新的过程,是企业知识的最佳载体[44-45]。

简建帮等人[46]提出了基于 MBD 和特征的飞机结构件数控加工方法,以飞机结构件 MBD模型作为唯一依据,自动识别模型中的几何信息和非几何信息,在此基础上进行自动工艺决策、数控编程和在线检测。但其所涉及的工艺决策只是单个数控工序的加工特征选择和参数确定,没有对飞机结构件的整体工艺规程编制以及与数控编程的集成问题进行探讨。

田富君等人[47]将基于模型定义技术应用于工艺设计中,以工序 MBD 模型为基本单位,结合几何信息与工艺信息建立了面向工艺的 MBD 模型。冯国成等人[48]总结了基于模型定义技术数据信息的组织与管理及其系统的实现,并开发了工程注释信息的管理系统。万能等人[49]使用特征识别技术辅助创建三维毛坯模型,并研究了三维制造标注的维护方法,最终达到辅助工艺员能快速设计 MBD 毛坯模型的目的。

1.5 MBD 技术在工艺发布中的应用现状

工艺发布是对工艺设计完毕的工艺信息的组织、存储和管理,三维工艺发布主要是实现三维工艺的发布和可视化,即将基于 MBD 的工艺设计中的工序和工步等信息展示出来,便于用户浏览和查看。吴容设计的基于 MBD 的数控加工系统[50]实现了工艺设计、工序模型生成、三维工艺发布和 CAM 数控编程集成等工作。MBD 数控加工工艺设计模块组成如图 1 - 12所示。

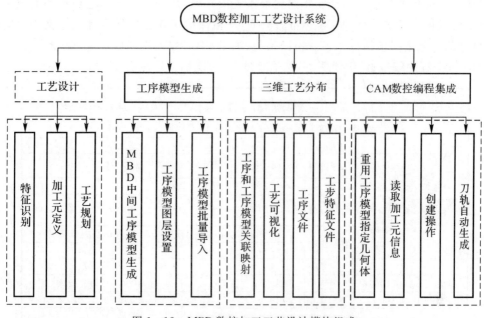

图1-12　MBD数控加工工艺设计模块组成

三维工艺发布模块是将前两个模块中的工艺设计文件进行整合,该模块主要包括工艺发布和工艺浏览两个部分。整个工艺发布是以XML文件的形式呈现在树形列表和基于图层的方式嵌入在UG软件平台中的。工艺浏览则是通过点击每一个工序号结点,则与该道工序相对应的工序MBD模型从相应的图层中显示到界面上,方便浏览和查看。该模块主要由工序和工序MBD模型关联映射、工艺可视化、工序文件和工步特征文件4个部分组成。

在康颜奎设计的基于MBD的三维装配工艺可视化发布模块[51]中,利用多种可视化软件将文字表达信息和复杂的三维模型转换成演示动画、图形符号等直观生动的表达形式,通过可视化发布模块把它们发布输出,用于浏览、指导、共享。所建立的可视化发布模块是MBD三维装配工艺系统的核心,是面向现场用户和工艺人员开发的一项功能,搭建起了工艺信息数据和终端用户的桥梁。

(1)三维可视化文件的发布是可视化输出模块的重要部分。三维演示动画经Creo Illustrate制作生成,可发布.c3di、.mp4、.pvz等数据格式,支持多个平台调用。终端通过三维装配工艺系统用户界面查看三维演示动画,能够与三维模型进行交互操作,浏览不同工步的装配过程、站位、装配路径等。

(2)对于三维装配工艺规程的发布,系统中配置三维装配工艺规程的模板,可以根据上游输入的工艺数据进行自动匹配导入,规程的主要内容包含产品的基本信息、工序详细信息、工步详细操作、PBOM等。

(3)系统增加了增强现实/虚拟现实(AR/VR)功能,通过系统开发AR/VR插件将三维装配演示动画导出至云端进行发布,在进行大型装配体装配工作时或外协工作时更加直观。

MBD工艺发布的一种直观形式是三维作业指导卡。结构化工艺文件完成电子流程签审后,三维作业指导卡可直接发布到现场供现场工人参考使用[52],如图1-13所示。三维作业指导卡的发布信息主要包含两方面:一是工序模型的三维浏览启动窗口;二是工艺数据信息的显示。通过结构化工艺文件自动发布的三维作业指导卡，减少了传统工艺规程和数控加工作业指导卡的数据重复录入过程和工艺准备时间，严格保证了作业指导卡和工艺文件之间的一致性，涉及的工艺数据包括机床、刀量具、工装、加工参数、数控机床(Computerized Numerical Control，CNC)程序编号、详细说明等，其信息量大，对现场指导性更强[53]。

<table>
<tr><td colspan="3" rowspan="3">×××××单位</td><td colspan="5">数控加工作业指导卡</td><td colspan="4">工艺文件编号</td></tr>
<tr><td>图号</td><td colspan="2">xxxxxxxxxx</td><td>名称</td><td>垫块</td><td colspan="2">材料牌号</td><td colspan="2">2A14</td></tr>
<tr><td>工序号</td><td>0060</td><td>工序名称</td><td colspan="2">铣上外形</td><td colspan="2">关键工序</td><td colspan="2"></td></tr>
<tr><td colspan="3" rowspan="5">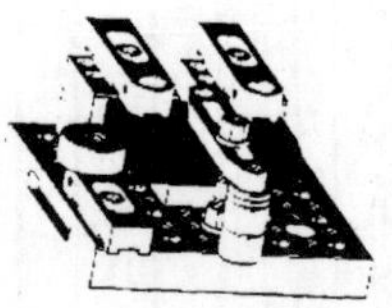</td><td>工序内容</td><td colspan="8">按图示装夹。精铣外形</td></tr>
<tr><td>工步号</td><td>05</td><td>工步名称</td><td colspan="6">精铣中间槽</td></tr>
<tr><td>工步内容</td><td colspan="8">精铣中间槽，保证壁厚×cm，长×cm，高×cm，颈部×cm。</td></tr>
<tr><td rowspan="2">数控程序</td><td colspan="3">程序编号/名称</td><td>程序</td><td colspan="4">工作中心编号/名称</td></tr>
<tr><td colspan="3">xxxxxxxxx/xxxxxxx</td><td>A1</td><td colspan="4">×××××××</td></tr>
<tr><td colspan="6">刀具</td><td colspan="6">加工参数</td></tr>
<tr><td>编号</td><td colspan="2">100210026</td><td>名称</td><td colspan="2">整体合金立铣刀</td><td>转速</td><td colspan="2">3000</td><td>步长深度</td><td colspan="2">1</td></tr>
<tr><td>转刀长度</td><td colspan="2">100</td><td>型号规格</td><td colspan="2">20R3</td><td>线速度</td><td colspan="2">2000</td><td>安全距离</td><td colspan="2">10</td></tr>
<tr><td colspan="6">工装</td><td colspan="6">壁具</td></tr>
<tr><td>编号</td><td colspan="2">名称</td><td>数量</td><td colspan="2">类别</td><td>编号</td><td colspan="2">名称</td><td>数量</td><td colspan="2">类别</td></tr>
<tr><td>T</td><td colspan="2">机用虎钳</td><td>1.0</td><td colspan="2">通用工装</td><td>Q201003</td><td colspan="2">卡尺</td><td>1.0</td><td colspan="2">量具</td></tr>
</table>

图 1-13　三维作业指导卡

据不完全统计，传统产品现场数控加工产生的质量问题中，有约 20%是因零件装夹出错引起的，约 25%是数控加工程序的原点设置错误导致的。这些问题主要是工艺人员和现场操作人员的沟通不到位或表达不清楚造成的，通过三维作业指导卡的三维浏览窗口，现场可直接获取零件的装夹方案、CNC 程序原点、工序模型及三维标注等信息，极大地减少了工艺和操作者之间因沟通不当引起的错误操作。用零件工序模型及其三维标注替代工序插图配合文本形式的尺寸描述，操作者能准确、快速地获取尺寸及对应的零件特征。

三维作业指导卡的现场发布，支持终端在线或离线查询、浏览，减少了现场操作人员对工艺人员的依赖，实现了数字化车间的无纸化生产，节约了生产成本，提高了产品生产效率[54]。

1.6　MBD 技术在测量工艺设计中的应用现状

现代制造业企业为实现“设计—制造—检测”全过程的数字化，正在从以往基于二维图纸的模拟量传递开始向基于三维数学模型的数字量传递转变。设计环节可基于三维数学模型将零件的几何尺寸信息、形位公差信息、零件技术要求、产品装配信息等定义在模型中，形成一个全信息 MBD 模型。下游检测环节基于 MBD 模型，获得检测工序模型并制定检测工艺规划，最终完成对零件的检测。为实现基于 MBD 的数字化检测过程，打通数字化检测环节，需要制定合理、有效的检测工艺和基于特征的测量规范。

随着 MBD 技术的发展和应用，以传统的数字量为主、模拟量为辅的工作方式开始被全数字量传递的协调工作方式所代替。基于 MBD 的数字化制造已经成为未来发展的主流方向。为实现并行制造和加工现场的无纸化,发展基于 MBD 的数字化检测技术显得尤为重要[55-56]。基于 MBD 的数字化检测技术的核心思想是数据传递和数字驱动,即将检测工序模型中的设计尺寸提取出来,获得待测特征的理论量值(特征坐标值和矢量值),用这些数字量值驱动测量机对实际零件进行测量。基于 MBD 的数字化闭环控制系统数据流程如图 1-14 所示。

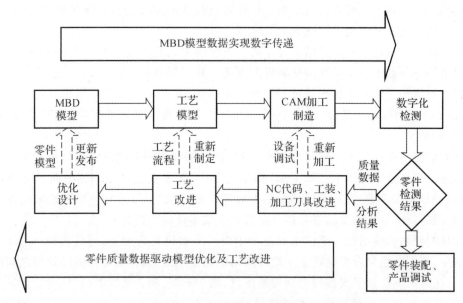

图 1-14　基于 MBD 的数字化闭环控制系统数据流程

如图 1-15 所示,检测工艺是指利用测量设备(手动或自动)对机床加工后的成品、半成品零件的尺寸、形状、位置和性质进行测量,将测量数据与原始设计数据进行比对,检查其是否达到要求的过程。检测工艺是测量员在零件检测时的重要作业依据[57]。

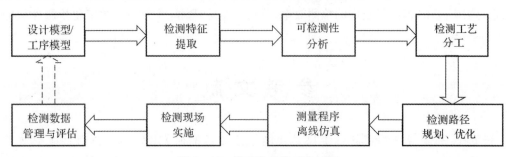

图 1-15　数字化检测工艺过程

三维数字化检测工艺是基于 MBD 三维检测工艺模型,将工艺模型中待检测信息等数据提取出来,根据知识库中的信息对模型的可检测性进行分析,并根据分析结果来做检测工艺分工,确定零件用何种方式、设备进行检测。根据模型中所有检测特征进行工艺路线规划(单特征测量路径规划、多特征测量路径规划),并在计算机中进行离线模拟仿真。将仿真后无误的测量程序传递给测量机,驱动测量机对零件进行测量。

基于 MBD 的数字化检测技术作为一项新的检测技术,主要综合了机电一体化、图像处理、软件集成等专业知识和先进技术,其在测量精度、测量效率、测量柔性等方面具有的技术优势,是传统检测技术无法达到的,其中在对航空复杂零部件的检测方面的技术优势更加明显[58]。然而现有的大多数数字化检测系统还不够完善,通用性与智能性较差,并不能满足企业的实际需求[59]。

我国的三坐标测量技术起步较晚,天津大学的张国雄院士结合国外先进研究成果,从测量精度、测量效率、控制系统等方面对未来三坐标测量技术的发展趋势作出了详细分析,为我国三坐标测量技术的发展指出了明确方向[60]。

合肥工业大学刘达新等人总结了近年来三坐标测量机检测规划技术的研究成果,并在此基础上提出了一种基于专家系统的检测规划方案。其采样策略使用自适应的方法,详细描述了测量路径规划和干涉碰撞检查等过程中的相关问题,并提出了对应的解决方法。在此基础上,以 Open CASCADE 为基础开发了一套三坐标测量机检测规划系统,实现了 CAD 系统与 CAIP 系统的融合[61-63]。

江南大学的刘勇开发了一套基于 NX 6.0 的测量路径规划和测量结果分析系统。将自适应的测量路径规划策略应用于已知 CAD 模型部分,将基于灰色理论的测量路径规划策略应用于未知 CAD 模型部分,在三坐标测量机上对零件进行测量后,重构 NURBS 曲线并完成测量数据的提取,最后分析测量结果并按一定格式生成零件检测报告[64]。

河北科技大学的姜腾在三坐标检测技术中引入了多色集合理论,通过提取 MBD 模型中的检测信息,利用多色集合理论建立了检测规划中测头匹配、采样策略和路径规划之间的关系模型,并通过围道矩阵和逻辑推理得到检测项目、测头类型、测头角度等信息,建立测量路径规划约束模型,并通过蚁群算法优化测量路径,最后基于 UG/NX 8.0 完成了相关模块的开发,并得到了较好的验证结果[65]。

沈阳航空航天大学的陈靖乐构建了一套易于应用的数字化检测工艺技术体系和原型系统,解决了企业数字化检测技术应用过程中遇到的两个实际问题,为企业测量设备的升级、数字化检测系统的构建和检测技术的改进提供依据,促进了基于 MBD 的数字化检测工艺技术在企业的推广应用,提高了企业的检测效率,节约了企业成本,并为以后数字化检测领域的研究提供了参考[66]。

参 考 文 献

[1] 张美峰. 基于特征约束的三维尺寸智能标注技术的研究[D]. 南京:南京航空航天大学,2005.

[2] 中华人民共和国国家质量监督检验检疫总局. 机械产品数字化定义的数据内容及其组织:GB/Z 19098—2003[S]. 北京:中国标准研究中心,2003.

[3] 李彤. 飞机数字化装配技术研究[J]. 科技咨讯,2009(30):22.

[4] 李薇. 数字化技术在飞机装配中的应用研究[J]. 航空制造技术,2004(8):24-29.

[5] ASME. Digital product definition data practices:Y14.41—2003[S]. New York:Access Intelligence,LLC,2003.

[6] 张宝源,席平. 三维标注技术发展概况[J]. 工程图学学报,2011,32(4):74-79.

[7] 范玉青,梅中义,陶剑.大型飞机数字化制造工程[M].北京:航空工业出版社,2011.

[8] 欧阳佳.基于 MBD 的飞机装配工装功能模块成熟度研究[D].南京:南京航空航天大学,2014.

[9] 董亮,余剑峰,李原.3D 环境下飞机装配工艺规划与仿真一体化模型[J].计算机集成制造系统,2012,18(6):1158-1167.

[10] 李险峰.DELMIA 让数字化工厂成为现实[J].CAD/CAM 与制造业信息化,2006(9):48-50.

[11] CLARK B, GERALD B, DAVID S, et al. Model based definition [C]// Structures Structural Dynamics and Materials Conference. Orlanclo Flovida:AIAA,2010,18:1-12.

[12] 冯潼能,王铮阳,宋娅.MBD 技术在协同设计制造中的应用[J].航空制造技术,2010(18):64-67.

[13] 冯潼能,王铮阳,孟静晖.MBD 技术在数字化协同制造中的应用与展望[J].南京航空航天大学学报,2012,44(增刊):132-137.

[14] QUINTANA V, RIVEST L, PELLERIN R, et al. Will model-based definition replace engineering drawings throughout the product lifecycle? A global perspective from aerospace industry[J]. Computers in Industry,2010,61(5):497-508.

[15] ALEMANNI M, DESTEFANIS F, VEZZETTI E. Model-based definition design in the product lifecycle management scenario[J]. The International Journal of Advanced Manufacturing Technology, 2011, 52(1/2/3/4):1-14.

[16] 周秋忠,范玉青.MBD 技术在飞机制造中的应用[J].航空维修与工程,2008(3):55-57.

[17] 乔立红,张金.三维数字化工艺设计中的关键问题及其研究[J].航天制造技术,2012(1):29-32.

[18] 程璞.UG 环境下基于加工特征的三维 CAPP 系统开发[D].西安:西安工业大学,2009.

[19] 陈献国,曾令旗.基于参数化技术的 CAPP 系统的研制[J].中国机械工程,2000(11):21-25.

[20] 冯廷廷.基于 MBD 的飞机装配工艺规划与仿真[D].南京:南京航空航天大学,2011.

[21] 唐家霖.基于 MBD 的三维装配工艺建模方法研究[D].沈阳:东北大学,2012.

[22] 张昕,秦坤,张超,等.基于 MBD 的三维工艺研究与实现[J].国防制造技术,2013(1):45-48.

[23] 王虓,王细洋.基于 MBD 技术的飞机结构件三维工艺规程卡定义[J].机械工程师,2013(2):60-62.

[24] 吴建平,梅中义.基于 MBD 的零件数字化工艺设计技术[J].航空制造技术,2013(3):58-61.

[25] 拜明星.基于 MBD 技术的三维工艺设计与现场可视化生产[J].航空制造技术,2013(8):40-43.

[26] 余志强,陈嵩,孙炜,等.基于 MBD 的三维数模在飞机制造过程中的应用[J].航空制造

技术,2009(增刊):82-85.

[27] 王海燕.基于 MBD 的民机总装工艺规划数据语义建模技术研究[D].上海:上海交通大学,2013.

[28] GRAYER A R. The automatic production of machined components starting from a stored geometric description [M]. Amsterdram:North Holland Publishing,1977.

[29] RAHMANI K, AREZOO B. Boundary analysis and geometric completion for recognition of intersecting machining features [J]. Computer-aided Design, 2006, 38(8):845-856.

[30] RAHMANI K, AREZOO B. A hybrid hint-based and graph-based framework for recognition of interacting milling features [J]. Computers in Industry, 2007, 58(4):1304-1312.

[31] SUNIL V B, RUPAL A, PANDE S S. An approach to recognize interacting features from B-Rep CAD models of prismatic machined parts using a hybrid (graph and rule based) technique[J]. Computers in Industry, 2010, 61(7):686-701.

[32] WOO W Y. Automatic simplification of solid models for engineering analysis independent of modeling sequences[J]. Journal of Mechanical Science and Technology, 2009,23(7):1939-1948.

[33] HOU M, FADDIS T N. Automatic tool path generation of a feature-based CAD/CAPP/CAM integrated system[J]. International Journal of Computer Integrated Manufacturing, 2006, 19(4):350-358.

[34] MIAO H K, NANDAKUMAR S, SHAH J J. CAD-CAM integration using machining features[J]. International Journal of Computer Integrated Manufacturing, 2002, 15(4):296-318.

[35] 闫海兵.飞机结构件复杂加工特征识别技术的研究与实现[D].南京:南京航空航天大学,2010.

[36] 彭思桢,郝泳涛.基于特征面的分层特征识别[J].计算机辅助工程,2010,19(4):114-117.

[37] 谭丰.飞机结构件筋特征快速数控编程技术研究与实现[D].南京:南京航空航天大学,2010.

[38] 李艳聪,徐燕申,董宏.基于特征的 CAD/CAPP/CAM 集成方法的研究与应用[J].现代机械,2002(4):9-11.

[39] YU F F. Principal face-based recognition approach for machining features of aircraft integral panels[J]. Chinese Journal of Mechanical Engineering, 2011,6:976-982.

[40] 史静,郑国磊,饶有福,等.飞机结构件数控加工方案快速生成技术研究与开发[J].机械设计与制造,2011(3):176-178.

[41] LI Y G, FANG T L, CHENG S J, et al. Research on feature-based rapid programming for aircraft NC parts[J]. Applied Mechanics and Materials, 2008, 10(12):682-687.

[42] 卢鹄,韩爽,范玉青.基于模型的数字化定义技术[J].航空制造技术,2008(3):78-81.

[43] QUINTANA V, RIVEST L, PELLERIN R, et al. Will model-based definition replace engineer in drawing through out the product lifecycle? A global perspective

from aerospace industry computer in industry [J]. Computer in Industry, 2010, 61: 497 - 508.

[44]　ALEMANNI M, DESTEFANIS F, VEZZETTI E. Model - based definition design in the product lifecycle management scenario[J]. International Journal of Advanced Manufacturing Technology, 2011,52(1):1 - 14.

[45]　简建帮,洪建胜,李迎光.基于 MBD 和特征的飞机结构件数控加工方法[J].机械科学与技术,2011,30(5):756 - 760.

[46]　田富君,田锡天,耿俊浩,等.基于模型定义的工艺信息建模及应用[J].计算机集成制造系统,2012,18(5):913 - 919.

[47]　冯国成,梁艳,于勇,等.基于模型定义的数据组织与系统实现[J].航空制造技术,2011 (9):62 - 66;72.

[48]　万能,苟园捷,莫蓉.机械加工 MBD 毛坯模型的特征识别设计方法[J].计算机辅助设计与图形学学报,2012,24(8):1099 - 1107.

[49]　吴容.基于 MBD 的数控加工工艺模型及设计系统研究[D].南京:南京航空航天大学,2016.

[50]　康颜奎.基于 MBD 的三维装配工艺表达及可视化方法研究[D].镇江:江苏大学,2020.

[51]　惠巍,王彦,陶剑,等.航空制造领域中三维工艺技术的应用[J].航空制造技术,2013 (13):43 - 46.

[52]　李海泳,唐秀梅,亢亚敏,等.基于 MBD 技术的航空制造数字化工艺实施应用[J].航空制造技术,2013(13):40 - 42.

[53]　张文祥,张永健,董路平.基于 MBD 的数控加工工艺技术研究[J].航空制造技术,2016 (10):70 - 73;78.

[54]　梁勤,张浩波,王强.基于 MBD 的数字化检测平台集成与应用研究[J].航空精密制造技术,2014,50(1):43 - 45.

[55]　吴永清,刘书桂,张国雄.智能三坐标测量机检测规划问题的研究综述[J].中国机械工程,2001(7):108 - 111;8.

[56]　屈力刚,孙业翔,杨野光,等.基于 MBD 的复杂特征检测工艺规划技术研究[J].航空制造技术,2016(17):97 - 102.

[57]　耿卫停.基于特征的复杂型面数字化检测系统研制[D].哈尔滨:哈尔滨工业大学,2011.

[58]　殷国富,杨杰斌,赵雪峰.面向现代制造的先进测试技术及其发展趋势[J].中国测试,2010,36(1):1 - 8.

[59]　张国雄.三坐标测量机的发展趋势[J].中国机械工程,2000,11(1):222 - 226.

[60]　刘达新.基于三维 CAD 的智能三坐标测量机检测规划系统的研究与开发[D].合肥:合肥工业大学,2009.

[61]　刘达新,董玉德,赵韩,等.基于三维 CAD 和 CMM 的计算机辅助检测规划系统的研究与实现[J].中国机械工程,2009,20(18):2207 - 2213.

[62]　赵韩,刘达新,董玉德,等.基于 CAD 的三坐标测量机检测规划系统的开发[J].仪器仪

表学报,2009,30(9):1846-1853.

[63] 刘勇. 叶片 CAD 及计算机辅助测量一体化技术的研究[D]. 无锡:江南大学,2011.

[64] 姜腾. 基于 MBD 与多色集合的智能三坐标检测规划技术的研究[D]. 石家庄:河北科技大学,2014.

[65] 陈靖乐. 基于 MBD 的数字化检测工艺技术研究与应用[D]. 沈阳:沈阳航空航天大学,2016.

第2章　工艺设计中 MBD 技术的前沿应用

2.1　MBD 工序模型建立与主动传播方法

2.1.1　MBD 工序模型建立

MBD 技术环境下的工艺设计的实质是将工艺设计知识应用到毛坯模型而生成工序模型序列的过程。常见的工序模型创建的方法是将传统的绘制二维工程图的过程转变为三维建模的过程,工艺员需要随时在工艺知识和模型创建之间切换。然而,工艺知识和模型创建之间有着密不可分的联系,如何将工艺知识作用于工序模型以及如何收集设计模型中的工艺知识,都是提高工艺设计效率和维护数据一致性的关键。

2.1.1.1　加工工艺本体和几何建模本体

从毛坯到最终零件,工序模型实质上是加工中间态的有向图。在工序模型的创建过程中,起到直接作用的是建模方法,而驱动建模方法的是加工知识。因此提出几何建模本体和加工工艺本体的概念。几何建模本体是建立 MBD 加工工序模型所需要三维建模操作的描述,属于加工设计中的低层语义,而加工工艺本体则是对加工方法的描述,同时又是工艺员工艺知识的凝结,属于加工设计中的高层语义。建立加工工艺本体和几何建模本体之间的映射关系,就可实现加工工艺高层语义向几何建模低层语义的转化,也能实现从几何建模语义中收集工艺高层语义。

定义 2-1:加工工艺本体记为 PO,则有

PO::=<Mach><Feed><Outline><OPara><MReq>。其中,Mach 为工序加工方法,包括但不限于车、铣、刨、磨、孔加工;Feed 为进给量;Outline 为加工轮廓;OPara 为加工轮廓参数;MReq 为工序的工艺要求。

定义 2-2:几何建模本体记为 MO,则有

MO::=<FormFea><FeaPara><Ske><SkePara><Pmi>。其中,FormFea 是几何建模的成型特征,例如旋转、拉伸、偏置、扫掠和孔等;FeaPara 是成型特征的参数;Ske 为草图特征;SkePara 为草图特征中几何尺寸;Pmi 是产品制造信息标注。

定义 2-3:建模特征(记为 MOF)是一组具有特定关系的拓扑或几何元素,建模特征之间具有依赖关系。

定义 2-4:加工特征(记为 MAF)是组成前后两个工序模型之间加工余量的一组拓扑或

几何元素,加工特征之间具有依赖关系。

假设 2-1:工序模型序列记为 $PM=\{pm_1,pm_2,\cdots,pm_i\},i\in\mathbf{N}$,其中 i 为工序号。

假设 2-2:第 m 道工序模型记为 $pm_m::=<geo_m><PMI_m>,m\leqslant i,m\in\mathbf{N}$。其中 geo_m 为第 m 道工序模型的几何实体,而 PMI_m 为第 m 道工序模型的产品制造信息标注集合。

假设 2-3:工序模型 pm_m 与下一道工序模型 pm_{m+1} 之间的加工特征记为 mf_m,则有 $pm_m=geo_m\bigcup PMI_m,pm_{m+1}=(geo_m-^*mf_m)\bigcup(PMI_{m+1}-PMI_m)$。

2.1.1.2 工序模型的创建模式

在创建工序模型的过程中,工艺员使用的是工艺知识而不是与工艺无关的 CAD 几何造型,通过将录入的工艺数据转化为建模操作来创建工序模型。另外,在工序模型的创建过程中,还可以从设计模型中收集所蕴含的工艺知识,以达到工艺知识重用的目的(见图 2-1)。

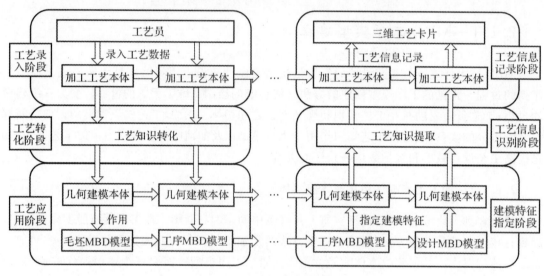

图 2-1　工序模型的创建模式

基于加工工艺本体创建工序模型的模式分为三个阶段,具体如下:

(1)工艺录入阶段:工艺员对加工方法进行选择,绘制出加工轮廓,指定工艺参数,录入加工要求。本阶段收集创建工序模型所需要的工艺信息,形成加工工艺本体的结构化描述。

(2)工艺转化阶段:将加工方法和加工轮廓等推理成为几何建模特征,将工艺参数映射成几何建模参数,将加工要求映射为产品制造信息标注,最终将加工工艺本体转化为几何建模本体。

(3)工艺应用阶段:将几何建模本体作用于前一个工序模型,从而生成本道工序模型,在模型上标注产品制造信息,即生成工序模型。

基于设计模型的几何建模本体获取加工工艺本体的模式也分为三个阶段,具体如下:

(1)建模特征指定阶段:工艺员选择与加工特征对应的建模特征,获取组成建模特征的几何信息,通过建模特征的抑制来实现前道工序模型的生成。

(2)工艺信息识别阶段:分析建模特征所蕴含的建模本体,利用特征识别技术将几何建模本体转化为包含工艺参数的加工工艺本体。

(3)工艺信息记录阶段:将识别出的工艺信息结构化地记录到工艺文件中,这些工艺信息可以在其他工艺文件中重用。

2.1.1.3　本体详细描述

由假设 2-3 可知,工序模型的几何实体由加工特征与前道工序模型布尔差运算生成,产品制造信息则是去掉前道工序标注后增加本道工序的产品制造信息标注。加工特征与产品制造信息标注由加工工艺本体与几何建模本体描述。加工工艺本体和几何建模本体采用 XML 进行封装,二者的详细描述结构如图 2-2 和图 2-3 所示。

```
<ProcessOnto>
        <MachiningFeature>
                <OutLine Tag="">
                        <OutLineElement Type="">
                                <ElementDimension Tag=""/>
                        </OutLineElement>
                </OutLine>
                <OutLinePosition>
                        <Datum Type="">
                                <PositionDimension Tag=""/>
                        </Datum>
                </OutLinePosition>
                <MachiningType>
                        <MachiningFeed Vector="" Guide=""/>
                </MachiningType>
                <MachiningRequire>
                        <RequireElement Type="">
                                <RelectedElement/>
                        </RequireElement>
                </MachiningRequire>
        </MachiningFeature>
</ProcessOnto>
```

图 2-2　加工工艺本体描述

```
<ModelingOntology>
        <ModelingFeature>
                <Sketch>
                        <SketchElement>
                                <ElementExpression Name=""/>
                        </SketchElement>
                </Sketch>
                <SketchPosition>
                        <Datum Type="" Tag="">
                                <PositionParameter Name=""/>
                        </Datum>
                </SketchPosition>
                <FormingFeature>
                        <FeatureParameter Vector="" Guide=""/>
                </FormingFeature>
                <Annotation>
                        <AnnotationElement Type="">
                                <ObjectTag/>
                        </AnnotationElement>
                </Annotation>
        </ModelingFeature>
</ModelingOntology>
```

图 2-3　几何建模本体描述

加工工艺本体描述中节点详细含义如表 2-1 所示。

表 2-1　加工工艺本体描述

节　点	属　性	含　义
ProcessOntology		工序模型的加工工艺本体
MachiningFeature		工序中所包含的 2.5 维加工特征,其值是该加工特征在工序中的加工顺序号,可以有多个本节点
Outline		加工轮廓对象节点,其值是加工轮廓对象的唯一标识符
OutlineElement		组成加工轮廓的几何对象节点,其值是加工轮廓几何对象的唯一标识,可以有多个本节点
OutlineElement	Type	加工轮廓中几何对象的类型
ElementDimension		加工轮廓中几何对象的尺寸对象,其值是尺寸的值,可以有多个本节点
ElementDimension	Tag	轮廓几何对象的加工尺寸对象的唯一标识
OutlinePosition		加工轮廓的定位对象节点
Datum		加工基准对象的节点,其值是加工基准对象的唯一标识
Datum	Type	加工基准的类型
PositionDimension		加工轮廓与加工基准之间的定位距离节点,其内容为定位距离的值
PositionDimension	Tag	加工轮廓与加工基准之间定位距离的唯一标识
MachiningType		加工特征采用加工方法的节点,其内容为所采用加工方法的类型
MachiningFeed		加工进给量对象的节点,其内容为加工进给量的值
MachiningFeed	Vector	加工进给量对象的方向
MachiningFeed	Guide	加工进给量引导线对象的唯一标识
MachiningRequire		描述加工要求对象的节点
RequireElement		某一加工要求的节点,可以有多个本节点,其内容是加工要求的具体数值,对于多值情况采用特定形式的编码表达
RequireElement	Type	加工要求的类型
RelectedElement		加工要求所约束的几何对象,可以有多个本节点,其值为几何对象的唯一标识

几何建模本体描述中节点详细含义如表 2-2 所示。

表 2-2　几何建模本体描述

节　点	属　性	含　义
ModelingOntology		工序模型的几何建模本体

续表

节　点	属　性	含　义
ModelingFeature		创建 2.5 维加工特征所需的建模特征,可以有多个本节点,其内容为该建模特征的创建序列号,表示在工序模型中的建模顺序
Sketch		草图特征对象,其内容为草图特征的唯一标识
SketchElement		草图特征所包含的几何元素,可以有多个本节点,其内容为草图几何元素的唯一标识
ElementExpression		草图中几何元素的参数表达式节点,其内容为参数表达式的值
ElementExpression	Name	草图中几何元素的参数表达式的名称,其值是对应参数的名称
SketchPosition		草图特征中定位对象节点
Datum		草图特征定位所需的建模基准对象节点
Datum	Type	草图特征定位所需建模基准的类型
Datum	Tag	草图特征定位所需建模基准的唯一标识
PositionParameter		草图特征与建模基准之间的定位参数节点,其内容为定位参数的值
PositionParameter	Name	草图特征与建模基准之间的定位参数名称
FormingFeature		采用成型特征的节点,其内容为采用成型特征的类型
FeatureParameter		成型特征参数对象的节点,其内容为成型特征的参数值
FeatureParameter	Vector	成型特征参数对象的方向
FeatureParameter	Guide	成型特征参数对象的引导线对象的唯一标识
Annotation		MBD 模型的产品制造信息标注集合
AnnotationElement		某一产品制造信息标注对象的节点,可以有多个本节点,其值是产品制造信息标注具体的数值,对于多个值的情况采用特定编码形式
AnnotationElement	Type	产品制造信息标注对象的类型
ObjectTag		产品制造信息标注所约束的几何对象,可以有多个本节点,其内容为所标注几何对象的唯一标识

2.1.1.4　工序模型创建方法

由于工序模型是介于设计模型和毛坯模型之间的模型序列,因此构建工序模型既可模仿加工的顺序,从毛坯模型逐步向设计模型变化,也可以从设计模型开始,逐步倒推到毛坯模型。工序模型的构建顺序不同,原理方法亦不同,因此将工序模型创建分为正向创建方法和逆向创建方法。

1. 工序模型正向创建方法

工序模型正向创建方法是指按照由毛坯模型向设计模型转变的顺序创建工序模型的方法，这是一个去材料的过程。工序模型的正向创建方法是由加工工艺本体向几何建模本体的转化过程，利用几何建模本体来生成本道工序的加工特征，再将上一道工序模型与加工特征做布尔差运算后得到本道工序模型。

定义 2-5：由截面线垂直于引导线扫掠而形成的实体特征，称为 2.5 维加工特征。

定义 2-6：无法由截面线垂直于引导线扫掠形成的实体特征，称为超 2.5 维加工特征。

对于超 2.5 维加工特征，可以通过降维方法使其转变为多个 2.5 维加工特征。降维方法分为人工降维和解析降维。人工降维是指工艺员手工将超 2.5 维加工特征分解成多个 2.5 维加工特征，将一个复杂的工序拆分为多个包含 2.5 维加工特征的工步。解析降维适用于如曲面这种复杂形状的加工，这类加工都需要数控加工来完成，而数控加工的编程结果会提供刀位文件。刀位文件信息中包含了刀具的类型和尺寸以及走刀位置和方向，利用刀位文件可以生成刀具的空间扫描体，这个扫描体与上一道工序模型的布尔交即为加工余量的实体，上一道工序模型直接与扫描体做布尔差运算即可生成本道工序模型。

我们利用决策树 ID3 算法[1]将 2.5 维加工特征正向创建推理方法表述为 if-then 的规则，这些规则可以利用加工特征建模本体的样本空间生成决策树。

我们将加工特征建模本体的样本集合记为 S，设其有 s 个样本，加工特征建模本体分为 m 类，记为 $C_i(i=1,2,\cdots,m)$，设 $S=\{s_1,s_2,\cdots,s_n\},n\in\mathbf{N},s_i$ 是 C_i 类中的加工特征建模的样本数量，则给定样本分类的期望信息为

$$I(s_1,s_2,\cdots,s_m)=-\sum_i^m p_i\log_2 p_i \tag{2-1}$$

其中，p_i 是任意样本属于 C_i 的概率，一般可用 s_i/s 估计，则有

$$I(s_1,s_2,\cdots,s_m)=-\sum_i^m (s_i/s)\log_2(s_i/s) \tag{2-2}$$

加工特征建模本体的组成元素集合记为 $G=\{g_1,g_2,\cdots,g_p\},p\in\mathbf{N}$，组成元素所对应的可能值记为 $g_p=\{w_{p1},w_{p2},\cdots,w_{pq}\},q\in\mathbf{N}$。

加工类型和条件的属性集合记为 $A=\{a_1,a_2,\cdots,a_j\},j\in\mathbf{N}$，属性值记为 $a_j=\{v_{j1},v_{j2},\cdots,v_{jk}\},k\in\mathbf{N}$，可以用属性 a_j 将 S 划分为 u 个子集，即 $\{S_{j1},S_{j2},\cdots,S_{ju}\}$，$S_{jk}$ 中的样本在属性 a_j 上具有相同的值 v_{jk}，s_{ijk} 是子集 S_{jk} 中分类 C_i 的样本数，由 a_j 划分成子集数学期望为

$$E(a_j)=\sum_{k=1}^u [(s_{1jk}+s_{2jk}+\cdots+s_{mjk})/s]\times I(s_{1jk},s_{2jk},\cdots,s_{mjk}) \tag{2-3}$$

属性 a_j 上分支将获得的信息增益为

$$\mathrm{Gain}(a_j)=I(s_{1jk},s_{2jk},\cdots,s_{mjk})-E(a_j) \tag{2-4}$$

计算出每个属性的信息增益，并选取信息增益最高的属性作为给定集合 S 的测试属性，创建一个表示加工特征建模本体的节点，以测试属性的每个值创建分支，并以这些分支划分样本。利用 ID3 算法通过不断循环处理，逐步细化决策树，直到获得完整的决策树。加工特征建模本体的属性及含义如表 2-3 所示，加工特征建模本体的组成元素及其含义如表 2-4 所示。

表 2-3　加工特征建模本体的属性及含义

属　性	含　义	推　理
a_1	加工余量类型	
v_{11}	表面加工类型	加工轮廓采用借用方式或人工绘制
v_{12}	体积加工类型	加工轮廓采用人工绘制
a_2	加工方法	
v_{21}	车削加工	成型特征为偏置特征或者旋转特征
v_{22}	铣削加工	成型特征采用扫掠特征
v_{23}	刨削加工	成型特征采用拉伸特征
v_{24}	磨削加工	成型特征采用偏置特征
v_{25}	孔加工	成型特征采用孔特征
a_3	加工面的类型	
v_{31}	加工面为圆周面	输入的加工进给量是圆周的半径值,作为偏置特征参数
v_{32}	加工面为平面	输入的加工进给量是线性尺寸,作为偏置特征或拉伸特征的参数
v_{33}	加工面为回转形式	输入的加工进给量是旋转角度 360°,作为旋转特征参数
v_{34}	加工路径不一定规则	输入路径与距离,路径作为扫掠特征轨迹,距离作为扫掠特征参数
v_{35}	加工特征为孔形式	输入的加工进给量作为孔的深度
a_4	加工轮廓的获取方式	
v_{41}	借用已有加工面轮廓	获取加工面的轮廓作为加工特征的轮廓,加工特征的轮廓转化为草图特征
v_{42}	人工绘制加工轮廓	由工艺员输入各段轮廓线的几何元素与拓扑关系,加工轮廓线转化为草图特征
a_5	定义轮廓尺寸的方式	
v_{51}	引用加工轮廓尺寸	从加工面轮廓上引用轮廓尺寸值作为加工特征轮廓尺寸值,并作为草图特征中对应几何元素的尺寸参数值
v_{52}	工艺员输入轮廓尺寸	指定每条轮廓线的尺寸参数值作为草图特征中对应几何元素的尺寸参数值
a_6	加工轮廓的定位方式	
v_{61}	加工轮廓与加工面位置重合	加工轮廓位置作为加工特征轮廓的位置

续表

属 性	含 义	推 理
v_{62}	工艺员输入加工基准和定位尺寸	通过定义加工基准与基准之间距离定位草图特征位置

表 2-4 加工特征建模本体的组成元素及其含义

元 素	含 义
g_1	余量类型
w_{11}	表面加工类型
w_{12}	体积加工类型
g_2	成型特征类型
w_{21}	偏置特征
w_{22}	旋转特征
w_{23}	扫掠特征
w_{24}	拉伸特征
w_{25}	孔特征
g_3	成型特征参数类型
w_{31}	圆周尺寸类型,包括圆周轴线位置参数、圆周半径尺寸值。在圆周面上标注圆周面的半径值
w_{32}	线性尺寸类型,包括线性尺寸的基准与直线尺寸值。线性尺寸关联的两端平面之间标注线性尺寸值
w_{33}	角度尺寸,对于旋转成型是 360°
w_{34}	扫掠尺寸类型,包括扫掠的路径和扫掠尺寸值。将扫掠路径的尺寸标注继承到 MBD 模型标注
w_{35}	孔尺寸类型,包括孔的深度尺寸值。在孔的底面和顶面之间标注深度值
g_4	草图特征来源的类型
w_{41}	草图特征引用已有的轮廓几何元素
w_{42}	草图特征由人工绘制
g_5	草图特征尺寸值的来源类型
w_{51}	引用已有轮廓几何元素的尺寸值,将已有轮廓的尺寸约束继承到 MBD 模型
w_{52}	由人工输入参数值驱动草图特征尺寸值,将草图特征中人工标注的轮廓尺寸继承到 MBD 模型

续表

元　素	含　义
g_6	草图特征定位方式的类型
w_{61}	从轮廓几何元素中获得尺寸,将轮廓的定位约束继承到 MBD 模型
w_{62}	由人工输入的定位基准和定位参数确定草图特征位置,将草图特征中人工标注的定位尺寸继承到 MBD 模型

如图 2-4 和图 2-5 所示,通过对 200 组已有的加工特征建模样本进行研究,获得了成型特征决策树和草图特征决策树。决策树即为 if-then 形式的推理规则,形成了工序模型正向创建方法。

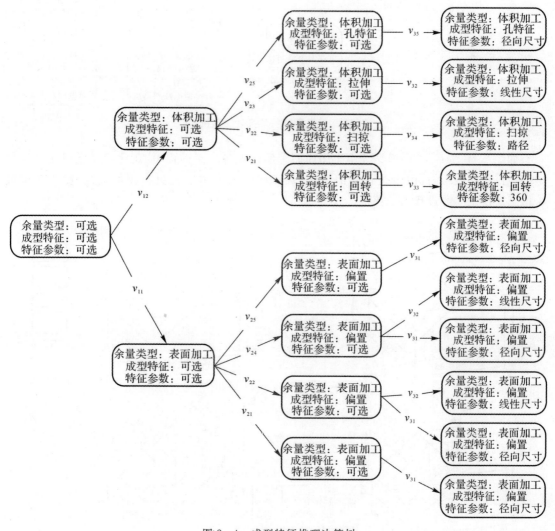

图 2-4　成型特征推理决策树

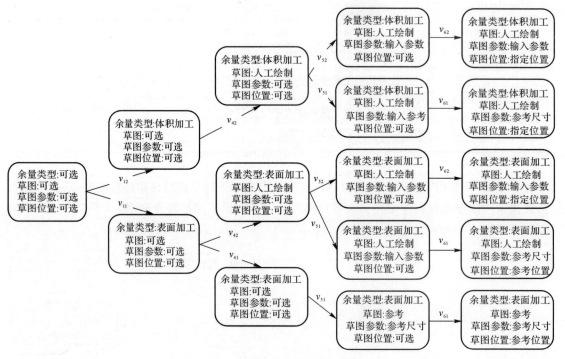

图 2-5　草图特征推理决策树

如图 2-6 所示,工序模型②由工序模型①经过铣各个平面而得,工序模型③是由工序模型②经过铣槽获得的,由于是在斜面上铣,加工轮廓需要由工艺员在顶面上绘制,工序模型④由工序模型③经过孔加工获得。

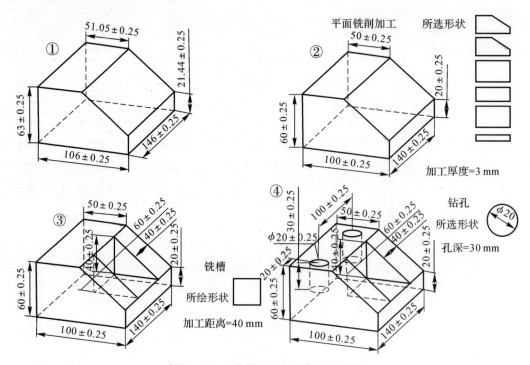

图 2-6　工序模型正向创建方法图例

表 2-5 所示是工序模型②③④(见图 2-6)中铣平面、铣槽、孔加工的加工特征建模推理方法。

表 2-5 加工特征建模推理

模 型	工艺员操作	规 则	推 理
②	选择加工余量为表面加工	v_{11}	加工面余量小且均匀
	选择加工方法为铣削	v_{22}	成型特征采用偏置特征
	指定被加工平面	v_{32}	偏置对象为平面,并获得偏置方向
	指定铣削加工的加工余量	v_{32}	草图特征的偏置值为加工余量值
	指定被加工平面	v_{41}	草图特征引用加工面轮廓几何
	指定被加工平面	v_{51}	草图特征几何参数与被加工面轮廓相同
	指定被加工平面	v_{61}	草图特征位置与被加工面轮廓重合
③	选择加工余量为体积加工	v_{12}	加工余量大
	选择采用铣削加工	v_{22}	成型特征采用扫掠特征
	指定铣削路径和铣削深度	v_{34}	扫掠特征的扫掠路径对象和扫掠特征参数
	绘制加工轮廓	v_{42}	绘制的轮廓线转化为草图特征
	输入加工轮廓参数	v_{52}	草图特征的几何元素尺寸
	指定加工轮廓的加工基准与定位参数	v_{62}	草图特征的定位基准与定位参数
④	选择加工余量为体加工	v_{12}	加工余量大
	选择加工方法为孔加工	v_{25}	成型特征采用孔特征
	输入加工余量值	v_{35}	得到孔的深度
	绘制加工轮廓	v_{42}	绘制轮廓转为草图特征
	输入加工轮廓参数	v_{52}	得到孔的径向尺寸
	定义轮廓的位置	v_{62}	得到孔的位置

2. 工序模型逆向创建方法

工序模型逆向创建是指按照由设计模型向毛坯模型转变的顺序创建工序模型的方法,这是一个增材料的过程。它体现了工艺员对模型的加工过程进行逆向推理时模型的变化。该方法通过抑制建模特征来达到抑制加工特征的目的,具有操作简单的优点。我们还可以通过识别零件模型上加工特征的几何元素来抽取工艺本体,但使用逆向创建方法是有限制条件的,只有当建模特征与加工特征满足一定关系时才适用。

假设 2-4: 产品的加工特征集合记为 $MAF = \{maf_1, maf_2, \cdots, maf_i\}, i \in \mathbf{N}$,建模特征集合记为 $MOF = \{mof_1, mof_2, \cdots, mof_j\}, j \in \mathbf{N}$。

假设 2 - 5：如果 maf_u 包含 mof_p 的映射关系可记为 $f:\mathrm{maf}_u\to\mathrm{mof}_p$，$p,u\in\mathbf{N}$。反函数则可记为 $f^{-1}:\mathrm{mof}_p\to\mathrm{maf}_u$，$p,u\in\mathbf{N}$。

假设 2 - 6：maf_u 的后置加工特征集合，记为 $\mathrm{bk}(\mathrm{maf}_u)$。

MAF 与 MOF 必须满足下面的条件才能采用逆向创建方法：

(1) $\forall\,\mathrm{maf}_u\in\mathrm{MAF}\wedge\exists\,\mathrm{mof}_p\in\mathrm{MOF}\Rightarrow(f:\mathrm{maf}_u\to\mathrm{mof}_p)$。即任意一个 maf 都至少包含一个 mof。

(2) $\forall\,\mathrm{mof}_j\in\mathrm{MOF}\wedge(\exists!\,\mathrm{maf}_i\in\mathrm{MAF}\vee\to\exists\,\mathrm{maf}_i\in\mathrm{MAF})\Rightarrow(f^{-1}:\mathrm{mof}_j\to\mathrm{maf}_i)$。即对于任意一个 mof，最多被一个 maf 所包含。

(3) 设某个 maf_u 包含的 MOF 集合记为 $A(\mathrm{maf}_u)=\{\forall\,\mathrm{mof}_p:(f:\mathrm{maf}_u\to\mathrm{mof}_p)\}$，它的后置加工特征所包含的 MOF 集合记为 $B[\mathrm{bk}(\mathrm{maf}_u)]=(\forall\,\mathrm{mof}_q:\{f:[\mathrm{bk}(\mathrm{maf}_u)]\to\mathrm{mof}_q\})$，$p,q\in\mathbf{N}$，则 $[\forall\,\mathrm{mof}_p\in A(\mathrm{maf}_u)]<\{\forall\,\mathrm{mof}_q\in B[\mathrm{bk}(\mathrm{maf}_u)]\}$，即 $A(\mathrm{maf}_u)$ 都在 $B[\mathrm{bk}(\mathrm{maf}_u)]$ 前完成特征建模。

加工特征几何结构中蕴含了加工工艺本体，通过工艺设计员选取建模特征，以建模特征所包含的几何特征作为识别工艺本体的依据，为工艺方法选择和创建工艺卡片提供推理数据来源。

可以由几何建模特征推理加工工艺本体通过先验的样本空间获得推理的决策树，建立工艺本体的属性和组成。表 2-6 为样本的属性及含义，表 2-7 为工艺本体的组成元素及含义。

表 2-6　建模本体样本的属性及含义

属　性	含　义	推　理
a_1	交线的类型	
v_{11}	交线为封闭圆	加工轮廓为封闭圆
v_{12}	交线为封闭多边形	加工轮廓为封闭多边形
v_{13}	交线为开放多边形	加工轮廓为开放多边形
a_2	加工轮廓相邻面的类型	
v_{21}	相邻面垂直于加工轮廓	加工路径为直线
v_{22}	相邻面是曲面且不垂直加工轮廓	加工路径为曲线
v_{23}	相邻面是圆周面	加工路径为圆周
a_3	加工余量与加工轮廓的尺度之比	
v_{31}	加工余量与加工轮廓的尺度比值高	
v_{32}	加工余量与加工轮廓的尺度比值低	

表 2-7　工艺本体组成元素及含义

元　素	含　义
g_1	加工轮廓线类型
w_{11}	封闭圆，包括圆的半径和圆心位置，加工轮廓所在面为加工面

续表

元　素	含　义
w_{12}	封闭多边形,包括多边形的位置和各边长,加工轮廓所在面为加工面
w_{13}	开放多边形,包括多边形的位置和各边长,加工轮廓所在面为加工面
g_2	加工路径类型
w_{21}	加工路径为直线,加工余量为直线的长度
w_{22}	加工路径为曲线,加工余量为曲线的长度
g_3	加工方法
w_{31}	车削加工
w_{32}	铣削加工
w_{33}	刨削加工
w_{34}	磨削加工
w_{35}	孔加工

如图 2-7 所示,通过对 200 组已有的加工特征建模案例研究,获得工艺本体推理的决策树。决策树可以转化为 if - then 形式的推理规则,从建模特征上获取可能的工艺本体。

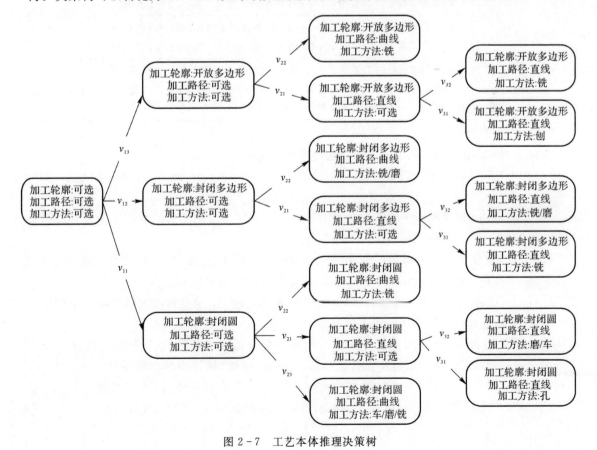

图 2-7　工艺本体推理决策树

由商用 CAD 软件平台中获得的零件模型都是采用特征建模方法创建的,可通过抑制工序对应的加工特征获得当前工序模型。从建模特征中识别加工工艺本体的实现流程与方法如表 2-8 所示。

表 2-8　加工工艺本体获取流程与方法

步　骤	方　法
1	a)当前工序模型为 pro_n,根据工艺规划由工序模型 pro_n 到工序模型 pro_{n-1} 所需要抑制的建模特征集合记为 fea_p,$p \in \mathbf{N}$ b)做 $fea_1 \bigcup{}^* fea_2 \bigcup{}^* \cdots \bigcup{}^* fea_p$,进行布尔并运算后得到建模特征实体,记为 mbody
2	抑制建模特征集合 fea_p,$p \in \mathbf{N}$,获得工序模型 pro_{n-1}
3	a)求实体 $Insect = mbody \bigcap{}^* pro_n$,得到 Insect 边线的集合记为 LINE; b)遍历 pro_n 的表面集合记为 SURF,若 $surf_t \in SURF \wedge line_s \in LINE \wedge line_s \in surf_t$,$s,t \in \mathbf{N}$,则加工面 $surf_t$ 与加工特征的交线集合可记为 $surf_t(lines_s)$
4	如果 $surf_t(lines_s)$ 为封闭曲线,则可识别 $surf_t(lines_s)$ 为加工轮廓,记为 MachOutline,根据决策树推理获得加工轮廓所在面即为加工面
5	如果 $surf_t(lines_s)$ 为不封闭曲线,则采用改良的 Graham 方法修改 $surf_t(lines_s)$ 为封闭的加工轮廓,记为 MachOutline,根据决策树推理获得加工轮廓所在面即为加工面
6	a)记 MachOutline 的相邻面集合为 AdFaces; b)判断 AdFaces 的类型,根据决策树推理获得加工路径和加工余量
7	a)由 MachOutline 与 AdFaces 的类型,通过决策树推理获得可能的加工方法; b)加工轮廓、加工余量、加工面、加工方法组成了一套可行的工艺本体
8	a)识别出可行的工艺本体集合,记为 POnto,由工艺员从中选择所需的加工工艺; b)在工序模型 pro_n 中,所选加工工艺本体中加工方法、加工余量自动填写入工艺卡片,加工面、加工轮廓在工序模型上高亮显示

基于 Graham 凸包算法[9]的不闭合曲线封闭方法如下:

(1)不封闭曲线由多个线串组成,记为集合 $DL = \{dl_1, dl_2, \cdots, dl_m\}$,$m \in \mathbf{N}$。如图 2-8(a)所示。

(2)线串 dl_m 包含的两个端点记为 $EP(dl_m) = \{ep_m^1, ep_m^2\}$,则不封闭曲线中包含的端点集合为 $EP(DL) = \{ep_1^1, ep_1^2, ep_2^1, ep_2^2, \cdots, ep_m^1, ep_m^2\}$。

(3)以 EP 作为给定的离散点集,根据 Graham 凸包算法,计算 $EP(DL)$ 中各个点的直线凸包包络,凸包连线记为 $CL = \{cl_1, cl_2, \cdots, cl_n\}$,$n \in \mathbf{N}$,如图 2-8(b)所示。

(4)若 $\exists [ep_m^1 \in EP(cl_n) \wedge ep_m^2 \in EP(cl_n)]$,则删除线段 cl_n,记被删除的线段集合为 DCL。

(5)最终形成的封闭轮廓的线串集合为 $DL \bigcup CL - DCL$[见图 2-8(c)]。

如图 2-9 所示,工序模型①是由工序模型②经过孔加工获得,该孔是加工特征 maf_{H1}、maf_{H2},这两个加工特征分别由建模特征 mof_{H1}、mof_{H2} 创建,通过抑制建模特征 mof_{H1}、mof_{H2} 得到工序模型②。工序模型②是由工序模型③经过铣 T 形槽获得的,该 T 形槽是加工特征 maf_T,该加工特征是由建模特征 mof_T 创建,则可通过抑制 mof_T 得到工序模型③。

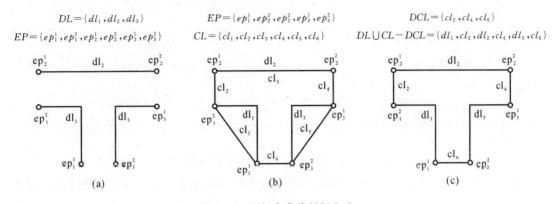

图 2-8　不闭合曲线封闭方法

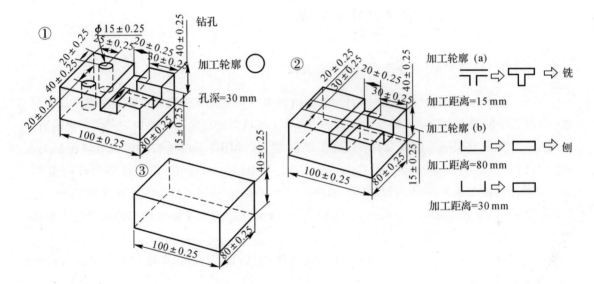

图 2-9　工序模型逆向创建方法实例

　　获取工艺本体的推理过程如表 2-9 所示,其中模型②分为两种推理过程,这是由于通过逆向创建算法 T 形槽将会计算出不同的加工轮廓,如图 2-9②中的(a)和(b)。根据工艺员的不同选择会得到不同的推理结果:铣或刨。

表 2-9　获取工艺本体的推理

模 型	建模特征	规 则	工艺本体推理
①	交线为封闭圆	v_{11}	推理出加工轮廓为封闭圆
	相邻面垂直于加工轮廓	v_{21}	加工路径为直线
	余量比轮廓的尺度比高	v_{31}	孔加工
②	交线为开放多边形(a)	v_{13}	推理出加工轮廓为开放多边形
	相邻面垂直于加工轮廓	v_{21}	推理出加工路径为直线,加工余量为相邻面边长
	余量比轮廓的尺度比低	v_{32}	采用铣削加工方法

续表

模　型	建模特征	规　则	工艺本体推理
②	交线为开放多边形（b）	v_{13}	推理出加工轮廓为开放多边形
	相邻面垂直于加工轮廓	v_{21}	推理出加工路径为直线，加工余量为相邻面边长
	余量比轮廓的尺度比高	v_{31}	采用刨削加工方法

工序模型逆向创建的方法优势在于直接复用设计好的建模特征，有效地减少了工艺员的工作量。然而其局限性也是显而易见的，只有在符合特定条件的产品上才能采用上述逆向生成方法。

2.1.2　MBD 工序模型传播方法

2.1.2.1　机加 MBD 工序模型组成的相关性模型

MBD 工序模型是具有时序关系，且附着制造约束的一组三维模型。后置工序模型是在前置 MBD 工序模型上附加加工特征后得到的 MBD 工序模型。当某一道机加工序模型更改后，几何与标注更改将传播影响其后续 MBD 工序模型[14]。MBD 工序模型的组成可以定义为：Model∷＝＜Fea＞＜Pos＞＜Orient＞＜Anno＞。其中，Model 是 MBD 工序模型；Fea 是组成工序模型的加工特征；Pos 是加工特征的放置位置；Orient 是加工特征的放置方向；Anno 是MBD 模型上的三维工艺标注。Fea∷＝＜Ele＞＜Topo＞。其中，Ele 是加工特征所包含的几何元素，包括面元素、边元素和点元素；Topo 是面元素与边元素之间的关系。Anno∷＝＜Value＞＜Ele＞＜Pos＞。其中，Value 是三维标注的值；Ele 是标注所依附的几何元素；Pos是三维标注放置的位置。

假设 2 - 7：第 i 道 MBD 工序模型记为 M_i，第 $i＋1$ 道 MBD 工序模型记为 M_{i+1}，$i \in \mathbf{N}$，其中 i 表示工序模型的序号。

假设 2 - 8：第 i 道工序内容的加工特征集合记为 $\sum\limits_{m=1}^{N} F_m^i$，$F_m^i$ 所包含的几何元素集合记为 $\sum\limits_{w=1}^{N} E_w^{i,m}$，$i,m,w \in \mathbf{N}$。其中，$m$ 表示第 i 道工序所包含加工特征的序号；w 表示第 m 个加工特征所包含几何元素的序号。

假设 2 - 9：在第 i 道 MBD 工序模型上更改的加工特征集合 $\sum\limits_{j=1}^{N} CFea_j^i$，$i,j \in \mathbf{N}$。其中，$j$ 表示第 i 道工序模型所包含加工特征的序号。

假设 2 - 10：在第 i 道 MBD 工序模型上的三维标注集合记为 $\sum\limits_{s=1}^{N} A_s^i(E_s^{i,m})$，其中标注所依附的几何元素集合记为 $\sum\limits_{w=1}^{N} E_w^{i,m}(A_s^i)$，$i,s,w \in \mathbf{N}$。其中，$s$ 表示第 i 道工序模型所包含三维标注的

序号。

综上,则 MBD 工序模型之间的相关性满足以下条件:

(1) 当存在 M_i 与 M_{i+1} 时,则有 $M_{i+1} = \sum_{m=1}^{N} F_m^i + M_i$,即利用几何引用技术将前置工序模型引用到后置工序模型中,再附加后置工序的加工特征。

(2) 如果第 i 道工序模型发生更改,满足 $\sum_{j=1}^{N} CFea_j^i \cap * \sum_{n=1}^{i} \sum_{m=1}^{N} F_m^{n+1} \neq \varnothing, n \leqslant i$,则第 $i+1$ 道工序模型会受前置工序更改影响。

(3) 当存在 M_i 与 M_{i+1} 时,在第 i 道与第 $i+1$ 道工序模型上三维标注,则有 $\sum_{u=1}^{N} A_u^i \left(\sum_{w=1}^{N} E_w^{i,m} \right) \cap \sum_{v=1}^{N} A_v^{i+1} \left(\sum_{w=1}^{N} E_w^{i+1,m} \right) = \varnothing$。即相邻工序模型上的三维标注集合无交集。

2.1.2.2　机加 MBD 工序模型更改的传播模型

机加 MBD 工序模型是具有时序关系的模型链,后置工序模型是在前置工序模型上增加"减材料"的加工特征而创建的。因此,前、后 MBD 工序模型之间存在几何继承关系与标注继承关系,前置工序的工艺更改影响会传播到后续 MBD 工序模型。就对工序模型影响而言,机加工艺设计更改的类型主要包括插入工序模型、删除工序模型和编辑工序模型[16]。

(1) 插入工序模型:在 M_p 与 M_{p+1} 之间插入工序模型 M_q,其中 $1 \leqslant p, q \in \mathbf{N}$。如图 2-10(b) 所示,则更改传播满足以下条件:

1) $(M_p. = M_q) \wedge (.M_{p+1} = M_q)$,即 M_q 为 M_p 的后置工序模型,M_q 为 M_{p+1} 的前置工序模型。

2) $M_q = \sum_{i=1}^{p} \sum_{j=1}^{N} F_j^i + \sum_{j=1}^{N} F_j^q$,即工序模型 M_q 为其前置工序模型集合的加工特征与本道工序加工特征的集合。

3) $M_k = M_q + \sum_{j=1}^{N} F_j^k + \sum_{i=p+1}^{k-1} \sum_{j=1}^{N} F_j^i, p+1 < k \in \mathbf{N}$,即工序模型 M_k 为工序模型 M_q 到第 k 道工序模型的加工特征集合。

(2) 删除工序模型:在工序模型 M_{p-1} 与 M_{p+1} 之间删除工序模型 M_p。如图 2-10(c) 所示,则更改传播满足以下条件:

1) $M_{p-1}. = M_{p+1} \wedge .M_{p+1} = M_{p-1}$,即 M_{p-1} 的后置工序模型为 M_{p+1}。

2) $M_k = M_{p-1} + \sum_{i=p+1}^{k} \sum_{j=1}^{N} F_j^i, k > p$,即工序模型 M_k 为工序模型 M_{p-1} 与第 $p+1$ 道工序模型到第 k 道工序模型的加工特征集合。

(3) 编辑工序模型:工序模型 M_p 上发生加工特征更改变为 M_p'。如图 2-10(d) 所示,则更改传播满足以下条件:

$M_k = M_p' + \sum_{i=p+1}^{k} \sum_j^N F_j^i$,即工序模型 M_k 为工序模型 M_p' 与从第 $p+1$ 道工序到第 k 道工序模型的加工特征集合。

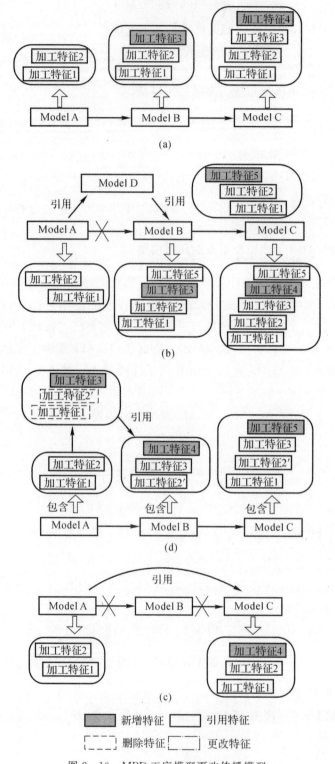

图 2-10 MBD 工序模型更改传播模型

(a)原工序模型关联; (b)插入工序模型; (c)删除工序模型; (d)编辑工序模型

2.1.2.3　机加 MBD 工序模型的更改方法

MBD 机加工序模型一致性维护的本质是利用已有设计中模型几何结构与三维标注所必须遵守的演变关系,驱动受影响后置工序模型自动更改以保证工艺正确。机理全息快照记录 MBD 工序模型的更改,依据更改传播模型驱动后置 MBD 工序模型更改[19]。当前商业 CAD 设计系统都提供了访问几何模型中的特征与几何元素的工具包,为维护机加 MBD 工序模型一致性提供了实现基础。全息快照是不依赖于具体三维几何建模平台,在后台记录每道 MBD 工序模型组成与组成元素之间关联关系的中性 XML 描述文件,机加工艺设计中 MBD 模型的序列更改与几何更改都会引起修改全息快照和 MBD 工序模型。全息快照组织结构如图 2-11(a)所示,全息快照的类图如图 2-11(b)所示。

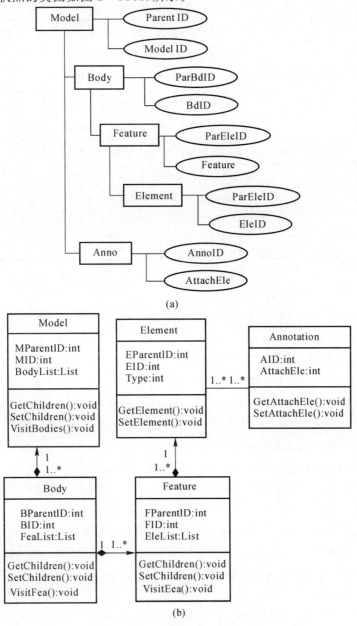

图 2-11　全息快照组织结构与类图

(a)全息快照组织结构；　(b)全息快照类图

全息快照 XML 文件中标记与属性的含义如表 2-10 所示。

表 2-10　全息快照的标记含义

标　记	属　性	含　义
Model		表示 MBD 工序模型的根节点
	ParentID	表示 MBD 工序模型所引用前道工序模型的唯一标识
	ModelID	表示当前 MBD 工序模型的唯一标识
Body		表示 MBD 工序模型中所包含几何体的节点
	ParBdID	表示所引用几何实体的唯一标识
	BdID	表示当前 MBD 工序模型中几何实体的唯一标识
Feature		表示几何实体所包含加工特征的节点
	ParFeaID	表示所引用加工特征的唯一标识
	FeaID	表示当前 MBD 工序模型中加工特征的唯一标识
Element		表示加工特征所包含几何元素的节点
	ParEleID	表示所引用几何元素的唯一标识
	EleID	表示当前加工特征中几何元素的唯一标识
Anno		表示当前 MBD 工序模型上三维标注的节点
	AnnoID	表示当前 MBD 工序模型上三维标注的唯一标识
	AttachEle	表示三维标注所依附几何元素的唯一标识

1. MBD 工序模型的几何更改发现算法

（1）创建第 i 道 MBD 工序模型的全息快照对象 $Snap_i$。创建 $Snap_i$ 所包含实体对象数组 $m\_body_i^j$，创建 $m\_body_i^j$ 中 Body 对象所包含的特征对象数组 $m\_fea_{i,j}^k$。创建 $m\_fea_{i,j}^k$ 中 Feature 对象所包含的几何元素对象数组 $m\_ele_{i,j,k}^l$。

（2）更改第 i 道 MBD 工序模型 $Model_i$。

（3）创建更改后第 i 道 MBD 工序模型的全息快照对象 $Snap_i{'}$。创建 $Snap_i{'}$ 所包含实体对象数组 $m\_body_i^{j}{'}$，创建 $m\_body_i^{j}{'}$ 中 Body 对象所包含的特征对象数组 $m\_fea_{i,j}^k{'}$。创建 $m\_fea_{i,j}^k{'}$ 中 Feature 对象所包含几何元素对象数组 $m\_ele_{i,j,k}^l{'}$。

（4）比较数组 $m\_body_i^{j}{'}$ 与数组 $m\_body_i^j$ 中的 Body 对象，通过对比 Body 对象的 BID 识别出增加与删除的 Body 对象，增加的 Body 对象放入 $m\_Addbody_i$，删除的 Body 对象放入 $m\_Delbody_i$，BID 未变化的 Body 对象放入 $m\_Remainbody_i$。

（5）遍历 $m\_Remainbody_i$ 中的 Body 对象，比较 Body 对象所包含 Feature 对象数组 $m\_fea_{i,j}^k{'}$ 与 $m\_fea_{i,j}^k$。通过对比 Feature 对象的 FID 识别出增加与删除的 Feature 对象，增加的 Feature 对象放入 $m\_Addfea_{i,j}$，删除的 Feature 对象放入 $m\_Delfea_{i,j}$。FID 未变化的 Feature 对象放入 $m\_Remainfea_{i,j}$。

（6）遍历 $m\_Remainfea_{i,j}$ 中的 Feature 对象，比较 Feature 对象所包含 Element 对象数组 $m\_ele_{i,j,k}^l$ 与 $m\_ele_{i,j,k}^l{'}$。通过对比 Element 对象的 EID 识别出增加与删除的 Element 对象，

增加的 Element 对象放入 m_Addele$_{i,j,k}$，删除的 Element 对象放入 m_Delele$_{i,j,k}$。EID 未变化的 Element 对象放入 m_Remainele$_{i,j,k}$。

（7）判断 m_Remainele$_{i,j,k}$ 中 Element 对象 m_ele$_{i,j,k}^l$ 与 m_ele$_{i,j,k}^l{}'$ 的几何参数是否相同。若相同，则将该 Element 对象保留在 m_Remainele$_{i,j,k}$ 中，若不同，则把几何元素放入 m_Editele$_{i,j,k}$。

2．MBD 工序模型更改传播算法

（1）打开第 $i+1$ 道工序的 MBD 工序模型。

（2）遍历数组 m_Addbody$_i$ 中的 Body 对象，读取 Body 对象的 BID 成员变量。将 Model$_i$ 中 BID 对应的几何实体引用到 Model$_{i+1}$ 中。更改 Model$_{i+1}$ 的全息快照 Snap$_{i+1}$，在 Snap$_{i+1}$ 中增加 BID 对应的 Body 节点。

（3）遍历数组 m_Delbody$_i$ 中的 Body 对象，读取 Body 对象的 BID，在 Model$_{i+1}$ 中删除 ParentID 为 BID 的几何实体，删除 Snap$_{i+1}$ 中 ParBdID 为 BID 的 Body 节点。

（4）遍历数组 m_Addfea$_{i,j}$ 中的 Feature 对象，读取 Feature 对象的 FID，将 Model$_i$ 中 FID 对应的加工特征引用到 Model$_{i+1}$ 中，更改 Model$_{i+1}$ 的全息快照 Snap$_{i+1}$，在 Snap$_{i+1}$ 中增加 FID 对应的 Feature 节点。

（5）遍历数组 m_Delfea$_{i,j}$ 中的 Feature 对象，读取 Feature 对象的 FID，在 Model$_{i+1}$ 中删除 ParentID 为 FID 的加工特征，删除 Snap$_{i+1}$ 中 ParFeaID 为 FID 的 Feature 节点。

（6）遍历数组 m_Editele$_{i,j,k}$ 中的 Element 对象，读取 Element 对象的 EID 成员变量。将 Model$_i$ 中 EID 对应的几何元素重新引用到 Model$_{i+1}$ 中。

（7）$i=i+1, i \in \mathbf{N}$，调用几何更改发现算法识别第 i 道 MBD 工序模型的几何更改。

（8）返回步骤（1），更改第 $i+1$ 道工序的 MBD 工序模型。

3．MBD 工艺标注更改算法

（1）第 i 道 MBD 工序模型 Model$_i$ 被更改。

（2）创建第 i 道 MBD 工序模型的三维标注对象数组 m_Anno$_i$。

（3）遍历第 i 道工序更改发现后的数组 m_Delbody$_i$，读取 Body 对象的 BID。遍历 Body 对象中所包含的 Feature 对象数组 m_fea$_{i,j}^k$，读取 Feature 对象的 FID。遍历 Feature 对象中所包含的 Element 对象数组 m_ele$_{i,j,k}^l$。

（4）遍历数组 m_Delfea$_{i,j}$，读取 Feature 对象的 FID。遍历 Feature 对象中所包含的 Element 对象数组 m_ele$_{i,j,k}^l$。

（5）遍历数组 m_Delele$_{i,j,k}$ 中的 Element 对象，放入 m_ExtEle。

（6）遍历三维标注对象数组 m_Anno$_i$ 中的 Annotation 对象，如果 Annotation 对象的 AttachEle 属于 m_ExtEle，则删除该 Annotation 对象。

（7）遍历三维标注对象数组 m_Anno$_{i+1}$ 中的 Annotation 对象，如果 Annotation 对象的 AttachEle 属于 m_ExtEle，则删除该 Annotation 对象。

（8）遍历数组 m_Editele$_{i,j,k}$ 中的 Element 对象，如果 Annotation 对象的 AttachEle 属于 m_Editele$_{i,j,k}$，则更新该 Annotation 对象。

2.1.2.4　应用实例验证

如图 2-12(a)所示，工序模型①经过扩孔加工与铣平面得到工序模型②，工序模型②经过孔加工和铣键槽获得工序模型③,由工序模型③加工异型槽得到工序模型④。在工序模型创建时就为 MBD 工序模型创建全息快照。

(1)工序模型中增加加工特征:当修改工序模型②,增加倒圆角加工特征后,则触发创建更改后工序模型②的全息快照(见图 2-13)。通过比对工序模型②更改前后的全息快照,识别出几何所发生的变化,分别存入数组 m_Remainbody、m_Remainfea、m_Remainele 和 m_Addele 中。利用更改传递算法修改后续工序模型的全息快照,并基于全息快照的变化同步更改模型。该加工特征会传播影响到后续工序模型③与④[见图 2-12(b)]。

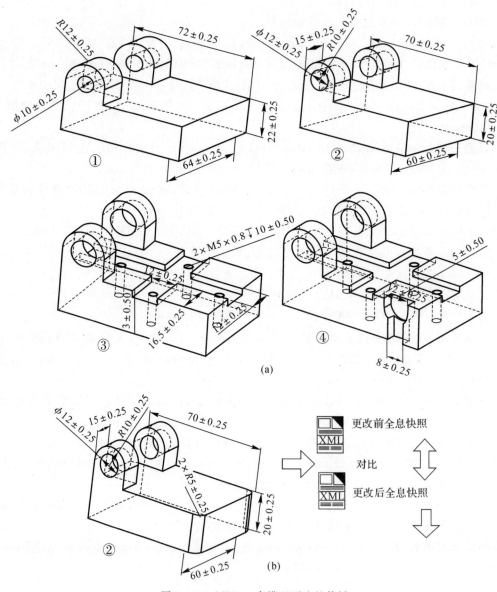

图 2-12　MBD 工序模型更改的传播

(a)更改前的工序模型;　(b)模型更改的传播

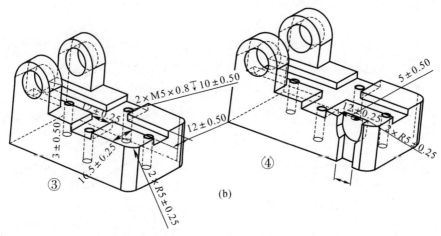

续图 2-12　MBD 工序模型更改的传播

(b)模型更改的传播

```
<Model ParentID ="M001" ModelID ="M002">          <Model ParentID ="M001" ModelID ="M002">
   <Body ParBdID ="B001" BdID ="B001">               <Body ParBdID ="B001" BdID ="B001">
      <Feature ParFeaID ="Null" FeaID ="1">             <Feature ParFeaID ="Null" FeaID ="F0001">
         <Element ParEleID ="Null" EleID ="6068"/>         ......
         <Element ParEleID ="Null" EleID ="6067"/>      </Feature>
         <Element ParEleID ="6072" EleID ="6072"/>      <Feature ParFeaID ="Null" FeaID ="F0002">
         <Element ParEleID ="6075" EleID ="6075"/>         ......
         <Element ParEleID ="Null" EleID ="6070"/>      </Feature>
         <Element ParEleID ="Null" EleID ="6071"/>      <Feature ParFeaID ="Null" FeaID ="F0003">
      </Feature>                                           <Element ParEleID ="Null" EleID ="6069"/>
      <Feature ParFeaID ="Null" FeaID ="2">          </Feature>
         <Element ParEleID ="Null" EleID ="6072"/>      <Feature ParFeaID ="Null" FeaID ="F0004">
      </Feature>
      <Feature ParFeaID ="Null" FeaID ="3">            <Element ParEleID ="Null" EleID ="7002"/>
         <Element ParEleID ="Null" EleID ="6069"/>      <Element ParEleID ="Null" EleID ="7003"/>
      </Feature>
   </Body>                                             </Feature>
   <Anno AnnoID ="2312" AttachEle ="6072"/>         </Body>
   <Anno AnnoID ="2314" AttachEle ="6069"/>         <Anno AnnoID ="2312" AttachEle ="6072"/>
   <Anno AnnoID ="2315" AttachEle ="6070, 6071"/>   <Anno AnnoID ="2314" AttachEle ="6069"/>
   <Anno AnnoID ="2316" AttachEle ="6068, 6075"/>   <Anno AnnoID ="2315" AttachEle ="6070, 6071"/>
   <Anno AnnoID ="2317" AttachEle ="6067, 6072"/>   <Anno AnnoID ="2316" AttachEle ="6068, 6075"/>
   <Anno AnnoID ="2441" AttachEle ="6070, 6059"/>   <Anno AnnoID ="2317" AttachEle ="6067, 6072"/>
</Model>                                             <Anno AnnoID ="2441" AttachEle ="6070, 6059"/>
                                                     <Anno AnnoID ="2442" AttachEle ="7002"/>
                                                  </Model>
```

m_Remainbody = {B0001}　　　m_Addele = {7002, 7003}

m_Remainele = {6068, 6067, 6072, 6075, 6070, 6071, 6069}　　m_Remainfea = {F0001, F0002, F0003}

图 2-13　更改前、后的全息快照

(2)插入工序模型:当在工序模型②与工序模型③之间插入倒圆角工序,则将工序模型②引用到新插入的工序模型上,并增加倒圆角加工特征。重新建立新插入工序模型与工序模型③之间的引用关系,并将新插入工序模型上的新增加工特征引用到工序模型③中[见图 2-14 (a)]。

　　(3)删除工序模型:当删除工序模型③后,重新建立工序模型②与工序模型④之间的几何引用关系,首先更新工序模型④对应的全息快照,然后驱动工序模型④删除工序模型③包含的加工特征[见图 2-14(b)]。

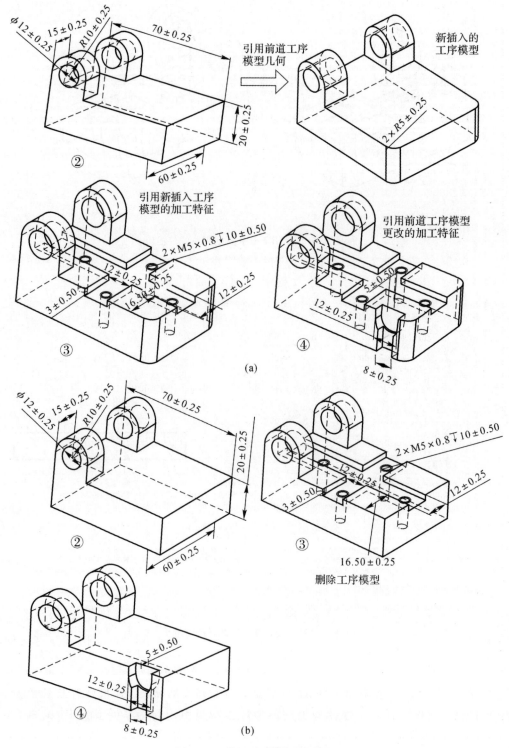

图 2-14　插入与删除工序模型

(a)插入新工序；　(b)删除工序

2.2　MBD 工序模型的尺寸链校核

MBD 是直接在 CAD 模型中进行制造信息标注的新建模形式。在 MBD 模型中可以直接对产品制造信息,如尺寸、公差、粗糙度等,进行标注,而在各种主流造型软件中,模型中标注的信息往往不能直接用来进行相应的设计与制造分析,而需要借助于其他工具、平台来完成相应的工作。在建立 MBD 模型的基础之上,对其中标注的尺寸进行矢量化,并完成三维环境中尺寸公差分析的算法设计;将二维尺寸链中的分析方法推广到三维环境,实现在三维模型上直接对尺寸公差的分析。

2.2.1　常用尺寸公差分析方法

2.2.1.1　尺寸公差分析概述

尺寸公差是机械产品成型过程中极其重要的变量。在产品设计阶段,尺寸公差往往基于以往设计经验进行分配,其精度很大程度上取决于设计人员的知识与经验积累;在工艺设计阶段,工序间的公差分配是工艺阶段的核心问题,一个完整、有效的工艺必须对每个工序的尺寸和形位公差进行准确表述。在二维图样中,往往采用尺寸链图对尺寸公差进行分析、推理,以判断其是否满足设计或制造的要求。与一般尺寸链技术不同的是,工艺尺寸链由上、下工序间相互平行的尺寸及加工余量组成,在产品成型过程中,余量的大小直接和加工刀具、主轴转速等相关,因此,在工艺尺寸链中,加工余量往往作为必须保证的工程变量。尺寸链技术能简化复杂的公差分配过程,加工余量作为在上、下工序间保证的唯一变量,极大地提高了工艺设计的效率。

尺寸链的主要特点如下[21]:

(1)封闭性。尺寸链必须是一组有关尺寸首尾相连构成封闭形式的尺寸组。其中,应包含一个间接保证的尺寸和若干个对此有影响的直接获得尺寸。

(2)关联性。尺寸链中间接保证的尺寸的大小和变化(即精度)是受直接获得的尺寸的精度所支配的,彼此间具有特定的函数关系。一般情况(除并联尺寸链)下,各组成环之间是相互独立的,组成环与封闭环之间具有关联性,并且间接保证的尺寸精度必然低于直接获得的尺寸精度。

(3)环数约束。一个尺寸链的环数应至少有 3 个,两个尺寸不能组成尺寸链。一个尺寸链必须有一个且只能有一个间接保证的尺寸。

在加工中,设计完成的尺寸链如图 2-15 所示。根据尺寸链中的尺寸是否被其他尺寸间接保证,往往将尺寸链中的尺寸分为封闭环和组成环。

(1)封闭环。根据尺寸链的封闭性,最终被间接保证的那个环称为封闭环。在工艺设计阶段,工艺尺寸链的封闭环是在工序图上未标注的尺寸,即加工余量。

(2)组成环。除封闭环以外的其他环都称为组成环,在零件加工过程或产品装配时,它是直接获得(直接保证)的,并影响封闭环精度的尺寸。根据组成环对封闭环的影响,可将其分为增环与减环。其中,增环是指当其他组成环保持不变时,它的变动会引起封闭环尺寸同向变动的组成环。同向变动是指该环增大时,封闭环也增大,该环减小时封闭环也减小。减环是指它的变动会引起封闭环的反向变动的组成环。反向变动是指该环增大时封闭环减小,该环减小时封闭环增大。

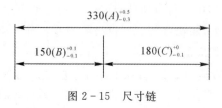

图 2-15 尺寸链

2.2.1.2 尺寸链的建立

尺寸链是进行尺寸公差分析的基础。正确建立尺寸链可以显著提高公差分析的效率,提高产品的设计与制造质量。建立尺寸链的具体步骤如下[22]:

(1)确定封闭环。在工艺尺寸链中,往往将上、下工序间的加工余量作为封闭环,以通过分析确定余量分配是否合适。在设计与装配阶段,尺寸链的选择往往较为灵活,一般由设计或装配人员依据经验确定。

(2)查明组成环。在确定封闭环后,应先从封闭环的一端开始,依次找出影响封闭环变动的、相互连接的各个尺寸,直到最后一个尺寸与封闭环的另一端相连接为止。其中每一个尺寸都是一个组成环,它们与封闭环连接形成一个封闭的尺寸组,也就是尺寸链。

(3)绘制尺寸链图。按确定的封闭环和查明的各组成环,将它们标注在示意装配图上或零件图上,或者将封闭环和各组成环相互连接的关系,单独用简图表示出来。这两种形式的简图成为尺寸链图。

在建立尺寸链时,需要遵循"最短尺寸链原则"。即对于某一封闭环,若存在多个尺寸链,则应选取组成环最少的那一个尺寸链,因为在封闭环精度要求一定的条件下,尺寸链中组成环的环数越少,则对组成环的要求越低,从而可以降低产品的成本。

在完成尺寸链的绘制后,可根据极值法对封闭环的极限尺寸进行计算。极值法是指在极限条件下,当所有组成环尺寸处于极限情况时计算封闭环尺寸范围的公差分析方法。当所有增环的尺寸为最大值、减环的尺寸为最小值时,计算所得的封闭环尺寸为最大值。当所有增环的尺寸为最小值、减环尺寸为最大值时,计算所得的封闭环尺寸为最小值。利用极值法可以很方便地对封闭环的变动范围(即上、下偏差值)进行计算,从而完成封闭环尺寸的合格性验证。

以往的工艺尺寸链往往采用手绘法对其进行分析,即工艺设计人员将上、下工序间相关尺寸及加工余量以首尾相接的方式进行二维绘制,并依据尺寸链基本规则判断相关尺寸相对于加工余量的增减环。通过尺寸链计算准则得出加工余量的名义值及变动范围,从而对该加工余量的分配合理性进行判断。该分析方法往往针对的是互相平行的尺寸,而没有考虑到一些特殊的加工特征可能需要进行平面及三维尺寸链的分析与校核,而且尺寸链不能重复使用,必须针对新的工序重新绘制尺寸链,无法在成熟的 CAD 系统中进行直接分析。因此在广泛应用 MBD 模型时该问题成为了限制工序设计阶段效率提高的瓶颈。

2.2.1.3　计算机辅助尺寸链分析

为了改善现有手绘式的加工余量分配方法及充分利用 MBD 技术来表示工序模型,国内外学者提出了一系列基于 CAD 造型系统的工艺尺寸链建模方法,旨在使尺寸链中的目标尺寸具有工程语义,减少工艺的重复设计。现在,已经有一定应用范围的尺寸链建模方法,包括有向图和矩阵树尺寸链等。有向图理论是其中具有代表性的建模方法。有向图理论应用于工艺设计阶段时,以两个节点分别代表定位面和加工面,有向的弧线由定位面指向加工面,能完整、清晰地表征一个工序中的所有关键元素。同时,以该理论为基础的尺寸链分析系统使得每个工序中的加工特征都有唯一的属性,在进行公差分配时避免了尺寸链的重复绘制,并将各个加工面的属性以一定的数据结构存储在底层 CAD 系统中,具有相同属性加工特征的工序即可认为是相连工序,从而可以快速、重复生成工艺尺寸链。

通过对有向图理论的分析,引出了计算机辅助尺寸链技术中的核心要素:①工程语义,即在建模方法中必须使得相关元素具有可进行分析或者挖掘的工程数据;②可复用性,即在基于 CAD 软件的尺寸链分析系统中,生成完整尺寸链所需要的属性列表等数据不能是一次性使用的,而应该作为结构化数据存储在底层系统中;③可索引,即通过对底层数据的索引得到具有相同属性的元素,从而完成尺寸链图中相关工序的查找和快速生成。

2.2.2　MBD 尺寸矢量化标注

在传统的二维尺寸链分析环节中,一般由经验丰富的工艺员人工寻找相关联工序的尺寸链并查明增减环,该模式效率低下且容易出错,制约了工艺设计的发展。而直接在 CAD 造型软件中标注的产品制造信息虽然能够对模型的工程语义进行一定程度的描述,但其本质上却是低维度的文本信息,并不能直接用来进行公差分析。为了使已标注的信息具有工程语义,对产品制造信息中的尺寸信息进行预处理并将其矢量化,提出三维环境下的尺寸矢量标注方法,并对标注后的三维工序模型直接进行公差分析。在二维图样中,尺寸链必定是首尾相接的,并且可依据组成环对封闭环的影响判断增减环,这种特点与空间矢量的相关性质具有高度的一致性。在进行尺寸矢量标注时,首先,将尺寸矢量化后,利用矢量和为零原则来对空间尺寸是否成环进行判断;其次,在三维环境中,利用表征空间尺寸的矢量的夹角来表征组成环尺寸对加工余量尺寸(封闭环)的影响,该影响因子具有矢量性,传递系数可在 $-1\sim1$ 之间变动,大大优于以往线性尺寸链的阈值选择(-1 或 1)。简言之,赋予三维尺寸矢量性质,使原本的二维尺寸带有方向性,如图 2-16 所示,完成可进行工程语义分析的尺寸链模型预创建。

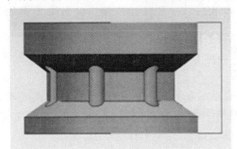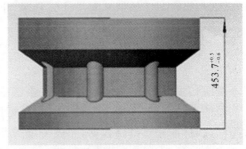

图 2-16　未标注矢量的尺寸(左)和标注矢量的尺寸(右)

图 2-16 中的尺寸标注是为了表征矢量尺寸的概念而做的注释性标注,并不符合国标相关规定。后续将讨论尺寸矢量信息的存储问题,将矢量信息数据化,以保证在尺寸标注符合国标规定的同时,完成矢量数据的存储。

2.2.3 尺寸矢量存储

尺寸链建模方法要求尺寸链中的组成尺寸具有可重复利用的工程语义,因此基于 MBD 的矢量化尺寸需要存储在底层 CAD 系统中且不会随着分析过程而被修改、编辑或删除。该方法基于 UG NX 7.5 平台,由于表征尺寸的矢量可以用其起点、终点在造型系统坐标系中的坐标进行描述,因此利用 NXOPEN API 获取尺寸所依附的点特征,随后将其存储在尺寸的属性列表中。由于建模结构基于具体的 CAD 模型,因此利用属性列表这种集成于造型系统的数据存储方式比独立于造型系统的存储方式,如 XML 等,更有效率;同时,属性列表中的单条数据是以"键-值"对的形式进行表征的,可以对点数据进行快速引用和查询,以满足快速生成尺寸链的要求。存储在 CAD 系统中的矢量尺寸数据表如图 2-17 所示。

图 2-17 矢量化尺寸数据存储

图 2-17 中,"X""Y""Z"分别代表该三维尺寸矢量的坐标分量。同时为了精确记录尺寸所依附特征的位置,分别用"START-X""START-Y""START-Z""END-X""END-Y""END-Z"6 个属性对应的值来对尺寸矢量起、止点的坐标进行描述。相应的数学关系如下:

$$\left. \begin{array}{l} X = X_{END} - X_{START} \\ Y = Y_{END} - Y_{START} \\ Z = Z_{END} - Z_{START} \end{array} \right\} \tag{2-5}$$

尺寸矢量信息以图 2-18 所示的形式存储在底层 CAD 系统中,在造型系统中需要考虑从数据到矢量的重绘问题,利用 NXOPEN API 可以将点数据转化为对应的矢量,从而实现"矢量—数据—矢量"的完整链路数据,完成矢量的存储与展示。

进行完整矢量公差表示的模型如图 2-18 所示,整个尺寸链共有 3 个组成环,由于矢量与位置无关,因此只需要标注矢量信息 1 和矢量信息 2,并将组成尺寸依附在对应的尺寸上即可。这种处理方式显著地降低了公差表示模型的数据存储量,同时避免了稍显繁复的矢量标注过程。

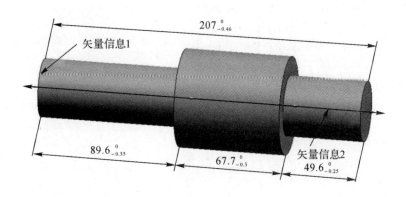

图 2-18　矢量尺寸公差表示模型

2.2.4　矢量尺寸链分析准则

根据尺寸链封闭性以及三维尺寸的矢量化过程,在工艺人员选定封闭环后,依据"矢量为零原则"检索组成环,再依据"最短尺寸链原则"生成最终的空间尺寸链[22];然后对成环尺寸链进行具体的工程分析。尺寸链分析计算是指已知所有组成环的基本尺寸和极限偏差,计算封闭环的基本尺寸和极限偏差。通过以上过程,完成在三维模型上对尺寸公差的直接分析与校核。

在尺寸链检索阶段,遍历分析范围内的所有尺寸,并通过对其属性列表进行搜索,将搜索所得尺寸分为矢量尺寸和一般尺寸。得到矢量尺寸集后,定义尺寸检索工作流程。在一个检索流程内,从集合中取出一定数目的矢量尺寸并依据其与封闭环尺寸的矢量和是否为零对其进行成环判断。矢量和为零算法基于空间矢量在基准坐标系的投影,通过坐标投影的方法可将空间尺寸链转换为多个方向上的平面尺寸链。下面以任意一空间向量为例,说明坐标投影的方法。如图 2-19 所示,设矢量 $\boldsymbol{M}(x,y,z)$ 是 3D 空间上的任意矢量,在平面 xOy 上的投影为 $\boldsymbol{P}(x,y,0)$;矢量 $\boldsymbol{M}$ 与 z 轴的夹角为 φ,与 xOy 平面的夹角为 r;矢量 $\boldsymbol{P}$ 与 x 轴的夹角为 θ。可计算出矢量 $\boldsymbol{P}$、矢量 $\boldsymbol{M}$ 在 x 轴的投影矢量 $\boldsymbol{M}_x$、矢量 $\boldsymbol{M}$ 在 y 轴的投影矢量 $\boldsymbol{M}_y$ 以及矢量 $\boldsymbol{M}$ 在 z 轴的投影矢量 $\boldsymbol{M}_z$,其计算公式为

$$\left.\begin{aligned}
\boldsymbol{P} &= \boldsymbol{M} \cdot \sin\varphi \\
\boldsymbol{M}_x &= \boldsymbol{P} \cdot \cos\theta = \boldsymbol{M} \cdot \sin\varphi \cdot \cos\theta \\
\boldsymbol{M}_y &= \boldsymbol{P} \cdot \sin\theta = \boldsymbol{M} \cdot \sin\varphi \cdot \sin\theta \\
\boldsymbol{M}_z &= \boldsymbol{M} \cdot \cos\varphi
\end{aligned}\right\} \tag{2-6}$$

上文中一个检索流程中所选的三维矢量尺寸是以模型中所有矢量为集合,从中取出一定数量的尺寸进行组合得到的,组合算法主体代码如下:

```
/// <summary>
///递归算法求数组的组合(私有成员)
/// </summary>
/// <param name="list">返回的范型</param>
/// <param name="t">所求数组</param>
/// <param name="n">辅助变量</param>
/// <param name="m">辅助变量</param>
/// <param name="b">辅助数组</param>
/// <param name="M">辅助变量 M</param>
private static void GetCombination(ref List<T[]> list, T[] t, int n, int m, int[] b, int M)
{
    for (int i = n; i >= m; i−−)
    {
        b[m − 1] = i − 1;
        if (m > 1)
        {
            GetCombination(ref list, t, i − 1, m − 1, b, M);
        }
        else
    {
    if (list == null)
{
    list = new List<T[]>();
}
T[temp] = new T[M];
for (int j = 0; j < b. Length; j++)
{
temp[j] = t[b[j]];
}
                    list. Add(temp);
    }
    }
    }
```

完成矢量尺寸在基准坐标系统的投影后,即可对一个检索流程中的所有矢量尺寸在基准坐标轴上的投影进行求和运算,若其和全为 0,则认为该流程内的矢量尺寸可与封闭环尺寸组成尺寸链,即符合矢量和为零准则。

在完成空间尺寸的封闭性验算后,由于需要分析的尺寸都具有矢量性质,因此可将尺寸链中增减环的判断转换为相应组成环矢量与封闭环矢量夹角的问题。如图 2-20 所示,假设矢量尺寸 n_1,n_2 和 n_3 为组成环,m 为封闭环,则有:

若 $m \cdot n_1 > 0$,n_1 为减环;

若 $m \cdot n_2 = 0$,n_2 对封闭环 m 无贡献;

若 $m \cdot n_3 < 0$,n_3 为增环。

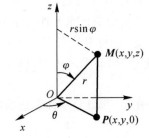

图 2-19 空间矢量坐标投影图

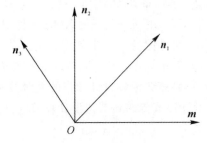

图 2-20 增减环判断

在同一工序内进行三维尺寸链分析时,需在三维环境下根据完全互换法对其进行验算,验算过程是在将三维矢量尺寸投影到基准坐标轴的条件下进行的。根据极值法计算封闭环的基本尺寸和极限偏差,当尺寸链中所有增环皆为其最大极限尺寸,且所有减环($n-1$)皆为其最小极限尺寸时,则封闭环为其最大极限尺寸。设 $L_i(i=1\sim p)$ 为增环,$L_i(i=p+1\sim n)$ 为减环,L_0 为封闭环,其关系式为

$$L_{0\max} = \sum_{i=1}^{p} L_{i\max} - \sum_{i=p+1}^{n} L_{i\min} \quad (i,p,n \text{ 均为自然数,下同})\qquad(2-7)$$

同理,当尺寸链中所有增环皆为其最小极限尺寸,所有减环皆为其最大极限尺寸时,则此时封闭环为其最小极限尺寸,则有

$$L_{0\min} = \sum_{i=1}^{p} L_{i\min} - \sum_{i=p+1}^{n} L_{i\max}\qquad(2-8)$$

式(2-7)减式(2-8),得出封闭环公差 T_0 与各组成环公差 T_i 的关系为

$$T_0 = \sum_{i=1}^{p} T_i + \sum_{i=p+1}^{n} T_i = \sum_{i=1}^{n} T_i\qquad(2-9)$$

在分析结束后,需要对分析结果进行记录和整理,同时生成报表以方便工艺人员查看。

2.3 基于 MBD 工序模型的特征识别方法

2.3.1 机械加工 MBD 毛坯模型的特征识别设计方法

2.3.1.1 MBD 毛坯模型与零件模型的组成分析

MBD 毛坯模型的组成元素包括三维几何模型、制造要求标注、毛坯材料属性、加工技术条件和工艺管理信息[25]。MBD 毛坯模型可以记为

$$M_{\text{Rough}} ::= <G><A><M><T><I>$$

式中,G 表示毛坯的三维几何模型;A 表示附加在三维模型上用于标识制造要求的 GD/T 标注信息;M 表示毛坯模型的材料属性;T 是毛坯工序的技术条件;I 是毛坯模型在工艺中的管理信息。通过扩展商用 CAD 平台成为 MBD 机加工艺设计环境,因此 G 是基于商用 CAD 平台创建

生成的。A 也是基于商用 CAD 平台的三维 GD/T 标注工具在 G 上进行标注。M 是毛坯的材料属性文本信息,利用与 G 关联的 XML 文件记录;T 是毛坯模型的技术条件文本信息,利用与 G 关联的 XML 文件记录;I 是毛坯模型的工艺管理文本信息,同样利用与 G 关联的 XML 文件记录。其中 M、T 和 I 是由工艺员指定的附加条件,不是制约 MBD 毛坯模型设计的关键问题;而创建 G 与 A,则蕴含毛坯设计知识的关键技术。

由零件设计环节传递到工艺设计环节的是 MBD 零件模型。MBD 零件模型的组成可以由如下定义说明。

定义 2-7:铸锻面指零件模型中不要求加工精度的面,该面由铸造或锻造工艺方法生成。这类铸锻面由毛坯模型继承,不参与机械加工,集合可记为 F_{Cast}。

定义 2-8:表面加工面是指加工余量非常小并且全程均匀的面,集合可记为 SurF。

定义 2-9:体积加工面是指对毛坯或者工序模型进行大余量加工形成的多个加工面,集合可记为 VolF。

定义 2-10:MBD 零件模型记为 M_{Model},则 M_{Model} 的组成元素可表达为 $M_{Model} :: = <F_{Cast}><F_{Surf}><F_{Vol}><A_{Anno}>$,其中,$A_{Anno}$ 是加工模型的三维制造标注对象集合。

定义 2-11:三维制造标注对象附着于 MBD 模型中的面几何元素,若三维制造标注对象记为 A_{Anno},则 A_{Anno} 的组成元素可表达为 $A_{Anno} :: = <T_{Type}><F_{Face}><V_{Value}><T_{Toler}><P_{Pos}>$。其中,$T_{Type}$ 是三维标注对象类型;F_{Face} 是三维标注对象所依附的面对象集合;V_{Value} 是三维标注的值;T_{Toler} 是三维制造标注值的公差范围;P_{Pos} 是三维标注对象的放置位置。

由 MBD 毛坯模型向 MBD 零件模型转变的过程实质上是在毛坯模型上附加各种加工特征的过程。换句话说,当抑制了这些加工特征后,零件几何模型就可以转变为毛坯几何模型。同时零件模型上制造要求的标注也随着转变而需要更新。所以识别/抑制加工特征和制造标注更新是 MBD 毛坯设计推理的研究重点。

2.3.1.2 MBD 零件模型的预处理方法

对 MBD 零件模型的预处理是遍历模型中每个面,使用属性邻接图(Attributed Adjacency Graphs,AAG)描述 MBD 零件模型。属性邻接图的顶点集合表示 MBD 零件模型中的各个面,顶点的属性是该面的加工类型。边集合代表相邻两个面的交线,边的属性是相邻面交线的凸凹关系。给出如下定义:

定义 2-12:假设 MBD 零件模型中存在铸锻加工面集合 F^c,则铸锻加工面记为图的顶点集合 $F^c = \{f_1^c, f_2^c, \cdots, f_m^c\}$,$m \in \mathbf{N}$。MBD 零件模型中存在表面加工面集合 F^s,则表面加工面记为图的顶点集合 $F^s = \{f_1^s, f_2^s, \cdots, f_n^s\}$,$n \in \mathbf{N}$。MBD 零件模型中存在体积加工面 F^v,则体积加工面记为图的顶点集合 $F^v = \{f_1^v, f_2^v, \cdots, f_l^v\}$,$l \in \mathbf{N}$。

定义 2-13:若 $\forall f_i, f_j \in F^c \bigcup F^s \bigcup F^v$ 且 f_i 与 f_j 是相邻面,则在顶点 f_i 与 f_j 之间存在边 $e(f_i, f_j)$。当 f_i 与 f_j 为凸属性,则 $e(f_i, f_j) = 1$,当 f_i 与 f_j 为凹属性,则 $e(f_i, f_j) = 0$。

将零件几何所包含面之间的关系采用图进行描述,即建立几何面之间的属性邻接图(Attributed Adjacency Graphs,AAG),可描述为 $G_{AAG} :: = <F^c><F^s><F^v><E>$。遍历 MBD 加工模型中的各个面,按照相邻面交线的凸凹属性建立零件模型的 AAG。AAG 中顶点是 MBD 零件模型中的面,顶点的属性是该面所使用工艺方法。邻接图中的边是 MBD 零件模型中相邻 2 个面之间的凸凹属性。如图 2-21(a)所示,MBD 零件模型中用括号表示铸锻面,

用斜体字表示表面加工面,其余面为体积加工面。如图 2-21(b)所示,通过预处理建立了
MBD 零件模型的 AAG。

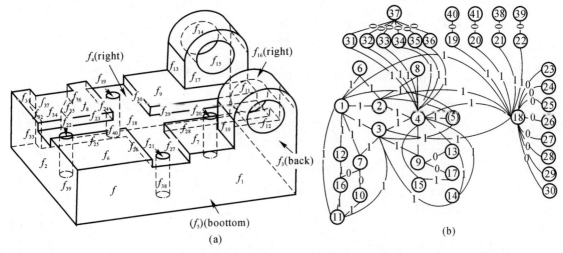

图 2-21　MBD 零件模型的属性邻接图

(a)MBD 零件模型与加工面类型；　(b)AAG

2.3.1.3　MBD 模型的加工特征识别与抑制方法

将可识别的加工特征分为三类:简单特征、体积特征和表面特征。简单特征识别从 AAG
中找到的邻接子图,并与事先总结出的简单特征邻接图模式相比较[27],如果两者之间同构,则
该邻接子图中顶点对应的加工面组成了简单特征,而简单特征的加工面集合记为 $F_{\text{simp}}^{[28]}$。简单
特征依靠工艺员事先总结,其几何拓扑结构相对简单且固定,如图 2-22 第一行所示的加工特
征都是简单特征。在剔除简单特征的加工面顶点后,从剩余的属性邻接图中识别出凹邻接子
图,子图中顶点对应的加工面组成体积特征,体积特征是去除大余量的加工特征,与简单特征
相比它们没有特定的几何拓扑模式(见图 2-22)。体积特征的加工面集合记为 $F_{\text{Volume}}^{[29]}$。对加
工面向其法向偏置工艺员指定的加工余量值形成的特征为表面特征,组成表面特征的加工面
集合记为 $F_{\text{Surf}}^{[31]}$。

MBD 零件模型转化为 MBD 毛坯模型的过程实际就是识别上述加工特征,并抑制加工特
征的过程。首先给出如下假设,并分别讨论抑制三种加工特征的方法。

假设 2-11:MBD 零件模型的属性邻接图记为 M_{Model},则所包含的相邻边属性集合记为
$E(F_p)=\{e(f_1),e(f_2),\cdots,e(f_p)\},p\in\mathbf{N},f_p\in F^c\bigcup F^s\bigcup F^v$。

假设 2-12:M_{Model} 存在加工面邻接子图集合,记为 G_{MFAG},$M_{\text{MFAG}}=\{g_{\text{mfag}_1},g_{\text{mfag}_2},\cdots,$
$g_{\text{mfag}_j}\},j\in\mathbf{N}$。$G_{\text{MFAG}}$ 存在凹邻接子图集合 G_{CAG},$G_{\text{CAG}}=\{g_{\text{cag}_1},g_{\text{cag}_2},\cdots,g_{\text{cag}_k}\},k\in\mathbf{N}$。

假设 2-13:MBD 零件模型所包含的三维制造标注对象附着在模型加工面上,可记为
$A_{\text{Anno}}(F_q)=\{a_{\text{Anno}}(F_1),a_{\text{Anno}}(F_2),\cdots,a_{\text{Anno}}(F_q)\},q\in\mathbf{N},F_q\subset F^c\bigcup F^s\bigcup F^v$。标注对象的值记为
$A_{\text{Anno}}(F_q).V_{\text{Value}},q\in\mathbf{N}$。

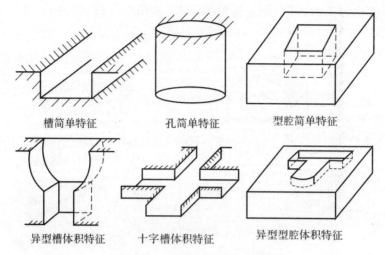

槽简单特征　　　　　孔简单特征　　　　　型腔简单特征

异型槽体积特征　　　十字槽体积特征　　　异型型腔体积特征

图 2-22　简单特征与体积特征

1. 简单特征的识别与抑制

对常见的简单加工特征可以事先确定特征的属性邻接图形式,这些邻接图中顶点与边的关系记为该邻接图的模式。对于已归纳出的简单特征集合,其对应属性邻接图可记为 $F_{\mathrm{SF}}=\{f_{\mathrm{sf}_1},f_{\mathrm{sf}_2},\cdots,f_{\mathrm{sf}_w}\}$, $w\in\mathbf{N}$。同时针对简单特征建立相应的补特征,补特征的实体模型采用基于特征的参数化建模方式创建,可记为 $F_{\mathrm{RSF}}=\{f_{\mathrm{rsf}_1},f_{\mathrm{rsf}_2},\cdots,f_{\mathrm{rsf}_w}\}$, $w\in\mathbf{N}$。MBD模型与 f_{rsf_w} 做布尔和运算可以达到抑制简单特征的目的[32]。布尔运算对几何精度敏感,可通过调整商用CAD系统中模型精度预设置项从而避免运算失效。简单特征识别与抑制的流程如图 2-23 所示。

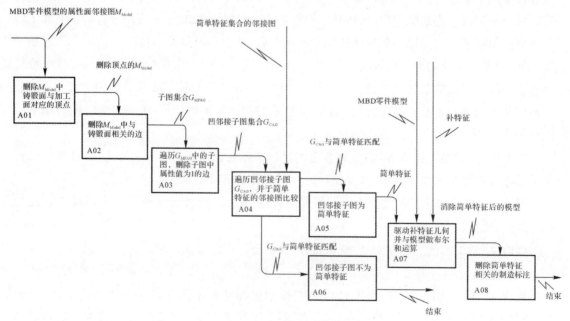

图 2-23　简单特征识别与抑制流程

流程中各个活动的实现方法如表 2–11 所示。

表 2–11　抑制简单特征的实现方法

活动号	方　　法
A01	删除 M_{Model} 中的 f_m^c 和 f_n^s，满足 $\forall f_m^c,f_n^s \Rightarrow f_m^c \in F^c,f_n^s \in F^s,m,n \in \mathbf{N}$
A02	删除 M_{Model} 中与 f_m^c 相关的 $e(f_m^c)$，满足 $\forall e(f_m^c) \Rightarrow f_m^c \in F^c,m \in \mathbf{N}$
A03	遍历 $g_{\text{mfag}_j}:g_{\text{mfag}_j} \in G_{\text{MFAG}}$，删除 $e(f_i)$，满足 $\forall e(f_i) \Rightarrow e(f_i)=1,i \in \mathbf{N}$，$G_{\text{MFAG}}$ 被分解为凹邻接子图集合 G_{CAG}
A04	遍历 $\forall g_{\text{cag}_k} \in G_{\text{CAG}}$，如果 $\forall f_{\text{sf}_w} \in F_{\text{SF}} \Rightarrow g_{\text{cag}_k} \cong f_{\text{sf}_w},k,w \in \mathbf{N}$，则将 g_{cag_k} 存入队列 F_{SF}；如果 $\forall f_{\text{sf}_w} \in F_{\text{SF}} \Rightarrow g_{\text{cag}_k}! \cong f_{\text{sf}_w},k,w \in \mathbf{N}$，则将 g_{cag_k} 存入队列 F_{CF}
A05	如果 $\forall g_{\text{cag}_k} \in F_{\text{SF}} \Rightarrow g_{\text{cag}_k} \cong f_{\text{sf}_w},k \in \mathbf{N}$，即将 g_{cag_k} 识别为简单特征
A06	如果 $\forall f_{\text{sf}_w} \in F_{\text{SF}} \Rightarrow g_{\text{cag}_k}! \cong f_{\text{sf}_w},k,w \in \mathbf{N}$，则将 g_{cag_k} 识别为体积特征
A07	①调入与 g_{cag_k} 同构的已有简单特征实体 f_{rsf_w}； ②遍历子图 g_{cag_k} 中的面，获取各个面的几何参数，以此驱动对应 f_{rsf_w} 的几何更改； ③将驱动后的 f_{rsf_w} 与 MBD 零件模型做布尔并运算，抑制了 MBD 零件模型上的简单特征； ④删除 M_{Model} 中简单特征包含的面的顶点和相关联的边，为由于抑制简单特征产生的合并面重新创建顶点，并用新创建顶点替换被合并面的顶点； ⑤重新生成该模型的属性邻接图，记为 M'_{Model}
A08	①获取 g_{cag_k} 所包含面的集合为 F_j； ②如果满足 $\forall A_{\text{Anno}_q}(F_i) \wedge F_i \cap F_j \neq \varnothing,i,j \in \mathbf{N}$，则删除 $A_{\text{Anno}_q}(F_i)$； ③得到抑制了简单特征的 MBD 模型，记为 M'_{Model}

2. 体积特征的识别与抑制

在 A06 活动中识别出了 MBD 零件模型中的体积特征，体积特征是由体积加工面组成的。体积特征可记为 $F_{\text{VF}}=\{f_{\text{vf}_1},f_{\text{vf}_2},\cdots,f_{\text{vf}_s}\},s \in \mathbf{N}$。由组成 F_{VF} 的体积加工面和与体积加工面相邻的表面加工面所构成的封闭半空间可以得到所去除余量的几何实体，记为 $F_{\text{RVF}}=\{f_{\text{rvf}_1},f_{\text{rvf}_2},\cdots,f_{\text{rvf}_s}\}$。MBD 零件模型与 f_{rvf_s} 做布尔和运算可以达到抑制体积特征的目的[34]。体积特征识别与抑制的流程如图 2-24 所示。

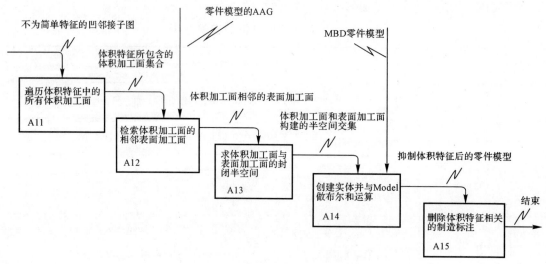

图 2-24　体积特征识别与抑制流程

流程中各个活动的实现方法如表 2-12 所示。

表 2-12　抑制体积特征的实现方法

活动号	方　法
A11	①从 F_{CF} 数组中取得体积特征的凹邻接子图 g_{cag_k}； ②遍历子图 g_{cag_k} 所包含体积加工面集合 f_k^v
A12	在 M'_{Model} 中查找 f_k^a 的相邻面集合，记为 f_m^a，且满足 $f_k^a \cap f_m^a = \varnothing$
A13	①求集合 $f_k^v \cup f_m^a$ 中每个面的半空间，记为 $S_{HS} = \{s_{hs_1}, s_{hs_2}, \cdots, s_{hs_j}\}$，$j \in \mathbf{N}$； ②体积特征 f_{rvf_k} 是 S_{HS} 集合中半空间的交集，即 $f_{rvf_k} = s_{hs_1} \cap s_{hs_2} \cap \cdots \cap s_{hs_j}$
A14	①将 f_{rvf_k} 与模型做布尔并运算，抑制了模型上的体积特征； ②删除 M'_{Model} 中体积特征面的顶点和相关联的边，为由于抑制体积特征产生的合并面重新创建顶点，并用新创建顶点替换被合并面的顶点； ③重新生成该模型的属性邻接图，记为 M'_{Model}
A15	①获取 g_{cag_k} 所包含面的集合为 F_j； ②如果满足 $\forall A_{Anno_q}(F_i) \wedge F_i \cap F_j \neq \varnothing$，$i, j \in \mathbf{N}$，则删除 $A_{Anno_q}(F_i)$

3. 表面特征的识别与抑制

表面特征是由表面加工面偏置工艺员指定的加工余量获得的偏置面获得。表面特征可记为 $F_{SUF} = \{f_{suf_1}, f_{suf_2}, \cdots, f_{suf_t}\}$，$t \in \mathbf{N}$。由表面加工面和加工余量组成抑制表面特征的几何实体，记为 $F_{RSUF} = \{f_{rsuf_1}, f_{rsuf_2}, \cdots, f_{rsuf_t}\}$。MBD零件模型与 f_{rsuf_t} 做布尔并运算可以达到抑制表面特征的目的[36]。表面特征识别与抑制的流程如图 2-25 所示。

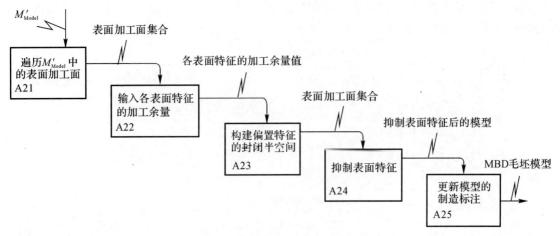

图 2-25　表面特征识别与抑制流程

流程中各个活动的实现方法如表 2-13 所示。

表 2-13　抑制表面特征的实现方法

活动号	方　法
A21	遍历 M''_{Model} 中的 F^s 集合，获得 F^s 集合中加工面 f_n^s
A22	工艺员指定 f_n^s 加工余量 Δt_n
A23	①将 f_n^s 向实体外法线方向偏置 Δt_n，获得偏置后的面 f'^s_n； ②在 M''_{Model} 中查找 f_n^s 的相邻面集合记为 f_k^a； ③求集合 $f_n^s \cup f'^s_n \cup f_k^a$ 中每个面的半空间，记为 $S_{\text{SHS}} = \{s_{\text{shs}_1}, s_{\text{shs}_2}, \cdots, s_{\text{shs}_h}\}$，$h \in \mathbf{N}$； ④表面特征的空间记为 f_{rsuf_t}，是 S_{SHS} 集合中半空间的交集，即 $f_{\text{rsuf}_t} = s_{\text{shs}_1} \cap s_{\text{shs}_2} \cap \cdots \cap s_{\text{shs}_h}$
A24	将 f_{rsuf_t} 与 MBD 加工模型作布尔并运算，抑制了 MBD 零件模型上的表面特征
A25	①遍历 M''_{Model} 中加工面集合，找到满足 $\forall f_j^s \in F^s \Rightarrow \exists A_{\text{Anno}_q}(f_j^s)$； ②利用满足 $f'^s_j \in F'^s$ 的 f'^s_j 替换 f_j^s，将 $A_{\text{anno}_q}(f_j^s)$ 更新为 $A_{\text{Anno}_q}(f'^s_j)$； ③将面 f_j^s 上原制造标注值 $A_{\text{Anno}_q}(f_j^s) \cdot V_{\text{value}}$ 加上 Δt，更新制造标注 $A_{\text{Aann}_q}(f'^s_j)$ 的值为 $A_{\text{Anno}_q}(f_j^s) \cdot V_{\text{value}} + \Delta t$

2.3.1.4　MBD 毛坯模型推理设计实例

如图 2-26(a) 所示，对 MBD 零件模型进行预处理，由工艺员指定零件各个面的编号及其所属的加工特征类型。MBD 零件模型各个面的编号与类型如图 2-26(a) 所示。然后遍历模型中各个面，判断相邻面交线的凸凹属性，建立各个面的属性邻接图[见图 2-26(b)]。首先删除属性邻接图中的铸锻面及与铸锻面相关的边，然后删除属性为 1 的边，保留属性为 0 的边及与改变相关的顶点，形成了如图 2-26(b) 所示的凹邻接子图。其中四个子图 19-40、20-41、21-38 和 22-39 可与简单特征中盲孔特征匹配。调用并驱动盲孔的补特征，与 MBD 零件模型做布尔并运算[见图2-26(c)]。最后将模型上与盲孔特征相关联的制造标注$4 \times M5$删除,得到如图2-26(d)所示的模型。

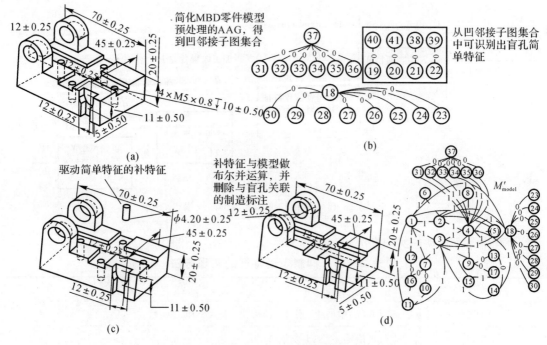

图 2-26　识别与抑制 MBD 零件模型的简单特征

(a)MBD 零件模型;　(b)简单特征的凹邻接子图;　(c)调用简单特征的补特征;　(d)生成抑制简单特征后的中间模型

在如图2-27(a)所示模型的基础上继续识别与抑制体积特征。如图2-27(b)所示,将凹邻接子图$f_{31}-f_{37}$、f_{18}和$f_{23}-f_{30}$,分别识别为A与B两个体积特征。从模型的属性邻接图中找出体积特征 A 所包含体积加工面的相邻面f_1-f_4和f_6-f_9,形成由$f_{31}-f_{37}$、f_1-f_4、f_6-f_9组成的封闭半空间A;体积特征B所包含体积加工面的相邻面f_5和f_8,形成由f_5、f_8、f_{18}和$f_{23}-f_{30}$组成的封闭半空间B。将封闭半空间构建的实体与模型做布尔并运算,面融合产生新面f_{42},并继承了f_6-f_9为表面加工面的属性[见图2-27(d)]。最后将模型上与体积特征相关联的制造标注删除,得到如图2-27(e)所示的模型。

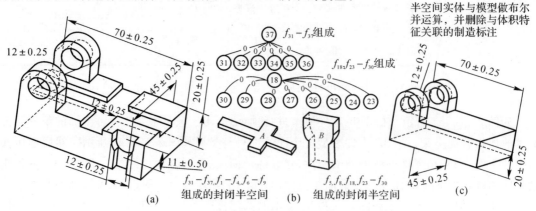

图 2-27　识别与抑制 MBD 零件模型的体积特征

(a)抑制了简单特征后的模型;　(b)识别两个体积特征;　(c)抑制两个体积特征;

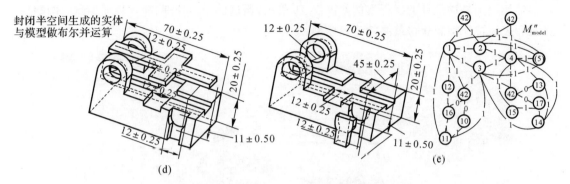

续图 2-27 识别与抑制 MBD 零件模型的体积特征

(d) 抑制十字槽特征；(e) 抑制异形槽特征

在如图 2-28(a) 所示模型的基础上继续识别与抑制表面特征。在 M''_{Model} 中找到表面加工面 $f_1 - f_4$、f_{12}、f_{15}、f_{42}。按照工艺员输入各加工面的加工余量偏置得到加工偏置面，如图 2-28(b) 所示。然后在属性邻接图中找到表面加工面的相邻面，由表面加工面、加工偏置面和相邻面构成的封闭半空间创建表面特征实体。表面特征实体与模型做布尔并运算。表面特征上的制造标注的关联对象从加工面更新为加工偏置面，同时更新标注的值，如图 2-28(c) 所示。

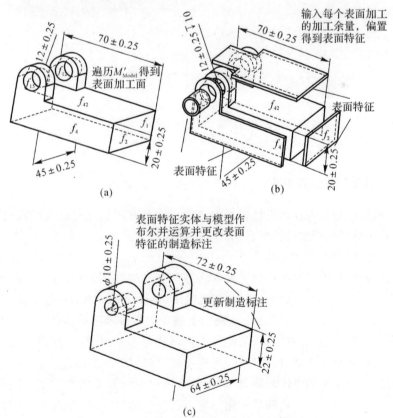

图 2-28 识别与抑制 MBD 零件模型的表面特征

(a) 获得表面加工面；(b) 获得表面特征；(c) 获得毛坯模型

　　毛坯模型辅助设计的运行实例如图2-29所示,通过模型预处理、简单特征抑制、体积特征抑制和表面特征抑制获得最终的毛坯模型。

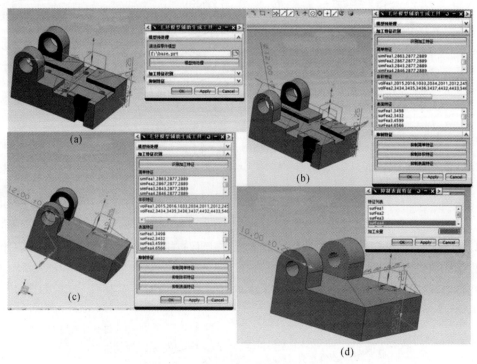

图2-29　毛坯模型辅助设计运行实例

(a)模型预处理； (b)抑制简单特征； (c)抑制体积特征； (d)抑制表面特征

2.3.2　基于图的铸件零件毛坯模型的孤立特征识别方法

2.3.2.1　特征识别过程分析

　　特征识别的作用是从零件的设计模型中自动抽取具有一定工程意义的几何形状信息,即特征,进而生成产品特征模型。特征识别系统的结构示意图如图2-30所示。特征识别的研究始于20世纪70年代,当时英国剑桥大学CAD中心的Grayer A. R.[36]首次尝试从零件的实体模型中自动抽取对计算零件的数控加工刀具轨迹有意义的几何形状,并基于此类特征进行零件的刀具轨迹的计算。该中心的另外一位研究员 Kyprianou L. K.,在他的博士论文中,第一次正式引入了现有的特征识别的思想[37],奠定了基于边界表示进行特征识别的基础。从此以后,特征识别技术得到不断的发展,新的特征识别算法也不断出现,特征识别的范围也不仅仅局限在加工特征这一单一领域,检测特征、分析特征等诸多方面也都进入了特征识别的研究范围。特征识别近二三十年的发展表明,数字化制造过程中所需要的数字信息的获取已经成了促使其发展的一个重要因素。这些数字化信息不仅仅包括CAD系统的原始边界元,如点、线、面等,还包括具体制造领域中具有工程意义的参数化的特征信息。这些特征信息在描述零件CAD模型的几何与拓扑信息中并不是原始存在的,它们需要经过识别才能够获得。

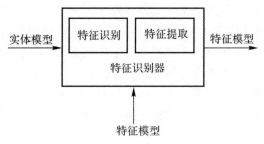

图 2 - 30   特征识别系统的结构示意图

到目前为止,特征识别算法从整体上分为两大类,一类为基于边界匹配的特征识别算法,一类为基于体分解的特征识别算法。这些算法在对特征的识别上都取得了巨大的研究成果,但又各有优缺点,到目前为止,尚没有一种算法能够处于绝对的优势。目前各种特征识别算法在交叉特征的识别上、复杂零件的特征识别上以及基于多种信息的特征识别上面临着各种困难[38]。

虽然特征识别算法在对交叉特征、复杂零件的特征识别上困难重重,但对一般的简单特征与孤立特征的识别却表现出了极强的适应能力,尤其是基于图的特征识别算法,能够高效而又准确地提取出零件设计模型中的简单特征。

在零件毛坯模型自动生成算法中,首先需要提取出零件设计模型中的孤立特征,而对于孤立特征的提取,将采用基于图的特征识别算法。

2.3.2.2   基于图的特征识别算法概述

基于图的特征识别算法属于边界匹配的识别算法,该类识别算法的基本思想是将零件模型的边界模式与特征的边界模式进行匹配进而识别出零件模型中的特征区域,因此特征的边界模式定义与特征的匹配策略是该算法的关键内容[39-41]。而基于图的特征识别算法采用面边图来表示特征、零件的边界模式。Joshi S. 和 Chang T. C. 在文献[42]中提出了属性邻接图的算法,图 2-31 为该算法实例。在属性邻接图中,除了用节点来表示零件中的表面、用弧表示表面之间的邻接关系外,在属性邻接图中,还为弧增加了凹凸性的属性。在此处,用数字 0 来表示凹边,用 1 表示凸边,加上这个属性后,特征边界模式的图表示更加完备。如图 2 - 31(a) 为零件的几何模型,图 2 - 31(b) 则是对应的属性邻接图。采用图来表示零件的边界模式主要优点有:① 特征的图表示具有唯一性、完备性;② 特征库内的特征的图表示易于生成。用户只需要用实体造型系统构造出一个特征实例,该特征的图表示便可以由统一的算法自动生成[42]。

基于图的特征识别方法的特征检索策略为子图匹配,即通过零件面边图中适当的子图与特征的面边图进行匹配来识别特征[43-45]。由于图的子图搜索算法为非确定性多项式(NP)问题,十分耗时,因此如何有效地选取适当的子图而不是对所有的子图进行匹配,是基于图的特征识别算法的关键问题之一。高曙明等人[46]提出了一种新的面向 B - rep 实体模型的自动特征识别算法,该模型中只包含平面与二次曲面,在该方法中,特征被分为一般特征与预定义的特征。其中预定义的特征包括台阶、盲台阶、槽、盲槽、孔、盲孔、倒角等,它们被存储在预定义的特征库里;而一般特征指那些组成特征的实体数目不确定的特征,如一般型腔、通型腔以及开型腔。对于一般特征的识别,采用基于启发式规则的识别方法,并将特征的规则存储在启发式的规则里。特征的表示则包含了特征的扩展属性邻接图、特征参数、通入方向、阻碍面、分割状态、交互特征等。通过导入相应的零件模型与毛坯模型,再通过预处理得到面、边的属性以及构造扩展属性邻接图,并对图进行分割,然后识别出孤立特征与交互特征。对于交互特征需要进一步的修整,继而对每一个识别出来的特征与预定义的特征进行匹配,最后创建零件的特征模型。此方法大幅地压缩了子图的搜索空间,识别快速而又高效,而且识别的效果也比较理想。

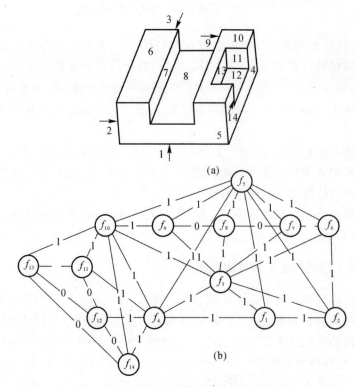

图 2-31　零件几何模型及其属性邻接图

1.边的凹凸性判断

在属性邻接图的创建过程中,需要获取关联边的凹凸性,即对关联边进行分类,关联边的分类是属性邻接图创建的基础。以下给出关联边凹凸性的定义以及具体的算法[47]。

二面角:与两个面的法失都平行的面与这两个面有两条交线,则这两条交线在两个面间的夹角称为这两个面的二面角。如图 2-32(a) 所示,边的凹凸性的定义是建立在与边相关联的两个面所形成的二面角的基础之上的。

凹边:如图 2-32(b) 所示,与边相关联的两个面之间的二面角 α 满足 $0 < \alpha \leqslant 180°$ 时,则称此边为凹边;

凸边:如图 2-32(c) 所示,与边相关联的两个面之间的二面角 α 满足 $180° < \alpha < 360°$ 时,则称此边为凸边。

如图 2-33 所示,(A_x, A_y, A_z) 为边在其中一个关联面上的点 A,(B_x, B_y, B_z) 为其另外一个关联面上的点 B,(m, n, l) 为点 A 所在的关联面的法方向,过点 B 做平行于 A 点所在平面法

向量的直线交 A 点所在平面于点 C,且保证 B 点与 C 点不重合。

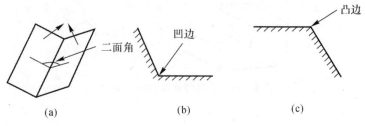

图 2-32 边的凹凸性

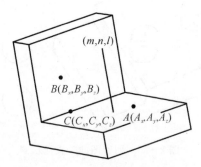

图 2-33 凹凸性的计算示例

由面的定义可以得知

$$(C_x - A_x)m + (C_y - A_y)n + (C_z - A_z)l = 0$$

由 B 点与 C 点之间的连线与法向量平行可知

$$\frac{(B_x - C_x)}{m} = \frac{(B_y - C_y)}{n} = \frac{(B_z - C_z)}{l} = k$$

两式联立,消去中间变量 C_x、C_y、C_z,得到

$$(B_x - km - A_x)m + (B_y - k_n - A_y)n + (B_z - kl - A_z)l = 0$$

进一步化简可以得到

$$(B_x - A_x)m + (B_y - A_y)n + (B_z - A_z)l = k(m^2 + n^2 + l^2)$$

则 $\qquad k = \dfrac{(B_x - A_x)m + (B_y - A_y)n + (B_z - A_z)l}{m^2 + n^2 + l^2}, \qquad \begin{cases} 凹边,k > 0 \\ 凸边,k < 0 \end{cases}$

2. 特征的定义

基于图的特征识别的基本策略是子图匹配,即将零件模型的面边图中的适当子图与特征的面边图进行匹配,因此,特征的面边图表示对于基于图的特征识别有着至关重要的作用。作用表现在两方面,一是会影响到搜索空间与搜索效率,二是影响特征库的完备性与唯一性。

Joshi 和 Chang 提出了几种常见的特征实例的面边图表示,图 2-34 为台阶特征及其面边图。

分析可知,由 Joshi 定义的特征的面边图表示,在特征的表示上并不具备唯一性。以图 2-34 所示的台阶的面边图为例,该面边图具有二义性,不仅可以表示台阶特征,还可以表示盲孔与柱特征。以图 2-35 所示的零件模型为例,在该图中,表面 f_1 与 f_2 组成了台阶特征,f_3 与 f_4 组成了柱特征,f_5 与 f_6 组成了盲孔特征,但是 f_1 与 f_2、f_3 与 f_4、f_5 与 f_6 之间的面边图完全一致，无法对台阶、柱、盲孔等特征做出有效的区别。

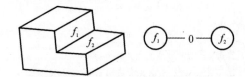

图 2 - 34　台阶特征及其面边图表示

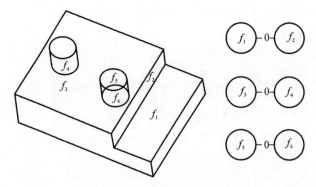

图 2 - 35　面边图的二义性示例

为了减少面边图的二义性，使得面边图能够表达更多的零件模型信息，采用扩展的属性邻接图（Extended Attributed Adjacency Graphs，EAAG）来对零件模型进行表达[48]。以图 2 - 35 所示模型为例，在其面边图的基础上增加了对各个表面属性的表达（见表 2 - 14）。

表 2 - 14　图 2 - 35 所示模型各个表面的扩展属性

表　面	表面类型	圆柱面外法向是否指向其中心轴
f_1	P	/
f_2	P	/
f_3	P	/
f_4	C	F
f_5	P	/
f_6	C	T

注：P—平面；C—圆柱面。

此时，f_1 与 f_2、f_3 与 f_4、f_5 与 f_6 之间的面边图虽然一致，但采用了扩展的属性邻接图表示后，便可区分出其分别代表了台阶、柱、盲孔。

2.3.2.3　基于图的特征识别的相关概念

1. 加工面邻接图

加工面邻接图（Manufacturing Face Adjacency Graphs，MFAG）是零件属性邻接图的子

图,在加工面邻接图中没有表示毛坯面的节点[46]。因此,只需简单地将零件设计模型中的属性邻接图中表示毛坯面的节点以及与之相关联的边删除,即可获得零件的加工面邻接图。易知,一个零件模型可能包含着数个加工面邻接图。

以图 2-36 所示的零件模型为例。在该零件模型中,假设 f_1、f_2、f_3、f_4、f_5 为毛坯面,通过删除零件的属性邻接图中代表毛坯面 f_1、f_2、f_3、f_4、f_5 的节点以及与这些节点相关联的边后得到零件模型的加工面邻接图(见图 2-37)。

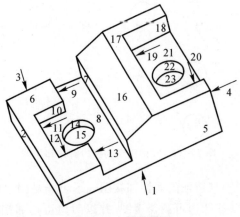

图 2-36　零件模型

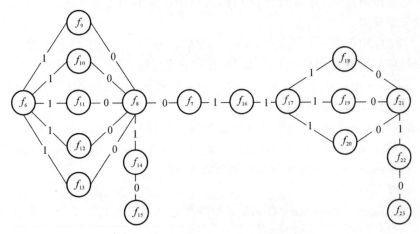

图 2-37　零件模型的加工面邻接图示例

引入加工面邻接图的显著优点是可以减少凹陷类特征的搜索空间,提高搜索效率与程序的运行效率,同时,将加工面邻接图作为零件设计模型的属性邻接图的分解子图,还可以有效避免直接删除零件设计模型属性邻接图中的凸点以及与凸点相关联的边所造成的特征遗漏。

2.凹边可达邻接图

凹边可达邻接图(Concave Attachable Connected Graph,CACG)[49]是加工面邻接图的子图,指的是由凹边连接的节点,也就是说,任何一对节点之间都可以通过一条全凹边的路径连接起来。

以图 2-36 所示的零件模型为例,图 2-38 为其对应的凹边可达邻接图。可知,一个零件模型甚至同一个加工面邻接图可以包含若干个凹边可达邻接图,另外,如果一个图只包含一个单独的节点,那么这个图也是一个特殊的凹边可达邻接图,如图 2-38 中的 f_6、f_{16} 等。

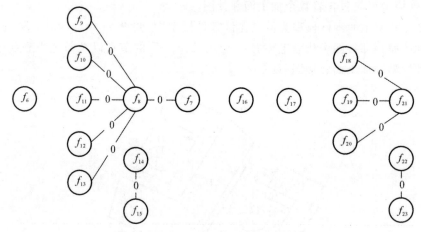

图 2-38 零件模型的凹边可达邻接图

型腔等孤立的一般特征,其特征的属性邻接图表示可能是凹边可达邻接图,因此可以将加工面邻接图进行图分解以获取凹边可达邻接图,并以凹边可达邻接图作为型腔等孤立的一般特征的痕迹加以识别。

凹边可达邻接图是加工面邻接图的子图,可以通过分解加工面邻接图的方法得到。加工面邻接图分解步骤如下:

(1)在 MFAG 中任取一个节点,作为一个 CACG 中的一个节点,然后查看 MFAG 中是否还存在节点与该 CACG 中的任何节点之间存在凹边连接的通路,如果存在至少一条凹边连接的通路,则将该 MFAG 中的节点加入 CACG 中,不断反复,直到 MFAG 中再也没有与该 CACG 中任何节点之间凹边连接的节点。

(2)判断 MFAG 中所有节点是否都被加入到一个 CACG 中去,如果尚有节点没有被处理,则重复(1)的步骤,直到所有节点都被加入到 CACG 中去,即生成的所有 CACG 所包含的节点集合与对应的 MFAG 所包含的节点集合完全一致。

3. 凹邻接图

凹邻接图(Concave Adjacency Graph,CAG)[46]是凹边可达邻接图的子图,图中所有节点之间的关联边都是凹的。

以图 2-36 所示的零件模型为例,图 2-39 为其对应的凹邻接图。在本例中,凹邻接图与凹边可达邻接图完全一致。同样,只包含一个节点的图也是一个特殊的凹邻接图。

由于基本加工特征,如槽、盲槽、台阶、盲台阶、孔、盲孔等特征的属性邻接图都是凹邻接图,因此可以将零件设计模型的属性邻接图产生的加工面邻接图中所有的凹邻接图作为预定义特征的痕迹来加以识别。如图 2-39 中的 f_{14} 与 f_{15}、f_{22} 与 f_{23}、f_{18}、f_{19}、f_{20} 与 f_{21} 就分别可以作为盲孔、开口槽的痕迹来识别相应的盲孔与开口槽特征。

凹邻接图为凹边可达邻接图的子图,在对凹边可达邻接图进行分解时只需要删除凹边可达邻接图中所有凸边即可。

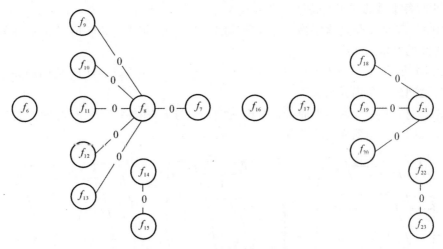

图 2-39　零件模型的凹邻接图

4.最小条件子图

特征的最小条件子图（Minimal Condition Subgraph，MCSG）[46]是零件属性邻接图中对应特征的最大子集。特征的最小条件子图具有如下特征。

零件的每个特征都至少含有一个非空的最小条件子图。

同一特征类的不同特征实例的最小条件子图可能不一样。这是由于有些特征可能并非是孤立特征，可能会与其他特征发生交互，此时，这些特征的最小条件子图就要取决于它们与其他特征的交互情况了。如果一个特征是孤立特征，即没有与其他特征相交，那么它的最小条件子图和它的属性邻接图是一致的，然而当一个特征与其他甚至许多特征发生交互时，其最小条件子图可能会退化成一个节点。

特征的最小条件子图与特征的类型是无关的，这就使得用一个统一的算法对各种类型的特征的最小条件子图进行处理成了可能。

对于要识别的孤立特征来说，其特征的属性邻接图与最小条件子图是一致的。孤立特征的最小条件子图与交叉特征不同，不会发生表示在零件的属性邻接图中完整地表示某个特征的子图遭到破坏，只剩下原始特征的部分子图，需要修补才能恢复原始特征未被破坏时的原始状态。孤立特征的最小条件子图与它的属性邻接图是完全一致的，不需要进行修补，因此具有很高的识别效率，可以方便、快捷地识别出零件模型中的一些较为复杂的孤立特征，诸如矩形槽、型腔和倒角等。

2.3.2.4　孤立特征的信息表示

1.预定义特征的信息表示

所谓的预定义特征是指那些具有固定拓扑关系的特征。在特征识别过程中应当要准确地定义以便于识别，这就使得每一种特征实例都应该有唯一的标识，这些标识应当包含唯一定义该特征所必需的最小条件集合。

以槽类特征为例，图 2-40 所示的几种不同类型的槽，可以通过组成槽的面的拓扑和几何关系来定义。这三个槽的拓扑信息是相同的，它们定义的不同之处在于槽的侧面与底面之间的夹角。此时各个槽的狭义的特征定义分别为：

（1）图(a)：F_1、F_2、F_3 均为平面；F_1 和 F_2 相连；F_2 与 F_3 相连；F_1 与 F_2 之间的夹角为 $\pi/2$；F_2 与 F_3 之间的夹角同样为 $\pi/2$。

（2）图(b)：F_1、F_2、F_3 均为平面；F_1 和 F_2 相连；F_2 与 F_3 相连；F_1 与 F_2 之间的夹角大于 $\pi/2$；F_2 与 F_3 之间的夹角同样为大于 $\pi/2$。

（3）图(c)：F_1、F_2、F_3 均为平面；F_1 和 F_2 相连；F_2 与 F_3 相连；F_1 与 F_2 之间的夹角小于 $\pi/2$；F_2 与 F_3 之间的夹角同样为小于 $\pi/2$。

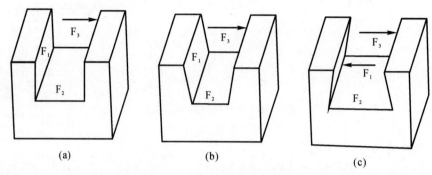

图 2-40 不同类型的槽特征

将特征进行归类，有利于简化特征的识别工作，对于图 2-40 所示的三种类型不同的槽，可以通过一个广义的特征定义来表达上述槽类特征：

（1）F_1、F_2、F_3 均为平面；

（2）F_1 和 F_2 相邻；

（3）F_2 和 F_3 相邻；

（4）F_1 与 F_2 之间的关联边为凹边；

（5）F_2 与 F_3 之间的关联边为凹边。

至于上述三种槽类之间几何信息的差异，可以通过先识别出它们为槽类特征之后，在提取几何信息时加以分辨处理。

而对于属性邻接图完全一致而拓扑不一致的特征，如图 2-41 所示的特征实例来说，为了区别它们拓扑之间的差异，需要定义更多的面边的属性信息。此时，各个特征实例的特征定义分别为：

（1）图(a)：F_1 为平面；F_2 为平面；F_1 与 F_2 相连；F_1 与 F_2 之间的关联边为凹。

（2）图(b)：F_1 为平面；F_2 为圆柱面；F_2 面的法向矢量指向其中心轴；F_1 与 F_2 相连；F_1 与 F_2 之间的关联边为凹。

（3）图(c)：F_1 为平面；F_2 为圆柱面；F_2 面的法向矢量背离其中心轴；F_1 与 F_2 相连；F_1 与 F_2 之间的关联边为凹。

其他预定义特征的处理采用与上述图 2-40 所示的槽类特征以及图 2-41 所示的特征相类似的表达方式。

2. 基于启发式规则的一般特征的信息表示

所谓的一般特征是指组成特征的拓扑实体数目不确定的特征。此处所处理的一般特征为孤立的一般特征，即组成特征的边界实体完全没有与其他特征相交叉的特征。

由于一般特征的拓扑实体数目不确定,无法对其进行预定义,因此对于一般特征采用基于启发式规则的方式进行处理。

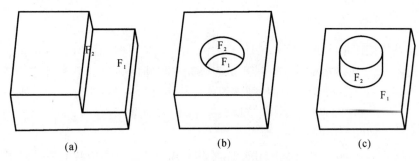

图 2-41　不同拓扑的特征实例

如图 2-42 所示,该图为两个常见的型腔特征,其属性邻接图如图 2-43 所示,可以采用如下的规则对该型腔特征进行描述:

(1)图中所有关联边都是凹的;

(2)图中都有且只有一个节点与其他节点都相邻接;

(3)除(2)中所指的与其他节点都邻接的节点外,其他节点的度均为 3。

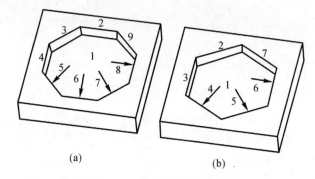

图 2-42　两种常见的型腔特征

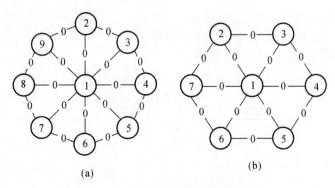

图 2-43　所示两型腔的属性邻接图

(2)中所指节点的度数代表了组成型腔的侧面的实体数目,在图 2-42 所示的两种型腔中,其拓扑上的主要差别就体现在组成型腔的侧面实体数目的不同。

采用基于启发式规则的特征库可以增大特征的检索范围,尤其是增强了对孤立的一般特征的识别能力,增强了程序在适应性上的一般性。

2.3.2.5　特征的匹配

特征的属性邻接图最终都要输入到计算机中,用计算机对图进行运算和处理,对图的存储将采用邻接矩阵[50]。在邻接矩阵中,采用节点与节点之间的邻接关系来确定矩阵。若设图 $A = <V, E>$ 是一个有 n 个节点的图,则该图的邻接矩阵是一个 $n \times n$ 阶的二维矩阵 A,其中

$$a_{ij} = \begin{cases} 1, & v_i \text{ 与 } v_j \text{ 邻接}, \quad \text{即}(v_i, v_j) \in E \text{ 或者 } <v_i, v_j> \in E \\ 0, & \text{否则} \end{cases}$$

以图 2-44(a)为例,在图 2-44(b)中给出了其邻接矩阵。从图中我们还可以观察得出,对于无向图来说,其邻接矩阵为对称矩阵。另外,在邻接矩阵中,第 i 行所包含的元素"1"的个数等于第 i 列所包含的元素"1"的个数,同时该个数就为该行或者该列所对应的图中的节点的度数。

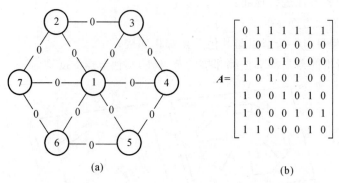

$$A = \begin{bmatrix} 0 & 1 & 1 & 1 & 1 & 1 & 1 \\ 1 & 0 & 1 & 0 & 0 & 0 & 0 \\ 1 & 1 & 0 & 1 & 0 & 0 & 0 \\ 1 & 0 & 1 & 0 & 1 & 0 & 0 \\ 1 & 0 & 0 & 1 & 0 & 1 & 0 \\ 1 & 0 & 0 & 0 & 1 & 0 & 1 \\ 1 & 1 & 0 & 0 & 0 & 1 & 0 \end{bmatrix}$$

(a)　　　　　　　　　　　　　　(b)

图 2-44　无向图以及无向图的邻接矩阵

在将图转化为邻接矩阵后,特征的匹配也随之转化为了矩阵的匹配。将识别出来的特征的属性邻接图与预定于特征的属性邻接图各自相应的邻接矩阵进行变换。如果变换的结果一致,则特征匹配成功。否则,表示它们不属于同一个特征。在识别过程中,为了压缩搜索空间,提高搜索效率,可以对识别出的特征与预定义的特征的属性邻接图对应的邻接矩阵的阶数做出判断,如果阶数相等,则对其进行矩阵变换。

通过邻接矩阵匹配成功后,并不能最终确定特征的类型。在图 2-35 中我们已经介绍过了属性邻接图一致,但拓扑结构却不一致的例子。因此,我们需要对扩展的属性进行量化(见表 2-15),并建立相应的属性矩阵,以便进一步地进行匹配。

表 2-15　扩展属性及其量化值

属　　　性	量化值
平　　面	0
圆柱面	1
圆柱面外法向指向中心轴	1
圆柱面外法向背离中心轴	−1

当一个特征的属性邻接图有 n 个节点时,则对应一个 $2 \times n$ 阶属性矩阵 $\boldsymbol{G}$,其中

$$G_{1i} = \begin{cases} 0, & \text{当第 } i \text{ 个节点对应的表面为平面时} \\ 1, & \text{当第 } i \text{ 个节点对应的表面为圆柱面时} \end{cases}$$

$$G_{2i} = \begin{cases} 0, & \text{当第 } i \text{ 个节点对应的表面为平面时} \\ 1, & \text{当第 } i \text{ 个节点对应的圆柱面其外法向指向其中心轴时} \\ -1, & \text{当第 } i \text{ 个节点对应的圆柱面其外法向背离其中心轴时} \end{cases}$$

基于此,图 2-36 所示的台阶、盲孔、柱其对应的属性矩阵分别为 $\begin{bmatrix} 0 & 0 \\ 0 & 0 \end{bmatrix}$、$\begin{bmatrix} 0 & 1 \\ 0 & 1 \end{bmatrix}$、

$\begin{bmatrix} 0 & 1 \\ 0 & -1 \end{bmatrix}$,便可对台阶、盲孔与柱特征做出明确的识别。

2.3.2.6　孤立特征的识别

孤立特征指没有与其他特征发生交互的特征,孤立特征包含了预定义特征与孤立的一般特征。比如一个复杂的型腔,只要没有与其他特征相交互,也算是一个孤立特征。

1. 零件模型表面的分类

在对零件模型中的孤立特征进行识别之前,首先要对零件模型的表面进行分类。将零件设计模型的表面分为毛坯面与非毛坯面,以便于零件模型加工面邻接图的创建,同时,为了便于后续零件毛坯模型的自动生成,非毛坯面被分为体特征加工面与表面加工边界面两种。其定义分别如下:

(1)毛坯面:指零件模型中没有标注制造公差与表面粗糙度等技术要求的表面,这类表面可由毛坯的生产方式直接获取,比如铸造或者锻造,其铸件或者锻件的表面便可直接满足零件对表面的质量要求。

(2)表面加工边界面:指零件模型中有制造公差与表面粗糙度等技术要求的表面,且该表面与其他表面的关联边全为凸边。对于表面加工边界面,对其的机械加工只需要在毛坯面上去除等厚度余量即可。

(3)体特征加工面:指零件模型中有制造公差与表面粗糙度等技术要求的表面,并且该表面与其他表面的关联边不全为凸,即只有一个凹的关联边存在。对于体特征加工面来说,它们是在零件模型进行体积去除加工中形成的。

需要注意的是,为了防止孔特征在零件孤立特征的识别中发生遗漏的情况,零件表面分类时需要将其强制地指定为非毛坯面。

2. 孤立特征的识别算法流程

由孤立特征的性质与最小条件子图的定义可知,孤立特征有以下两个特点:

(1)孤立特征的属性邻接图与其最小条件子图完全一致;

(2)组成孤立特征的实体表面与其他表面相关联时,其关联边均为凸边。

基于以上孤立特征的特点,图 2-45 构建孤立特征的识别算法流程如下:

(1)建立零件的扩展属性邻接图 EAAG;从零件属性邻接图中删除代表毛坯面的节点以及与代表毛坯面的节点相关联的边,从而将零件模型的属性邻接图分解为若干独立的加工面邻接图 MFAG;将加工面邻接图进一步分解为凹边可达邻接图 CACG,分解算法如 2.3.2.3 的 2. 部分;删除凹边可达邻接图中属性为凸的圆弧,将凹边可达邻接图进一步分解为凹邻接

图 CAG。

（2）对于生成的凹邻接图集合中的每一个 CAG，首先将它与预定义特征库进行匹配，如果匹配成功，则说明它是一个孤立特征，并对其标记；如果没有匹配成功，则将其与基于启发式规则的一般特征库进行匹配，如果匹配成功，则说明它是一个孤立的一般特征，并对其标记。

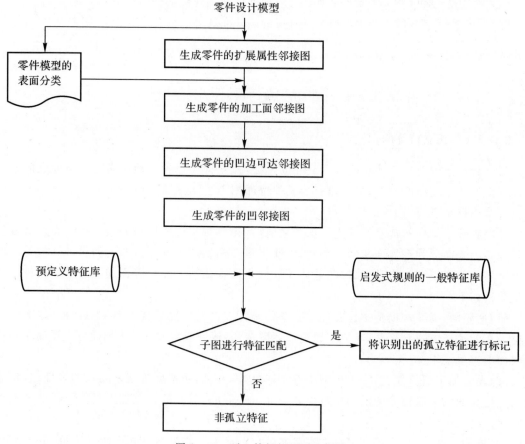

图 2-45 孤立特征的识别流程图

参 考 文 献

[1]　QUINLAN J R. Discovering rules from large collections of examples：a case study [C]// Expert Systems in the Micro－electronic Age. Scotland：Edinburgh University Press，1979：168－201.

[2]　QUINLAN J R. Induction of decision trees[J]. Machine Learning，1986，1（1）：81－106.

[3]　郭景峰.决策树算法的并行性研究[J].计算机工程，2002，28（8）：77－78.

[4]　滕皓.改进决策树的研究[J].济南大学学报（自然科学版），2002，16（3）：231－233.

[5]　杨明.决策树学习算法 ID3 的研究[J].微机发展，2002（5）：6－8.

[6]　QUINLAN J R. Simplifying decision trees[J]. Internet Journal of Man – Machine Studies,1987,27(3):221 – 234.

[7]　QUINLAN J R. Generating production rules from decision trees[C]// Proceedings of IJCAI – 87. Milan:J. McDermott Morgan Kanfmann Publishers, Inc. , 1987:304 – 307.

[8]　曲开社. ID3 算法的一种改进方法[J]. 计算机工程与应用,2003,39(25):104 – 107.

[9]　郝小柱,胡祥云,戴光明,等. 平面点集凸包的并行算法研究[J]. 计算机应用,2005,25(10):2462 – 2464.

[10]　金文华,何涛,唐卫清,等. 简单快速的平面散乱点集凸包算法[J]. 北京航空航天大学学报,1999,25(1):72 – 75.

[11]　刘润涛. 简单多边形凸包的算法[J]. 哈尔滨理工大学学报,2002,7(2):98 – 100.

[12]　王杰臣. 2 维空间数据最小凸包生成算法优化[J]. 测绘学报,2002,31(1):82 – 86.

[13]　吴尚智. 一种求简单多边形凸包的算法[J]. 甘肃科学学报,2000,12(4):11 – 13.

[14]　杨帆,唐晓青,段桂江. 基于特征关联网络模型的机械产品工程更改传播路径搜索方法[J]. 机械工程学报,2011,47(19):97 – 106.

[15]　刘晓健,张树有,邹纯稳. 设计更改在装配关节图上的传播[J]. 计算机辅助设计与图形学学报,2010,22(8):1300 – 1307.

[16]　RAM P D, MICHAEL D J. Analyzing the effect of alternative goals and model attributes on CAD model creation and alteration[J]. Computer – Aided Design,2012,44:343 – 353.

[17]　MA Y S,CHEN G,GEORG T. Chang propagation algorithm in a unified feature modeling scheme[J]. Computer – Aided Design,2008,59:110 – 118.

[18]　LI S M. Methodical extensions for decomposition of matrix – based design problems[J]. Journal of mechanical design,2010,132:1 – 11.

[19]　莫蓉,万能,常智勇,等. 多级灵敏度协同设计模型感知研究(2)[J]. 计算机集成制造系统,2006,12(10):1616 – 1620.

[20]　OLLINGER G, STAHOVICH T. Redesign IT – a model – based tool for managing design changes[J]. Journal of Mechanical Design,2004,126(2):208 – 216.

[21]　王玉. 机械精度设计与检测技术[M]. 北京:国防工业出版社,2005.

[22]　梅中义,曾令卫,吴斌. 基于三维特征设计的二维工程图的自动生成[J]. 北京航空航天大学学报,2000,26(1):103 – 106.

[23]　宋建平,郭连水,戴约真. 特征造型中的尺寸公差模型及其实现[J]. 航空学报,1994,15(10):1207 – 1211.

[24]　郭长虹,席平. 基于 UG 的平面尺寸链的计算机辅助飞机公差设计[J]. 工程图学学报,2005,26(2):26 – 29.

[25]　张欣,莫蓉,宫中伟,等. CAD 模型自动语义标注[J]. 计算机辅助设计与图形学学报,2010, 22(12):2162 – 2167.

[26]　ROBLES – KELLY A,HANCOCK E R. Graph edit distance from spectral seriation. [J]. IEEE Trans Pattern Anal Mach Intell,2005,27(3):365 – 378.

[27]　王飞,张树生,白晓亮,等. 基于子图同构的三维 CAD 模型局部匹配[J]. 计算机辅助

设计与图形学学报,2008,20(8):1078 - 1084.

[28] LI W D,ONG S K,NEE A Y C. Recognizing manufacturing features from a design - by - feature model[J]. Computer - Aided Design,2002,34(11):849 - 868.

[29] KAILASH S B,ZHANG Y F,FUH J Y H. A volume decomposition approach to machining feature extraction of casting and forging components[J]. Computer - Aided Design,2001,33(8):605 - 617.

[30] SUNDARARAJIN V,WRIGHT P K. Volumetric feature recognition for machining components with freeform surfaces[J]. Computer - Aided Design, 2004, 36 (1): 11 - 25.

[31] CHEN Z M,GAO S M,LI W D. An approach to incremental feature model conversion[J]. Advanced Manufacturing Technology,2007,32(1/2):99 - 108.

[32] MOHAMMAD T,HAYASI, ASIABANPOUR B. Extraction of manufacturing information from design - by - feature solid model through feature recognition [J]. Advanced Manufacturing Technology,2009,44(11/12):1191 - 1203.

[33] ZHANG S S,SHI Y F,FAN H T et al. Serial 3D model reconstruction for machining evolution of rotational parts by merging semantic and graphic process planning information[J]. Computer - Aided Design,2010,42(9):781 - 794.

[34] GAO J,ZHENG D T,GINDY N, et al. Extraction/conversion of geometric dimensions and tolerances for machining features[J]. Advanced Manufacturing Technology ,2005,26(4): 405 - 414.

[35] ZHANG X Q,WANG J,KAZUO Y, et al. A surface based approach to recognition of geometric features for quality freeform surface machining[J]. Computer - Aided Design, 2004,36(8):735 - 744.

[36] GRAYER A R. The aotomatic production of machined components starting from a stored geometric description[M]. Amsterdram:North Holland Publishing, 1977.

[37] KYPRIANOU L K. Shape classification in computer aided design[D]. Cambridge: University of Cambridge, 1980.

[38] 高曙明. 自动特征识别技术综述[J]. 计算机学报, 1998,21(3):271 - 288.

[39] 刘雪梅,张树生,崔卫卫,等. 逆向工程中基于属性邻接图的加工特征识别[J]. 计算机集成制造系统,2008,14(6):1162 - 1167.

[40] 刘晓明,吴敏,金灿. 采用图分解的特征识别算法研究[J]. 工程图学学报,2010,31(1): 67 - 71.

[41] 陆海山,路通,杨育彬. 基于图的三维实体模型相交特征识别[J]. 计算机应用,2009,29 (9):2375 - 2377.

[42] JOSHI S,CHANG T C. Graph - based heuristics for recognition of machined features from a 3D solid model[J]. Computer - Aided Design,1988,20(2):58 - 66.

[43] 邬国秀,刘克菲. 基于属性邻接图的加工特征识别[J]. 机械设计与制造,2010(11): 49 - 51.

[44] 杨道庄. 基于图的特征识别技术在注塑模加工中的应用[D]. 武汉:华中科技大

学,2005.

[45]　刘长毅. 基于图的体积分解的加工特征识别方法[J]. 计算机集成制造系统,2006,12
(7):1013 - 1017.

[46]　GAO S,SHAH J J. Automatic recognition of interacting machining features based on
minimal condition subgraph[J]. Computer - Aided Design, 1998,30(9):723 - 739.

[47]　顾晓锋. 2.5 维零件特征识别及其应用研究[D]. 西安:西北工业大学,2006.

[48]　SHAH J J, SHEN Y, SHIRUR A. Determination of machining volumes from extensible
sets of design features [C]// Advances in feature based manufacturing. Amsterdam:
Elsevier, 1994:129 - 57.

[49]　刘文剑,顾琳,常伟,等. 基于属性邻接图的制造特征识别方法[J]. 计算机集成制造
系统, 2001,7(2):53 - 58.

[50]　殷人昆,陶永雷,谢若阳,等. 数据结构:用面向对象方法与 C＋＋描述[M].北京:清
华大学出版社,2001.

第3章 基于 MBD 工艺模型的知识建模

3.1 基于 MBD 工序模型演变的知识建模方法

3.1.1 工序模型几何特征建模

工序模型的建模需要完整地表达工序模型的几何特征,包括工序模型的点、边、面等。因此,这里所涉及的模型采用 NURBS 建模方法,模型组织形式采用基于 B-Rep(Boundary Representation, B-Rep)的向量表示形式。

3.1.1.1 NURBS 基本知识

NURBS 是 Non-uniform Rational B-spline 的缩写,即非均匀有理 B 样条。B 样条技术在自由曲线、曲面设计和表示方面有显著的优点,能精确表示抛物线、抛物面,但对其他二次曲线、曲面只能近似表示,无法用一种统一的形式表示曲面,使系统的开发复杂化。NURBS 是在这样的需求背景下发展起来的。

20 世纪 70 年代,沃斯皮瑞在总结前人研究工作的基础上,以博士论文的形式发表了第一篇有关 NURBS 的文章[1]。随后很多机构都对其进行了深入的研究。1983 年出现第一个基于 NURBS 的几何造型系统;同年,NURBS 曲线、曲面开始成为 IGES 中的曲线、曲面定义标准。目前几乎所有的几何造型系统都支持 NURBS 表示形式。

NURBS 有三种表示形式:有理分式表示、有理基函数表示和齐次坐标表示。这里介绍有理基函数表示方法:

$$r(u) = \sum_{i=0}^{n} V_i \cdot R_{i,k}(u) \tag{3-1}$$

其中

$$R_{i,k}(u) = \frac{\omega_i \cdot N_{i,k}(u)}{\sum_{j=0}^{n} \omega_j \cdot N_{j,k}(u)} \tag{3-2}$$

式中,$\omega_i(i=0,1,\cdots,n)$ 为依附于相应控制多边形顶点 $V_i(i=0,1,\cdots,n)$ 的权因子。$N_{i,k}(u)$ 是第 i 个 k 次规范 B 样条基函数,u 的定义域为 $[0,1]$。$R_{i,k}(u)$ 构成 k 次有理基函数。

由这一定义出发,可以得到 NURBS 曲面的表示形式为

$$r(u,v) = \sum_{i=0}^{n_u} \sum_{j=0}^{n_v} V_{i,j} \cdot R_{i,k_u,j,k_v}(u,v) \tag{3-3}$$

u,v 的定义域都为$[0,1]$。因此当 u、v 按一定步长依次遍历$[0,1]$区间上的数值时,可以取得曲面上所需要的点。

利用 NURBS 曲线、曲面进行建模,主要有以下几方面优势:

(1)NURBS 技术可以精确表示规则曲线、曲面,而传统的贝齐尔方法、孔斯方法往往需要进行离散化,影响造型的精度。

(2)可以把规则曲面和自由曲面统一起来,便于用统一的存储结构和统一的算法处理。

(3)增加额外自由度(权因子),有利于曲线、曲面形状的控制和修改。

工序模型几何特征建模,涉及单道工步几何信息的提取和使用,需要统一几何模型的表示方法,使得平面、规则曲面、自由曲面可以使用相同算法处理。NURBS 方法的优势(2)保证了这一点。另外,优势(1)保证了工序模型的几何精度,这对提高工艺相似性度量的精度是有利的。同时,在实际建模操作中,优势(3)提供了很大的方便性。因此我们选择 NURBS 技术作为工序模型建模方法。

现有的 CAD 系统在机械零件造型方面已十分方便,可用于构建各种复杂形状的零件。由于 NURBS 表示方法的通用性,原理上可将 CAD 软件所建模型自动转化成由 NURBS 面片包络的几何模型。基于此类转化可行的假设,进行研究。

3.1.1.2　工序模型几何特征数学模型建立

由于后续的研究需要进行工序模型几何特征变化的识别,对相邻两道工序模型进行几何特征的比对,因此,模型几何特征的提取需满足一个基本的规则,即仿射不变性。这里工序模型均为用 NURBS 建模方法得到的模型,初始数据源为 NURBS 模型的控制顶点。根据控制顶点得到一系列具有仿射不变性的向量,这些向量可以完整地表示工序模型的几何特征。下面给出工序模型几何特征的建模过程。

定义 3 - 1:体素。指待比较工序模型的边或面。

定义 3 - 2:曲线元 $c_a(u)$。指工序模型的边所依赖的 NURBS 曲线,由单位向量的集合进行表示,记作 $A_{c_a} = \{v_0, v_1, \cdots, v_{n-1}\}$,$v_i$ 的计算公式为

$$v_i = \frac{P_{i+1} - P_i}{\parallel P_{i+1} - P_i \parallel} \tag{3-4}$$

式中,P_i 是 NURBS 曲线 $c_a(u)$ 的控制顶点,$0 \leqslant i \leqslant n-1$,$\alpha$ 表示体素的名称。

定义 3 - 3:模型边 E_a。指工序模型的边,由单位向量的集合进行表示,记作 $A_{E_a} = \{v'_0, v'_1, \cdots, v'_{n-1}\}$,$v'_i$ 的计算公式为

$$v'_i = \frac{P'_{i+1} - P'_i}{\parallel P'_{i+1} - P'_i \parallel} \tag{3-5}$$

式中:P'_i 是工序模型的边 E_a 的控制顶点,$0 \leqslant i \leqslant n-1$,$E_a$ 是模型的边,是曲线元 $c_a(u)$ 的截断;α 表示体素的名称。

定义 3 - 4:曲面元 S_β。指模型的面所依赖的 NURBS 曲面,记作

$$A_{S_\beta} = \{v^u_{0,0}, v^v_{0,0}, \cdots, v^u_{n-1,m-1}, v^v_{n-1,m-1}, v^u_{0,m}, \cdots, v^u_{n-1,m}, v^u_{n,0}, \cdots, v^v_{n,m-1}\} \tag{3-6}$$

其中

$$v^u_{i,j} = \frac{P_{i+1,j} - P_{i,j}}{\parallel P_{i+1,j} - P_{i,j} \parallel}, \quad v^v_{i,j} = \frac{P_{i,j+1} - P_{i,j}}{\parallel P_{i,j+1} - P_{i,j} \parallel} \tag{3-7}$$

式中：$P_{i,j}$ 是 NURBS 曲面 S_β 的控制顶点，$0 \leqslant i \leqslant n-1, 0 \leqslant j \leqslant m-1, \beta$ 为体素的名称；u，v 为 NURBS 曲面的两个方向。

定义 3-5：模型面 F_β。指模型的某个实体表面，即为该实体表面包括的所有模型边的集合，记作

$$A_{F_\beta} = \bigcup_{i=1}^{r} A_{E_{a_i}} = \{A_{E_{a_1}}, A_{E_{a_2}}, \cdots, A_{E_{a_r}}\} \tag{3-8}$$

模型面是依赖于曲面元的，进行工序模型几何特征更改比较时，首先比较曲面元，然后对模型面进行比较。

图 3-1 所示为工序模型几何特征模型的示意图，为了方便说明，将曲面元放大，与模型面区分。实质上在 Maya(Autodesk Maya 软件) 里矩形所依赖的 NURBS 曲面的控制顶点就位于矩形的边与矩形内部。图中 E_a 为工序模型的边，F_β 为模型面，S_β 为模型面依赖的 NURBS 曲面。所有曲线元、曲面元、模型面和模型边均用 NURBS 控制顶点计算得出。

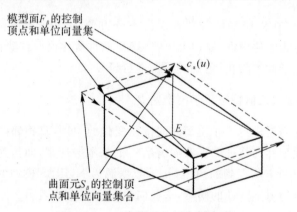

图 3-1　工序模型几何特征模型

由以上定义，可以把体素 α 表示成相应单位向量的集合，记作 $A_\alpha = \{v_0, \cdots, v_p\}$，展开写成如下形式：

$$A_\alpha = \begin{bmatrix} v_0 \\ v_1 \\ \vdots \\ v_p \end{bmatrix} = \begin{bmatrix} v_0^x & v_0^y & v_0^z & v_0^\omega \\ v_1^x & v_1^y & v_1^z & v_1^\omega \\ \vdots & \vdots & \vdots & \vdots \\ v_p^x & v_p^y & v_p^z & v_p^\omega \end{bmatrix} \begin{bmatrix} e_1 \\ e_2 \\ e_3 \\ e_4 \end{bmatrix} \tag{3-9}$$

其中，v_p^x、v_p^y、v_p^z、v_p^ω 分别为向量 v_p 对于 x、y、z、ω 的分量，e_1、e_2、e_3、e_4 分别为 x、y、z、ω 四个方向的单位分向量。

通过以上向量可完整地表示一个工序模型的几何特征信息。其实现了工序模型几何特征的统一描述形式。

3.1.2　工序模型几何更改的数学模型建模

对工序模型的几何更改进行数学建模，该数学模型必须满足模型对仿射不变性的要求，即平移、旋转、缩放、倾斜不变。

相邻工序模型几何更改的捕捉是建立在比对数学模型的基础上的，该数学模型必须满足

不依赖绝对坐标系,这样两个工序模型才具有可比性。因此,定义一系列具有仿射不变性的向量,这些向量即为工序模型几何更改的数学模型,为方便叙述,后文称之为形状描述元。

定义 3-6:度量张量。 度量张量由一系列单位向量做内积而成,计算公式如下:

$$M(A_a) = A_a \times A_a = \begin{bmatrix} v_0 \\ v_1 \\ \vdots \\ v_p \end{bmatrix} \otimes \begin{bmatrix} v_0 \\ v_1 \\ \vdots \\ v_p \end{bmatrix} = \begin{bmatrix} v_0 . v_0 & v_0 . v_1 & \cdots & v_0 . v_p \\ v_1 . v_0 & v_1 . v_1 & \cdots & v_1 . v_p \\ \vdots & \vdots & & \vdots \\ v_p . v_0 & v_p . v_1 & \cdots & v_p . v_p \end{bmatrix} \quad (3-10)$$

由于度量张量是由组成模型面的边的单位向量两两内积而成的,度量张量表示的只是各个向量之间的角度关系。因此,度量张量可表示工序模型上任意面的形状且不依赖任何坐标系。通过比较工序模型曲面元和模型面的度量张量,可以判断两个面的形状是否一样。

定义 3-7:体素的重心。 体素 α 的重心 G_a 由该体素的 NURBS 控制顶点计算得出,控制顶点的坐标为 $(x_i, y_i, z_i, \omega_i)$,重心坐标即为

$$G_a = \left(\frac{\sum_{i=0}^{n} x_i}{n}, \frac{\sum_{i=0}^{n} y_i}{n}, \frac{\sum_{i=0}^{n} z_i}{n}, \frac{\sum_{i=0}^{n} \omega_i}{n} \right) \quad (3-11)$$

式中,n 为控制顶点的个数。工序模型上的任意面、线或者其依赖的曲面元和曲线元都将对应唯一的重心。

定义 3-8:惯性张量。 假定每个控制顶点都为单位质量,则体素对其重心做定点转动时的惯性张量的计算公式可写成

$$I_{G_a}(A_a) = \begin{bmatrix} \sum_{i=0}^{n} m_i(y_i^2 + z_i^2 + \omega_i^2) & -\sum_{i=0}^{n} m_i x_i y_i & -\sum_{i=0}^{n} m_i x_i z_i & -\sum_{i=0}^{n} m_i x_i \omega_i \\ -\sum_{i=0}^{n} m_i x_i y_i & \sum_{i=0}^{n} m_i(x_i^2 + z_i^2 + \omega_i^2) & -\sum_{i=0}^{n} m_i y_i z_i & -\sum_{i=0}^{n} m_i y_i \omega_i \\ -\sum_{i=0}^{n} m_i x_i z_i & -\sum_{i=0}^{n} m_i y_i z_i & \sum_{i=0}^{n} m_i(x_i^2 + y_i^2 + \omega_i^2) & -\sum_{i=0}^{n} m_i z_i \omega_i \\ -\sum_{i=0}^{n} m_i x_i \omega_i & -\sum_{i=0}^{n} m_i y_i \omega_i & -\sum_{i=0}^{n} m_i z_i \omega_i & \sum_{i=0}^{n} m_i(x_i^2 + y_i^2 + z_i^2) \end{bmatrix}$$

$$(3-12)$$

其中,$m_i = 1$(当 $1 \leqslant i \leqslant n$,$m_i$ 是单位质点),$(x_i, y_i, z_i, \omega_i)$ 是控制顶点的坐标。体素的惯性张量可以描述工序模型的面、线或其依赖的曲面元和曲线元对其重心做定点转动时的惯性大小。

度量张量、体素的重心均是在 CAD 系统的全局坐标系下计算得出的,惯性张量是相对于其体素重心计算得出的。两个形状完全相同但位置不同的体素不能仅通过惯性张量比较,还需为每个体素定义局部坐标系。

定义 3-9:局部坐标系。 每个体素对应一个局部坐标系,记为 R_a。坐标系的原点位于该体素的重心,四个坐标轴即为惯性矩阵的特征向量,记作 $R_a = (G_a, E_a^1, E_a^2, E_a^3, E_a^4)$。

由惯性张量的性质知,惯性张量是个实值的对称矩阵,求得惯性张量的特征值分别是刚体对于惯量主轴的主惯性矩,而特征值对应的特征向量都是刚体的惯量主轴。因此,将惯量主轴作为局部坐标系的坐标轴。

定义 3-10:惯性矩。 其计算公式为

$$I(A_\alpha) = \begin{bmatrix} I_\alpha^1 & 0 & 0 & 0 \\ 0 & I_\alpha^2 & 0 & 0 \\ 0 & 0 & I_\alpha^3 & 0 \\ 0 & 0 & 0 & I_\alpha^4 \end{bmatrix} \tag{3-13}$$

其中，$I_\alpha^1, I_\alpha^2, I_\alpha^3, I_\alpha^4$ 对应惯性张量 $I_{G_\alpha}(A_\alpha)$ 的四个特征值。体素的惯性矩描述了工序模型的面或曲面元绕主惯性轴做定轴转动时转动惯量的大小，因而可以使用惯性矩度量工序模型面的尺寸是否相等。

为了比较体素之间的相对位置关系，需要对体素进行定位与定向，定义 3-9 所示的局部坐标系考虑了包括控制顶点权重在内的 4 个方向轴，而在对体素进行定位和定向时，不需要考虑权重，由此给出约化局部坐标系和转换矩阵的定义。

定义 3 - 11：约化局部坐标系。 该坐标系是三维的，原点坐标为 $G_\alpha = \left(\dfrac{\sum\limits_{i=0}^{n} x_i}{n}, \dfrac{\sum\limits_{i=0}^{n} y_i}{n}, \dfrac{\sum\limits_{i=0}^{n} z_i}{n} \right)$，三个坐标轴为惯性矩阵 $I_{G_\alpha}(A_\alpha)$ 的三个特征值对应的特征向量。矩阵如下所示，坐标系记作 $R_\alpha = (G_\alpha, E_\alpha^1, E_\alpha^2, E_\alpha^3)$：

$$I_{G_\alpha}(A_\alpha) = \begin{bmatrix} \sum\limits_{i=0}^{n} m_i(y_i^2 + z_i^2) & -\sum\limits_{i=0}^{n} m_i x_i y_i & -\sum\limits_{i=0}^{n} m_i x_i z_i \\ -\sum\limits_{i=0}^{n} m_i x_i y_i & \sum\limits_{i=0}^{n} m_i(x_i^2 + z_i^2) & -\sum\limits_{i=0}^{n} m_i y_i z_i \\ -\sum\limits_{i=0}^{n} m_i x_i z_i & -\sum\limits_{i=0}^{n} m_i y_i z_i & \sum\limits_{i=0}^{n} m_i(x_i^2 + y_i^2) \end{bmatrix} \tag{3-14}$$

定义 3-12：转换矩阵。 体素 α 的约化局部坐标系相对于参考面 β 的约化局部坐标系的过渡矩阵称为体素 α 的转换矩阵，记作 B_α^β。因此，任意给定的体素转换矩阵表达了它的位置和相对于参考面的方向。

根据上述定义，将工序模型几何更改的数学模型，即形状描述元，定义为

$$D_\alpha = \{ <M(A_\alpha)>, <I(A_\alpha)>, <R_\alpha>, <B_\alpha^\beta> \} \tag{3-15}$$

体素 α 的形状描述元包括度量张量 $M(A_\alpha)$、惯性矩 $I(A_\alpha)$、约化局部坐标系 R_α 和转换矩阵 B_α^β。这些物理特征量完整地表征了三维工序模型几何形状的特征值，包括形状、大小、位置，利用形状描述元即可捕捉三维工序模型的几何更改。

3.1.3　工序模型尺寸特征建模

3.1.3.1 尺寸公差信息在模型中的作用

分析工艺编制过程的特点对于工序模型演变序列中进行知识捕捉与重用有着重要的作用。总结出影响工艺制定的因素，通过量化这些因素并将其作为工艺相似性度量的指标，用于度量工艺之间相似性。此处选择的是尺寸和公差信息，文献[2]给出了机械加工方法选择的原则，具体如下：

原则 1：所选加工方法应考虑每种加工方法的加工经济性，精度范围要与加工表面的精度要求及表面粗糙度要求相适应。

原则 2：所选的加工方法能确保加工表面的几何形状精度、表面相互位置精度的要求。

原则 3：所选的加工方法要与生产类型相适应。

原则 4：所选的加工方法要与零件材料的可加工性相适应。

原则 5：所选加工方法要与企业现有设备条件和工人技术水平相适应。

其中原则 1 和原则 2 说明，加工特征相同时，尺寸和公差的要求不同，所选加工方法会不同。为了更直观地说明问题，在此以孔加工举例说明。表 3 - 1 给出了孔加工方案与公差等级的关系。

表 3 - 1 孔加工方案与公差等级的关系

加工方案	公差等级（IT）
钻	11～12
粗镗—半精镗—磨孔	7～8
钻—拉—珩磨	6～7

公差等级在 IT11、IT12 时，简单的钻孔就可以满足要求，当公差等级提高时，就必须采用磨孔、珩磨等精密加工方法以及多种加工方法组合的方案，这样就形成了不同的工艺。这里以深孔加工为例说明尺寸对工艺的影响。

由文献[3]可知，深孔是指孔深与孔径之比大于 5 的工件内孔。深孔加工有许多不利因素，加工技术难度大，而且孔的深度和孔径的比值越大，加工的难度就越大。因此必须采用不同于一般孔加工的工艺。在成批生产中，常采用深孔钻在深孔加工机床上加工。当需要提高孔的直线或表面粗糙度时，可以用镗刀精镗孔。

综上所述，在特征相同的情况下，尺寸、公差对工艺制定有重要的影响，也应作为工艺设计知识元的考虑因素。此处将工序模型的尺寸和公差信息与三维工序几何模型综合考虑，进行工序模型演变序列研究。

3.1.3.2 MBD 工序模型尺寸特征建模

尺寸与公差信息是工艺信息的重要组成，同时也对工艺规程的制定产生了影响。关于尺寸、公差有很多研究成果，大多是集中在尺寸、公差数值的确定，以及对加工工艺的影响方面。如文献[4]结合数字化手段进行尺寸公差分析，形成工艺能力评估方法，对飞机装配的协调准确度进行尺寸公差统计分析，以提升工艺设备能力和生产效率。文献[5]从锻造企业的生产实际出发，对盘套类锻件的尺寸范围进行了调整和完善，并结合锻造 CAPP 系统的开发，在锻件类型自动判定、变形工步自动决策等方面做了一定探讨。文献[6]提出了一种多工序尺寸及公差的优化方法。该方法综合考虑制造成本、质量损失和加工能力指数，在工序内建立总成本-公差函数模型。

为了对 MBD 工序模型进行尺寸特征建模，必须首先对特征的尺寸、公差进行量化，找到一种统一的度量方法。此处在文献[8]中的工艺能力指数公式基础上稍作修改，将尺寸、公差作为变量，表示出一个加工特征的工艺能力指数。公式如下：

$$C_{pm} = \frac{\Delta}{6\sqrt{\sigma^2 + (\mu - l)^2}} \tag{3-16}$$

式中：C_{pm} 为工艺能力指数，表征一道工序加工的难易程度，数值越大，加工越容易，加工难度越低；Δ 为公差，由式(3-16)可知，公差越大，工艺能力指数越高；σ 为同一种加工特征在多次加工中尺寸的方差值，这里取最常见的标准正态分布的方差值，即 $\sigma = 1$；l 为加工特征的尺寸值；μ 为尺寸均值，即加工特征中的同一种尺寸在多次加工中的均值，它有具体的实际含义。

单独研究式(3-16)中的分母部分，去掉根号后构建如下公式：

$$D(l) = \sigma^2 + (\mu - l)^2 \tag{3-17}$$

这是一个二次函数，可以做出其大致图像，如图3-2所示。当 l 小于 μ 时，随着 l 的变小，D 增大，使得工艺能力指数 C_{pm} 减小。当 l 大于 μ 时，随着 l 的增大，D 增大，使得工艺能力指数 C_{pm} 减小。这说明当小于某一特定值时，尺寸的减小会提高加工的难度，而大于该值后，尺寸的增大会提高加工的难度。即尺寸的过大、过小都会增加加工的难度，而 μ 就是大与小的分界值。对于不同的加工特征，μ 值是不同的。为了确定 μ 值，应统计大量的实际加工的数据，分析得出结果。由于此处重点研究的是工艺模型演变序列的知识捕捉

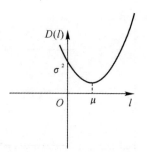

图3-2 $D(l)$ 函数走势

与重用方法，所以简单地统计已有的数据，取平均值作为 μ 的取值。

式(3-16)只能对单个尺寸与公差进行度量，例如孔的直径或深度。而一般的加工特征都包含多个尺寸与公差，要度量整体的工艺能力指数，需要将所有的尺寸、公差综合考虑。这里认为一个加工特征中最难加工出的尺寸与公差，代表了该特征加工的难易程度，又因为工艺能力指数越小，加工难度越大，所以取所有工艺能力指数中的最小值作为整个加工特征的工艺能力指数。以孔为例，设孔深、孔径所对应的加工能力指数分别为 $C_{pm,h}$ 和 $C_{pm,d}$，则加工孔的工艺能力指数 C_{pm} 取值为

$$C_{pm} = \min(C_{pm,h}, C_{pm,d}) \tag{3-18}$$

零件的加工是一个去除材料的过程，工序模型序列可以看做是从毛坯模型开始进行一系列材料去除的过程。每得到一道工序模型，产生一个或若干加工特征。因此，工序模型可以看做是毛坯模型与加工特征做布尔差。这里研究工序模型演变序列中蕴含的知识，因此，提取工序模型的演变序列则是研究重点。从零件加工的角度看，演变序列即为加工特征序列。

记一道工序模型上被加工出的特征为 F_m，F_m 包含特征的几何信息和尺寸、公差信息，加工特征的几何信息可以用加工特征的属性邻接图表示，而尺寸公差信息采用工艺能力指数进行衡量。因此给出加工特征的完整表示形式：

$$F_m ::= <G><C_{pm}> \tag{3-19}$$

F_m 代表一个加工特征，该加工特征同时考虑到了几何形状与工艺语义，是高维知识的一种形式。

3.1.4 机加工序演变模型的获取

捕捉零件在加工过程中的工序模型的几何演变过程，得到 MBD 机加工序演变模型。通

过比较张量来衡量体素之间的关系,判定几何变化类型。如果一个张量能通过初等行变换或初等列变换得到另一个张量,那么认为两个张量相等。表 3 - 2 列出了体素判定结果及其依据。

表 3 - 2　体素判定结果及其依据

判定结果	判定依据
体素相似	两个体素形状相同,尺寸不同
体素相同	两个体素相似并且尺寸相同
体素恒等	两体素相同且关于两模型中的同一参考面位置相等

如图 3 - 3 所示,图中箭头指出的体素在两模型中形状相同,尺寸不同,为相似体素。

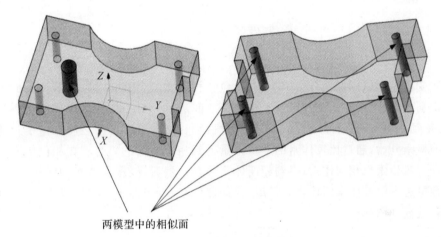

两模型中的相似面

图 3 - 3　两模型中的相似体素

如图 3 - 4 所示,图中箭头标注出的面形状和尺寸均相同,但其位置不尽相同,该体素为相同体素。

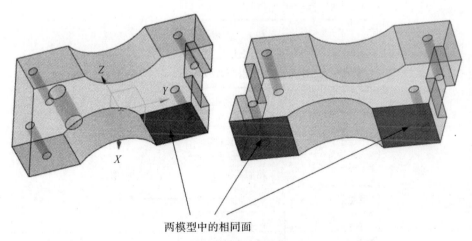

两模型中的相同面

图 3 - 4　两模型中的相同体素

如图3-5所示,图中两体素形状与尺寸皆相同,其相对于相同参考面的位置也一样,该体素为恒等体素。

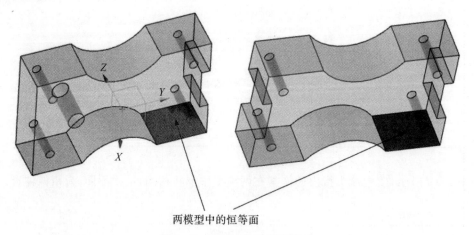

两模型中的恒等面

图3-5　两模型中的恒等体素

工序演变模型的识别过程分为四个步骤,包括相似体素、相同体素、恒等体素的检索和修改区域的识别,比较工作在相邻的两道工序模型之间进行。对一条工艺序列中所有相邻的工序模型,可得到一条工艺序列中模型的几何变化过程。相邻工序模型之间几何变化的比较从相似体素的检索开始,通过比较体素的度量张量得到相似体素的集合。在相似体素集合中利用惯性矩进一步检索出相同体素,得到相同体素集合。然后,根据参考面和转换矩阵,在相同体素的集合里进行恒等体素的检索。最后,根据度量张量、惯性矩及转换矩阵,识别到修改的区域。比较过程如图3-6所示。

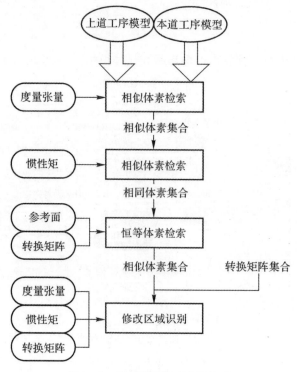

图3-6　工序演变模型获取流程

3.1.4.1　相似体素检索

相似体素检索是基于体素的度量张量的,由于度量张量是由组成模型面的边的单位向量两两内积而成,度量张量表示的只是各个向量之间的角度关系。因此,度量张量可表示工序模型上任意面的形状且不依赖任何坐标系。通过比较工序模型曲面元和模型面的度量张量,可以判断两个面的形状是否一样。相似体素的检索流程如图 3-7 所示,具体如下:

(1) 从两道相邻的工序模型中各取一个面 α 和面 β,比较两个面所依赖的曲面元 S_α 和 S_β 的控制顶点 P_α 和 P_β 的数量 n_α 和 n_β。若 $n_\alpha = n_\beta$,转入(2);若不相等,结束。

(2) 比较两个模型面 F_α 和 F_β 所依赖的曲面元 S_α、S_β 的度量张量 $M(S_\alpha)$ 和 $M(S_\beta)$。若 $M(S_\alpha) = M(S_\beta)$,转入(3);若不相等,结束。

(3) 比较两个模型面 F_α 和 F_β 的度量张量 $M(F_\alpha)$ 和 $M(F_\beta)$。若 $M(F_\alpha) = M(F_\beta)$,则两面标定为相似;若不相等,则两面不同。

(4) 遍历两道工序模型中的所有面,重复以上步骤直至找出两道工序模型所有的相似体素。

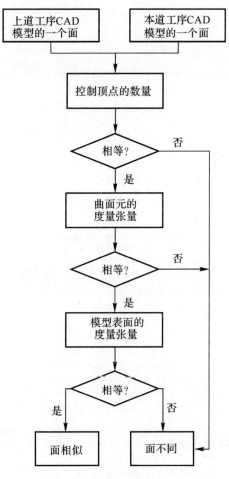

图 3-7　相似体素检索过程

经过相似体素的检索,得到两道工序模型中的所有相似面,这些相似面组成一个相似面集合 C_{sim}。接着进行相同体素的检索,相同体素的检索在相似体素检索的基础上进行。

3.1.4.2 相同体素检索

在完成相似体素检索的基础上,进行相同体素的检索。相似体素的检索已经保证检索出来的面都具有相同的形状,通过度量相似面的惯性矩得到相同体素集合。由于惯性矩表示了工序模型的面或曲面元绕主惯性轴做定轴转动时转动惯量的大小,若两相似体素惯性矩相同,则说明该相似体素形状大小皆相同。相同体素检索流程如图3-8所示,具体如下:

(1)从相似面集合 C_{sim} 里选取一组相似面 α^{sim}、β^{sim},比较两个相似面所依赖的曲面元 S_α^{sim}、S_β^{sim} 的惯性矩 $I(S_\alpha^{sim})$、$I(S_\beta^{sim})$,若 $I(S_\alpha^{sim}) = I(S_\beta^{sim})$ 转入(2);若不相等,两面不同。

(2)比较两个模型面的惯性矩 $I(F_\alpha^{sim})$、$I(F_\beta^{sim})$,若 $I(F_\alpha^{sim}) = I(F_\beta^{sim})$,则两面相同;若不相等,则两面不同。

(3)遍历相似面集合 C_{sim} 中的所有元素,重复以上步骤直至找出两道工序模型中所有的相同体素。

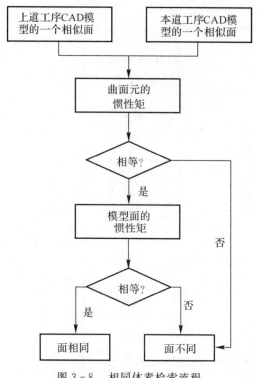

图3-8 相同体素检索流程

经过以上步骤,得到相同体素集合 C_{equ}。相似体素检索和相同体素检索只是确定了体素的形状和尺寸,并未确定体素的位置关系。接下来进行的恒等体素检索实现了体素位置关系的确定。

3.1.4.3　恒等体素检索

相似体素检索和相同体素检索完成之后,得到形状相似的体素和形状尺寸皆相同的体素。在此基础上对形状尺寸皆相同的体素进行恒等体素检索。若要满足恒等体素的判定规则,要求体素除形状、尺寸皆相同外,还需在模型中所处的位置一致。本步骤需在恒等体素检索之前确定一对参考面,参考面需要首先满足相同体素的判定规则。恒等体素检索流程如图3-9 所示,具体如下:

(1) 从两道工序模型的相同体素集合里任意抽取一对相同面 F_α^{equ} 和 F_β^{equ} 作为第一对参考面,分别计算其约化局部坐标系 R_α^{equ} 和 R_β^{equ} 并得到 R_α^{equ} 相对于 R_β^{equ} 的过渡矩阵。

(2) 计算模型本身和所有相同面相对于参考面的位置。若结果相等,则其位置相同,进入(3);若相同面的重心不相等,则面位置不同。

(3) 分别计算两个工序模型中所有相同面相对于参考面的转换矩阵。若转换矩阵相同,则两个面的位置与方向都相等;若转换矩阵不同,则两面相对于参考面的方向不同。

(4) 遍历所有参考面,重复(1)(2)(3)。

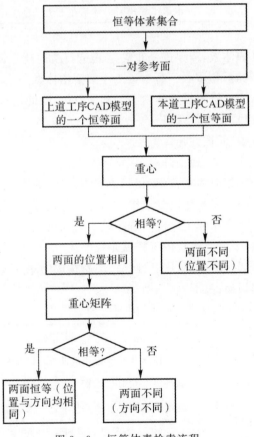

图 3-9　恒等体素检索流程

对于一对已知的参考面,进行检索后被标定为恒等的面在后来的比较中将不再被选为参考面。能导出最多恒等面的参考面被选作最佳参考面。一旦确定了最佳参考面,就可确定两道工序模型之间的转换矩阵。

经过以上的步骤,可以得到两道工序中的相似体素集合 C_{sim}、相同体素集合 C_{equ}、恒等体素集合 C_{ident}。接下来,进行模型修改区域的识别。

3.1.4.4 修改区域识别

本步骤实现的主要功能是对模型修改区域进行识别。经过以上三个步骤,得到相邻两道工序模型的相似体素集合、相同体素集合与恒等体素集合。

常规的机械加工中,工序模型是由毛坯模型经过材料去除得到的。考虑工序模型的所有模型面,这些面有四种状态:维持原状、新增、清除、部分修改。本步骤实现的功能是识别所有模型面分别是哪种状态。表 3-3 给出识别结果及依据。

表 3-3 识别结果及依据

识别结果	识别依据
维持原状	体素恒等或其基于的几何体恒等
体素清除	上道工序模型的体素在本道工序模型中不再存在
体素新增	本道工序模型的体素在上道工序模型中不存在

对于除这些体素之外的体素,需要进一步确定其是新增的还是部分修改的。计算每个修改体素的曲线元的参考坐标系和重心。若本道工序模型的体素和上一道工序模型的体素满足以下(1)(2)(3)关系,则认为被修改模型体素是局部修改的,除此之外的体素是新增的:

(1)具有相等的曲面(线)元度量张量;

(2)具有相等的曲面(线)元惯性矩;

(3)具有相等的曲面(线)元转换矩阵;

相邻两道工序模型经过相似体素检索、相同体素检索、恒等体素检索和修改区域识别这四个步骤,得到表 3-4 所示的几何变化捕捉结果。值得一提的是,我们将新增的体素视为加工特征。对一条工艺序列的所有相邻工序模型进行以上几何变化的捕捉,就能自动得到三维工序模型序列中的演变模型,下面要进行的工作就是由发生几何变化的体素构建相邻两道工序模型之间几何变化的属性邻接图,并利用属性邻接图所构成的序列度量工艺序列的相似性,进行工序模型演变序列的知识捕捉。

表 3-4 几何变化捕捉结果

捕捉结果	识别依据
相似的体素	体素与其所依赖的曲面(元)的度量张量相等
相同的体素	满足体素相似且体素与其所依赖的曲面的惯性矩相等
恒等的体素	满足体素相同且体素相对同一参考面的转换矩阵相同
维持原状的体素	体素恒等或其基于的几何体恒等
清除的体素	上道工序模型的体素在本道工序模型中不再存在
新增的体素	本道工序模型的体素在上道工序模型中不存在
部分修改的体素	具有相等的曲面元度量张量、惯性矩、转换矩阵

3.1.5　新增面的属性邻接图构造

经过 3.1.4 节介绍的演变模型获取，可以捕捉到一条工艺序列中发生几何变化的体素。不过这些体素只包含了发生变化体素的 B-Rep 信息，并未包含这些体素的拓扑结构信息。由于属性邻接图完整地包含了面与面之间的拓扑关系，这里通过构造属性邻接图来记录新增体素的拓扑信息。

提取每道工序新增面的 B-Rep 信息，将新增面转化成属性邻接图，则一条工艺序列就对应着一条属性邻接图序列。对属性邻接图的节点及边进行编码分类。

(1)面属性编码。属性邻接图的每一个节点在模型里对应一个模型面，面的属性表示面的类型，四种类型对应 0~3 四个数字，如表 3-5 所示面属性编码，其中平面类型不考虑面的边界形状。

表 3-5　面属性编码

面的类型	编码
平面	0
圆柱面	1
圆环面	2
其他	3

(2)边属性编码。属性邻接图里的边在模型里对应模型中面与面的邻接关系。用两位编码存储边属性编码：编码的低位存储两面之间的凹凸性，编码的高位存储两面的位置关系，例如平行、垂直等。具体表示方法如表 3-6 所示。

表 3-6　边属性编码

	编码	含义
低位	0	两面不相连
	1	凸边
	2	凹边
高位	0	两面为一般夹角
	1	两面平行
	2	两面垂直

属性邻接图在计算机中的表示，取决于所选取的数据结构。数据结构为一个包含存放面属性信息的一维数组和一个表示边属性信息的二维数组。以图 3-10 为例，说明这里所用的数据结构。首先对三个面编制顺序，此顺序不影响最终结果，并将三个面按顺序存为一个一维数组 **T**。

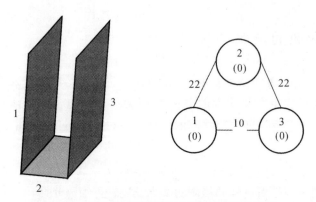

图 3-10　为面编制顺序及面的属性邻接图表示

面的顺序编制与其属性邻接图表示如图 3-10 所示,图的顶点对应模型中的面,包含了面的序号和面类型属性的信息,图中的边表示模型中面与面之间的邻接关系,其上的数字代表了边属性信息。实线表示两面相连,虚线表示两面不连。

这三个面代表的特征是 U 形通槽,数组 $T=\begin{bmatrix} 1 & 2 & 3 \end{bmatrix}$。属性邻接图中存放面属性信息的一维数组定义为 $\boldsymbol{\alpha}$,存放边属性信息的数组定义为 $\boldsymbol{\beta}$,其中 $\beta_{m,n}$ 表示属性邻接图中的第 m 个边和第 n 个面的邻接关系,则有

$$\boldsymbol{\alpha}=\begin{bmatrix} 0 & 0 & 0 \end{bmatrix}$$

$$\boldsymbol{\beta}=\begin{bmatrix} 00 & 22 & 10 \\ 22 & 00 & 22 \\ 10 & 22 & 00 \end{bmatrix}$$

为了实现加工特征的自动识别,数组 $\boldsymbol{\alpha}$ 和 $\boldsymbol{\beta}$ 中的数值必须通过算法自动计算。经过 3.1.4 节介绍的机加工序模型演变模型获取,得到相似体素集合、相同体素集合、恒等体素集合等。这些集合只包含了模型面的名称,并不能得知模型面的拓扑信息。要完整地还原机加工序模型的演变模型,必须判定模型面是否相邻并且进一步判断面与面之间的邻接关系,即边属性。这里将介绍面的相邻性判别与边属性编码的获取方法。

3.1.5.1　面相邻性判别

进行三维建模时,操作者首先绘制草图,然后通过拉伸、旋转等操作构建三维模型。在此过程中,包含了模型面形状的信息,软件也会自动记录,这些信息也即表 3-5 中所列的面属性。在 CAD 软件所建模型转化成 NURBS 面片模型时保留面形状信息,在进行面属性识别时可以直接使用这些信息完成数组 $\boldsymbol{\alpha}$ 的构建。此处不研究两种模型的转化方法,所以不给出具体实现过程,只论证面属性识别的可行性。

构建属性邻接图时,面相邻性判断是边属性识别的基础。由于采用 NURBS 面片拼接而成的模型,新增面之间相互独立,只在几何位置上有边界重合关系。通过研究边界重合关系的识别方法,实现两个 NURBS 面片相连性的判断。由几何关系出发,当两个 NURBS 面的最近距离为零时,可以认为两面相连。所以 NURBS 面间最近距离的计算法是识别方法的关键。文献[7]提出了 NURBS 曲面间的最短距离计算方法:基于分析两张参数曲面间达最短距离所必须满足的几何约束条件及可能出现的各种边界情况,利用 Newton - Raphson 迭代法,寻找

最近点对,将它们的距离作为面之间的最近距离。借鉴文献[7]的思想,给出此处所用方法,NURBS 曲面的表达式如下:

$$r(u,v) = \sum_{i=0}^{n_u} \sum_{j=0}^{n_v} V_{i,j} \cdot R_{i,k_u,j,k_v}(u,v)$$

式中,u、v 的定义域都为 $[0,1]$。u、v 在 $[0,1]$ 区间上的任意一个取值组合,都与曲面上的点相对应。所以当 u、v 以一定步长取值时,就可以得到 NURBS 面上的离散点。这里面相邻性判别对面上点的离散精度要求不高,只要点能代表该面所占有的空间位置即可。

由于是三维模型的外壳面,新增面有如下特点:若两面相连,距离最近的点对必然出现在面的边界上,且距离为零,因此只需搜索符合条件的边界点。取得边界点需要设定参数 u、v 取值。令偏置变量 $B=0$,则 u、v 取值范围为:$u=[U_{min},U_{max}]$,$v=[V_{min},V_{max}]$。当 $u=U_{min}$ 时,v 按一定精度遍历区间 $[V_{min},V_{max}]$ 内的所有离散值,即可取得一条边界上的一定点。对四条边界进行遍历,得到所有边界点。两个面的边界点分别存放于数组 e_1 和 e_2 中。面相连性判断的算法如下:

(1)定义三个最短距离 d、d_1、d_2,初始值为 1 000;求 e_1 中所有点的中心点,记为 c_1,求 e_2 中所有点的中心点,记为 c_2;设数组 e_1 的指针变量 $i=0$,数组 e_2 的指针变量 $j=0$。

(2)遍历数组 e_2,找出其中与中心点 c_1 距离最近的点 $e_2(j)$。

(3)遍历数组 e_1,找出其中与点 $e_2(j)$ 距离最近的一点,更新指针变量 j。若 $e_2(j)$ 与 $e_1(i)$ 两点间的距离小于 d,则 d 赋值为这两点之间的距离,且 $d_1=d$。

(4)遍历数组 e_2,找出其中与点 $e_1(i)$ 最近的一点,更新指针变量 j。若 $e_2(j)$ 与 $e_1(i)$ 两点间的距离小于 d,则将 d 赋值为这两点之间的距离。

(5)执行(3)(4),若 $d_1=d_2$,则此时 d 为面的最短距离,执行(6);若 d_1 不等于 d_2,则重复执行(3)(4)。

(6)若 $d=0$,则两面相连;否则,两面不连。

利用该算法,对于任意给定的两个面,可以判断其相连性。

3.1.5.2　边属性识别

如表 3-6 所示,在边属性编码中,高位与低位包含了边的两类信息。对于低位编码,识别出两面相连后,还需判断边的凹凸性;而高位编码表示了两面之间的夹角关系。

下面进行凹凸性判断,如图 3-11 所示,取 U 形槽特征中的 1、2 号面为例,e_1 为连接两面的边。p_1 和 p_2 分别为面 1、面 2 上的点。

为保证 p_1、p_2 不取边界点,需要设定固定的 u、v 参数值。设 p_1、p_2 的坐标分别为 (x_1,y_1,z_1)、(x_2,y_2,z_2)。设面 1 的 u、v 参数值取值范围为

$$u \in [U_{1min},U_{1max}], \quad v \in [V_{1min},V_{1max}]$$

令 $u_1=(U_{1min}+U_{1max})/2$,$v_1=(V_{1min}+V_{1max})/2$,代入得到

$$(x_1,y_1,z_1)=r(u_1,v_1) \tag{3-20}$$

同理有

$$(x_2,y_2,z_2)=r(u_2,v_2) \tag{3-21}$$

点 p_0 是 p_1、p_2 两点的中点,坐标为

$$\left.\begin{array}{l} x_0 = (x_1 + x_1)/2 \\ y_0 = (y_1 + y_1)/2 \\ z_0 = (z_1 + z_1)/2 \end{array}\right\} \qquad (3-22)$$

如图 3-11 所示，面 1 和面 2 均为模型 2 的面，因此，两面相连边的凹凸性的判定条件为：若 p_0 处于模型 2 外部，e_1 为凹边；若 p_0 处于模型 2 内部，e_1 为凸边。对于任意两个相连接的面所形成的边，都可以利用这种方法判断凹凸性。

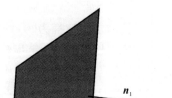
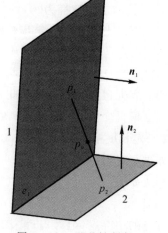

边属性高位编码表示两面的夹角关系。采用法向量运算的方法，实现对面间夹角的识别。表 3-5 所给出的面较为简单，对于平面、圆柱面和圆环面，面的法向量都可以表示面的方向。因此通过面的法向量的运算，能够计算面之间的夹角。

在图 3-11 中，向量 n_1、n_2 分别为面 1、面 2 的单位法向量。设两向量夹角为 θ，向量 n_1、n_2 做点积运算，有

$$\lambda = n_1 \cdot n_2 = \cos\theta \qquad (3-23)$$

图 3-11　凹凸性判断

当 $\lambda = 0$，$\theta = 90°$，向量 n_1、n_2 相互垂直，则面 1 与面 2 为垂直关系。

当 $\lambda = 1$，$\theta = 0°$，或当 $\lambda = -1$，$\theta = 180°$ 时，向量 n_1、n_2 相互平行，则面 1 与面 2 为平行关系。

当 λ 的值不属于上述两种情况时，θ 为一般角度，向量 n_1、n_2 没有特殊位置关系，则面 1 与面 2 为一般夹角。

3.1.5.3　属性邻接图的构造

前面介绍的方法，只能构造出一个加工特征所对应的属性邻接图，而一道机加工序中可能包含多个相同的加工特征（如钻六个相同的孔），有多个对应的相同属性邻接图。此时应用上述方法，只能识别出一个总体属性邻接图，其不能代表单个特征。所以在构建邻接图时，首先需要判断出特征的数目，然后再对每个特征进行单独识别。这里将介绍特征数目的判断方法，并给出完整的属性邻接图构造过程。

将一道工序中所有新增面编制顺序，面的前后顺序不影响最终结果，并将顺序存入一维数组 T。定义面相连性矩阵 H。H 与数组 β 类似，但 H 仅包含了面之间连接信息。矩阵 H 的元素编码规则是：若两面相连，该元素存 1；若两面不相连，该元素存 0；矩阵对角线元素存为 0。由图的连通性可知，两个特征所对应的新增面之间没有通路。因此将多个特征分离的思路是，由一个面出发，寻找与其相连的面，并将找到的面从数组 T 中裁剪掉，裁剪之后重新构建矩阵 H，重复寻找过程，当找不到下一个相连面时，即完成一个特征的分离。具体的步骤如下：

（1）定义特征数目为 n，初始值为 0。定义数组 T'，存放数组 T 中被裁剪的元素。定义 $i = T(0)$，表示矩阵 H 的行号。定义 $j = 0$，表示矩阵 H 的列号。

（2）若 H 为空矩阵，执行（5），j 依次加 1，搜索矩阵 H 第 i 行元素 $H(i,j)$，若 $H(i,j) = 1$ 且 $i \neq j$，将 i 加入数组 T'；若第 i 行所有元素满足 $H(i,j) = 0$，将 i 加入数组 T'，执行（4）。

（3）删除数组 T 中与 i 相等的元素。删除 H 中第 i 行和第 i 列所有元素，重新构造矩阵 H。

令 $i=j,j=0$,重复(2)。

(4)删除数组 T 中与 i 相等的元素。删除 H 中第 i 行和第 i 列所有元素,重新构造矩阵 H。此时数组 T' 中存放了组成一个加工特征所有面的序号,令 $n=n+1,i=T(0)$,重复(2)。

(5)特征分离过程结束。

实现特征分离之后,按照单个特征的面属性邻接图构造方法,对 T' 中所存的面进行分析,计算 α 和 β,完成多个特征的属性邻接图构造。

综上所述,一个特征的属性邻接图包含的信息有:

(1)面序号数组 T;

(2)特征个数 n;

(3)面属性数组 α;

(4)边属性数组 β。

属性邻接图可以表达为

$$G::=<T><n><\alpha><\beta> \tag{3-24}$$

加工特征属性邻接图所包含的信息是特征识别算法的输入,也是工艺相似性比较算法的基础。

3.2　面向 MBD 工艺编制的加工意图建模方法

3.2.1　加工意图

定义 3-13:加工意图(Machining Intent,MI)。加工意图是工艺设计人员对新拿到的零件的工艺过程的一个大体的设计思路,是对零件关键尺寸加工顺序安排的思考。

加工意图反映了工艺人员对零件大体加工过程的构思,所谓大体的加工过程,是指加工意图并不是一个具体、完整的工艺设计方案,只是工艺人员对零件加工过程大体的思考,反映了零件关键尺寸的加工过程,而零件具体、详细的工艺设计过程还没有。面对相同的加工零件,不同的工艺人员可能会有不同的加工意图,不同的加工意图也就蕴含着不同的工艺设计思维,而不同的工艺设计思维就会有不同的工艺知识需求,即加工意图能够反映工艺员对机加工艺知识的真正需求。基于加工意图的工艺知识重用过程,强化了工艺员的主观能动性,融入了工艺员的行为意图,更能够反映工艺员在进行工艺知识重用时对工艺知识的个性化、多元化需求,显然比传统的以几何结构和关键字作为知识检索条件的知识检索度量方法更贴近工艺设计本质和工艺知识检索需求的新模式。

然而,由于加工意图是工艺员抽象的工艺设计思维,具有高维、隐性、抽象等特点,要实现基于加工意图的工艺知识重用,首先需要从加工意图中抽取意图、挖掘工艺知识需求。其实现的方法:对加工意图进行具体、形象化处理,即加工意图的建模研究,构建高维加工意图模型。要实现基于加工意图的 MBD 工艺知识元检索,即实现高维加工意图和 MBD 工艺知识元的相似性度量,还需要把高维加工意图模型降维到和 MBD 工艺知识元相同的低维、非线性的可比较形式。加工意图建模及降维处理过程如图 3-12 所示。

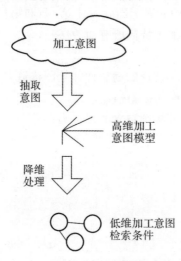

图 3-12　加工意图建模及降维处理

3.2.2　加工意图的组成

一般认为工艺信息是指在工艺设计及管理环境下工艺设计阶段产生及需要的数据内容。传统意义上对工艺信息的组成要素的划分方式很多,其中一种主要的人为划分方式将工艺信息主要划分为:工艺过程数据、物料与产品数据、资源数据、规则约束数据等[13]。其具体内容如下:

(1)工艺过程数据,包括工艺路线、工艺文档、工序组合、材料定额、工艺分工、中间工序模型、更改单以及这些数据之间的关系等。

(2)物料与产品数据,包括原材料、零部件或产品、中间物料等物料对象及其之间的关系。

(3)资源数据,包括用于保证工艺活动的人员、设备、刀具、量具、夹具等资源对象及其之间的关系。

(4)规则约束数据,包括限定生产物料、工艺过程以及产品资源约束等规则对象及其之间关系所形成的条件及作用范围。

从现有工艺信息表达中可以发现,工艺研究人员在努力展现工艺信息的多样性,即人为将工艺所需的各种信息进行分化、复杂化、多样化描述。但大多数现有工艺信息的成组要素研究的重点在于描述形式,而鲜有涉及加工过程演进的特性,也很少给出工艺信息的形式化表述,并且由于知识所蕴含的方式不同,现有的人为对信息间的关系进行约束的表达方式容易造成知识发现来源的割裂。此处充分利用现有对三维机械加工工艺方面的研究,将工序模型表述为几何、拓扑关系及工序属性集两方面组成。同时将加工意图描述为加工拓扑关系以及其具有的加工属性集两方面。这样的加工意图描述着眼于加工过程演进中的工艺信息表述,在解决传统二维工艺弊病的同时并不强制约束描述属性集中的每一个元素。有别于通用的规范化描述方式,加工意图描述更为贴近某项工艺的表述形式,从而使得该工艺更为接近完备且有效的表述方式。

定义 3 - 14：工序拓扑关系。指工序模型中各个二维流形之间空间上的相互连接、邻接关系。工序拓扑关系用于构造几何实体特征，较之于直接描述几何特征更易被计算机所接受，从而更为便捷地识别几何特征。

定义 3 - 15：工序属性集。指工序模型上的产品制造信息以及与该个工序相关的产品环境信息的集合。这一集合包含了大量的显性和隐性信息，并且包含了许多传统工艺所不具备而对工艺设计影响很大的属性。譬如，传统工艺中普通车床加工某一回转体零件时的机床转速是不予体现或仅仅以车床最大转速体现，而这一属性属于产品环境信息的范畴。将属性集合反映在参数信息、模型信息以及加工信息三个方面，具体表述内容如图 3 13 所示，其中的属性可以进行扩展，以求得尽可能与实际工艺描述一致。

定义 3 - 16：加工拓扑关系。指加工过程中前驱工序拓扑关系与当前工序拓扑关系之间拓扑发生变化的数个二维流形相互空间上的连接、邻接关系。加工拓扑关系正是反映加工意图的最重要的组成部分，简称加工拓扑。

定义 3 - 17：加工属性集。指加工过程中前驱属性集与当前工序属性集之间进行比对，形成的可以形式化描述的属性集。

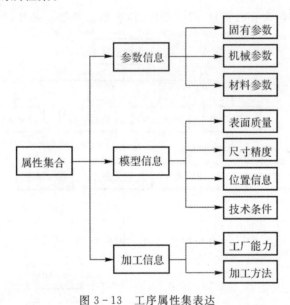

图 3 - 13　工序属性集表达

3.2.3　工序属性集描述

3.2.3.1　工序属性集组成

工序属性集所包含的大量信息映射到参数信息、模型信息以及加工信息三个方面的信息集之中，这些信息构成描述工序属性集的知识体。这些信息以属性的方式存在于属性集中，可以被细化或拓展描述，并且可不强制地赋予其某些标准化、规范化的意义，使其更为接近工艺中的描述，以减少人为因素带来的表达不完备或知识的割裂。这些信息包含着诸如机床设备的选择，刀具、夹具、版本等显性与隐性的规则、约定描述以及公差的表述等。这里仅给出属性

集部分内容,对于具体包含信息不做详述。属性集内容描述如下:

(1)参数信息主要包含固有参数、机械参数以及材料参数等,如图 3-14 所示。

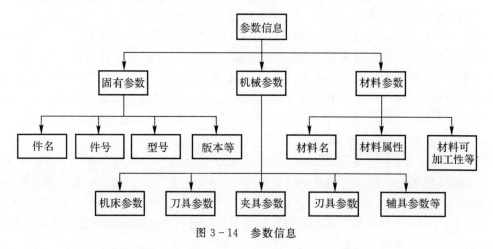

图 3-14　参数信息

(2)模型信息主要包含表面质量、尺寸精度、位置信息及技术条件,如图 3-15 所示。

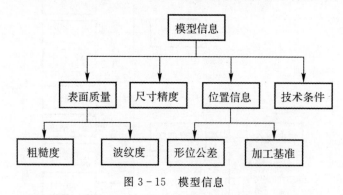

图 3-15　模型信息

(3)加工信息主要包含工厂能力与加工方法,如图 3-16 所示。

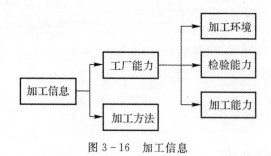

图 3-16　加工信息

3.2.3.2　工序属性集信息描述

描述工序属性集的目的旨在对工艺信息中属性信息进行描述,使其可以更容易地被计算机及工艺设计人员所识别、理解,同时充分、显式化地描述属性集中各个属性之间的联系。而且由于工艺中包含海量的工艺知识,单纯、简单的分类并不能完全描述工序属性集(如表 3-7

所示形位公差包含信息),同时这之中还有公差参数、参考位置、参考面等因素,另外还有未被描述的属性,所以工序属性集需要具备一定的可扩展性。

表 3-7　形位公差包含信息

公差类型			项目	参考
形位公差	位置公差	定向	平行度	需要辅助参考
			垂直度	
			倾斜度	
		定位	同轴度	
			对称度	
			位置度	
		跳动	圆跳动	
			全跳动	
	形状公差	定形	直线度	不需要辅助参考
			平面度	
			圆度	
			圆柱度	
			线轮廓度	
			面轮廓度	

本体描述可以根据某一领域的概念与关系进行规范化、形式化的描述,为计算机及工艺人员理解工序属性集所包含的信息提供了一定的帮助,并且本体描述语言具备有效性及可扩展性。所以本体描述是实现工序属性集描述的一种有效的方式。

进行本体描述首先应清晰地描述各类属性,且可以描述各类之间的关系、约束、级别、属性等各种语义,选用巴科斯范式(Backus-Naur Form,BNF)对工序属性集进行形式化描述。由于属性的描述并非可列(见图 3-17),所以将具体某个或某些属性的关系、约束等信息寓于属性本身之中,如图 3-18 所示。

<工序属性集>::=<参数信息><模型信息><环境信息>

<参数信息>::=<固有参数><机械参数><材料参数>

<固有参数>::=<件号><件名><型号><版本><等>

<机械参数>::=<机床参数><刀具参数><夹具参数><刃具参数><等>

<材料参数>::=<材料名><材料属性><材料可加工性><等>

图 3-17　BNF 描述工序属性集示例

<刀具>::=<切削力><刀具材料><刀具磨损><切屑速度><几何参数><等>

<几何参数>::=<前角><主偏角><刃倾角><负倒棱>

图 3-18　属性中的存在属性

巴科斯范式虽然可以形式化地描述工序属性集,但是在计算机中需要将 BNF 转换为机器语言，以便与计算机直接进行更为深层次的交互。可扩展标记语言（Extensible Markup Language，XML）是一种底层的通用的语言规范，许多本体语言是基于 XML 的，所以相比于其他本体描述语言，XML 是它们的底层语言。XML 具有以下优势：①具有很强的表达能力，能够很好地描述客观事物；②可以进行开发编写，具有简洁性；③基于文本更易于记录，在某些情况下更加易于调试；④XML 具有完备的定义及表达能力，并且应用广泛，可以在各种环境中检索信息；⑤可以表达任意事物，并且存储空间小，易于变更、维护等。因此，用 BNF 定义的工序属性集，从规则上可以使用 XML 进行表述。如图 3-19 示例所示，name 为属性名称，level 是属性级别，ID 是属性唯一标识，其值为 6 位随机 GUID，使得 ID 重复概率低，rule 是属性规则，relation 是与其他属性的联系。这样使得工序属性集中的各个属性可以与计算机进行交互，以便对加工意图属性进行进一步讨论。

```xml
<?xml version="1.0" encoding="GB2312"?>
- <Attribute ID="5f61cc" level="1" name="工序属性集">
    - <Information ID="8b3026" level="2" name="参数信息" relation="" rule="">
        + <Type ID="5bafa6" level="3" name="固有参数" relation="" rule="">
        - <Type ID="87f121" level="3" name="机械参数" relation="" rule="">
            + <Type ID="696668" level="4" name="机床参数" relation="" rule="">
            - <Type ID="sa56er" level="4" name="刀具参数" relation="" rule="">
                <Type ID="tr349s" level="5" name="切削力" relation="" rule=""> </Type>
                <Type ID="dshg21" level="5" name="切速度" relation="" rule=""> </Type>
                - <Type ID="oawlk1" level="5" name="几何参数" relation="" rule="">
                    <Type ID="she598" level="6" name="前角" relation="" rule=""> </Type>
                    <Type ID="sdhf1d" level="6" name="主偏角" relation="" rule=""> </Type>
                    <Type ID="86gf31" level="6" name="刃倾角" relation="" rule=""> </Type>
                    <Type ID="asvbxd" level="6" name="负倒棱" relation="" rule=""> </Type>
                </Type>
                <Type ID="cxhf54" level="5" name="刀具磨损" relation="" rule=""> </Type>
            </Type>
            + <Type ID="sga235" level="4" name="夹具参数" relation="" rule="">
            + <Type ID="sdgv12" level="4" name="刃具参数" relation="" rule="">
        </Type>
        + <Type ID="jkh697" level="3" name="材料参数" relation="" rule="">
    </Information>
    + <Information ID="567ykh" level="2" name="模型信息" relation="" rule="">
    + <Information ID="sdy35" level="2" name="环境信息" relation="" rule="">
</Attribute>
```

图 3-19　XML 表述格式示例

在明确描述各类属性关系、约束、级别、属性等各种语义后，这里对于属性中内容的具体形式并不强制地规范属性的节点，对属性内容关注点不同，其内容不同，以实现属性中的内容更为确切的贴近实际工艺的需求。针对某一具体的内容，假设加工进给量为一个 5 级参数，与其同级别的轴向切深、径向切深、主轴转速共同组成 4 级加工参数，设这一参数属于机械参数，这一系列被扩展的参数描述如图 3-20 所示，其中进给量参数内容说明如表 3-8 所示，而这一描述中进给量参数根据不同的需求，亦可被描述为如表 3-9 所示。

```xml
- <Type ID="87f121" level="3" name="机械参数" relation="" rule="">
    - <Type ID="6sag68" level="4" name="加工参数" relation="" rule="">
        <Type ID="lkl65b" level="5" name="轴向切深" relation="" rule=""> </Type>
        <Type ID="385fxd" level="5" name="径向切深" relation="" rule=""> </Type>
        - <Type ID="78xds3" level="5" name="加工进给量" relation="" rule="">
            - <content>
                <MachiningFeed Guide="" Vector=""> </MachiningFeed>
                <MachiningRequire/>
            </content>
        </Type>
        <Type ID="hl5h31" level="5" name="主轴转速" relation="" rule=""> </Type>
    </Type>
```

图 3-20　属性内容描述

表 3 - 8   进给量参数内容说明方式

节 点	属 性	内 容 含 义
MachiningFeed		加工进给量对象的节点,其内容为加工进给量的值
MachiningFeed	Vector	加工进给量对象的方向
MachiningFeed	Guide	加工进给量引导线对象的唯一标识
MachiningRequire		加工进给量要求对象的节点

表 3 - 9   进给量参数内容其他说明方式

节 点	内 容 含 义
MachiningFeed	加工进给量对象的节点,其内容为加工进给量的值
MachiningVector	加工进给量对象的方向
MachiningGuide	加工进给量引导线对象的唯一标识
MachiningRestrain	加工进给量约束
MachiningRequire	加工进给量要求对象的节点

3.2.3.3   属性的数学化描述

本体描述是被研究人员所最广泛接受的工程语义表示方法[14],但是单纯的语义描述对于属性完备推理并不方便,而以公差属性为代表的某一类与几何拓扑有很强依附关系的属性,可以根据一定的理论使属性实现数学化描述,使得加工意图的描述更为方便。

在 Requicha 的漂移公差带理论、Wirtz 的矢量公差理论、Jayaraman 与 Srinivasan 的虚拟边界理论等理论基础以及 Bourdet 在计算机辅助检测方面的研究成果的基础上,Clement A. 等人[15]提出了与工艺和拓扑相关的表面(Technologically and Topologically Related Surface, TTRS)理论,并将 TTRS 理论定义为:一个 TTRS 是同一实体上因功能原因而彼此联系的面,在这一理论的基础上,实现了三维 CAD 系统中基于零件层的尺寸公差和位置公差的表示模型。TTRS 中主要包含两个重要的概念:

(1)TTRS 理论基于表面自由的划分,认为零件可以通过七类基本功能表面彼此连接进行完整表达,这七类基本功能表面即球面、平面、圆柱面、螺旋面、旋转面、棱柱面和一般面。

(2)最小几何基准要素(Minimum Geometric Datum Elements,MGDE):一个功能表面的 MGDE 实质上是能充分保证相应功能表面约束不变的参考点、参考线或参考面的最小几何集合。在绝对坐标系下,各基本功能表面和 MGDE 的对应关系如表 3 - 10 所示。

表 3 - 10   七类基本功能表面与 MGDE 的关系

基本面	MGDE	工程语义	恒定度	自由度
球面{S}	点	球心	R_x, R_y, R_z	T_x, T_y, T_z
平面{C}	平面	xOy 方向上平面	T_x, T_y, R_z	T_z, R_x, R_y

续表

基本面	MGDE	工程语义	恒定度	自由度
圆柱面{PL}	线	轴线沿 x 轴方向	T_x, R_x	T_y, T_z, R_y, R_z
螺旋面{H}	点和线	点线绕 x 轴旋转	T_x, R_x	T_y, T_z, R_y, R_z
旋转面{R}	点和线	点线绕 x 轴旋转	R_x	T_x, T_y, T_z, R_y, R_z
棱柱面{P}	线和平面	平面及 x 方向轴线	T_x	T_y, T_z, R_x, R_y, R_z
一般面{E}	点线平面	一般面	无	$T_x, T_y, T_z, R_x, R_y, R_z$

公差可以由公差带体现,公差带包含多种变化的空间,其边界表示了公差带变化的上、下极限边界。自由度决定了公差变化的矢量方向,公差可以由 MGDE 附着尺寸等属性、由自由度推导而出。矢量方向类型有五种:平动、转动、尺寸方向、曲线法向及曲面法向。公差是对理想几何($\boldsymbol{\Pi}_0$)的相对偏移,公差带可以由变动矩阵表示,其计算公式为[16]

$$\boldsymbol{\Pi}_1 = \boldsymbol{\Pi}_0 \cdot \boldsymbol{T}_x \cdot \boldsymbol{T}_y \cdot \boldsymbol{T}_z \cdot \boldsymbol{R}_x \cdot \boldsymbol{R}_y \cdot \boldsymbol{R}_z$$

其中,$\boldsymbol{T}_x$、$\boldsymbol{T}_y$、$\boldsymbol{T}_z$ 为相对于欧式空间绝对坐标系 x、y、z 轴的平移变换矩阵;$\boldsymbol{R}_x$、$\boldsymbol{R}_y$、$\boldsymbol{R}_z$ 为相对于欧式空间绝对坐标系 x、y、z 轴的旋转变换矩阵。

对于具体的尺寸公差、形状公差、位置公差,可以描述如下[15]:

(1)尺寸公差。尺寸在公差带上差(δ_1)与下差(δ_2)之间的变动范围变动,可以由曲面沿法向的变动来表示,即不等式

$$\boldsymbol{\Pi}_1 \leqslant \boldsymbol{\Pi}_0 \leqslant \boldsymbol{\Pi}_2$$

其中,$\boldsymbol{\Pi}_1 = \boldsymbol{T}(\delta_1) \cdot \boldsymbol{\Pi}_0$,$\boldsymbol{\Pi}_2 = \boldsymbol{T}(\delta_2) \cdot \boldsymbol{\Pi}_0$,$\boldsymbol{T}$ 可以根据不同条件调整为 $\boldsymbol{T}_x$、$\boldsymbol{T}_y$、$\boldsymbol{T}_z$。

(2)形状公差。形状公差是定形公差,没有外界参考,由零件形状本身偏移一个 δ 量,公差可以由边界变化表示,即不等式

$$\boldsymbol{\Pi}_1 \leqslant \boldsymbol{\Pi}_0 \leqslant \boldsymbol{\Pi}_2$$

若形状公差在 y 方向上变动,则

$$\boldsymbol{\Pi}_1 = \boldsymbol{T}_y(y) \cdot \boldsymbol{R}_x(x) \cdot \boldsymbol{R}_z(z) \boldsymbol{\Pi}_0, \quad \boldsymbol{\Pi}_2 = \boldsymbol{T}_y(y) \cdot \boldsymbol{R}_x(x) \cdot \boldsymbol{R}_z(z) \cdot \boldsymbol{T}_y(\delta) \boldsymbol{\Pi}_0$$

(3)位置公差。位置公差又分为定向公差、定位公差、跳动公差等,它们都可以基于 TTRS 进行表述。如平行度公差可以被描述为平面在距离为 $2\delta_p$ 的两平面间平动,即不等式

$$\boldsymbol{\Pi}_1 \leqslant \boldsymbol{\Pi}_0 \leqslant \boldsymbol{\Pi}_2$$

其中,$\boldsymbol{\Pi}_1 = \boldsymbol{T}(-\delta_p) \cdot \boldsymbol{\Pi}_0$,$\boldsymbol{\Pi}_2 = \boldsymbol{T}(\delta_p) \cdot \boldsymbol{\Pi}_0$,$\boldsymbol{T}$ 可以根据不同条件调整为 $\boldsymbol{T}_x$、$\boldsymbol{T}_y$、$\boldsymbol{T}_z$。

基于以上描述,工序模型中所有公差可以由数学不等式进行显式化描述。有了这一模型,当某工序模型形状或尺寸发生修改变化时,将会使下游相关工序模型发生变化,且这一影响将一直传递下去,各个工序模型之间的关联就可以被显式化地描述出来了。

3.2.4　加工意图的建模研究

高维加工意图模型作为工艺员加工意图的具体表现形式,必须真实地反映工艺员的设计思维。加工意图建模过程:在空间维度上构建反映加工意图的加工特征语义标注模式;在时间维度上构建加工特征序列语义标注模式,标注结果映射为表达行为意图的高维检索模型,即不

同的加工意图体现为不同的模型序列语义标注,而不同的模型序列语义映射不同的加工意图。

3.2.4.1　构建加工特征语义标注模式

加工意图是工艺员的一个大体的设计思路、抽象的设计思维,包含了工艺人员对零件关键尺寸加工顺序的安排。在空间维度上构建加工特征语义标注模式是为了反映工艺人员在加工意图中对保证零件关键尺寸加工状态的构思。

定义 3-18:关键工序模型(Key Step Process Model,KPM)。关键工序模型是指反映零件关键尺寸从开始加工到完成过程中经过的中间加工状态的零件三维模型,这里的加工过程是工艺人员加工意图中构思的零件大体的加工过程。关键工序模型由工艺员根据自己的加工意图确定。

在空间维度上构建加工特征语义标注模式,实际就是研究关键工序模型中具体应该包含哪些信息。与 MBD 模型类似,关键工序模型不仅应该包含准确的模型几何信息,还需要包含工艺语义信息,也就是非几何信息。但是用来反映工艺人员对零件加工过程构思的关键工序模型并不需要包含像 MBD 工序模型那么复杂的非几何信息,只需要能够清楚地表达零件关键尺寸的加工状态并同时考虑对工艺知识重用的影响即可。尺寸信息可以反映零件关键尺寸的加工状态,公差/表面粗糙度与制造特征加工方法的选择密切相关。因此,确定关键工序模型包含的工艺语义信息:零件关键尺寸、尺寸的尺寸公差和关键尺寸对应的零件加工面的表面粗糙度。需要说明的是关键工序模型序列中的毛坯模型、零件设计模型和关键工序模型中包含的工艺语义信息相同。

毛坯模型、零件设计模型作为零件加工过程中的起点和终点,在反映工艺人员加工意图时不可或缺,可以看作是特殊的关键工序模型。毛坯、关键工序模型序列、零件设计模型一起组成的模型序列反映加工意图中构思的零件关键尺寸的加工顺序。在后续研究中,将毛坯模型、关键工序模型、零件设计模型组成的模型序列称为关键工序模型序列。

构建加工特征语义标注模式的实现过程:工艺员通过对要进行工艺设计的零件加工过程的思考,产生加工意图;然后根据自己的加工意图确定关键工序模型,以人机交互的方式在三维 CAD 软件中构建反映零件关键尺寸中间加工状态的三维模型,即关键工序模型。

3.2.4.2　构建加工特征序列语义标注模式

在空间维度上,在构建加工特征语义标注模式的基础上,在时间维度上构建加工特征序列语义标注模式,也就是构建关键工序模型序列。关键工序模型序列反映工艺员加工意图中对零件关键尺寸加工先后次序的安排。

根据加工意图,工艺员以人机交互的方式在三维 CAD 软件完成所有关键工序模型的构建,形成关键工序模型序列,也就完成了在时间维度上构建加工特征序列语义标注模式。

将毛坯、关键工序模型、设计模型组成的关键工序模型序列(Model Sequence,MS)表示为

$$MS = \{M_1, M_2, \cdots, M_k\} \tag{3-25}$$

其中,k 为关键工序模型序列中包含的模型个数;M_1 为毛坯模型,M_2 到 M_{k-1} 为关键工序模型,M_k 为零件的设计模型。

3.2.4.3　高维加工意图检索模型

工艺员的加工意图蕴含在关键工序模型序列的动态演变过程中,关键工序模型序列的几

何演变信息、几何演变的工艺语义信息一起构成具体、形象化的加工意图。

给出高维加工意图（High - dimensional Machining Intent，HMI）的矢量表达形式

$$\mathbf{HMI} = \begin{bmatrix} G_H & P_H \end{bmatrix} \quad \text{或} \quad \mathbf{HMI} = \begin{bmatrix} G_{Hi} & P_{Hi} \mid i = 1, \cdots, k-1 \end{bmatrix} \tag{3 - 26}$$

其中，G_H 为关键工序模型序列的几何演变集合，P_H 为关键工序模型序列的几何演变对应的工艺语义信息集合，k 为关键工序模型序列包含的模型个数。高维加工意图如图 3 - 21 所示。

和 MBD 工艺知识元中的几何演变信息类似，高维加工意图的中的几何演变表示为

$$G_{Hi} = M_i - M_{i+1} \tag{3 - 27}$$

其中，M_i 代表第 i 个关键工序模型，M_{i+1} 为第 $i+1$ 个关键工序模型，G_{Hi} 为第 i 个关键工序和第 $i+1$ 个关键工序模型间的几何演变信息。

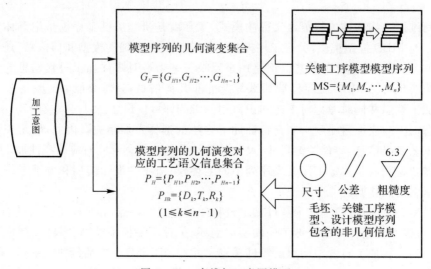

图 3 - 21 高维加工意图模型

关键工序模型序列的几何演变的集合 G_H 为

$$G_H = \{G_{H1}, G_{H2}, \cdots, G_{Hk-1}\} \tag{3 - 28}$$

其中，G_{H1} 为毛坯模型 M_1 和第 1 个关键工序模型 M_2 间的几何演变，G_{H2} 为第 1 个关键工序模型 M_3 和第 3 个关键工序模型 M_4 间的几何演变 …… 依次类推，G_{Hk-1} 为第 $k-1$ 个关键工序模型 M_{k-1} 和零件设计模型 M_k 间的几何演变。

和 MBD 工艺知识元中的工艺语义信息类似，高维加工意图的中的几何演变可表示为

$$P_{Hi} = \langle D_i, T_i, R_i \rangle \quad (1 \leqslant i \leqslant k-1) \tag{3 - 29}$$

关键工序模型序列的几何演变对应的工艺语义信息集合 P_H 为

$$P_H = \langle P_{H1}, P_{H2}, \cdots, P_{Hk-1} \rangle \tag{3 - 30}$$

其中，P_{H1} 为依附于毛坯模型 M_1 和第一个关键工序模型 M_2 间的工艺语义信息，P_{H2} 为依附于第二个关键工序模型 M_3 和第三个关键工序模型 M_4 间的工艺语义信息 …… 依次类推，P_{Hk-1} 为第 $k-1$ 个关键工序模型 M_{k-1} 和零件设计模型 M_k 间的工艺语义信息。工艺语义信息集合 P_H 中的元素 P_{Hi} 中的包含三个子元素，其中 D_i 为零件的关键尺寸信息，T_i 对应尺寸的尺寸公差，R_i 为经过该道工序加工后的对应加工面的表面粗糙度。

高维加工意图中工艺语义信息集合 P_H 中的元素与关键模型序列几何演变集合 G_H 中的元素一一对应，如图 3 - 22 所示，

和 MBD 工艺知识元不同的是,MBD 工艺知识元中的模型几何演变信息是工艺文件中相邻两道工序的工序模型间的几何演变,而高维加工意图中的模型几何演变信息是关键工序模型序列中相邻两个模型的几何演变信息的集合。同样,MBD 工艺知识元中的工艺语义信息是工艺文件中相邻两道工序模型间的几何演变对应的工艺语义信息,而组成高维加工意图的模型工艺语义信息是关键工序模型序列中相邻两个模型的几何演变对应的工艺语义信息的集合。

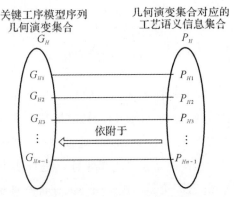

图 3-22　加工意图几何演变集合与工艺语义集合的对应关系

3.2.5　加工意图几何及加工拓扑描述

在对加工意图进行相关分析之后,明确了加工意图组成结构与属性的描述,仍然需要对工序模型进行描述,从而得到完整的加工意图结构。通过研究工序模型结构,讨论加工意图几何及加工拓扑的描述方式。

通过叙述流形的相关概念来阐述二维流形具有表达任意光滑曲面的能力,在机加工艺中,对于无法或难以用多项式描述的曲面,我们可以使用二维流形进行描述。通过几何附着于流形的直观方式得到模型中某个面的信息。

最常见的属性邻接图的描述方式是使用节点来表示零部件的表面并且用弧(边)来表示表面间的邻接关系,此外,为了更有效地表示模型,还为弧增加了一种凹凸属性,常见的方式为用数字 0 表示凹边,用数字 1 表示凸边。然而这样描述的面边图可能会产生图形不同但面边图相同的情况,以图 3-23 的台阶面边图为例。分析可知,常见的属性邻接图在表示上并不具备唯一性,该面边图具有二义性,不仅可以表示台阶特征,还可以表示盲孔与柱特征。为了更为形式化地说明,以图 3-24 的零件模型为例,台阶由表面 f_1 与 f_2 组成,圆柱由 f_3 与 f_4 组成,盲孔由 f_5 与 f_6 组成,但是 f_1 与 f_2、f_3 与 f_4、f_5 与 f_6 间的邻接图完全一致,无法对已有结构做出有效的区别,这样便无法描述模型。而且由于凸凹性表达过于理想,所以为摆脱这一束缚,此处采用一种改进的面邻接图的描述方式来描述工序模型的拓扑关系。

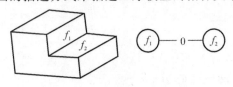

图 3-23　台阶及其面边图表示

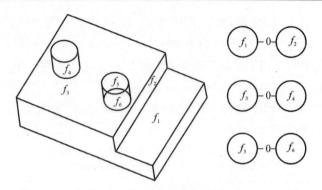

图 3-24　面边图的二义性示例

面邻接图也是属性邻接图中的一种，基于已有面邻接图（Face Adjacency Graphs，FAG）技术，文献[17]将实体模型表示为图 $G=\{V,E\}$。其中模型中的面集 $V=\{v_1,v_2,\cdots\}$，v_i 对应模型中的面，模型中的边集 $E=\{e_1,e_2,\cdots\}$，e_i 对应模型中两个面之间的邻接关系，邻接关系由二面角描述。然后将 FAG 的每个节点在二维平面上进行描绘。不仅捕获到零件的面边信息，且量化地描述了拓扑关系，有利于面邻接图的参数评价及可视化展现。这样的描绘在通用结构描绘中，可以清楚地描绘与其子图同比例放大、缩小后拓扑相同的情况，而不能够清晰说明相同拓扑关系、尺寸或位置不同的子图。而针对加工意图的拓扑描述恰恰需要对尺寸或位置关系极为敏感的描述方式。

加工意图的拓扑描述是针对当前工序模型与前驱工序模型的比对，将相同的部分进行剔除或异变而产生的新的拓扑结构，这里将这种拓扑结构发生变化的过程描述为一种异化的面邻接图的形式，进一步对其显式化描述，从而得到加工意图的拓扑描述模型。

因此，这里使用二维流形描述模型的几何信息，面邻接图描述模型的拓扑信息，通过对工序模型拓扑信息的比对，生成异化模型，最终使用异化面邻接图生成加工拓扑的描述模型。

3.2.5.1　加工意图几何描述方式

流形概念：一个 n 维流形是一个具有可数基的豪斯多夫空间，使得对于任意 $x\in X$，都有一个与 n 维开球同胚的邻域。最普通的一个 n 维流形可以是一个 n 维欧氏空间[18]，而且若将我们所熟知的一些欧式空间中的几何图形的各个部分用黏合起来的方法所获得的商空间也可以称为流形。

流形的方程描述：流形的许多例子是作为欧氏空间的某个非线性方程的解的集合出现的[19]。例如：在具有坐标 (x^1,x^2,x^3,x^4) 的欧氏空间中，对于方程组

$$\left.\begin{array}{r}(x^1)^2+(x^2)^2=1\\(x^3)^2+(x^4)^2=1\end{array}\right\} \qquad (3-31)$$

相应的函数形式为

$$f^1(x^1,x^2,x^3,x^4)=(x^1)^2+(x^2)^2,\quad f^2(x^1,x^2,x^3,x^4)=(x^3)^2+(x^4)^2$$

映射 $f=(f^1,f^2)$ 的 Jacobi 矩阵为

$$\mathrm{d}\boldsymbol{f} = \begin{bmatrix} \dfrac{\partial f^1}{\partial x^1} & \dfrac{\partial f^1}{\partial x^2} & \dfrac{\partial f^1}{\partial x^3} & \dfrac{\partial f^1}{\partial x^4} \\[3mm] \dfrac{\partial f^2}{\partial x^1} & \dfrac{\partial f^2}{\partial x^2} & \dfrac{\partial f^2}{\partial x^3} & \dfrac{\partial f^2}{\partial x^4} \end{bmatrix} = \begin{bmatrix} 2x^1 & 2x^2 & 0 & 0 \\[2mm] 0 & 0 & 2x^3 & 2x^4 \end{bmatrix}$$

当 Jacobi 矩阵的某一行各个元素都为 0 时，$\mathrm{rank}\boldsymbol{f} \leqslant 1$，但这些点不可能是式(3-31)的解。于是根据相关定理，式(3-31)的解构成了一个二维光滑流形。由于式(3-31)中每一个方程有自己的一组变量，所以解的集合也可以表示为每个方程各自解的笛卡儿乘积。即式(3-31)的解表示为两个圆周的乘积，而这个流形称为二维环面。

更一般地，Zhong F. 等人[20]及 Gao Z. 等人[21]对 B 样条流形进行相关表述，He Y. 等人[22]及 Gu X. 等人[23]还对流形样条及 T 样条流形做了相关阐述。综上所述，二维流形具备描述任意平滑曲线、曲面的能力，并且流形描述曲面的方式能够表述很难用多项式表达的平滑曲面[24]。由于三维流形的复杂程度较高，很难用简单的形式化描述，在工程应用上复杂程度较高，而对于一个曲面，我们可以将其表述为一个连通的二维流形。这里对于平面，我们视其为一个曲面，对于已知的一个点 $p \in \mathbf{R}^2$，以点 p 为中心、半径为 1 的开球是 p 的一个与开圆盘同胚的邻域。此外，平面存在一个可数基，所以平面是连通的且是豪斯多夫空间。同理可知，每个连通的开子集也是一个曲面。因此，采用二维流形作为研究对象对加工意图进行几何描述，可以描述常见的任意机械加工的几何体。

3.2.5.2　加工意图几何描述

流形可以进行方程的描述，也可以描述常见的任意几何体，但在工程领域内，由于其描述过于复杂而鲜有学者进行相关研究。一般意义上，由于二维流形等同于曲面的描述方式成立，这样就为二维流形在工程上的应用提供了可能。将曲面按照有无边界点的紧致连通曲面定义为开曲面与闭曲面[25]。大多数的曲面是闭曲面，最常见的环面、球面等都是闭曲面，而对于开曲面，如莫比乌斯带，工程上极少关注，这里仅对常见的一些面进行描述[26-28]，可以将常见的曲面描述为有向的多边形表示，如表 3-11 所示。

表 3-11　常见面表示

面类型	面表示	面实例
圆柱面		
圆柱面		

续表

面类型	面表示	面实例
环面		
球面		
锥面		

在描述闭曲面时,可以得到一条重要的定理,即任意闭曲面都可以使用多边形表示[24],这样通过一定的方式(两种"手术"[24])将现实中大多数曲面转换为多边形的描述方式,而且不仅限于图形描述,也可以选定一个顶点和一个转向,然后依次写出各边上字母,以右上角加一1表明其方向与转向相逆,则如表3-11所示球面流形可以描述为 $aa^{-1}bb^{-1}$;

如表3-11所示,对于柱面,同样的四边形、不同的指向带来描述方式不同,最终形成的流形就不同。若将尺寸信息赋予多边形描述,则可得到具有一定几何语义信息的描述模型,将这一描述模型作为加工意图的几何描述方式。如图3-25所示,有向多边形的几何描述黏合图为一个 $\phi20$、长10的圆柱面。

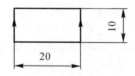

图3-25 加工意图的几何描述黏合图

3.2.5.3 加工拓扑的描述

1. 加工拓扑描述的基本定义

基于异化面邻接图,我们可以清楚地得到前驱工序模型的某些表面异化为当前工序模型的表面的过程,并且新增了模型表面及其之间的相关关系等。为了进一步描述加工拓扑(见定义3-14),我们做如下定义:

定义3-19:若一张曲面在加工过程中其流形结构发生变化,称其为连通修改面。

定义3-20:若一张曲面在加工过程中其连通区域被打断,称其为连通破坏面。

定义 3-21: 若一张曲面在加工过程中其流形结构没有发生变化,但是其尺寸发生改变,则称其为尺寸修改面。

定义 3-22: 若一张曲面在加工过程中其流形结构及尺寸没有发生变化,但是其位置发生改变,则称其为位置修改面。

定义 3-23: 假设某加工对象在当前模型的二维流形面数为 n,其前驱模型的二维流形面数为 m,若 $n-m \geqslant 0$,则称该加工意图实现,即异化面邻接图中面节点数大于 1。

定义 3-24: 若当前工序模型加工时,使前驱模型的二维流形面消失,邻接关系失效,称为固有邻接面破坏。

2. 加工拓扑的描述模型

异化面邻接图可以对模型修改进行直观描述,不同的拓扑结构其异化面邻接图描述不同,但其语义描述并不形式化,且不具备工程语义。为不引起歧义并且准确地描述加工拓扑,此处基于异化面邻接图的描述方式,将加工拓扑转换为连通修改面、连通破坏面、尺寸修改面、位置修改面这一直观并具有工程语义的描述方式。与部分常用的加工特征结合,将加工拓扑描述为如表 3-12 所示。

表 3-12　加工拓扑一般化描述

加工特征	特征种类	常用加工方式	加工拓扑描述	异化面邻接图描述
孔	通孔	钻、镗、铰等	存在 2 个邻接关系相对的连通修改面,且 $n-m=1$	存在 2 个具有公共邻接面的异化面及 1 个增面
	盲孔	钻、镗、铰等	存在 1 个连通修改面,且 $n-m=2$	存在 1 个异化面及具有邻接关系的 2 个增面
回转体	加工(除螺纹)未通	车等	存在 1 个尺寸修改面,且 $n-m \leqslant 1$	存在 1 个异化面及具有邻接关系的 2 个增面
回转体	加工(除螺纹)通	车等	存在 1 个尺寸修改面,且 $n-m=0$	存在 1 个异化面
平面		车等	存在 1 个位置修改面,且 $n-m=0$	存在 1 个以上视情况而定的异化面
腔		铣等	存在 1 个连通修改面,且 $n-m \geqslant 2$	存在 1 个异化面及具有邻接关系的 2 个增面

通过对加工拓扑的一般化描述,可以认为在机械加工工艺中,加工拓扑模型可以被显式化、形式化描述,并且由异化面邻接图推导出更为简洁的形式化的描述方式,将加工拓扑模型描述为一个 7 元组的形式。

定义 3-25: 加工拓扑模型 T_1,$T_1 = \{C_D, C, F_A, F_N, F_{PN}, A_X, S\}$。其中 C_D 为固有邻接关系是否被破坏,0 为未破坏,1 为被破坏;C 为 2 个二维流形的邻接关系,相邻为 0,相对为 1,其他为 2;F_A 为修改面属性(不包括位置修改面),尺寸修改面为 0,连通修改面为 1,连通破坏面为 2;F_N 为修改面个数(不包括位置修改面);F_{PN} 为位置修改面个数;A_X 为加工方向(刀具主轴方向与被加工面轴线之间的位置关系),平行为 0,垂直为 1;S 为 $n-m$ 值。则加工拓扑描述可以基于表 3-12 将更多的常用加工特征进行描述,如表 3-13 所示。

表 3-13 加工意图加工拓扑描述

加工特征	特征种类	常用加工方式	加工拓扑描述
孔	通孔	钻、镗、铰等	$(0,1,1,1,0,0,1)$
	盲孔	钻、镗、铰等	$(0,0,1,1,0,0,2)$
回转体	加工(除螺纹)未通	车等	$(0,0,0,1,0,1,1)$
回转体	加工(除螺纹)通	车等	$(0,0,0,1,0,1,0)$
平面		车等	$(0,0,0,0,1,0,0)$
矩形槽		铣等	$(0,0,2,1,0,0,3)$
腔		铣等	$(0,0,1,1,0,0,x)$ x 为新生成面个数
凸台,岛屿		铣等	$(0,0,0,4,1,0,x)$

这样在不讨论二维流形具体的几何描述方式的情况下,可以将大部分加工拓扑结构化描述出来,若加工拓扑描述相同,则需进一步讨论其流形的几何描述,定义 T_2 为二维流行的几何描述集,T_2 的描述方式如 3.2.5.2 节所述。通过对 T_2 中每一个元素的前后对比,将加工意图中的加工拓扑描述的噪点(歧义值)去除,从而得到实现加工意图的拓扑描述。

3.2.6 多粒度加工意图描述方法

3.2.6.1 多粒度描述方式

从广义上说,粒度计算是信息处理的一种新的概念及计算范式,覆盖了所有与粒度相关的理论、方法、技术和工具信息。其主要应用于描述和处理不确定的、模糊的、不完整的、海量的信息以及提供一种基于粒与粒之间关系问题的求解方式[9]。不同认知粒度下描述模型是指在不同认知层次上思考、描述模型信息。一般来说,设计人员对模型对象的信息描述情况在大体上是随着对模型信息描述的详细、规范程度的深入而逐步加深的。其对应的描述粒度是逐渐细化的,即其对应的认知粒度是逐渐缩小的[10]。张铃等人[11-12]基于商空间理论对粒度空间进行了权威的描述。商空间理论是讨论不同粒度空间之间的表示、转换和相互依存等问题并与粗糙集、决策树等方法相比较,商空间法具有更强且更广泛的表达能力,它不仅可以定义多种不同的属性函数,而且可以描述论域中的元素以及元素之间的相互关系。

在工艺研究中,工艺知识的不确定性与模糊性决定了由工艺知识构造粒度颗粒并且描述工艺知识有助于工艺知识的发现与重用。由于过细的粒度描述方式过分地注重描述工艺信息的细节内容,可能存在冗余的信息以及计算效率低的情况。而过粗粒度的描述方式容易忽略工艺信息中的某些内容甚至大多数内容,进而造成信息缺失。所以单一的粗粒度或细粒度的描述方式都无法简单地对工艺知识清晰描述。粗细粒度交互描述方式(粗粒度可以粗到以某个最简单的大而全的属性描述整个工艺规程,细粒度可细到以一系列细化属性描述整个工艺规程),即多粒度的描述方式,则有效地克服了粗粒度及细粒度的固有弊病,使得工艺知识可以根据需要用不同的粒度进行描述。

3.2.6.2　加工意图的多粒度描述范式

由于描述加工意图的粒的粗细有助于工艺人员理解不同层次上的加工意图描述,但是过粗的粒度描述加工意图会过于粗糙而无法辨别加工意图,过细的粒度则描述范围过大而无法直观表示加工意图或是计算时间过长而不满足实际需求。此处采用多粒度的表示模型,有效地对加工意图中各个成组结构进行表述,从而弥补粗粒度描述过于简单或细粒度描述过于烦琐的缺陷。

一般意义上,多粒度的描述是一种计算方式,是数学方法。在多粒度描述的众多方法中商空间法具有更强的表达能力。商空间法是用一个三元组 (X, f, T) 表示一个复杂的问题的数学范式。其中 X 表示问题的论域,f 表示论域中元素的属性,而 T 表示论域的结构,即论域 X 中各个元素之间的关系。在商空间模型中,不同的粒度概念体现在不同粒度的子集上,不同的子集就可以构成不同的商空间。

在描述加工意图上,假设 X 表示工艺中的加工意图,由于对于加工意图的讨论是基于三维机加工序模型的,所以工序模型的几何拓扑关系可以表示论域的结构。工序的几何拓扑关系可以与不同的加工意图的几何及加工拓扑关系重组后再表达,所以工序的几何拓扑关系可以与加工意图的几何加工拓扑关系进行转换。将加工意图描述方法转换为以 F 代表加工意图的属性,T 代表加工意图的几何及加工拓扑关系,针对一个三元组 (X, F, T) 进行讨论的多粒度描述范式。因此将加工意图的描述方式转换为针对拓扑 T 与属性 F 共同描述的方式。

T 本身存在于三维欧式空间中,而三维欧式空间本身是商拓扑空间。T 本身具有商拓扑的性质。(X, T) 是拓扑空间,其中 T 是 X 的拓扑。设 R 表示粒度(R 是 X 上的一个等价关系),对 R 可以得到对应的商集,记为 $[X]$ 或 $R[X]$。现在,在 $[X]$ 上定义由 T 诱导出的拓扑,记为 $[T]$,称 $[T]$ 为商拓扑,称 $([X], [T])$ 为商拓扑空间。

基于现有商空间理论对粒度的描述,存在 $P: (X, T) \rightarrow ([X], [T])$ 是自然投影,所以 p 是连续的。若 $A \subset X$ 且 A 是 X 中的连通集,则 $p(A)$ 是 $[X]$ 中的连通集。即:若加工意图 X 可以被形式化描述,则在适当的粗粒度论域 $[X]$ 上也可以被形式化描述。反之,若粗粒度论域上不可以被形式化描述,则原问题必不可描述。同时,若 $x, y \in (X, T)$ 且 $x < y$,则 $[X] < [Y]$,其中 $(X, T) \rightarrow ([X], [T])$。即:在粗粒度世界讨论加工意图时,若粗粒度论域加工意图 $[X]$ 不可以被形式化描述,那么在细粒度上也不可以被形式化描述。这样,在不同的粒度世界,加工意图都可以被形式化描述,即在粒度空间的意义上,加工意图可以以多粒度的方式被描述。

3.2.7　多粒度加工意图模型

3.2.7.1　加工意图元

加工工艺是由一系列工艺中包含的知识信息进行动态演变而得到的知识集的有机组成,

加工意图则是这一动态演变的集。为了更好地描述加工意图,这里做如下定义:

定义 3-26:基元是加工意图中不可再分且无重叠的属性或几何拓扑,是描述加工意图的最小单位,基元可以分为属性基元与几何拓扑基元。

定义 3-27:m 级元。每一个 m 级元由多个同种属性 $m-1$ 级元构成或多个同种几何拓扑 $m-1$ 级元构成,如一级元由多个基元所构成,基元是 0 级元。

定义 3-28:将所有基元、一级元、m 级元统称为加工意图元,级别 $0,1,\cdots,m$ 为加工意图元的级别。为不失一般性,几何拓扑的顶层为 a 级元,属性的顶层为 b 级元,即几何拓扑与属性集层次不一定相同。几何拓扑 a 级元与属性 b 级元的集为加工意图,如图 3-26 所示。

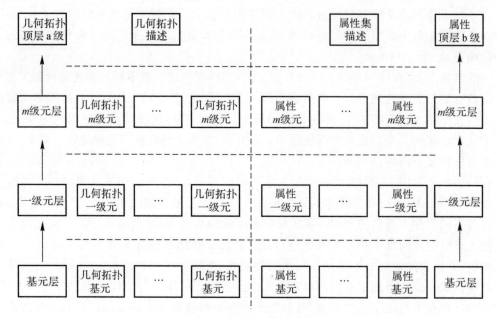

图 3-26   加工意图元划分

3.2.7.2   意图元的粗细

加工意图元是各级元的统一称谓,为了清晰地描述加工意图元的粗细,使用图 3-27 的一个二级元详细分析。这个二级元可以被描述为 $\{x,y,z\}$,也可以被描述为三个一级元 $\{x,y\}$、$\{x,z\}$、$\{y,z\}$ 或三个基元 x、y、z 的形式。若以一级元 $\{x,y\}$、$\{x,z\}$ 描述 $\{x、y、z\}$,则对二级元中 x、y、z 都进行了描述,但是其形成了相对的不完备描述,称之为粗的描述。将相对更为完备的描述称为细的描述。

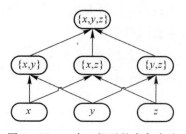

图 3-27   一个二级元的完备表述

3.2.7.3　多粒度加工意图建模

经过以上讨论可知,加工意图是由多个加工意图元进行一定组合形成的;多个不同级的几何拓扑加工意图元与多个不同级的属性加工意图元,共同描述得到加工意图。不同级别的加工意图元体现着不同的描述粒度,多粒度的描述方式体现在对加工意图元描述的粗细上以及加工意图元的有机组合上。结合加工意图的描述范式,在论域 X 上的加工意图描述可以分为两部分:

(1) 针对拓扑结构变化的多粒度描述:对于不同粒度 $R[X]$ 所描述的拓扑结构变化不同。如假设 $R[X]$ 所描述的粒度为工序级粒度,其结构变化为 $[T]$,我们可以将 $[T]$ 描述为 $[T]=\sum_{i=0}^{n}[T_i]$,其中 $[T_i]$ 为工步结构变化,n 为该工序所包含工步数。可知 $[X_i]$ 与 $[X]$ 粒度不同。

(2) 针对属性描述复杂程度的多粒度描述:对于不同粒度 $R[X]$ 所包含的属性不同。如假设粒度 $R[X]$ 中 X 论域的结构不变,其属性描述越广泛,则其 $R[X]$ 越细。

综上所述,设当前对象属性为 A,前驱对象加工意图属性为 B,则加工意图的构建方法如下:

(1) 由当前工序模型与前驱工序模型对比得到异化面邻接图的描述;

(2) 由异化面邻接图得到异化面与增面的二维流形描述以及加工拓扑的描述模型;

(3) 由已知信息获取加工意图的推断属性、描述属性、继承属性;

(4) 构建多粒度描述模型,如图 3-28 所示。粒度 $R[X]$ 描述为

$$R[X]=A_t+T_1=\left\{\left[\sum_{i=1}^{n}(A_i \wedge B_i)\right]=0\right\}=7)+T_1 \tag{3-32}$$

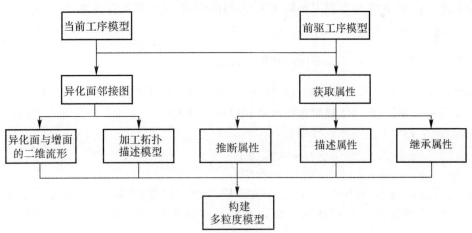

图 3-28　多粒度描述模型的构建

这样我们将粒度转换为一种伪二进制代码(T 中存在非二进制的数字),这里寻求的是一种表达形式。A_t 为属性描述模型。$(A_i \wedge B_i)$ 被描述为一个 10 元组,前 4 元表示加工意图元的级数的二进制,如 8 级元为 1001,中间两元被描述为加工意图属性的类型,00 为继承属性,01 为描述属性,10 为推断属性,11 为未涉及属性留待以后拓展;后 4 元用于描述 i,表示第 i 个属性(属性大于 15 个时可进行适当扩充,这里暂不予考虑)。在构建多粒度描述模型时每一

个属性顺序地表示为 i，同时将这一描述直接记录于 XML 中，这样根据 i 对应着属性的具体名称、内容，再根据属性的名称与内容，可以在属性集描述中得到更多信息。如图 3-29 所示，最后的"+"表示直接将最后 7 位 T_1 补全，使得加工意图更好的形式化展示。

图 3-29　XML 内容查询

为了对加工意图的多粒度模型表述做进一步推断，做如下定义：

定义 3-29：狭义加工意图。在某一零件加工过程演进中，结合产品环境信息中的相关规则与约定，在新建工艺中对工艺设计者可能的预期想法和打算进行推断，从而形成一系列备选的方案。狭义加工意图的存在前提是当前的工序存在三维几何实体。

定义 3-30：广义加工意图。针对某一工艺的某个工序或最终检验模型（约定最终检验模型为设计模型的工艺上的继承，即最终检验模型为工艺的设计模型），从已有的工艺设计蕴含的知识中结合零件的设计要求与自身的工艺设计知识形成的对机械加工的隐性且抽象的设计思维，对本工艺的加工意图进行描述。

简单地说，狭义加工意图是对相同工艺中工序间的加工意图进行描述，而广义加工意图是对不同工艺中当前工艺的加工意图进行描述。

3.2.7.4　基于多粒度加工意图的相似度描述

由于多粒度模型形式化描述的自由度很高，这一模型应用范围广。为求得进一步对多粒度加工意图进行重用，可以将模型进行函数化描述。将式(3-32)用于广义加工意图的函数化描述，即得到了相应的描述相似性函数：

$$F(R[X]) = \sum_{i=1}^{n} \omega_i f_1(F_i) + \omega_j f_2(T) \tag{3-33}$$

其中，n 为属性个数；ω_i 为属性 F_i 在其描述映射 f_1 下的权重；映射 f_1 为论域 X 中加工意图属性的分类，继承属性为 1，描述属性为 0，推断属性由描述属性给出；ω_j 为 T 在其描述映射 f_2 下的权重，且 $0 \leqslant \omega_i + \omega_j \leqslant 1$，映射 f_2 为 $\sum_{k=1}^{m} \omega_k f_k(T)$；$m$ 为 T_1 的 7 元组与 T_2 中元素（由形如 $aa^{-1} bb^{-1}$ 的多边形描述组成，其元素个数与多边形边数相同）的和，$\sum_{k=1}^{m} \omega_k = 1$，$f_k(T)$ 为 T 中内容描述映射，这里为了方便计算将 T_1 所有非 0 元素记为 0，0 元素记为 1，T_2 中所有元素记为 1。保证 $0 \leqslant F(R[X]) \leqslant 1$。

这样便将加工意图涉及内容或因素的多少，同样反映在粒度描述的粗细上，即反映在多粒度的描述方法上，具体在应用中反映在 m 与 n 的取值上，从而得到预期的结果。具体描述如

图 3 - 30 所示：

(1)当前工序模型与工艺库中工序模型进行面、边表述；工艺库中可以根据一定的条件，如面边数相同做初始筛选，以便更快地完成相似度比较。

(2)对比面邻接图得到异化面邻接图为空且二维流形相似的模型，记为前驱工序模型。

(3)获取当前工序模型与前驱工序模型属性集的多粒度描述模型；给定一个阈值，这一阈值表示对相似程度的认可度，阈值的给定可以由工艺人员给定，也可以基于神经网络或是其他算法计算给出。

(4)对比当前工序模型与前驱工序模型属性集的多粒度描述模型，依据式(3 - 33)计算相似度。

(5)相似度大于初始阈值则视为相似，可进行重用。

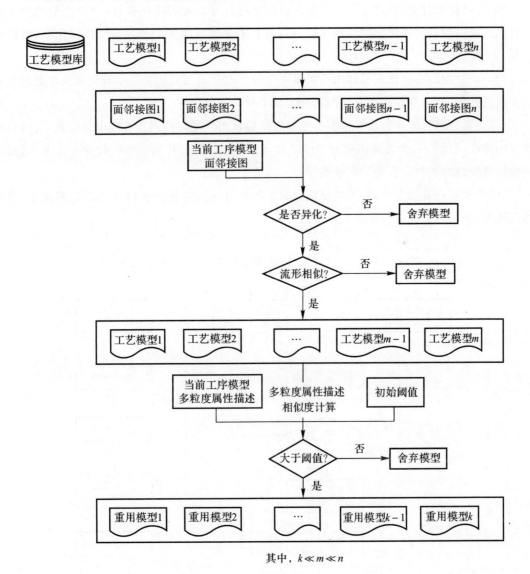

图 3 - 30　相似度重用流程

3.2.7.5 基于多粒度加工意图的重要工序推断

由于粒度描述千变万化,多粒度加工意图的模型描述应用范围广,不限于此处给出描述的应用范围,许多应用仍需要研究人员进一步研究。这里以一种基于多粒度加工意图模型对工艺中重要工序进行推断的方式对此进行说明。在已知毛坯模型与最终检验模型(约定最终检验模型为设计模型的工艺上的继承,即最终检验模型具备完备设计信息的模型)的情况下,重要工序推断流程如图 3-31 所示:

(1)获取毛坯与最终检验模型的面邻接图与多粒度属性描述。

(2)对比两面邻接图获取异化面邻接图。

(3)若异化面过多,则对工序面邻接图重绘并进行异化面邻接图描述,对比之前的异化面邻接图从而得到新的异化面邻接图为第一道重要工序周面加工。若只有少数异化面,则略去此步。

(4)对(2)中的中异化面邻接图按照每一个异化面邻接图只能有一个异化面及与其相关的增面进行拆分,将一个异化面邻接图拆分为 n 个异化面邻接图。

(5)将拆分得到的异化面邻接图赋予最终检验模型中相对应的多粒度属性描述,并进行不重复的排序,得到 $n!$ 个备选的重要工序序列,对于某个工艺,其重要工序数量 n 并不大,对于现有计算设备的能力,$n!$ 是可接受范围。

(6)选取某一备选方案,将毛坯模型按顺序加上异化面邻接图进行工序面边图重绘,将面边图还原,从而形成完整的重要工序序列。

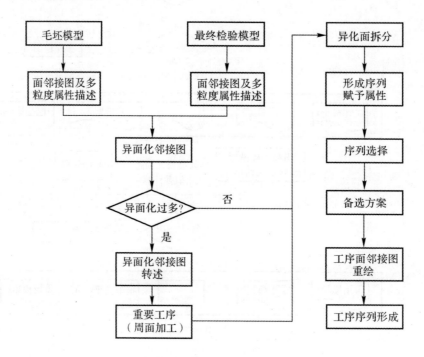

图 3-31 重要工序推断流程

参 考 文 献

[1]　VERSPRILLE K J. Computer – aided design applications of the rational B – spline approximation form[D]. New York:Syracuse University,1975.

[2]　李翠翘,李建政,孟刚.零件机械加工工艺设计原则的探讨[J].机械研究与应用,2005,18(5):67 – 68.

[3]　范红.浅析深孔加工的关键技术[J].科技致富向导,2010(21):131 – 132.

[4]　李明慧,卢鹄.尺寸公差的工艺能力指数评价方法[J].南京航空航天大学学报,2012,44(增刊):42 – 47.

[5]　查光成,史翔,郝洪艳.锻造 CAPP 开发中盘环套尺寸范围的确定及实现[J].锻压技术,2007,32(5):12 – 14.

[6]　付颖斌,江平宇,刘道玉.多工序尺寸及公差优化[J].计算机集成制造系统,2009,15(1):142 – 146.

[7]　刘浩.NURBS 曲面间的最短距离[D].南京:南京航空航天大学,2002.

[8]　臧宏琦,王永平,蔡旭鹏,等.机械制图[M]. 3 版. 西安:西北工业大学出版社,2009.

[9]　张霞.粒度计算在数据挖掘中的应用研究[M].北京:中国物资出版社,2011.

[10]　罗天洪,罗文军,陈小安,等. 协同设计的三维几何模型多粒度描述方法[J]. 重庆:重庆大学学报(自然科学版),2007,30(4):16 – 20.

[11]　张燕平,张铃,吴涛.不同粒度世界的描述法——商空间法[J].计算机学报,2004,27(3):328 – 333.

[12]　张铃,张钹.问题求解理论及应用[M].北京:清华大学出版社,2007.

[13]　刘晨,殷国富,龙红能,等. 制造工艺知识粒度描述方法与获取算法研究[J]. 计算机集成制造系统,2008,14(10):1966 – 1973.

[14]　BLOMQVIST E,ÖHGREN A. Constructing an enterprise ontology for an automotive supplier[J]. Engineering Applications of Artificial Intelligence,2008,21(3):386 – 397.

[15]　CLEMENT A,RIVIERE A. Tolerancing versus nominal modeling in next generation CAD/CAM system[C]// Proceedings of 3rd CIRP Seminars on Computer Aided Tolerancing. Cachan:Ecole Normale Supérieure of Cachan,1993:97 – 124.

[16]　吴昭同,杨将新.计算机辅助装配公差优化设计[M]. 杭州:浙江大学出版社,1999.

[17]　MA L,HUANG Z,WANG Y. Automatic discovery of common design structures in CAD models [J]. Computers & Graphics,2010,34:545 – 555.

[18]　苏竞存.流形的拓扑学[M].武汉:武汉大学出版社,2005.

[19]　黎敏,阳建宏,徐金梧,等. 基于高维空间流形变化的设备状态趋势分析方法[J]. 机械工程学报,2009,45(2):213 – 218.

[20]　ZHONG F,SUN H,ZHANG Z. An information geometry algorithm for distribution control[J]. Bulletin of the Brazilian Mathematical Society,New Series,2008,39(1):1 – 10.

[21]　GAO Z, WANG H, CHAI T. A robust fault detection filtering for stochastic distribution systems via descriptor estimator and parametric gain design[J]. Control Theory & Applications, IET, 2007, 1(5):1286 - 1293.

[22]　HE Y, WANG K, WANG H, et al. Manifold T - spline[M]. Berlin:Springer Berlin Heidelberg, 2006.

[23]　GU X, HE Y, QIN H. Manifold splines[J]. Graphical Models, 2006, 68(3): 237 - 254.

[24]　YING L, ZORIN D. A simple manifold - based construction of surfaces of arbitrary smoothness[J]. ACM Transactions on Graphics (TOG), 2004, 23(3):271 - 275.

[25]　江辉有. 拓扑学[M]. 北京:机械工业出版社, 2013.

[26]　ADAMS C, FRANZOSA R. 拓扑学基础及应用拓扑学[M]. 沈以淡,译. 北京:机械工业出版社, 2010.

[27]　JAMES R M. 拓扑学[M]. 熊金城,吕杰,谭枫,译. 北京:机械工业出版社, 2006.

[28]　周振荣, 宋冰玉. 拓扑学[M]. 北京:科学出版社, 2009.

[29]　于俊一, 邹青. 机械制造技术基础[M]. 北京:机械工业出版社, 2004.

第4章 基于 MBD 工艺模型的知识重用

4.1 基于 MBD 工序模型的工艺路线相似性度量方法

4.1.1 基于因素空间理论的机加工艺知识建模

4.1.1.1 工艺知识元的因素集

基于信息论和人类认知论框架中对知识的解释,知识是信息。知识是与信息和数据相联系的。数据是能表示的符号,包括数字、文字和图形等[1],例如 100 μm;信息是数据结构化的组合,形成对领域的事实、定理、实验对象和工艺方法等有意义的表达[2],例如,要求表面粗糙度大于 100 μm,就是制造领域中对零件表面质量要求的一种表达;知识是描述如何对特定信息作出回应的一种规则[3],例如,某加工元要求表面粗糙度大于 100 μm,则选择铣削加工。

因此,机加工艺知识是以加工对象信息元素,即加工元属性信息为基本要素,并通过一定规则或框架关联其他工艺信息元素的信息集。可以将这样一个信息集看成工艺知识单元。一个工艺知识元在逻辑上是完整的,能表达一个完整的工艺加工对象和其驱动的工艺操作步骤。因此,可以从知识元的粒度上来刻画工艺知识。

定义 4 - 1:机加工艺知识元。机加工艺知识元是对目标加工元具有完备机加工艺知识表达的最小知识单元,以下简称"知识元",记为 k。

根据因素空间理论,U 可看作由 k 组成的对象集合,V 是所有机加工艺信息构成的因素集合,则对任意的 $k \in U$,一切与 k 有关的因素都在 V 中。$F \subset V$ 是 k 的因素集,可以用一个数学集合表示为

$$F = \{p, A(p)\} \tag{4-1}$$

式中:p 为加工元因素;$A(p)$ 为与加工元 p 相关的工艺因素,例如加工方法、加工资源等。

加工元因素不仅包括形状、拓扑这样的几何因素 g,还包括尺寸、精度、表面粗糙度和材料这些加工约束因素 r,因此,g 和 r 是 p 的子因素,p 是 g 和 r 的析取因素,可以表示为 $p = g \vee r, p > g, p > r$。

工艺因素以加工方法和加工资源为例:

加工方法因素 m 对不同的知识元表现出车削、铣削、钻削等不同的状态,可以看出,m 除了零因素外,没有真子因素,所以 m 是一个原子因素;

加工资源因素 w 包含了机床、刀具、量具、夹具等子因素,因此,w 是工艺设备和装备因素

族 $\{w_t\}_{(t \in T)}$ 的析取因素，$w = \bigvee\limits_{t \in T} w_t$。

知识元是以上诸因素的交叉，同一个因素对于不同的知识元会表现出不同的状态。同时，知识元的一个状态就是工艺信息空间中的一个信息元素。

4.1.1.2　工艺知识表达空间模型的建立

加工元是形成知识元概念的基础，且加工元与知识元一一映射，在机加工艺领域中，不含有加工元因素的知识元是没有现实意义的。如图 4-1 所示，根据知识元因素集的定义，结合因素空间理论，通过对加工元序列有向图的合理升维，可以建立起企业机加工艺知识表达的三维空间模型，简称工艺知识表达空间模型（$S-T-F$ 空间）。

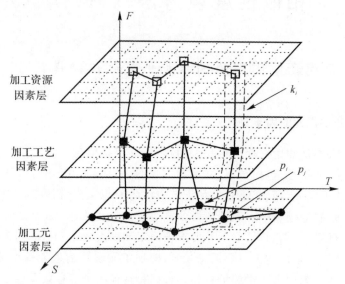

图 4-1　工艺知识表达空间模型

图 4-1 中：

F—— 描述知识元属性的因素集；

S—— 工艺数据库中加工元序列集；

T—— 工艺实施过程的时间轴。

F 轴方向代表知识元的因素集 F，则知识元的某个因素 $f \in F$ 在 $S-T-F$ 空间中表示为 F 轴上的一个点 $(0,0,f)$，过点 $(0,0,f)$ 且垂直于 F 轴方向的平面是因素 f 的状态空间 $X(f)$，可以称作因素平面，因此，$S-T-F$ 空间中的所有因素平面就构成了一个因素空间 $\{X(f)\}_{(f \in F)}$。为了描述清晰，在 $S-T-F$ 空间中对知识元的因素进行析取运算，得到知识元因素集的三个主要因素层。其中，将机床、刀具、夹具等工艺设备和装备因素平面统一称为加工资源因素层，加工方法、装夹方法、定位基准等因素平面统一称为加工工艺因素层，还有一个就是加工元因素层。

S 轴方向用来定位工艺数据库中每一个零件的所有加工元序列的存储位置，体现出加工元的多样性。T 轴是零件加工工艺过程的时间轴，在加工元因素层表达了工艺实施过程中加工元的加工顺序约束关系，在加工方法平面表达了加工特征的加工路线和整个零件的工艺路线，在加工资源因素层表达了机床等企业加工资源的调用安排。

加工元因素层在 $S\text{-}T$ 平面的投影,可以得出所有加工元的分布情况,此时每一个加工元都有一个对应的坐标 $p=(s_{i,j},t,0)$。其中 $s_{i,j}$ 表示第 i 个零件的第 j 个加工元序列,t 表示加工元 p 的加工操作位于的时间段。则可知在空间 $S\text{-}T\text{-}F$ 中,知识元 k 的一个状态 $f(k)$ 的空间坐标是 $f(k)=(s_{i,j},t,f)$。

综上可知,工艺知识表达空间模型是因素空间理论在机加工艺知识领域应用的一个特定表示方式。工艺知识表达空间模型将知识元"分解"到了不同的因素平面上,在每个因素平面上都会得到一个知识元的状态,相当于从不同的侧面解析知识元。对于不同的两个知识元,我们总可以找到一个因素平面,在这个平面上知识元具有不同的状态。与知识元有关的因素越多,则知识元的形象就越清晰。

4.1.1.3　工艺知识表达空间模型的投影

在 $S\text{-}T\text{-}F$ 空间中,知识元 k 是从加工元层的一个加工元起始向上与 k 在其他因素层的状态 $f(k)$ 的连线。根据图论可知,知识元在 $S\text{-}F$ 平面上的投影是一个图,$G=\{N,E\}$,节点 N 代表信息元素,即知识元的不同状态,边 E 代表信息元素之间存在的规则或框架关系,因此,知识元可以记为

$$k=\{F,R\} \tag{4-2}$$

式中:F 是知识元的因素集,表示信息元素的集合;R 是该集合中所有元素之间的关系的有限集合。

其实,可以将 $S\text{-}T\text{-}F$ 空间看成一个"空间图"$G_s=\{N_s,E_s\}$,其中 N_s 表示空间中的节点,E_s 表示连接节点间的边。G_s 在不同方向上的投影可以得到不同的图 $G=\{N,E\}$,其中 N 是 N_s 的投影,E 是 E_s 的投影。G 可以从不同的方面表达出知识的多种组织结构,例如:

(1)聚合图:含有一个父节点和多个子节点的图,取任意因素平面上的一个节点为父节点,都可以在其他因素平面上找到与它有关系的节点作为子节点,可以描述知识元的多样性。

(2)有向图:因素平面上一个含有单一父节点和多级子节点的有向图,节点之间存在优先级关系,例如加工元的加工顺序优先级关系。

(3)关联图:因素平面上的一个不含父节点的图,是一个因素平面上与另外一个因素平面上的一个节点有关的所有节点的集合,例如加工同一个零件所需的所有机床。

4.1.2　工艺知识元微观结构表示

4.1.2.1　工艺知识元因素关联性分析

每一个需要机加工艺加工的零件,都是通过加工设备由一道工序接一道工序地切削加工而成的[4]。在加工过程中,加工表面几何特征、加工精度、表面粗糙度、材料、加工资源和加工工艺等因素都会影响零件整个机加工艺进程,而且这些因素在工艺知识表达空间中能够在较大程度上反映知识元间的差异或相似性。加工元、加工资源和加工工艺可以看作知识元的特征因素,如图 4-2 所示。要进一步表达机加工艺知识,就需要描述每一步工艺的加工元、加工工艺和加工资源间的联系。

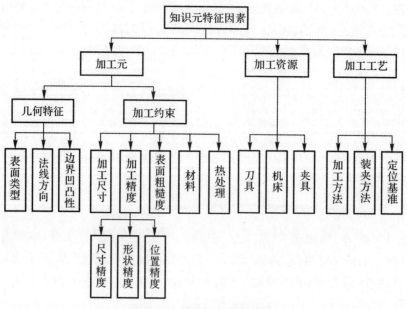

图 4-2　知识元的特征因素

加工元主要包含两个子因素:加工表面几何特征和加工约束。几何特征又可以细分为表面类型、表面法线方向和边界凹凸性等。加工约束包括加工尺寸、加工精度、材料、表面粗糙度和热处理。其中,加工精度是指零件经过加工后,加工表面几何参数(尺寸、几何要素的形状和相互位置)的实际值与理想设计值的符合程度。零件加工表面的精度要求包括三个方面:尺寸精度、形状精度和位置精度[5]。通过加工元,可以很好地把加工工艺、加工资源联系起来。如图 4-3 所示,每一个加工元对应着相应的加工工艺,所用的加工工艺都有相应的刀具、机床和夹具。

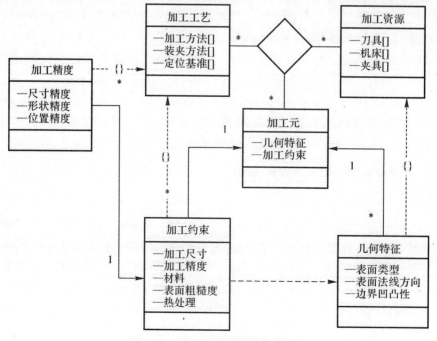

图 4-3　知识元特征因素间的关系

　　加工工艺主要包括加工方法、装夹方法和定位基准等工艺方法信息,可以将其理解为加工资源的某种应用方式。在具有一定加工资源的工艺环境中,加工方法决定了生成表面类型、几何尺寸、尺寸精度、形位精度和表面粗糙度(见表 4-1)。从加工元的角度,同样可以推理出表面加工可以采用的加工方法,例如,由于零件材料、热处理方式的不同,加工元选择的加工方法就不相同。如表 4-1 所示,外圆在淬火后,就不能精车,只能磨削。加工方法通常构成一个加工路线,对应着一个加工元序列,描述了加工特征生成的过程,同时也构建了加工资源与加工元之间的映射关系。

表 4-1　外圆表面加工方法与加工约束之间的关系[5]

加工元	加工方法	精度等级(IT)	表面粗糙度 $Ra/\mu m$	适用材料
1	粗车	11～13	25～6.3	淬火钢以外的各种金属
2	半精车	8～10	6.3～3.2	
3	精车	6～9	1.6～0.8	
4	深压(或抛光)	6～8	0.2～0.025	
5	磨削	6～8	0.8～0.4	淬火钢
6	精磨	5～7	0.4～0.1	
7	超精加工	5～6	0.1～0.012	
8	研磨	5 级以上	＜0.1	
9	超精磨(或镜面磨)	5 级以上	＜0.05	
10	金刚石车	5～6	0.2～0.025	有色金属

　　加工资源主要指机床、刀具、夹具等加工设备和装备。刀具与机床的关系是多对多关系,即一把刀具可以安装在不同的机床上,一台机床可以选择不同的刀具来加工不同的加工元。同时加工元与加工方法、刀具的联系是一对多的关系,一种加工元对应着某把或几把刀具和加工方法。机械加工过程中,相同的加工方法可以采用不同的加工资源组合完成。

　　设机床集合为 $y=\{y_1,y_2,\cdots,y_o\}$,刀具集合为 $t=\{t_1,t_2,\cdots,t_p\}$,夹具集合为 $f=\{f_1,f_2,\cdots,f_q\}$,o,p,q 分别为当前企业加工资源中机床、刀具、夹具的总数,则加工资源 $W_e=\{y_s,t_k,f_r\}$,其中 $1\leqslant s\leqslant o,1\leqslant k\leqslant p,1\leqslant r\leqslant q$。一个加工元对应多个加工资源和加工方法的组合,当选用的加工方法和加工资源不同时,加工元往往也会发生改变,因此知识元呈现多样性。如图 4-4 所示,同样的加工表面,选择不同的刀具和加工方法,生成了不同的加工元。图 4-4 中(a)表示分别使用三种不同半径的刀具,且均采用直线走刀一次加工完成,图 4-4(b)表示使用小半径刀具折线走刀加工完成,图 4-4(c)表示使用小半径刀具直线走刀多次往复加工完成。其中图 4-4(a)过程有三个加工元,图 4-4(b)(c)过程只有一个加工元;图 4-4(b)(c)虽然生成了相同的加工元,而且刀具也相同,但是走刀方法不同,因此生成的知识元也不同。

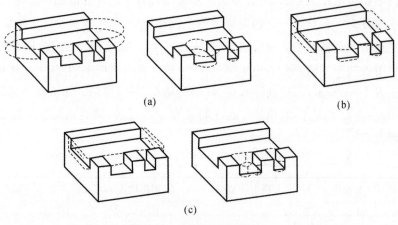

(a)

(b)

(c)

图 4-4　知识元的多样性

4.1.2.2　基于邻接图的加工元信息表达

加工元是零件生成加工特征过程中在工序模型上表现的中间状态,一个工序模型包含若干个加工元。对于零件的工序模型 PM_i,加工元 P_i 的几何特征信息 G_i 可以描述为在一次切削加工过程中刀具所扫掠过的实体体积,称为加工元体积特征 VP_i。VP_i 等于本次加工操作中切削的零件材料的体积[6],如图 4-5 所示,可以简单地表示为

$$\sum_{j=1}^{n} \mathrm{VP}_{i,j} = V(\mathrm{PM}_{i-1}) - V(\mathrm{PM}_i) \tag{4-3}$$

式中,$V(\mathrm{PM}_{i-1})$,$V(\mathrm{PM}_i)$ 分别为两个相邻工序模型的体积,n 为工艺模型 PM_i 包含的加工元个数。如果工序模型个数为 m(不包含毛坯模型),则所有加工元体积特征的和 $\sum_{i=1}^{n \times m} \mathrm{VP}_i$ 等于零件从毛坯模型加工到最终成品模型过程中所切削掉的所有材料的体积总和。

$$\sum_{i=1}^{M} \mathrm{VP}_i = V(\mathrm{PM}_0) - V(\mathrm{PM}_m) \tag{4-4}$$

每个加工体积 VP_i 都对应一个加工表面 $\partial(\mathrm{VP}_i)$,$\partial(\mathrm{VP}_i)$ 是 VP_i 边界表面的子集,等于 VP_i 边界表面与零件工序模型边界表面的交集,表面特征可以直接从工序模型上分解得到,这个表面集可以通过基于图的信息表达方法来描述,因此可以通过表面特征来描述加工元的几何特征信息。

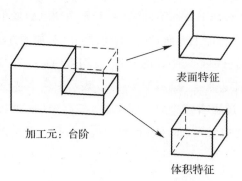

表面特征

加工元:台阶

体积特征

图 4-5　加工元的几何特征信息(体积特征和表面特征)

　　基于图的信息表达是一种常用的特征表示和匹配方法,该方法的基本思想是以节点代表三维实体模型的面,以弧(或边)代表面与面之间的邻接关系,构成表示零件或特征拓扑结构的面边图。采用面边图来表示几何特征具有以下优点:①易于信息表达的标准化,图的表示方法具有唯一性、完备性;②信息的转换过程易于操作,面边图可以由统一的算法自动生成[7]。1987 年,Joshi S. 和 Chang T. C. 在文献[8]中首次提出了属性邻接图(Attribute Adjacent Graph,AAG)的概念,扩展了面边图的含义,完善了零件拓扑几何信息的表达。

　　属性邻接图是一种用来表达零件特征实体模型几何拓扑信息的图结构[9],其数学描述为

$$AAG = \{N, E, A\} \tag{4-5}$$

式中:N 为图中节点的集合,节点代表零件的表面,对于零件的任意一个表面 f_i,都有一个唯一的节点 $n_i \in N$ 与之对应;E 为图中弧(或边)的集合,弧代表零件表面之间的邻接关系,对于零件中任意的一对相邻表面 f_i、f_j,都有唯一的弧 $e_i \in E$ 与之对应;A 为弧 E 的属性,对于任意的 $e_i \in E$ 都有一个属性值 $a_i \in A$ 可以描述相邻面之间的位置关系。在 AAG 的通常定义中,如果 e_i 对应的 f_i、f_j 形成凹面,则 a_i 取值为 0,如果 f_i、f_j 构成凸面,则 a_i 取值为 1。

　　为了不同领域应用的需要,学者们在 AAG 的基础上,又提出了扩展属性邻接图(Extend Attribute Adjacent Graph, EAAG)、新属性邻接图(New Attribute Adjacent Graph, NAAG)、再扩展邻接图(Re Attribute Adjacent Graph, RAAG)等图结构[10],这些图结构都是对属性邻接图思想的延伸,分别从不同的角度定义或扩充了面、边的属性信息,对零件的拓扑结构和面边的几何属性进行了完善。

　　如图 4-6 所示,图 4-6(a)为零件三维特征实体模型,图 4-6(b)是对应的属性邻接图,图 4-6(c)为零件中代表通槽的子邻接图。AAG 图中每一条边都标记了两邻接面的凹凸性。

　　将 AAG 方法应用于加工元信息的表达,作为知识元的一个特征因素可以用于知识检索进行相似性匹配。但是 AAG 只能表达加工元的拓扑结构和邻接面的凹凸性,为了能更加完整地表达加工元的几何特征信息,以及满足知识元相似性匹配的需要,需要对 AAG 的节点和弧(或边)的属性进行一定的扩展,附加面、边的工程语义信息,如面的类型、外法线方向和边的类型。

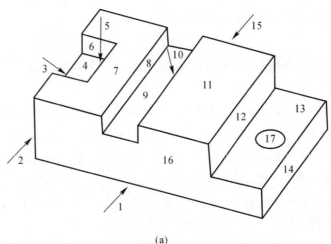

(a)

图 4-6　零件三维特征实体模型及其属性邻接图

(a)零件三维 CAD 模型;

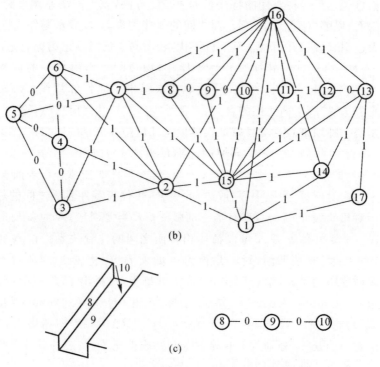

(b)

(c)

续图 4-6　零件三维特征实体模型及其属性邻接图
(b)零件属性邻接图；　(c)通槽和对应的子邻接图

4.1.2.3　工艺知识元微观结构表示

属性邻接图在计算机内的表示方式包括属性邻接矩阵、属性邻接表等[11]。在属性邻接图 AAG = {N,E,A} 中，如果节点集为 $N(\text{AAG}) = \{v_1,v_2,v_3,\cdots,v_n\}$，用 a_{ij} 表示 AAG 中节点 v_i 和 v_j 之间的凹凸性，则 n 阶方阵 $\boldsymbol{M}(\text{AAG}) = (a_{ij})_{n\times n}$ 称为的 AAG 属性邻接矩阵。可以用一个二维数组 $a[n,n]$ 表示这个方阵，则有如下定义

$$a_{ij} = a[i,j] = \begin{cases} 10, & \text{面 } f_i \text{ 与 } f_j \text{ 相邻，且是凹面} \\ 11, & \text{面 } f_i \text{ 与 } f_j \text{ 相邻，且是凸面} \\ 0, & \text{面 } f_i \text{ 与 } f_j \text{ 不相邻} \end{cases} \qquad (4-6)$$

图 4-7(a)(b)是一个包含台阶和盲孔的零件和对应的属性邻接图，通过公式可以得到它的邻接矩阵，如图 4-8(a)所示。去掉零件 AAG 图中所有凸面节点以及相关联的弧，可以得到台阶和盲孔的子邻接图，图 4-8(b)(c)分别是台阶和盲孔的子邻接图和邻接矩阵。

由于弧的属性值有限，因此台阶和盲孔的邻接矩阵相同。为了避免邻接矩阵表达的二义性，可以通过增加邻接矩阵的列数和 a_{ij} 值的位数，来扩展节点和弧的属性，提高邻接矩阵的表达能力。具体定义如下：

在邻接矩阵 $a[n,n]$ 中添加一列 $a[i,n+1]$，其对应面 f_i 的类型属性，取值定义如表 4-2 所示。

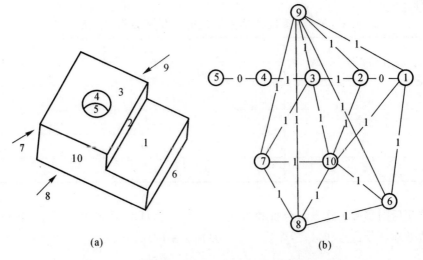

图 4 - 7 包含台阶和盲孔的零件和对应的属性邻接图

$$
\begin{bmatrix}
0 & 10 & 0 & 0 & 0 & 11 & 0 & 0 & 11 & 11 \\
10 & 0 & 11 & 0 & 0 & 0 & 0 & 0 & 11 & 11 \\
0 & 11 & 0 & 11 & 0 & 0 & 11 & 0 & 11 & 11 \\
0 & 0 & 11 & 0 & 10 & 0 & 0 & 0 & 0 & 0 \\
0 & 0 & 0 & 10 & 0 & 0 & 0 & 0 & 0 & 0 \\
11 & 0 & 0 & 10 & 0 & 0 & 0 & 11 & 11 & 11 \\
0 & 0 & 11 & 10 & 0 & 0 & 0 & 11 & 11 & 11 \\
0 & 0 & 0 & 0 & 0 & 11 & 11 & 0 & 11 & 11 \\
11 & 11 & 11 & 0 & 0 & 11 & 11 & 11 & 0 & 11 \\
11 & 11 & 11 & 0 & 0 & 11 & 11 & 11 & 11 & 0
\end{bmatrix}
$$

(a)

①—0—②
$\begin{bmatrix} 0 & 10 \\ 10 & 0 \end{bmatrix}$

(b)

④—0—⑤
$\begin{bmatrix} 0 & 10 \\ 10 & 0 \end{bmatrix}$

(c)

图 4 - 8 零件的邻接矩阵以及台阶和盲孔的子邻接图、邻接矩阵

表 4 - 2 面的属性值在扩展邻接矩阵中的定义

f_i 的面类型	$a[i, n+1]$ 节点值	
	内表面组成实体表面	外表面组成实体表面
球面	10	11
平面	20	21
圆柱面	30	31
二次曲面	40	41
棱柱面	50	51
自由曲面	60	61

在邻接矩阵 $a[n, n]$ 中,增加 $a[i, j]$ 的位数,新增位代表 f_i 和 f_j 的邻接边类型,取值定义

如表 4-3 所示。

表 4-3 邻接边的属性值在扩展邻接矩阵中的定义

f_i 和 f_j 的邻接边类型	$a[i,j]$ 节点值	
	凹面	凸面
直线	100	110
样条曲线	101	111
圆	102	112
弧	103	113

使用扩展后的邻接矩阵表示台阶和盲孔如图 4-9(a)(b)所示,可以看出,扩展后的邻接矩阵可以清晰地区分台阶和盲孔,而且包含了更加丰富的几何信息。

$$\begin{bmatrix} 0 & 100 & 21 \\ 100 & 0 & 21 \end{bmatrix} \qquad \begin{bmatrix} 0 & 102 & 30 \\ 102 & 0 & 21 \end{bmatrix}$$

(a)   (b)

图 4-9 用扩展邻接矩阵表示的台阶和盲孔

知识元除了几何信息外还有非几何信息。对于几何信息,使用扩展的属性邻接矩阵表示加工元的几何特征。对于知识元非几何信息,可以使用面向对象的数据结构存储,以加工元的每个加工表面作为一个对象,将精度、表面粗糙度、材料、热处理、刀具、机床、夹具和加工方法等信息存储在加工元关联属性信息表(见表 4-4)中。

表 4-4 加工元关联属性信息表

加工元构成表面	属 性					
	精度(IT)	表面粗糙度 $Ra/\mu m$	材料	热处理	加工方法	刀具牌号
f_1	7	0.8			精车	YD15
f_2	9	3.2	45	淬火 28~32HRC	半精车	…
f_3	7	…			…	…
f_4	…	…			…	…
⋮	⋮	⋮	⋮	⋮	⋮	⋮

4.1.3 机加工艺知识相似性度量

从知识重用的角度来看,人类的认知过程往往是依赖大脑中已有知识对新的事物做出判断,知识检索是知识重用的主要途径,而其中知识之间的相似性度量又是知识检索的关键技术[12]。

工艺设计活动是一个强经验、弱理论的实践过程,设计人员往往需要具备丰富的设计经验知识,在设计新零件的过程中需要根据经验知识不断地参考以往的具有相似性的工艺设计实例。因此,零件的工艺设计是一个知识重用的过程,工艺知识间的相似性度量是实现工艺知识重用的一个关键技术。

4.1.3.1　知识元相似性度量空间模型

为了使工艺设计人员在规划新的工艺方案时可以从知识库中发掘具有参考性的信息或知识,需要比较工艺设计人员输入的问题求解对象的特征状态信息与知识库中知识元的特征状态信息的相似性,也就是知识的相似性度量。因此,在建立机加工艺知识检索模型之前,需要先来讨论如何度量知识元之间的相似性。根据知识元状态空间的不同类型,可以将知识元因素分为以下三种类型:

(1) 变量型:这种因素的状态 $f(k)$ 是一个标量,状态空间 $X(f)$ 是连续的欧氏空间,例如加工元的尺寸参数、材料性能、加工余量等。

(2) 枚举型:这种因素的状态空间 $X(f)$ 是字符的集合,代表着工艺领域中一种具体的或抽象的事物,例如加工方法这一因素是车削、铣削、钻削等字符的集合。

(3) 有序型:这种因素的状态 $f(k)$ 是一个具有上限值和下限值的取值序列,例如加工元的加工精度。

因此,可以根据状态空间的类型将高维的知识元映射到度量空间 X-Y-Z 中。如图 4-10 所示,知识元 k 是 X-Y-Z 空间中的一个点,这样就可以通过在 X-Y-Z 空间中计算知识元在各个投影上的相似度来度量知识的相似性。

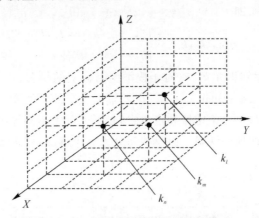

图 4-10　知识元相似性度量空间模型

图 4-10 中:

X—— 变量型因素;

Y—— 枚举型因素;

Z—— 有序型因素。

4.1.3.2　知识元因素相似性度量函数

相似度用来刻画两个对象的相似性程度。设任意两个对象 x、y,它们的相似度用 $\mathrm{sim}(x,y)$ 表示,则 $\mathrm{sim}(x,y) \in [0,1]$,且有以下两个性质:① 对称性,$\mathrm{sim}(x,y)=\mathrm{sim}(y,x)$; ② 自反性:$\mathrm{sim}(x,x)=1$。

在度量空间 X-Y-Z 中，根据知识元的因素类型定义不同方向上的相似性度量函数[13]，数学表达式如下：

（1）变量型度量函数，度量知识元 k_i、k_j 在 X 轴上投影的相似度 $\mathrm{sim}_x(k_i,k_j)$

$$\mathrm{sim}_x(k_i,k_j)=1-d[f_x(k_i),f_x(k_j)]=1-d_x(k_i,k_j) \tag{4-7}$$

或
$$\mathrm{sim}_x(k_i,k_j)=\frac{1}{1+d[f_x(k_i),f_x(k_j)]}=\frac{1}{1+d_x(k_i,k_j)}$$

$$d_x(k_i,k_j)=|f_x(k_i)-f_x(k_j)|$$

或
$$d_x(k_i,k_j)=\frac{|f_x(k_i)-f_x(k_j)|}{\beta-\alpha}$$

式中，$f_x(k_i)$，$f_x(k_j)$ 表示知识元 k_i，k_j 对于变量型因素 x 的状态，$f_x(k_i)$，$f_x(k_j)\in[\alpha,\beta]$，$\alpha$，$\beta$ 是 $f_x(k_i)$，$f_x(k_j)$ 取值的下限值和上限值。

（2）枚举型度量函数，度量知识元 k_i、k_j 在 Y 轴上投影的相似度 $\mathrm{sim}_y(k_i,k_j)$。枚举型相似度一般有两种：一种是只要两个属性值不同，就认为两者之间的相似度为 0，否则为 1；另一种则依据具体情况而定，不是简单地非此即彼划分，而是针对不同的属性值间不同的关系给予具体的定义。前者实质上是二值分割，相似度的值为一个二元组 $\{0,1\}$；而后者在量上进一步细化属性值间的区别。一般而言，前者定义通用，适合于多种情况；而后者则需要人为定义，与领域知识相关，从而专用性强。两个方法各有适用范围。此处给出二值型的数学表达，对于机加工艺知识，可以根据不同情况细分取值区间。例如在实际度量中，可以根据加工方法的类型将加工表面粗糙度进行细分，即

$$\mathrm{sim}_y(k_i,k_j)=\begin{cases}1, & f_y(k_i)=f_y(k_j)\\0, & \text{其他}\end{cases} \tag{4-8}$$

式中，$f_y(k_i)$、$f_y(k_j)$ 表示知识元 k_i、k_j 对于枚举型因素 y 的状态。

（3）有序型度量函数，度量知识元 k_i、k_j 在 Z 轴上投影的相似度 $d_z(k_i,k_j)$，有序型因素介于变量和枚举型因素之间，也介于定性和定量之间，可以赋予不同等级值间不同的相似度。和枚举型属性相比，有序属性规整性强。假设状态分为 n 个等级，则等级 i 和 j（$1\leqslant i,j\leqslant n$）之间的相似度可以定义为

$$d_z(k_i,k_j)=1-\frac{|i-j|}{n} \tag{4-9}$$

综上，在度量空间 X-Y-Z 中可以用加权平均法求知识元 k_i、k_d 的模糊相似度 $\mathrm{sim}(k_i,k_j)$ 为

$$\mathrm{sim}(k_i,k_j)=\sqrt{[\lambda_x\mathrm{sim}_x(k_i,k_j)]^2+[\lambda_y\mathrm{sim}_y(k_i,k_j)]^2+[\lambda_z\mathrm{sim}_z(k_i,k_j)]^2}$$

$$\tag{4-10}$$

式中，λ 为权值，在度量空间中用来定义每个维度上单位向量的相对大小，实质上反映了不同因素对工艺知识相似性的影响程度。权值 λ 可由相关的领域知识来引导确定，也可以在检索过程中由工艺人员根据实际需求赋权，权值应满足 $\sum_{i=1}^{n}\lambda_i=1$。

4.1.3.3　基于图同构的知识元几何因素匹配

对于三维机加工艺知识而言，知识元几何因素的匹配是零件机加工艺知识检索的重要参

考依据。将知识元的几何因素用属性邻接矩阵表示,直接使用相似性度量函数是无法计算的,需要基于图同构的方法进行精确匹配。

在设计匹配算法之前先引入一个概念 —— 数组的升维排序,它是指将元素先按 i 分量大小升序排列,再对 i 分量大小相同的元素按 j 分量大小升序排列,最后对 j 分量大小相同的元素按 k 分量大小升序排列,即得数组的升序排列。

采用图同构的基本思想对知识元的几何因素信息进行匹配,具体方法是将知识元的属性邻接矩阵进行匹配,判定知识元的属性邻接图是否同构。以键槽特征加工过程中生成的知识元为例,算法实现的具体步骤如下:

(1) 首先设知识元的属性邻接矩阵分别为 $a_1[m, m+1]$、$a_2[n, n+1]$,判断矩阵是否匹配之前,首先计算邻接矩阵[见图 4-11(a)(b)]的行数,然后比较行数是否相同,如果 $m=n$,则进行步骤(2),否则判断不匹配。

(2) 取出矩阵的扩展列 $a[i, n+1]$,将 $a[i, n+1]$ 按位升序排列,如图 4-11(c)(d) 所示,比较扩展列是否相同(元素值相同,位置也相同),若相同,则进行步骤(3),否则判断不匹配。

(3) 按照扩展列在升序排列时进行的行变换,同样变换矩阵的对应行和列,比较 a_1 的所有行和 a_2 所有行是否有"相似"(包含相同元素,位置可不同),若有相似,则进行步骤(4),否则判断不匹配。

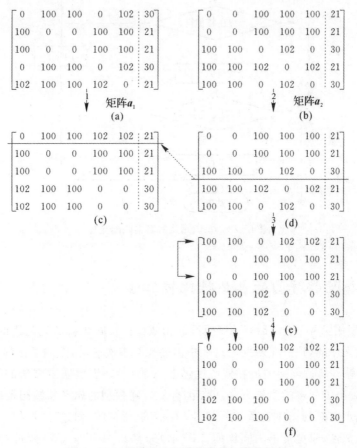

图 4-11　键槽知识元属性邻接矩阵的匹配

（4）若"相似"，则查找 a_2 中与 a_1 第 1 行"相似"的行（记为 r_1），如图 4-11(d) 中第 3 行，将 a_2 的第 r_1 行与第 1 行互换，第 1 列与第 r_1 列互换，分别得到图 4-11(f) 所示矩阵。

（5）查找 a_2 中与 a_1 与第 2 行"相似"的行（记作 R_2 行），同样做上述变换。

（6）依次类推，直至 a_2 中与 a_1 各行对应"相似"。由矩阵的对称性知，此时若两矩阵各元素匹配，则 a_2 与 a_1 成功匹配。

知识元几何因素邻接矩阵匹配算法流程如图 4-12 所示。

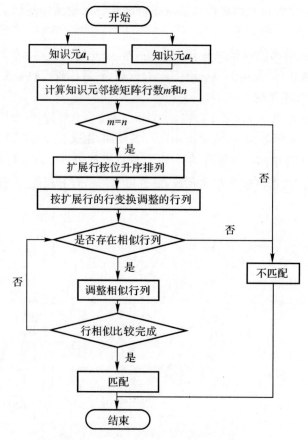

图 4-12　知识元几何因素匹配流程

4.1.4　属性邻接图的相似性比较算法

当 CAD 模型用 AAG 表示后，CAD 模型的相似性比较问题就转化为图的子图匹配问题。由于图的顶点是无序的，顶点在匹配的过程中需要反复多次遍历，图的子图同构问题是一个典型的 NP 完全问题。属性邻接图的相似性度量在三维 CAD 模型搜索方法的研究中是核心内容，现有研究已提出了很多的度量方法。张欣等人[14] 将模型的属性邻接图根据 AAG 的顶点、边的属性以及顶点之间的拓扑关系，对 AAG 的顶点进行排序，通过比较排序后图之间的编辑距离得到图的相似性，避免了子图同构的 NP 问题求解。王飞等人[15] 针对 CAD 模型的局部匹配问题，将其转化成在"大图"中寻找同构"子图"的问题。在王飞等人的方法中，判断两图是否同构,就看是否能够找到一个子图同构映射矩阵,使得该矩阵满足每行有且只有一个 1 并且每列至多只有一个 1。该方法在算法初始时利用 CAD 模型面的类型对面进行细分,大大降低了搜索空间的复杂度。在给出图的相似性计算方法之前,先给出子图同构、公共子图和最大公共子图的定义。

定义 4-1:图同构。 给定 2 个图 $G_1 = <V_1, E_1, \alpha_1, \beta_1>$ 和 $G_2 = <V_2, E_2, \alpha_2, \beta_2>$,其中 $V_1 = \{V_1^0, V_1^1, \cdots, V_1^{m-1}\}$ 和 $V_2 = \{V_2^0, V_2^1, \cdots, V_2^{n-1}\}$ 分别为图 G_1 和图 G_2 的顶点集合。对 V_1 和 V_2 里的任意元素,若存在映射 f,使得 $V_1^x \xrightarrow{f} V_2^y, V_1^h \xrightarrow{f} V_2^k$,且若 $(V_1^x, V_1^h) \in E_1$,有 $(V_2^y, V_2^k) \in E_2$,其中 $V_1^x, V_1^h \in V_1, V_2^y, V_2^k \in V_2$,那么就称图 G_1 和 G_2 同构。

定义 4-2:公共子图。 给定图 G、G_1 和 G_2,若图 G 与图 G_1 子图同构,同时图 G 与图 G_2 子图同构,则称图 G 是图 G_1 和 G_2 的公共子图。

定义 4-3:最大公共子图。 给定图 G_1 和 G_2,若图 G 是图 G_1 和 G_2 的公共子图,且不存在图 G',图 G' 也是图 G_1 和 G_2 的公共子图,图 G' 的节点个数大于图 G,则称图 G 是图 G_1 和 G_2 的最大公共子图。

利用如下公式计算 AAG 的相似度:

$$S(G_1, G_2) = \frac{|G_1 \cap G_2|}{\max(|G_1|, |G_2|)} \times 100\% \qquad (4-11)$$

其中,$S(G_1, G_2)$ 表示 AAG 的相似度,$|G_1|$ 和 $|G_2|$ 分别表示 AAG 图的顶点个数,$|G_1 \cap G_2|$ 表示 G_1 和 G_2 的最大公共子图顶点个数。因此,求 AAG 相似度的问题就转换成求 AAG 的最大公共子图的问题。

对新增面的属性邻接图进行相似性度量时,必须先找出最大公共子图。由于针对的是工序模型的几何更改,即新增面进行属性邻接图表达,属性邻接图的复杂程度不高。基于此,提出如下最大公共子图求解算法:

设两个属性邻接图为 G_1、G_2,最大公共子图为 G。图 G_1、G_2 的顶点个数分别为 N_1、N_2;图 G_1、G_2 的顶点分别为 V_1、V_1';面序号数组为 T_1、T_2;面属性数组为 α_1、α_2;边属性数组 β_1、β_2。其中边属性数组只保留每个元素边属性编码的低位。保证图 G_1 的顶点个数较少,即满足 $N_1 \leqslant N_2$。设图 G 面属性数组为 α。表 4-5 为最大公共子图求解算法。

表 4-5　最大公共子图求解过程

```
AAG SimilarityMeasuring(G₁,G₂)
输入:图 G₁,图 G₂
输出:最大公共子图 G 的面,图 G 中元素的个数
begin
//开始比较
foreach T₁(i)∈T₁,T₂(j)∈T₂,i,j=1,2,…,n-1
//寻找面属性编码相同的面对
if α₁(T₁(i))=α₂(T₂(j))
add α₁(T₁(i)) into α
//寻找有相邻关系的面对
if β₁[T₁(i-1),n]≠0,add β₁[T₁(i-1),n]对应的面 intoV₁'
if β₂[T₂(j-1),n]≠0,add β₂[T₂(j-1),n]对应的面 intoV₂'
find V₁'(k),V₂'(m)满足:
```

续 表

$$\alpha_1[V_1'(k)] = \alpha_2[V_2'(m)]$$

且 $\beta_1[T_1(i)-1, V_1'(k)] = \beta_2[T_2(j)-1, V_2'(m)]$

delete 不满足条件的面对 from V_1'、V_2'

if $V_1' = $ null, $V_2' = $ null

end

else add V_1' 中所有面属性编码 into α

delete $\beta_1[T_1(i-1), T_1(i-1)], \beta_2[T_2(j-1), T_2(j-1)]$

for each 面对 in V_1'、V_2'

$T_1(i) = V_1'(k), T_2(j) = V_2'(m)$

end

　　　//按面序号数组递减方式依次遍历所有面对

$i--, j--$

end

end

执行完最大公共子图求解的步骤后,即可按照式(4-11)计算属性邻接图 G_1、G_2 之间相似度。

4.1.5　工序模型尺寸特征的相似性比较算法

工艺能力指数相似性度量,实际上是对两个正实数进行相似性度量。设两个加工特征的工艺能力指数分别为 $C_{pm,1}$、$C_{pm,2}$,则定义 $C_{pm,1}$ 与 $C_{pm,2}$ 之间的相似性度量公式如下:

$$L(C_{pm,1}, C_{pm,2}) = \left[1 - \frac{|C_{pm,1} - C_{pm,2}|}{\max(C_{pm,1}, C_{pm,2})}\right] \times 100\% \tag{4-12}$$

由式(4-7)可知,$L(C_{pm,1}, C_{pm,2})$ 的取值范围是 $[0,1]$。$L(C_{pm,1}, C_{pm,2})$ 的数值越大,$C_{pm,1}$ 与 $C_{pm,2}$ 差值越小,两者的相似性越大。

4.1.6　工艺演变序列的相似性比较算法

经过以上的研究,得到工艺模型演变序列,即多个加工特征组成的序列。两零件工艺相似性的比较就是建立在序列比较的基础上的。为避免因工艺序列中局部差异而导致工艺序列全局相似性误差大的缺点,采用局部匹配思想。设零件 1 与 2 的加工工艺序列长度分别为 m 和 n。设工艺序列 1 为 $Q_1 = \{a_1, a_2, \cdots, a_m\}$,工艺序列 2 为 $Q_2 = \{b_1, b_2, \cdots, b_n\}$,其中 a_m、b_n 分别为工艺序列 1、2 中新增的属性邻接图表示。本步骤要实现的功能是选取 Q_1 和 Q_2 的最佳匹配子序列。由于 Q_1 和 Q_2 在大部分情况下包含的图数量不一样,由工艺设计人员选取工艺序列 1 中的关键工序修改得到序列 $Q_1' = \{a_1, a_2, \cdots, a_{m'}\}$,$m' \ll n$。为了获得最佳匹配序列,给出如下算法:

(1)初始,$i=1, j=1$,a_i 表示 Q_1' 里的第 i 个元素,b_j 表示 Q_2 里的第 j 个元素。比较 a_1 和 Q_2 中的每个元素,选出和 a_1 相似度最大的元素 b_1^*,记录 b_1^* 在 Q_2 的位置 λ_1 和其与 a_1 的相似度 $S(a_1, b_1^*)$。

(2)当 $i=2$ 时,在 $\{b_{\lambda_1+1}, b_{\lambda_1+2}, \cdots, b_n\}$ 中选取与 a_2 相似度最大的元素 b_2^*,记录 b_2^* 的位置

λ_2 和其与 a_2 的相似度 $S(a_2,b_2^*)$。

（3）设与 a_i 相似度最大的元素为 b_i^*，记录 b_i^* 的位置 λ_x 与相似度，对 a_{i+1}，在 $\{b_{\lambda_x+1}, b_{\lambda_x+2},\cdots,b_n\}$ 中选取与 a_{i+1} 相似度最大的元素 b_{i+1}^*，记录其位置 λ_{x+1} 和其与 a_{i+1} 的相似度 $S(a_{i+1},b_{i+1}^*)$。

经过以上步骤，得到与 Q_1' 的最佳匹配序列 $Q_2^* = \{b_1^*,b_2^*,\cdots,b_{m'}^*\}$ 和相似度序列 $Y_{sim}(Q_1', Q_2^*) = \{S(a_1,b_1^*),S(a_2,b_2^*),\cdots,S(a_{m'},b_{m'}^*)\}$，这样，得出工艺序列 $1Q_1=\{a_1,a_2,\cdots,a_m\}$ 和工艺序列 $2Q_2=\{b_1,b_2,\cdots,b_n\}$ 的相似性计算公式如下：

$$Y_{sim}(Q_1,Q_2) = \frac{1}{\sqrt{m}}\sqrt{S^2(a_1,b_1^*)+S^2(a_2,b_2^*)+\cdots+S^2(a_{m'},b_{m'}^*)} \qquad (4-13)$$

4.1.7　几何演变信息的相似性度量

4.1.7.1　与机加工序对应的几何变更的提取和表示

1.几何变更的提取

机加过程从本质上可以认为是由毛坯模型到零件 CAD 模型之间的一个逐步减材过程，其中每一道机加工序操作都对应着一个中间减材环节，反映到三维模型上就对应着模型几何结构的改变。因此，机加工序操作与模型几何结构改变量之间存在着密切联系，有必要建立它们之间的关联关系来为后续工艺路线的多维度相似性度量提供依据。

执行工艺路线中第 i 道工序 op_i 后所带来的三维模型的几何结构改变量定义为工序的几何变更，即

$$GV_i = \sum_{j=1}^{n_{GV}^i} g_i^j = IPM_{i-1} - IPM_i \qquad (4-14)$$

式中：GV_i 表示与工序 op_i 对应的几何变更（Geometry Variation，GV）；g_i^j 表示在执行 op_i 操作时，因第 j 次走刀所切掉的三维几何实体；n_{GV}^i 表示执行 op_i 所加工掉的三维几何实体的个数；IPM_i 表示加工过程中，执行 op_i 操作后形成的中间过程模型（Intermediate Process Model，IPM），即三维工序模型；IPM_0 表示毛坯模型。IPM 可以由工艺员应用 MBD 技术[16-18]进行自主构建，也可以由计算机系统自动生成。前者需要工艺员运用三维造型软件，并以人机交互的方式将工艺实例中与工艺规程（即工艺路线）相对应的二维工序图转变为三维工序模型；后者需要运用一些工序模型生成方法[19-22]来快速辅助生成。

由式（4-14）可知，与机加工序相对应的几何变更可以看作是对前、后道工序模型执行布尔差操作后的结果。以某零件为例，其经过第 1 道工序粗车后所形成的几何变更如图 4-13 所示。

2.几何变更的图表示

由图 4-13 可知，几何变更可以看作是由三维几何实体组成的集合，所以对几何变更的表示问题就转化成了对三维几何实体的表示问题。目前比较流行的做法是用属性邻接图来表示三维几何实体模型。定义三维几何实体模式的属性邻接图 $AAG=(V',E',VAS,EA)$。其中，V' 是顶点集合，顶点代表三维几何实体模型的表面，模型上的任意一个表面 $face_i$，都存在唯一的顶点 v_i' 与之对应；E' 是属性邻接图的边集合，边代表三维模型表面之间的邻接关系，即 $face_i$、$face_j$ 若是相邻表面，则 $face_i$ 和 $face_j$ 相交存在邻接边（弧）$e_{ij}' \in E'$；VAS 是面的属性集，包括

面的连接度、类型以及面积;EA 表示边的类型属性,如果 e'_{ij} 是直线,则其属性值为 0,如果 e'_{ij} 是平面曲线,则其属性值为 1,如果 e'_{ij} 是空间曲线,则其属性值为 2。

应用属性邻接图表示几何变更的步骤如下:

(1) 根据本小节 1.,提取相邻工序模型 IPM_{i-1} 和 IPM_i 间的几何变更 GV_i。

(2) 遍历 GV_i 中的每一个三维几何实体 g'_i,同时为每一个 g'_i 创建一个对应的图 $AAG(V'$, E', VAS, $EA)$ 来表示该三维几何实体。

(3) 当 GV_i 中的所有三维几何实体都已被表示成为了相应的属性邻接图模型后,GV_i 就可以被看作是一个属性邻接图集合,即 $GV_i = \{AAG_i^j() \mid j=1, 2, \cdots, n_{GV}^i\}$。

以图 4-13 中的 GV_1 为例,其几何变更的图表示如图 4-14 所示,其对应的属性邻接图 $AAG_{j1}(j=1, 2, \cdots, 10)$。

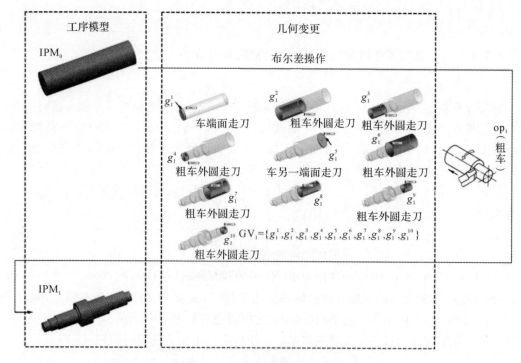

图 4-13　几何变更的提取示意图

3.几何变更的字符串表示

对几何变更进行数学表示的目的是为后续的相似性计算做铺垫,而三维几何实体的图表示模型却并不利于存储和计算分析。鉴于此,在图表示模型的基础上,使用文献[23]所述方法将图模型转化为唯一的字符串表示。用这种方法表示三维几何实体模型的优点在于:

(1) 相较于图表示模型,更加利于存储;

(2) 相对于利于图同构算法[24-26]来比较图模型间的相似性,字符串间的相似性计算复杂度会大大降低,且计算过程更利于实现,计算速度也会大幅提高。

将三维几何实体的图表示模型 AAG 转化为字符串的具体过程如下:

(1) 对 AAG 中的顶点重新排序,其又可以进一步细分为:

1) 按照顶点所表示的面的连接度来对顶点进行排序。若顶点 v'_i 所表示的面的连接度大

于顶点 v_j' 所表示的面的连接度,即 $face_i$ 的邻接面数量大于 $face_j$ 的邻接面数量,则 v_i' 排在 v_j' 之前。

2) 对于连接度相同的顶点,根据面的类型的出现概率进行排序。即假定存在连接度相同的顶点 v_i' 和 v_j',若 v_i' 所表示的面的类型的出现概率大于 v_j' 所表示的面的类型的出现概率,则 v_i' 排在 v_j' 之前。在三维模型中,平面的出现概率 > 圆柱面的出现概率 > 圆锥面的出现概率 > 其他类型曲面的出现概率。

3) 对于连接度和面的类型相同的顶点,根据面的面积进行排序。即假定存在连接度和面的类型均相同的顶点 v_i' 和 v_j',若 v_i' 所表示的面的面积大于 v_j' 所表示的面的面积,则 v_i' 排在 v_j' 之前。

根据步骤 1),AAG 中的顶点集合 $V' = \{v_1', v_2', \cdots\}$ 被重新排序成为了 $Ord(V') = \{v_1'', v_2'', \cdots\}$。其中,$v_i''$ 表示 AAG 中的某顶点经过重新排序后的位置。

(2) 定义排序后的顶点间关系集 $Vere(v_i'', v_j'') = \{VA(v_i''),\ e_{ij}'',\ VA(v_j'')\}$。其中,VA 表示顶点所对应的面的类型,可以从 AAG 中的 VAS 里提取得到。定义平面为 P_l,圆柱面为 C_y,圆锥面为 C_i,螺纹面为 T_h。e_{ij}'' 表示 v_i'' 和 v_j'' 相交存在邻接边(弧)的类型属性,可以从 AAG 中的 EA 里提取得到。

(3) 依次计算 $Ord(V')$ 中所有相邻顶点间的关系集,则可以得到字符串 $Str = \{Vere(v_1'', v_2''),\ Vere(v_2'', v_3''),\ \cdots,\ Vere(v_i'', v_{i+1}''),\ \cdots\}$,那么 AAG 就可以用字符串 Str 表示。

以图 4-14 的图表示模型为例,对其顶点进行重新排序后的图表示结果如图 4-15 所示。

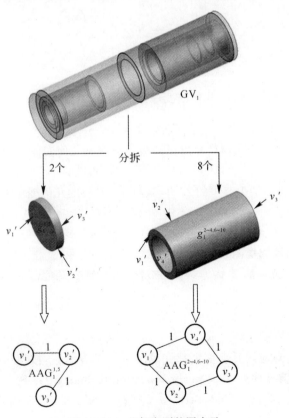

图 4-14　几何变更的图表示

由图 4-15 可知，AAG_1^1 和 AAG_1^5 可以用唯一确定的字符串 $C_y1P_lP_l\phi P_l$ 表示；AAG_1^2，AAG_1^3，AAG_1^4，AAG_1^6，AAG_1^7，AAG_1^8，AAG_1^9 和 AAG_1^{10} 可以用唯一确定的字符串 $P_l\phi P_lP_l$ $1C_yC_y\phi C_y$ 表示。经此，几何变更 GV_1 就转化成了由 2 个字符串 $C_y1P_lP_l\phi P_l$ 和 8 个字符串 $P_l\phi P_lP_l$ $1C_yC_y\phi C_y$ 组成的字符串集合。

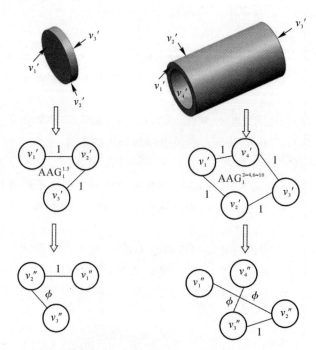

图 4-15 顶点进行重新排序后的属性邻接图表示

4.1.7.2　与工艺路线对应的几何演变序列的构造

根据 4.1.7.1 节中的 1. 内容，与工艺路线 $OL(op_1 \rightarrow op_2 \rightarrow \cdots \rightarrow op_{n1})$ 中的任意一道工序 $op_i(i=1,2,\cdots,n1)$ 对应的几何变更可以被表示成三维几何实体模型的集合，即

$$GV_i = \{g_i^j \mid j=1,2,\cdots,n_{GV}^i\} \qquad (4-15)$$

在此基础上，根据 4.1.7.1 节中的 2. 内容，与 op_i 对应的几何变更 GV_i 可以被表示成属性邻接图的集合，即

$$GV_i = \{AAG_i^j \mid j=1,2,\cdots,n_{GV}^i\} \qquad (4-16)$$

式中，AAG_i^j 为 g_i^j 的属性邻接图表示。

然后根据 4.1.7.1 节中的 3. 内容，与 op_i 对应的几何变更 GV_i 可以被表示成字符串的集合，即

$$GV_i = \{Str_i^j \mid j=1,2,\cdots,n_{GV}^i\} \qquad (4-17)$$

式中，Str_i^j 是对 AAG_{ji} 的字符串表示。

当 OL 中所有工序对应的几何变更都完成了字符串表示后，按照工艺路线所规定的工序优先级关系，构造几何演变序列（Geometry Variation Sequence，GVS）如下：

$$GVS = \{GV_1,GV_2,\cdots,GV_{n1}\} = \{\{Str_1^j \mid j=1,2,\cdots,n_{GV}^1\},\cdots,\{Str_{n1}^j \mid j=1,2,\cdots,n_{GV}^{n1}\}\}$$

$$(4-18)$$

在构造与工艺路线对应的几何演变序列时,按照以上步骤创建的几何演变序列可以完整地描述所有工序的几何演变情况。但事实上一些工序并不会使零件模型的几何拓扑结构发生明显改变。如一些半精加工、精加工以及磨削等工序,只是为了确保一些加工尺寸满足设计精度要求,所以与这些工序对应的几何变更可以从 GVS 中剔除,进而构造出关键几何演变序列 GVS*。

4.1.7.3　几何演变序列的相似性度量

1. 三维几何实体的相似性计算

由 4.1.7.1 节可知,三维几何实体可以转化成唯一确定的字符串,那么三维几何实体的相似性计算问题就转化成为了字符串的相似性计算问题。在字符串的相似性计算领域,编辑距离(Levenshtein Distance, ld)算法[27-30]是一种经典而广为使用的方法,其计算过程如下:

(1) 建立字符串 Str_1 和 Str_2 的 $(|\text{Str}_1|+1) \times (|\text{Str}_2|+1)$ 阶匹配关系矩阵 $\mathbf{Ld} = [d_{ij}]$ $(0 \leqslant i \leqslant |\text{Str}_1|, 0 \leqslant j \leqslant |\text{Str}_2|)$。其中,$|\text{Str}_1|$ 表示字符串 Str_1 的长度,即 Str_1 所含的字符数;$|\text{Str}_2|$ 表示字符串 Str_2 的长度,即 Str_2 所含的字符数。

(2) 按下式递推计算 $\mathbf{Ld}$ 中的所有元素值:

$$d_{ij} = \begin{cases} i & (j=0) \\ j & (i=0) \\ \min(d_{i-1j}+1, d_{ij-1}+1, d_{i-1j-1}+d'_{ij}) & (i>0, j>0) \end{cases} \quad (4-19)$$

式中,d'_{ij} 表示编辑操作计数。当 Str_1 中的第 i 个字符与 Str_2 中的 j 个字符相同时,$d'_{ij}=0$;否则 $d'_{ij}=1$。

(3) 取矩阵 $\mathbf{Ld}$ 中最右下角的元素 $d_{|\text{Str}_1||\text{Str}_2|}$ 为 Str_1 和 Str_2 的编辑距离 ld。

(4) 根据以下两式计算 Str_1 和 Str_2 的相似度。

$$\text{sm}_{\text{str}_1}(\text{Str}_1, \text{Str}_2) = 1 - \frac{\text{ld}}{|\text{Str}_1|+|\text{Str}_2|} \quad (4-20)$$

$$\text{sm}_{\text{str}_2}(\text{Str}_1, \text{Str}_2) = 1 - \frac{\text{ld}}{\max(|\text{Str}_1|, |\text{Str}_2|)} \quad (4-21)$$

以上就是经典的编辑距离计算方法,但这种方法只考虑了编辑操作次数对相似性值的影响,没有考虑两个字符串具有的公共子串的影响,所以适用性较低。如假设存在 3 个字符串 $P_l P_l 1$, $C_y 1 P_l$, $C_y \phi C_y$。此时可知这三个字符串的长度均为 3,$P_l P_l 1$ 和 $C_y 1 P_l$ 具有公共子串 P_l 或 1,$P_l P_l 1$ 和 $C_y \phi C_y$ 不包含公共子串。根据经验可知 $P_l P_l 1$ 和 $C_y 1 P_l$ 间的相似度应该大于 $P_l P_l 1$ 和 $C_y \phi C_y$ 间的相似度,但是依据式(4-20)和式(4-21)计算得到的结果却为

$$\text{sm}_{\text{str}_1}(P_l P_l 1, C_y 1 P_l) = 0.5$$

$$\text{sm}_{\text{str}_1}(P_l P_l 1, C_y \phi C_y) = 0.5$$

$$\text{sm}_{\text{str}_2}(P_l P_l 1, C_y 1 P_l) = 0$$

$$\text{sm}_{\text{str}_2}(P_l P_l 1, C_y \phi C_y) = 0$$

这显然与实际情况不符。鉴于此,采用基于改进的编辑距离方法[30],在计算得到两个字符串间的编辑距离的基础上,将公共子串的影响也考虑在内,建立新的计算公式如下:

$$\text{sm}_{\text{str}}(\text{Str}_1, \text{Str}_2) = \frac{\text{lcs}}{\text{ld} + \text{lcs} + \dfrac{|\text{Str}_1|+|\text{Str}_2|-2\kappa}{|\text{Str}_1|+|\text{Str}_2|}} \quad (4-22)$$

式中,lcs 为 Str_1 和 Str_2 的最长公共子串的长度;κ 为 Str_1 和 Str_2 的公共前缀的长度。

同样以上文所举的 3 个字符串 P_lP_l1、C_y1P_l、$C_y\phi C_y$ 为例,P_lP_l1 和 C_y1P_l 的公共子串长度为 1,P_lP_l1 和 $C_y\phi C_y$ 的公共子串长度为 0,且 P_lP_l1 与 C_y1P_l,$C_y\phi C_y$ 均不包含公共前缀。那么根据式(4-22)计算得到的结果为

$$\mathrm{sm}_{\mathrm{Str}}(\ P_lP_l1,\ C_y1P_l) = 0.2$$
$$\mathrm{sm}_{\mathrm{Str}}(\ P_lP_l1,\ C_y\phi C_y) = 0$$

这显然与实际情况更符。为了进一步说明,以图 4-3 中的两个三维几何实体为例。可知,圆柱体的字符串表示为 $C_y1P_lP_l\phi P_l$,圆柱环的字符串表示为 $P_l\phi P_lP_l1C_yC_y\phi C_y$,那么根据式(4-19)递推计算 $C_y1P_lP_l\phi P_l$ 和 $P_l\phi P_lP_l1C_yC_y\phi C_y$ 的 7×10 阶匹配关系矩阵 **Ld** 如图 4-16 所示。

	P_l	ϕ	P_l	P_l	1	C_y	C_y	ϕ	C_y
	0	1	2	3	4	5	6	7	8	9
C_y	1	1	2	3	4	5	5	6	7	8
1	2	2	2	3	4	4	5	6	7	8
P_l	3	2	3	2	3	4	5	6	7	7
P_l	4	3	3	3	2	3	4	5	6	7
ϕ	5	4	3	4	3	3	4	5	5	6
P_l	6	5	4	3	4	4	4	5	6	6

图 4-16　字符串 $C_y1P_lP_l\phi P_l$ 和 $P_l\phi P_lP_l1C_yC_y\phi C_y$ 的匹配关系矩阵

由图 4-16 可知,$C_y1P_lP_l\phi P_l$ 和 $P_l\phi P_lP_l1C_yC_y\phi C_y$ 的编辑距离 Ld $=6$。同时又可知 $C_y1P_lP_l\phi P_l$ 和 $P_l\phi P_lP_l1C_yC_y\phi C_y$ 不包含公共前缀且存在最长公共子串 $P_l\phi P_l$,即 $\kappa=0$,lcs $=3$。应用式(4-22)可以计算得到圆柱体和圆柱环间的相似度为

$$\mathrm{sm}_{\mathrm{str}}(C_y1P_lP_l\phi P_l,\ P_l\phi P_lP_l1C_yC_y\phi C_y) = 0.3$$

2.几何变更的相似性计算

对于两个几何变更,设它们的集合表示形式分别为 GV $= \{Str_1, Str_2\cdots\}$ 和 GV' $=\{Str_1, Str_2\cdots\}$,则根据两个字符串集合以及它们之间的相似度可以构造二分图,如图 4-17 所示。其中,x 和 y 分别表示 GV、GV' 中的字符串数量;$\mathrm{sm}_{\mathrm{str}}(Str_i, Str'_j)$ 表示 GV 中的某一字符串与 GV' 中的某一字符串间的相似度,也代表二分图中边的属性值。

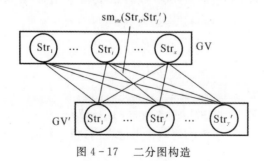

图 4-17　二分图构造

如果设 Str_i、Str'_j 间的边权为

$$w_{ij} = \frac{2}{x+y} \text{sm}_{\text{str}}(\text{Str}_i, \text{Str}'_j) \tag{4-23}$$

那么几何变更之间的相似性计算就转化为了在二分图中找到一个最大权值和匹配问题，可以采用解决这类问题的经典算法——Kuhn‑Munkres 算法[31-32] 来进行解算。

对于两个几何变更 GV 和 GV′，如果它们所包含的字符串数量相同，即 $x=y$，那么可以直接运用 Kuhn‑Munkres 算法求解最优匹配，最优匹配结果中的所有边权之后即为 GV 和 GV′ 间的相似度。如果 GV 和 GV′ 所包含的字符串数量不等，假设 $x<y$，那么可以计算从 GV′ 中抽出 x 个字符串的所有组合情况，并运用 Kuhn‑Munkres 算法求解每一种组合情况与 GV 间的最大权值和匹配结果，最后取所有组合情况中的权值和匹配结果最大值为 GV 和 GV′ 间的相似度。

基于 Kuhn‑Munkres 算法的几何变更相似性计算程序如图 4‑18 所示。

```
function t = gv_sim(gv1,gv2)
len1=length(gv1);
len2=length(gv2);
T=[];
if len1<=len2
    for i=1:len2
        c(i)=i;
    end
    M=nchoosek(c,len1);
    m=size(M,1);
    for u=1:m
    for i=1:len1
            for j=1:len1
A(i,j)=(2/(len1+len2)) * sm(gv1{i},gv2{M(u,j)});
            end
    end
    end
    B=[];
    [B,T(u)]= Kuhn_Munkres(A,len1);
    end
    t=max(T);
else
    for i=1:len1
        c(i)=i;
    end
    M=nchoosek(c,len2);
    m=size(M,1);
    for u=1:m
    for i=1:len2
            for j=1:len2
A(i,j)=(2/(len1+len2)) * sm(gv1{M(u,i)},gv2{j});
            end
```

图 4‑18　几何变更的相似性求解代码

```
        end
        B=[];
        [B,T(u)]= Kuhn_Munkres(A,len2);
        end
        t=max(T);
        end
    end
```

续图 4-18 几何变更的相似性求解代码

3.几何演变序列的相似性计算

在对几何演变序列进行相似度计算的时候,为了消除序列中的局部差异造成的几何演变序列全局相似性误差较大的问题,此处借鉴 Blast 序列相似性度量算法[33-34],采用"用片段检索整体"的思想来对两条几何演变序列的相似性进行度量。具体则包括以下两个步骤:第一,获取两条几何演变序列间的最佳匹配序列;第二,计算最佳匹配序列间的相似性。

设 $GVS_1 = \{GV_1, GV_2, \cdots, GV_{n1}\}$ 是工艺路线 OL_1 所对应的几何演变序列,设 $GVS_2 = \{GV'_1, GV'_2, \cdots, GV'_{n2}\}$ 是工艺路线 OL_2 所对应的几何演变序列。因为 GVS_1 和 GVS_2 中的几何变更数量一般不同,同时工艺员可能更多关注的是伴随加工过程产生的关键几何结构的变化情况,因而需要从 GVS_1 中提取得到关键几何演变序列 GVS_1^*,并从 GVS_2 中抽取与 GVS_1^* 中元素最为相似的几何变更组成匹配序列 GVS'_2,则 GVS_1 和 GVS_2 之间的相似性可以用 GVS_1^* 和 GVS'_2 来表示。

GVS_1、GVS_2 和 GVS_1^* 可根据 4.1.7.2 节相应内容进行构造,GVS'_2 的构造过程如下:

(1)初始化 $i=1$。

(2)在 GVS_2 中选取与 GVS_1^* 中第 i 个几何变更具有最大相似性的几何变更元素 GV'_j,并将 GV'_j 赋给一个新生成的元素 GV_i^n。

(3)记录 GV'_j 在 GVS_2 中的位置 j,删除 GVS_2 中 GV'_j 及其以前的元素,形成新的 GVS_2 序列 $\{GV'_{j+1}, GV'_{j+2}, \cdots, GV'_{n2}\}$。

(4)执行 $i=i+1$。若 i 不大于 GVS_1^* 中所包含的几何变更元素的数量且新形成的 GVS_2 非空,则继续执行(2);否则,记新生成的序列 $\{GV''_1, GV''_2, \cdots\}$ 为 GVS'_2。

上述获取最佳匹配序列的过程也可以用图 4-19 来表示。

在最佳匹配序列中,依次对相对应的几何变更元素进行相似度计算,得到一系列几何变更元素间的相似度值,并将其作为几何演变序列相似度的评价依据。最后,根据式(4-11)计算得到 GVS_1 和 GVS_2 间的相似度为

$$\mathrm{sm}'(OL_1, OL_2) = \mathrm{sm}_{\mathrm{gvs}}(GVS_1, GVS_2) =$$

$$\frac{|GVS'_2|}{|GVS_1^*|} \sqrt{\frac{1}{|GVS'_2|} \sum_{i=1}^{|GVS'_2|} \mathrm{sm}_{\mathrm{gv}}^2(GV_i^*, GV''_i)} \qquad (4-24)$$

式中:sm' 表示从几何演变角度计算得到的工艺路线间的相似性;$\mathrm{sm}_{\mathrm{gvs}}$ 表示几何演变序列间的相似度;$\mathrm{sm}_{\mathrm{gv}}$ 表示几何变更间的相似度;$|GVS'_2|$ 表示匹配到的序列长度;$|GVS_1^*|$ 表示关

键几何演变序列 GVS_1^* 的长度。

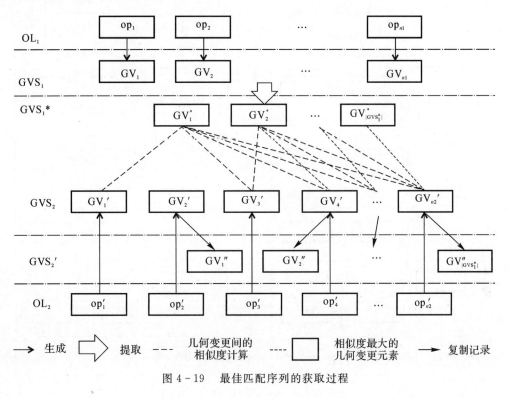

图 4-19 最佳匹配序列的获取过程

4.1.8 多维度融合的工艺路线相似性度量

从机加工序路径的相似性和几何演变信息的相似性入手,构建工艺路线 2 个维度上的相似度计算方法。再将这 2 个维度上的计算结果进行融合,构建出工艺路线的多维度相似性计算公式,即

$$\mathrm{Sim}(\mathrm{OL}_1,\mathrm{OL}_2)=\omega_{\mathrm{gv}}\mathrm{sm}'(\mathrm{OL}_1,\mathrm{OL}_2)+\omega_{\mathrm{op}}\mathrm{sm}(\mathrm{OL}_1,\mathrm{OL}_2) \qquad (4-25)$$

式中:$\mathrm{Sim}(\mathrm{OL}_1,\mathrm{OL}_2)$ 表示工艺路线 OL_1 和 OL_2 的多维度相似性度量结果;ω_{gv}、ω_{op} 分别表示从几何演变角度和机加工序路径角度计算得到的 OL_1 和 OL_2 间的相似度值的权重系数。

实际中,sm 和 sm′ 的权重系数可以根据工艺员的相似性度量意图和实际需求进行赋值。但值得一提的是,sm′ 作为对传统工艺路线相似性度量结果的一个补充,目的是为了使工艺检索更准确,所以 sm′ 的权重系数在原则上不应高于 sm 的权重系数。经过多次试选,发现当 sm 的权重系数为 0.7,sm′ 的权重系数为 0.3 时,检索出的相似工艺路线与工艺人员认知的最为相似实例一致,所以取 0.7 和 0.3 为 sm 和 sm′ 的权重系数。

多维相似度计算过程可以用图 4-20 表示。

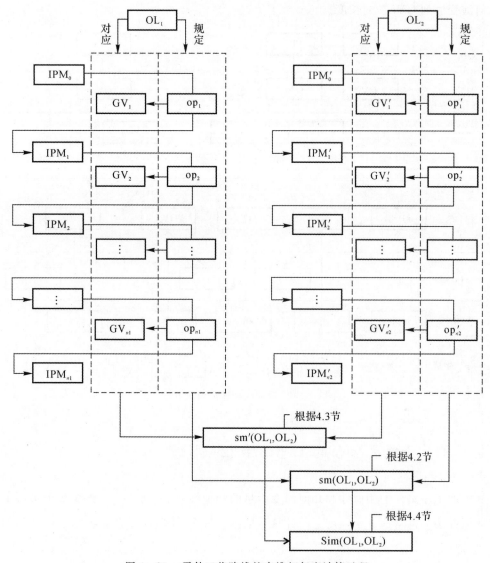

图 4-20   零件工艺路线的多维相似度计算过程

4.2   基于 MBD 工序模型几何演变过程的知识重用方法

4.2.1   基于图同构的三维工序模型序列优化

优化前的三维工序模型序列是指一条工艺路线中所有三维工序模型的集合。完整的工艺过程可能包含热处理、表面处理、粗加工至精加工等保持待加工零件拓扑结构不变的工序。为了提高模型检索的效率,需要识别并去除拓扑结构相同的工序,减少 $P(G)$ 中包含的 AAG 数量,从而提高模型检索的效率。

AAG 能够准确描述三维工序模型的拓扑结构,如果两个三维工序模型的拓扑结构相似,则其对应的 AAG 必然存在一个公共子图 G。因此,可以对比三维工艺包含的三维工序模型的属性邻接图集合 $P(G)$ 中的 AAG,通过寻找两个三维工序模型对应 AAG 的最大公共子图来判断其拓扑结构的相似性。

图同构作为图论的一个核心点被广泛研究,这里采用文献[35]提出的启发式算法计算 AAG 的最大公共子图,并基于式(4-11)评价 $P(G)$ 中的 AAG 的拓扑结构相似性。

根据式(4-11)可知,如果两三维工序模型的拓扑结构相同,即

$$\mathrm{mcs}(G_1, G_2) = G_1 = G_2 \qquad (4-26)$$

此时

$$\mathrm{Sim}(G_i, G_{i+1}) = 1 \qquad (4-27)$$

因此,可以使用函数 AAGs_Optimization[P(G)]来判断 $P(G)$ 中 AAG 的拓扑结构相似性,去除拓扑结构相同的工序,实现三维工序模型序列优化。算法如下:

AAGs_Optimization[P(G)]

输入:P(G),初始工艺序列包含的工序模型 AAG

输出:P(G′),优化后的工序模型 AAG 集合

begin

　　//初始化

　　P(G)={ G_1, G_2, …, G_n},P(G′)=∅,i=1;

　　//P(G)中各三维工序模型 AAG 对比

　　while i<=n−1

if Sim(G_i, G_{i+1})=1//若存在 AAG 同构工序模型,则仅保留一个

delete G_i

i=i+1

else

G_i∈P(G′)//将第 i 个工序模型 AAG 添加至 P(G′)

i=i+1

end if

end while

if i=n//判断末位工序模型 AAG 与 P(G′)中的工序模型是否同构

if Sim(G_{i-1}, G_i)≠1

G_i∈P(G′)　//将第 n 个工序模型 AAG 添加至 P(G′)

end if

end if

end

通过 AAGs_Optimization[P(G)]算法,可以将同构工序模型合并,减少三维工艺路线中的工序模型数,提高搜索效率。经过算法优化后的三维工序模型实例如图 4-21 所示。

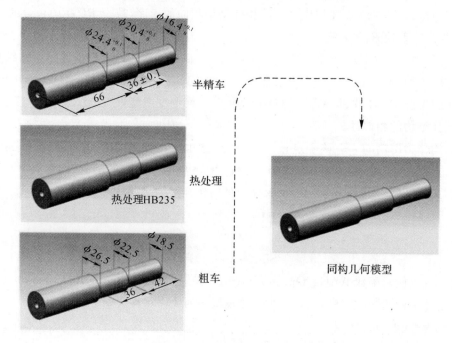

图 4-21　三维工序模型优化

由于图 4-21 中所示的某型轴的加工过程包含的粗车、热处理和半精车等三个工序模型的拓扑结构相同,将由一个同构几何模型表示,从而减少该工艺路线包含的工序模型数量。在后续模型检索过程中,拓扑比对过程仅对同构几何模型进行比对,将有效提高比对效率。

通过对每一条工艺路线进行模型序列优化,能够有效减少三维工序模型的数量,即待检索的目标模型将减少。优化后的效率提高程度与减少的模型数量相关,效率提高程度可使用下式计算:

$$效率提高程度 \approx 模型总数量/(模型总数量-删除的模型数量)$$

在优化过程中,拓扑一致的相邻工序模型所包含的"公差""表面粗糙度"等制造信息,将以属性的形式追加到保留的三维工序模型中,保证三维工艺路线中工艺信息的完整性。

4.2.2　三维工序模型局部结构检索

4.2.2.1　基于子图同构的三维工序模型制造特征匹配

工艺设计过程中,工艺人员更多地关注于零件的某一制造特征,希望能够检索得到具备该制造特征的三维工序模型,重用三维工序模型中该制造特征相关工艺设计知识。为此,需要根据设计人员指定的制造特征,检索并返回包含该制造特征的三维工序模型。将设计人员指定的制造特征使用属性邻接图表示,形成局部结构"小图",则制造特征的检索过程转换为在三维工序模型形成的属性邻接图(大图)中寻找小图的过程,即子图同构问题(见图 4-22)。

作为一个 NP 完全问题,子图同构的判断问题大多采用设定启发条件,尽可能地减小搜索空间,从而提高算法的求解效率,例如 SD 算法[36] 和 Ullmann 算法[37] 等。Ullmann 算法根据

顶点的度的相似性降低搜索空间,加速图的匹配过程,算法基本原理如下:

使用属性邻接图 $G_a(V_a,E_a)$ 表示用户指定的制造特征结构,属性邻接图 $G_b(V_b,E_b)$ 表示待检索三维工序模型。假设属性邻接图 G_a 的顶点个数为 n,G_b 的顶点个数为 m,建立映射矩阵 $M_{n\times m}$。M 为布尔矩阵,如果 G_a 的第 i 个顶点 v_{ai} 与 G_b 的第 j 个顶点 v_{bj} 匹配,则元素 $m_{i,j}=1$,否则 $m_{i,j}=0$。如果存在映射矩阵 M 满足以下两个条件:①每一行有且只有一个元素值为 1;②每一列至多只有一个元素值为 1,则 G_a 与 G_b 子图同构,且矩阵 M 反映图 G_a 与 G_b 的同构关系。

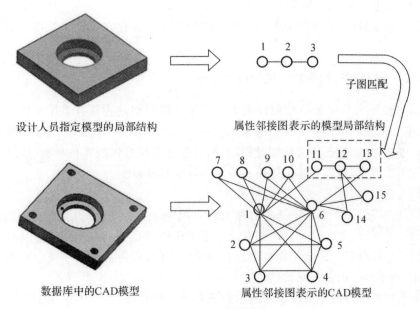

图 4-22　子图同构

1. 映射矩阵初始化

为了降低搜索空间的复杂度,提高图的匹配效率,需要利用已有条件对映射矩阵 M 进行初始化,将其元素尽可能多地置零。Ullmann 算法根据顶点的度的相似性降低搜索空间,由于属性邻接图的顶点表示三维模型的面,因此可以使用三维模型的面属性和面与面间关系将映射矩阵 M 中的元素进一步置零。基于属性邻接图的 $G(V,E,\alpha,\beta)$ 表示,在 Ullmann 算法对映射矩阵 M 进行初始化的基础上,增加如下初始化规则:

(1) 顶点类型。只有相同类型的顶点,即相同类型的面组成的子图同构才具有实际意义,例如平面和弧面对应的顶点。

(2) 边的类型。两个面具有相同类型的边,是两个面相似的基础。例如,具有圆弧边和仅具有直线边的平面不可能相似。

根据上述规则,在进行子图匹配运算之前,可以将映射矩阵 M 中的元素尽可能多地置零,从而提高运算效率。

2. 制造特征匹配算法

在映射矩阵 M 初始化之后,使用 Ullmann 算法进行子图匹配搜索,搜索过程如下:

(1) 初始化辅助顶点集合 $V_1=\varnothing$,$V_2=\varnothing$。

（2）搜索映射矩阵 M 的第 i 行，查找值为 1 的第 j 列；将顶点 $v_{ai}(v_{ai} \in G_a)$ 和顶点 $v_{bj}(v_{bj} \in G_b)$ 分别加入到顶点集合 V_1、V_2 中。

（3）根据顶点间约束关系，判断顶点集合 V_1 组成的子图与 V_2 组成的子图是否同构，从而确定顶点 v_{ai} 和 v_{bj} 是否匹配。

（4）若顶点 v_{ai} 和 v_{bj} 匹配，令 $i = i+1$，对映射矩阵 M 的下一行进行搜索；否则，在 V_1 和 V_2 中删除顶点 v_{ai} 和 v_{bj}，在第 i 行继续搜索值为 1 的列；若在第 i 行未能找到有效的顶点匹配，令 $i = i-1$，在 V_1 和 V_2 中删除上一行记录的匹配顶点，并重新查找与 v_{ai} 匹配的顶点。

（5）迭代上述步骤，直至映射矩阵 M 最后一行。

使用上述匹配算法，能够判断某一三维工序模型中是否存在设计人员指定的同类型制造特征。

4.2.2.2　融合制造信息的特征相似性评价

三维工序模型的几何拓扑相似性是确定三维工序模型是否具有重用价值的重要影响因素，但是三维工艺重用不仅受到几何因素的影响，还需要考虑材料、公差、表面粗糙度等制造特征的影响。因此，建立制造语义识别过程，根据制造语义层描述的零件材料、特征类型和相关技术要求等制造信息，提高三维工序模型检索的效率和准确度。

1. 材料类型

材料属性对零件加工工艺的选择有重大影响，不同材料属性下，几何相同的制造特征可能需要不同的加工工艺。因此，材料类型对于三维工序模型是否具有重用价值具有决定作用。若待加工制造特征材料与三维工序模型的材料属性不同，即使三维工序模型中存在几何相同的制造特征，也不具备工艺重用价值。

三维工艺序列适用的零件材料信息依赖于三维工序模型，三维工序模型的材料信息可以通过三维建模软件的相关 API 获得。假定待比较的制造特征 i 和三维工序模型 j 的材料信息为 M_i 和 M_j，制造特征与三维工序模型的材料相似度为 S_M，则有

$$S_M = \begin{cases} 1 & f(M_i) = f(M_j) \\ 0 & f(M_i) \neq f(M_j) \end{cases} \tag{4-28}$$

其中，函数 f 返回材料名称。若制造特征与三维工序模型材料相同，则 $S_M = 1$，可以继续进行后续几何拓扑和制造语义的对比。若制造特征与三维工序模型材料不同，则 $S_M = 0$，即此三维工艺序列不存在参考价值。

2. 特征类型

当前的三维 CAD 模型多采用特征建模方式构建，因此可以使用三维建模软件相关 API 获取组成三维工序模型的特征类型。只有特征类型相同的制造特征，才有可能采用相同的工艺。同时，制造特征类型相同并不能确定制造特征的几何结构相同，例如同为孔特征，通孔和沉孔的几何拓扑就存在差异性，采用的工艺也不相同。

综上所述，特征类型的一致性是制造工艺重用的前提，也是提高制造特征检索的有效手段。如果三维工序模型中存在与待加工制造特征同类型的特征，可以进一步对制造特征的几何相似性进行比较，否则可以直接跳过该三维工序模型。假定待比较的制造特征 i 的特征类型为 F_i，工序模型 j 包含的特征类型为 $F_{j,k}$，三维工序模型中存在与待加工制造特征相同类型特征的可能性为 S_T，则有

$$S_T = \begin{cases} 1 & \exists \, t(F_{j,k}) = t(F_i) \\ 0 & t(F_{j,k}) \neq t(F_i) \end{cases} \tag{4-29}$$

其中，$1 \leqslant k \leqslant$ 工序模型 j 包含的特征数。

通过函数 S_T 可得，若三维工序模型中存在与待加工制造特征相同类型的特征，则 $S_T = 1$，可以继续进行后续几何拓扑和制造语义的对比。否则，$S_T = 0$，即此三维工序模型不存在参考价值。

3. 公差

公差等级是工艺设计过程中必须考虑的因素，同一制造特征，不同的公差等级要求下可能采用不同的工艺方法。因此，公差等级对于三维工序模型中的制造特征是否具有重用价值具有重要参考价值。

三维工序模型中，公差等级以三维标注的形式依赖于制造特征。因此，公差等级的比较在搜索得到几何相似的制造特征后进行。假定待比较的制造特征 i 和 j 的公差等级分别为 I_i 和 I_j，制造特征的公差等级相似度为 S_R，则有

$$S_R = 1 - \frac{|I_i - I_j|}{\max(I_i, I_j)} \tag{4-30}$$

4. 表面粗糙度

与公差等级相似，表面粗糙度也是工艺设计过程中必须考虑的因素之一，对加工工艺的选择有重要的影响。因此，表面粗糙度的相似性对于三维工序模型中的制造特征是否具有重用价值同样具有重要参考价值。

三维工序模型中，表面粗糙度以三维标注的形式依赖于制造特征。因此，表面粗糙度的比较在搜索得到几何相似的制造特征后进行。假定待比较的制造特征 i 和 j 的表面粗糙度最小值分别为 P_i 和 P_j，待比较制造特征的表面粗糙度相似度为 S_{FR}，则有

$$S_{FR} = 1 - \frac{|P_i - P_j|}{\max(P_i, P_j)} \tag{4-31}$$

5. 刀具适用性

受到制造特征几何类型的影响，几何类型相同的制造特征的加工过程使用的刀具具有相似性。因此可以使用制造特征加工过程采用的刀具的适用性的相似度 S_O 作为工艺重用的参考。

刀具适用性包括制造特征加工过程中刀具类型的选择与刀具尺寸的确定，与制造特征的几何类型紧密相关，如型腔类型制造特征的刀具适用性取决于理论刀具半径范围，孔类型制造特征取决于径深比。因此，刀具适用性的相似度计算需要根据制造特征类型的不同分别进行。

（1）型腔类特征。型腔类型特征主要包括型腔、槽、平面等。经过三维工序模型序列优化过程，当同一特征的粗、精加工过程处于相邻工序模型时，可能仅保留精加工过程三维工序模型。此时，需要读取粗加工过程工序模型中的刀具信息，进而使用中轴转换法[38]进行型腔类型制造特征的理论刀具范围计算。如果使用 D_1 和 D_2 分别表示两个待比较制造特征粗加工过程的刀具半径选择范围，使用 R_1 和 R_2 表示两个待比较制造特征精加工过程可用的最大刀具半径，则两个型腔类型制造特征的刀具适用性相似度可以使用以下公式计算：

$$S_O(T_1) = \frac{0.7 \times |D_1 \cap D_2|}{|\max(D_1, D_2)|} + \left[0.3 - \frac{0.3 \times |R_1 - R_2|}{\max(R_1, R_2)} \right] \tag{4-32}$$

其中，$\bigcap$ 为交集符号。

（2）孔类特征。孔类特征的刀具适用性取决于径深比，使用 L_1 和 L_2 分别表示两个待比较孔类制造特征的径深比，则刀具适用性相似度计算公式如下：

$$S_O(T_2) = 1 - \frac{|L_1 - L_2|}{\max(L_1, L_2)} \tag{4-33}$$

（3）自由曲面特征。自由曲面特征的刀具适用性取决于自由曲面的曲率半径，使用 C_1 和 C_2 分别表示两个待比较自由曲面制造特征的曲率半径范围，则刀具适用性相似度计算公式如下：

$$S_O(T_3) = \frac{|C_1 \bigcap C_2|}{|\max(C_1, C_2)|} \tag{4-34}$$

其中，$\bigcap$ 为交集符号。

综合上述分析，两个待比较制造特征 F_i 和 F_j 的制造语义层相似度可以使用如下公式进行计算：

$$f(F_i, F_j) = \begin{cases} \sum_{n \in D} \omega_n \times S_n & S_M = 1 \wedge S_T = 1 \\ 0 & S_M = 0 \vee S_T = 0 \end{cases} \tag{4-35}$$

其中，ω_n 为各分量的权重系数，$\sum_{n \in D} \omega_n = 1, D = \{R, A, O\}$。

由式（4-35）可见，当材料类型 S_M 或特征类型 S_T 不同时，$f(F_i, F_j) = 0$。即待搜索的三维工艺序列中不存在具有参考价值的制造特征，无需进行三维工序模型制造特征匹配和其他制造信息的比较，从而提高特征检索效率。

4.2.3 三维工序模型序列重用

三维工序模型序列重用过程分为检索和重用两个阶段进行。在检索阶段，首先，根据材料类型和特征类型进行初步判断。如果初步判断不通过，则直接跳过检索对象，从而提高检索效率。其次，基于子图同构进行三维工序模型制造特征匹配。若无匹配制造特征，则跳过检索对象。最后，根据制造语义信息，对检索得到的制造特征进行评价，获取具有最相似制造特征的三维工序模型。在重用阶段，根据三维工序模型序列优化算法，获取同构的三维工序模型序列用于新工艺设计。

从三维工序模型序列重用的两阶段出发，提出三维工序模型序列重用的基本思路：①指定制造特征；②判断三维工艺对象的材料类型；③判断优化后的三维工艺序列中有无包含待检索制造特征同类型特征；④进行制造特征匹配，精确查找三维工艺序列中的同类型制造特征；⑤根据制造语义信息对检索得到的三维工艺模型中的制造特征进行评价；⑥用户选定包含相似制造特征的三维工序模型；⑦根据三维工序模型序列优化算法，获取三维工艺中的同构三维工序模型序列；⑧提取同构三维工序模型序列中的制造信息，用于新工艺设计。

上述三维工序模型序列重用的三维工序模型检索阶段实现算法如下：

Procedures_Search[$P(G_a)$]

输入：制造信息集合 I $=\{M, T, R, FR, O\}$，用户指定制造特征的制造信息图 G_a，用户指定制造特征的 AAG

输出：已排序的工序模型集合 PR

begin

初始化三维工艺集合 P＝{P$_j$|0＜j≤n}，已进行三维工序模型序列优化的三维工艺 P$_j$∈P，三维工序模型 P$_{Pj}$∈P$_j$，制造特征 F$_{Pj}$∈P$_{Pj}$

建立工序模型集合 PR，并初始化为空集

//开始搜索

while P$_j$∈P，0＜j≤n

//使用制造特征中的材料类型和特征类型信息进行初步搜索

  if f(M)＝f(MP$_j$)

    while P$_{Pj}$∈P$_j$

      if 存在特征 F$_{Pj}$使 t(F$_{Pj}$)＝t(F)

        while F$_{Pj}$∈P$_{Pj}$

        //基于子图同构进行制造特征匹配

          if 存在匹配特征

          将工序模型 P$_{Pj}$添加至集合 PR 中

          //融合制造语义进行特征相似性评价

          计算 f(F, F$_{Pj}$)＝$\sum \omega_n \times S_n$　　n∈{R, FR, O}

          根据 f(F, F$_{Pj}$)的值对集合 PR 中的工序模型进行排序

          end if

        end while

    else

    //若不存在同类型特征，则进入一下工艺序列继续搜索

        j＝j＋1

        break

      end if

    end while

  else

  //若材料类型不同，则进入一下工艺序列继续搜索

  j＝j＋1

  end if

end while

end

使用 Procedures_Search[P(G$_a$)]算法，可以根据用户指定的制造特征获取具有同类型制造特征的三维工序模型集合 PR。PR 中的三维工序模型来源于不同的三维工艺，在用户选定所需的三维工序模型后，使用以下算法提取三维工序模型序列：

Procedures_Reuse(P)

输入：三维工序模型 P，用户选择的三维工序模型

输出：三维工序模型序列 PL

begin

初始化三维工序模型 P 所属三维工艺包含的三维工序模型序列 P＝{P$_r$|r＝1,2,…,n}，优化后的三维工序模型序列 P′＝{P$_s$|s＝1,2,…,m}

建立位置变量 int k,l；建立三维工序模型重用序列集合 PL，并初始化为空集

//在 P′中搜索 P 所处位置

```
        foreach Ps ∈ P′, s=1,2,…,m
    if P=Ps
    //在 P 中搜索 Ps 和 Ps-1 所处位置
            foreach Pr ∈ P, r=1,2,…,n
    //确定前置非同构工序在工序模型序列中的位置标记
            if Pr = Ps-1
                l=r
            end if
            //确定 P 在工序模型序列中的位置标记,显然 l<k
            if Pr = Ps
                k=r
            end if
        end
    end if
end
    //提取三维工序模型序列
    foreach Pr ∈ P, r=1,2,…,n
        if l<r≤k
            将 Pr 添加至集合 PL 中
        end if
    end
end
```

通过上述算法,可以获取具有用户指定的制造特征的三维工序模型序列。通过 API 接口获取三维工序模型序列中类似制造特征的工艺信息,并推送至工艺设计人员[39],用于三维工艺设计。

4.2.4 典型工艺路线的发现与重用框架

在设计新对象的工艺过程时,可以通过对以往工艺方案的参考和借鉴来提升设计质量和效率。同时,对于很多已经形成系列化的零件产品,其差异往往仅体现在局部结构和关键尺寸上,零件本身的工艺过程已经非常接近,能否对相似的工艺方案进行灵活重用将直接影响到企业产品的研制效率。

为实现工艺方案的高可重用性需求,必须解决工艺实例存储和管理的不足,创造出能够根据工艺相似性来划分工艺路线类别的方法,从而实现对工艺方案的有效归类和管理。然后针对每一类别,主动分析和提取出最能够代表该类工艺方案的典型工艺过程以备重用。在对产品的工艺过程进行设计时,可以提取出该产品所属类别的典型工艺路线加以参考和借鉴。例如可以将典型工艺路线作为辅助新产品开发的参考实例,然后运用基于实例推理的技术来辅助生成新的加工方案。又例如可以将典型工艺作为检索重用的桥梁。工艺人员先在全部典型工艺路线中进行相似性检索,找出与其制定的新产品工艺草稿或加工意图最为匹配的典型工艺路线;然后再在检出的典型工艺路线所在类别库中进行二次检索,进而找出与工艺重用需求最为接近的产品工艺方案。这样做的好处是不需要对全部工艺方案进行检索,在保障重用需求被精确匹配到的同时,减少了检索时间。

典型工艺路线的发现与重用框架如图 4-23 所示。以企业以往所积累的工艺方案为待聚类的数据对象,以不同工艺路线之间的多维度相似性计算结果为聚类划分和检索重用的依据,这改善了企业以往所积累的工艺方案因缺乏合理组织和管理而造成的重用较困难的问题。

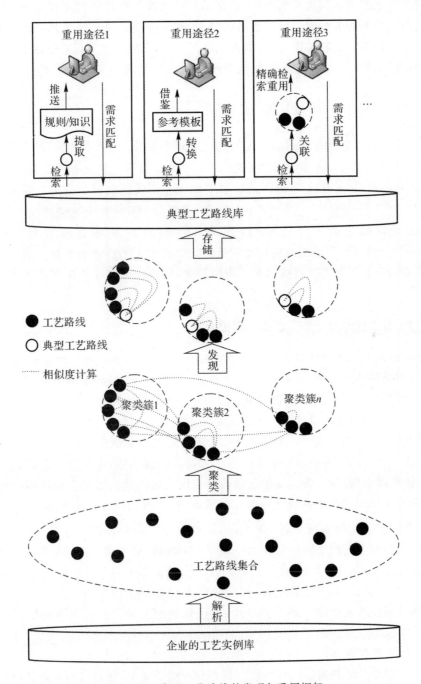

图 4-23　典型工艺路线的发现与重用框架

4.2.5　工艺路线的智能聚类模型

4.2.5.1　工艺路线的群体相似度计算

在构建的工艺路线蚁群聚类模型中,所有工艺路线首先都被随机地放在一个二维网格平面上。当蚂蚁无负载需要拾起某条工艺路线时,其判断标准取决于该工艺路线与其所在位置的其他工艺路线间的综合相似度,即群体相似度。同理,当蚂蚁有负载需要放下某条工艺路线时,其判断标准取决于负载工艺路线与当前蚂蚁所在位置的所有其他工艺路线间的群体相似度。

构建工艺路线的群体相似度计算公式为

$$\text{Comsim}(\text{OL}_i) = \sum_{\text{OL}_j \in \text{loca}(\text{OL}_i)} \frac{1}{N[\text{loca}(\text{OL}_i)] - 1} \text{Sim}(\text{OL}_i, \text{OL}_j) \quad (i \neq j) \qquad (4-36)$$

式中,$\text{Comsim}(\text{OL}_i)$ 表示 OL_i 的群体相似度;$\text{loca}(\text{OL}_i)$ 表示工艺路线 OL_i 在二维网格平面上的位置;$N[\text{loca}(\text{OL}_i)]$ 表示 $\text{loca}(\text{OL}_i)$ 位置处的工艺路线的数量。当无负载的蚂蚁要判断是否拾起 OL_i 时,$N[\text{loca}(\text{OL}_i)]-1$ 等于 $\text{loca}(\text{OL}_i)$ 位置处的其他所有工艺路线的数量;而当有负载的蚂蚁要判断是否放下 OL_i 时,因为 OL_i 随着蚂蚁移动到了当前位置,所以 $N[(\text{loca}(\text{OL}_i)]-1$ 就等于当前蚂蚁所在位置处的其他所有工艺路线的数量。通过计算 OL_i 与其所在位置处的其他所有工艺路线间的平均相似度,就可以为蚂蚁拾起或放下工艺路线提供判断依据。

4.2.5.2　基于蚁群算法的工艺路线聚类分析

基于蚁群算法的工艺路线聚类分析流程如图 4-24 所示,其详细实现步骤如下:

(1)初始化循环迭代次数 Gen,蚂蚁数量 N_{ant}。其中,Gen 一般根据数据对象集合的规模确定,待进行聚类分析的工艺路线的数量越多,Gen 一般也就越大;N_{ant} 一般默认设置为 $N_{\text{ant}} = \text{Num}/5$,Num 表示待进行聚类分析的工艺路线的数量。

(2)初始化二维网格平面。一般而言,网格平面的大小要适应 Num 的值,要确保网格平面所能提供的位置可以不重叠地容纳下所有工艺路线。现实中,考虑到工艺路线初始时是随机分布于网格平面上的,所以为了促使任意两条或以上的工艺路线不会被随机分配到一个位置,网格平面的大小应该选得稍微大一些。一般而言,二维网格平面的横坐标取值范围 X 和纵坐标取值范围 Y 可以被给定为 $X = Y = 3\sqrt{\text{Num}}$。

(3)将待聚类的工艺路线随机分布于步骤(2)定义的网格平面上。以某条待聚类的工艺路线 $\text{OL}_i (i=1,2,\cdots,\text{Num})$ 为例,在 $[1, X]$ 的范围内随机产生一个正整数 x_i,在 $[1, Y]$ 的范围内随机产生一个正整数 y_i,则位置坐标 (x_i, y_i) 即为 OL_i 的初始随机位置。

(4)给每只蚂蚁随机指定一条工艺路线,并将蚂蚁的初始位置设定为指定工艺路线处的位置。

(5)进行聚类迭代循环。

(6)每一次聚类循环都遍历所有蚂蚁。若某只蚂蚁无负载,则转(7);否则转(8)。

(7)计算当前蚂蚁所在位置处的工艺路线的个数。若该位置处除了指定工艺路线外,并没有其他工艺路线,即 $N[(loca(OL_i)]^{-1}=0$,则说明该位置不是聚类位置,那么就直接拾起该工艺路线并将蚂蚁状态转成有负载;若该位置处除了指定工艺路线外还有其他工艺路线,那么就运用式(4-36)计算指定工艺路线与该位置处其他工艺路线间的群体相似度,并根据计算结果判断蚂蚁是否该拾起指定工艺路线。根据群体相似度来判别是否该拾起指定对象的策略有以下两种:①对于小规模数据的聚类分析,可以直接使用群体相似度来作为判断依据。具体而言,可以预设阈值。当群体相似度不大于预设的阈值时,拾起指定的对象并将蚂蚁状态转成有负载;否则给蚂蚁随机指定一个新的对象,并将蚂蚁的位置移动到新指定的数据对象处。②对于大规模数据的聚类分析,考虑到随着聚类的进行,每一个聚类簇中都会进入越来越多的数据对象元素,而这可能会降低其中任一个体与整个群体的相似度水平,所以采用将群体相似度转换为拾起概率的方式来实现对拾起动作的判别。具体而言,先根据空间转换概率公式[40]将群体相似度变换成拾起概率 P_{pick};然后将 P_{pick} 与随机概率 P_{ran} 进行比较。当 $P_{pick} \geqslant P_{ran}$ 时,蚂蚁拾起指定的对象,并将蚂蚁状态转成有负载;否则就给蚂蚁随机指定一个新的对象,并将蚂蚁的位置移动到新指定对象处。

(8)为了提高聚类算法的效率,对于负载工艺路线的蚂蚁,优先考虑将其负载的工艺路线放在该蚂蚁曾经放下过工艺路线的位置处。这是由于蚂蚁曾经放下过数据对象的位置处就是潜在的聚类位置处,先对这些位置进行是否能够放下负载数据对象的判断就避免了直接进行全局搜索的盲目性。如果该只蚂蚁曾经放下过对象的全部位置处都不满足放下负载对象的要求,那么将蚂蚁及其负载的数据对象随机移动到一个新的数据对象处,并依据群体相似度计算结果来判断蚂蚁是否该在当前位置放下负载工艺路线。判断蚂蚁是否该放下负载数据对象的依据也是群体相似度值,具体则包括以下两种策略:①对于小规模数据的聚类分析,可以直接使用群体相似度来作为判断依据。具体而言,可以预设阈值。当负载对象与蚂蚁位置处其他所有对象间的群体相似度不小于预设阈值时,放下负载对象(即蚂蚁状态变更为无负载),同时给蚂蚁指定一个新对象,并将蚂蚁的位置移动到新指定的数据对象处;否则蚂蚁不放下负载数据对象。②对于大规模数据的聚类分析,考虑到随着聚类的进行,每一个聚类簇中都会进入越来越多的数据对象元素,而这可能会提升后进入个体的群体相似度要求,所以采用将群体相似度转换为放下概率的方式来实现对放下动作的判别。具体而言,先根据空间转换概率公式将群体相似度变换成放下概率 P_{drop};然后将 P_{drop} 与随机概率 P_{ran} 进行比较。当 $P_{drop} \geqslant P_{ran}$ 时,蚂蚁放下负载对象,同时将其状态改为无负载,并给蚂蚁随机制定一个新对象;否则蚂蚁不放下负载数据对象。除了以上两种策略之外,考虑到一个聚类簇中可能就只包含一个元素,所以还应对蚂蚁负载同一对象的迭代循环次数进行控制,即当蚂蚁在连续迭代循环达到设定的上限值时仍没能放下负载的数据对象,此时可以在二维网格平面上随机生成一个位置,放下该负载对象,同时给蚂蚁再指定一个新的数据对象。

(9)查询循环迭代次数是否达到 Gen。若达到,则停止循环,输出聚类结果;否则转步骤(6)继续进行循环。

与其他聚类算法相比,此处提出的工艺路线的群体智能聚类算法至少具有以下 4 方面的应用优势:

第一,根据数据对象集合的规模合理设置聚类循环次数和蚂蚁数量,既保证了每只蚂蚁可以对绝大多数对象都遍历一遍,降低了漏检率,又促使了每个数据对象可能会被多只蚂蚁考察多次,减少了错检率。

第二,算法在判断蚂蚁是否该拾起指定对象之前,先对蚂蚁所在位置处的对象个数进行了判断。若不是聚类位置处,则直接拾起指定对象;否则再根据计算群体相似度来判断是否拾起指定数据对象。这样做的好处是减少了系统的计算开销。

第三,算法针对蚂蚁拾起和放下数据对象的判断均提出了 2 种策略,即适合大规模数据聚类分析的策略和适合小规模数据聚类分析的策略,从而使得算法的适应性大大提升。

第四,算法为每只蚂蚁创设了一个记录放下对象位置的存储空间。当蚂蚁要放下负载对象时,可以先对空间中记录的所有位置进行考察,先对这些潜在的聚类位置处进行考察就减少了直接进行全局搜索的盲目性,从而减少了聚类时间和系统开销。

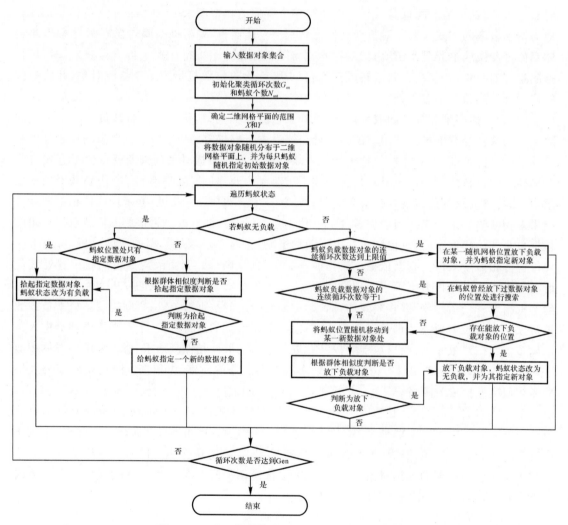

图 4-24 基于蚁群算法的工艺路线聚类分析流程

4.2.6 典型工艺路线的获取

当运用4.2.5节方法得到聚类输出结果后,就可以提取出每一个簇中工艺过程最具有代表性的机加工艺路线为典型工艺路线。典型工艺路线的特点使其与簇中其他工艺路线间的平均相似度最高。因此,可以通过计算每个聚类簇中所有数据对象与簇中其他数据对象间的平均相似度,然后再取最大值的方式来获取典型工艺路线。聚类簇中任一工艺路线 OL_i 对该簇的平均相似度计算公式为

$$\text{Avesim}(OL_i) = \frac{1}{|\text{cluster}_k| - 1} \sum_{OL_j \in \text{cluster}_k} \text{Sim}(OL_i, OL_j) \quad (i \neq j) \tag{4-37}$$

式中:$\text{Avesim}(OL_i)$ 表示 OL_i 相对于簇 cluster_k 中其他元素的平均相似度值,OL_i 包含于 cluster_h 中;$|\text{cluster}_h|$ 表示簇 cluster_h 中的元素个数。当簇 cluster_h 中所有元素的平均相似度值都计算完毕后,取其中最大值所对应的工艺路线为典型工艺路线。

4.2.7　典型工艺路线的重用途径探讨

4.2.7.1　典型工艺路线的直接修订重用法

当设计目标与典型工艺实例比较类似时,如某些已经形成系列化的产品,可以采用对典型工艺路线的某些加工参数进行修订或对某道工序进行修订的方式来生成新的加工方案。

通过对企业的工艺实例进行挖掘,建立了典型工艺路线库,同时还可以将典型工艺路线中的工艺过程数据参数化。通过对典型工艺路线中工序工艺参数的修改就能直接实现对基本相同工艺过程的设计。此外,对于工艺过程与典型工艺实例除了某一两个步骤不同但其他都相同的设计目标,可以将典型工艺路线中的工序内容或某一几何变更环节看作是模块,然后由设计人员对这些模块进行智能修订来生成新的加工方案。

4.2.7.2　典型工艺路线的间接匹配重用法

零件工艺过程设计是一个非常复杂的过程,受加工要求约束、制造资源选择等诸多因素的影响。一般来说,零件工艺过程设计的核心环节在于规划工艺路线,而工艺路线的规划问题又可以被看作是加工操作选择问题和工序排序约束问题。对于工序排序约束问题,需要根据事先定义的约束条件和排序目标函数来对加工操作次序的组织安排提供依据,从而确保最终输出的工艺路线排序方案接近或满足最优解。在此过程中,通常需要建立加工操作次序的约束条件和排序目标函数,并调用智能优化算法来求解工艺路线决策问题。

一般而言,排序约束条件主要包括工艺约束条件和制造资源约束条件。前者主要指安排工序次序时所必须遵守的一些工艺设计准则,如"先粗后精""基准先行""先面后孔"等;后者主要指安排工序次序时所必须要考虑的制造资源的选用和更换等情况。在生产实践中,如果所生成的工艺路线需要频繁更换机床、刀具或者需要进行多次装夹定位,那么必然会造成生产时间的浪费,甚至还可能会产生较大的累积误差,在增加生产成本的同时还降低了零件的加工质量。鉴于此,就有必要根据排序约束条件来建立目标函数,然后用目标函数来对不同的工艺路线排序方案进行评价。确立排序目标函数的原则为:在满足工艺约束的基础上,以制造资源的更换率较低为更优。

显而易见,运用智能优化算法来辅助工艺路线决策的机制就是通过智能优化算法的迭代

循环来不断产生新的机加工艺路线排序方案,然后用预先建立的目标函数对排序方案进行评价。如果出现更优的排序方案,则用其替换掉当前的最优解;否则继续进入迭代循环。当优化算法的循环代次数达到设定值或者连续循环代数达到上限值却依然没出现更优解时,算法运行结束,输出结束状态时的最优解为最终排序方案。

典型工艺路线的间接匹配重用思路是用设计目标所属类别的典型工艺路线来构建排序目标函数,从而达到对典型工艺的参考借鉴目的。典型工艺路线的工序次序安排关系内含丰富的工艺设计经验,甚至在某种程度上可以代表同类零件加工方案中的工序位置安排关系。在运用智能优化算法不断迭代循环生成新的工序排序方案时,可以将新方案与典型工艺路线进行相似度匹配,构建匹配度越高则评价值就越高的目标函数。这样做的好处是省略了对排序约束条件的分析和讨论,使得工艺路线的决策优化模型的构建难度大大降低。

4.2.7.3 基于典型实例的工艺路线推理决策法

基于典型实例的工艺路线推理决策主要可以分为以下 3 个环节。

1. 实例抽取

提取典型工艺实例的加工制造信息,包括实例零件的三维 CAD 模型、材料种类、加工特征类型及其数量、加工方式、关键结构尺寸及其精度要求、关键表面的加工粗糙度要求等。将设计目标与典型工艺实例的加工制造信息进行匹配,抽取匹配系数最大的典型工艺实例作为工艺推理的依据。这里需要提及的一点是,有时为了提高匹配到实例的准确度,可以在匹配到典型实例的所属类别中进行进一步的精确匹配。这样做的好处是在不影响最终匹配精度的情况下降低了系统的计算开销,提高了工艺检索的效率。

2. 实例工艺信息的筛选

从抽取到的典型实例或二次精确抽取到的普通实例中筛选出与设计目标最为一致的工艺内容作为新产品工艺路线的主干。筛选工艺信息的一个最简单、直接的方法就是把实例零件上能与设计目标匹配到的加工特征的工序和工步内容加以保留,并将其置换到新产品零件的工艺方案中,进而产生设计目标的主干工艺路线。

3. 实例工艺路线的修正

由第 2 步得到的工艺路线并不完善,还需要对其加以修正才能生成新产品的最终工艺路线,而这又可以分为以下 3 步:

(1)匹配到工序的位置调整。当匹配到的工序顺序不满足新设计目标的要求时,即初始得到的工艺路线主干与新零件产品的工艺设计要求不符时,需要工艺员对匹配到工序位置加以调整。调整原则应当满足基本工艺约束规则。

(2)未匹配到特征的工序内容补充。对于新设计目标中有但匹配实例中却没有的加工特征,必须采用一定的策略来生成这些未匹配到特征的工序内容。

(3)未匹配到特征的工序排序。将未匹配到特征的工序内容插入调整后的工艺路线主干中时,还需要对插入的工序内容进行一定的排序。排序规则以在满足工艺约束条件的基础上,制造资源的更换率较低为更优。

基于典型实例的工艺路线推理决策框架如图 4-25 所示。

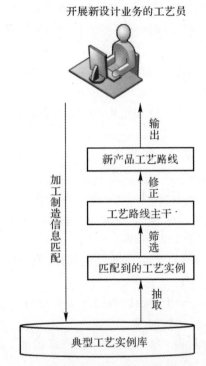

图 4-25　基于典型实例的工艺路线推理决策过程

参 考 文 献

[1]　刘闯，王俊彪. 面向工艺领域的制造知识系统化建模方法研究[J]. 计算机集成制造系统，2009，8(15):1500-1506.

[2]　GUERRA - ZUBIAGA D A, YOUNG R I M. Design of a manufacturing knowledge model[J]. International Journal of Computer Integrated Manufacturing, 2008, 21(5): 526-539.

[3]　COCHRANE S, YOUNG R, CASE K, et al. Knowledge reuse in manufacturability analysis[J]. Robotics and Computer - Integrated Manufacturing, 2008, 24 (4): 508-513.

[4]　董小忠. 三维工艺设计中的特征识别技术研究[D]. 武汉:武汉理工大学,2011.

[5]　孙凤池. 机械加工工艺手册:第 2 卷　加工技术卷[M]. 2 版. 北京:机械工业出版社,2008.

[6]　LIU Z, WANG L. Sequencing of interacting prismatic machining features for process planning[J]. Computers in Industry, 2007, 58(4):295-303.

[7]　王大康,刘永峰,石亚宁. 智能化 CAPP 系统的工艺决策[J]. 北京工业大学学报,2003, 29(2):129-132.

[8]　JOSHI S,CHANG T C. Graph - based heuristics for recognition of machined features

from a 3D solid model[J]. Computer – Aided Design,1988,20(2):58 – 66.

[9]　刘文剑,顾琳,常伟,等. 基于属性邻接图的制造特征识别方法[J]. 计算机集成制造系统,2001,7(2):53 – 58.

[10]　鲁泳,李迎光. 基于再扩展属性面边图的复杂结构件特征识别技术[J]. 机械设计与制造,2009(5):236 – 238.

[11]　殷人昆,陶永雷,谢若阳,等. 数据结构:用面向对象方法与C++描述[M]. 北京:清华大学出版社,2001.

[12]　蔡淑琴,肖泉,吴颖敏. 基于超图的知识表示及检索相似性度量研究[J]. 图书情报工作,2009(8):102 – 105.

[13]　MUN D, RAMANI K. Knowledge – based part similarity measurement utilizing ontology and multi – criteria decision making technique[J]. Advanced Engineering Informatics, 2011, 25(2):119 – 130.

[14]　张欣,莫蓉,宫中伟,等. CAD模型自动语义标注[J]. 计算机辅助设计和图形学学报,2010,22(12):2162 – 2167.

[15]　王飞,张树生,白晓亮,等. 基于子图同构的三维CAD模型局部检索[J]. 计算机辅助设计及图形学学报,2008,20(8):1078 – 1084.

[16]　田富君,陈兴玉,程五四,等. MBD环境下的三维机加工艺设计技术[J]. 计算机集成制造系统,2014,20(11):2690 – 2696.

[17]　ALEMANNI M, DESTEFANIS F, VEZZETTI E. Model – based definition design in the product lifecycle management scenario[J]. The International Journal of Advanced Manufacturing Technology, 2011, 52(1):1 – 14.

[18]　HUANG R, ZHANG S, BAI X. Multi – level structuralized model – based definition model based on machining features for manufacturing reuse of mechanical parts[J]. The International Journal of Advanced Manufacturing Technology, 2014, 75(5):1035 – 1048.

[19]　黄瑞,张树生,陶俊,等. 一种前驱三维工序模型与工序图关联方法[J]. 哈尔滨工业大学学报,2012,44(3):102 – 106.

[20]　丁丁,张旭,斯铁冬,等. 三维工艺设计中基于加工特征的工序模型生成技术[J]. 兵工自动化,2013(6):31 – 35.

[21]　赵鸣,王细洋. 基于体分解的MBD工序模型快速生成方法[J]. 计算机集成制造系统,2014,20(8):1843 – 1850.

[22]　陈飞,乔立红. 三维工序模型的演进式构建方法[J]. 航空制造技术,2015(7):82 – 85.

[23]　张欣,莫蓉,石源,等. 基于字符串度量的CAD模型相似性比较算法[J]. 中国机械工程,2009,20(20):2435 – 2440.

[24]　谢清,冯毅雄,谭建荣. 基于子图同构的可配置产品功能结构特征模板相似性获取[J]. 计算机集成制造系统,2009,15(9):1690 – 1698.

[25]　CORDELLA L P, FOGGIA P, SANSONE C, et al. A (sub)graph isomorphism algorithm for matching large graphs[J]. IEEE Transactions on Pattern Analysis & Machine Intelligence, 2004, 26(10):1367 – 1372.

[26]　KOBLER J, SCHONING U, TORAN J. The Graph Isomorphism Problem[M]. Basel: äBirkhuser Boston, 1993.

[27]　LI Y, BO L. A normalized Levenshtein distance metric[J]. IEEE Transactions on Pattern Analysis & Machine Intelligence, 2007, 29(6):1091 – 1095.

[28]　GOLI J D, MIHALJEVI M J. A generalized correlation attack on a class of stream ciphers based on the Levenshtein distance[J]. Journal of Cryptology, 1991, 3(3): 201 – 212.

[29]　SCHIMKE S, VIELHAUER C, DITTMANN J. Using adapted Levenshtein distance for on – line signature authentication [C]// Pattern Recognition, International Conference on Pattem Recognition. Cambridge, UK:IEEE, 2004:931 – 934.

[30]　姜华, 韩安琪, 王美佳,等. 基于改进编辑距离的字符串相似度求解算法[J]. 计算机工程, 2014, 40(1):222 – 227

[31]　ZHU H, ZHOU M C, ALKINS R. Group role assignment via a Kuhn – Munkres algorithm – based solution[J]. IEEE Transactions on Systems, Man, and Cybernetics Part A:Systems and Humans, 2012, 42(3):739 – 750.

[32]　YUAN Z W, ZHANG H. Research on application of Kuhn – Munkres algorithm in emergency resources dispatch problem [C]// International Conference on Fuzzy Systems and Knowledge Discovery. Chongqing, China:IEEE, 2012:2774 – 2777.

[33]　ALTSCHUL S F, GISH W, MILLER W, et al. Basic local aligment search tool[J]. Journal of Molecular Biology, 1990, 215(3):403 – 410.

[34]　王衍海, 顾金保. 白纹伊蚊内源性登革病毒序列分析[J]. 中华实验和临床病毒学杂志, 2016, 30(4):337 – 339.

[35]　YOU C F, TSAI Y L. 3D solid model retrieval for engineering reuse based on local feature correspondence[J]. The International Journal of Advanced Manufacturing Technology, 2010, 46(5):649 – 661.

[36]　SCHMIDT D C, DRUFFEL L E. A fast backtracking algorithm to test directed graphs for isomorphism using distance matrices[J]. Journal of the Acm, 1976, 23 (3):433 – 445.

[37]　ULLMANN J R. An algorithm for subgraph isomorphism[J]. Journal of the Acm, 1976, 23(1):31 – 42.

[38]　CHEN Z C, FU Q. An optimal approach to multiple tool selection and their numerical control path generation for aggressive rough machining of pockets with free – form boundaries[J]. Computer – Aided Design, 2011, 43(6):651 – 663.

[39]　SHAO Y, LIU Y, LI C. Intermediate model based efficient and integrated multidisciplinary simulation data visualization for simulation information reuse[J]. Advances in Engineering Software, 2015, 90:138 – 151.

[40]　RAMOS V, MUGE F, PINA P. Self – organized data and image retrieval as a consequence of inter – dynamic synergistic relationships in artificial ant colonies[J]. Frontiers in Artificial Intelligence and Applications, 2002, 87:500 – 509.

第5章 多轴数控加工工艺模型的几何精确建模

5.1 多轴数控加工中未变形切屑建模

5.1.1 多轴数控机床的运动学建模

图 5-1 所示是一种典型多轴数控机床结构，它包含三个平动轴和两个转动轴，分别为工作台的摆动以及转动。利用刀具坐标系 CS_T 至工件坐标系 CS_W 的变换矩阵，求解出机床的运动学方程。

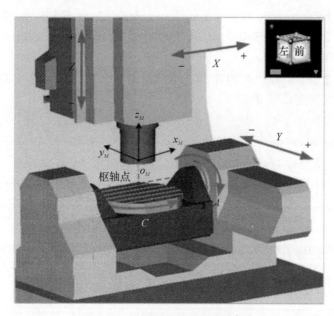

图 5-1 一种典型的多轴数控机床

在数控加工工艺编制中，常使用 CAD/CAM 软件规划刀具路径上的离散刀位点。再通过机床后置处理程序计算每一个刀位点所对应的机床输入量，例如$[x_m \quad y_m \quad z_m \quad A \quad C]$，生成机床执行的数控加工程序，该数控程序上传给机床数控系统。加工过程中，在相邻两个刀位点的机床输入量间插值运算。机床的数控系统求得相应的瞬时输入量，按照输入量刀具执行规划的切削路径[1-8]。

以 AC 轴多轴机床为例,已知刀具路径上相邻的两个刀位点 CL_1 和 CL_2 所对应的机床输入量分别为 $\begin{bmatrix} x_{m1} & y_{m1} & z_{m1} & A_1 & C_1 \end{bmatrix}$ 和 $\begin{bmatrix} x_{m2} & y_{m2} & z_{m2} & A_2 & C_2 \end{bmatrix}$,则机床瞬时输入量 $\begin{bmatrix} x_m(t) & y_m(t) & z_m(t) & A(t) & C(t) \end{bmatrix}$ 可通过线性插值表达,即在机床坐标系 CS_M 下,机床的瞬时输入量方程为

$$\begin{bmatrix} x_m(t) \\ y_m(t) \\ z_m(t) \\ A(t) \\ C(t) \end{bmatrix} = \begin{bmatrix} x_{m1} + t(x_{m2} - x_{m1}) \\ y_{m1} + t(y_{m2} - y_{m1}) \\ z_{m1} + t(z_{m2} - z_{m1}) \\ A_1 + t(A_2 - A_1) \\ C_1 + t(C_2 - C_1) \end{bmatrix} = \begin{bmatrix} x_{m1} + t \cdot \Delta x \\ y_{m1} + t \cdot \Delta y \\ z_{m1} + t \cdot \Delta z \\ A_1 + t \cdot \Delta A \\ C_1 + t \cdot \Delta C \end{bmatrix} \quad t \in [0,1]$$

式中,t 为参数。刀位点是在工件坐标系 CS_W 下描述,而刀具是在自身刀具坐标系 CS_T 下描述。为了能够将刀具在自身坐标系下的参数方程转换至工件坐标系 CS_W 下,必须求解出两个坐标系之间的变换矩阵。因此,机床运动学是指建立刀具坐标系至工件坐标系的坐标变换关系[9-12]。

首先,如图 5-1 所示,利用 x_M,y_M,z_M 坐标轴定义机床坐标系 $CS_M(o_M - x_M y_M z_M)$,它的原点 o_M 位于机床复位时主轴末端的中心点处。枢轴点定义为两个旋转轴 A、C 的交点。坐标系 $CS_P(o_P - x_P y_P z_P)$ 定义如下:① 它的原点 o_P 位于机床的枢轴点处;② 它的坐标轴 x_P、y_P、z_P 分别平行于坐标轴 x_M、y_M、z_M,是一个固定的坐标系。如图 5-2 所示,将原点 o_P 在机床坐标系 CS_M 下的相应坐标表示为 $\begin{bmatrix} \delta x_p & \delta y_p & \delta z_p \end{bmatrix}$。

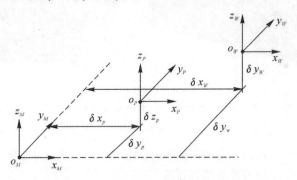

图 5-2 辅助坐标系的原点位置

如图 5-3(a) 所示,坐标系 $CS_A(o_A - x_A y_A z_A)$ 定义如下:① 当 $A = 0$ 时,坐标系 CS_A 的位置与坐标系 CS_P 一致;② 当 $A \neq 0$ 时,坐标系 CS_A 的位置为将坐标系 CS_P 绕着 x_P 轴旋转角度 A 后的位置。如图 5-3(b) 所示,坐标系 $CS_C(o_C - x_C y_C z_C)$ 定义如下:① 当 $C = 0$ 时,坐标系 CS_C 的位置与坐标系 CS_A 一致;② 当 $C \neq 0$ 时,坐标系 CS_C 的位置为将坐标系 CS_A 绕着 z_A 轴旋转角度 C 后的位置。

当主轴回到机床零点位置之后,工件被装夹到机床的工作台上。工件坐标系 $CS_W(o_W - x_W y_W z_W)$ 定义为:它的三个坐标轴 x_W、y_W、z_W 分别与坐标轴 x_M、y_M、z_M 平行,坐标原点 o_W 在机床坐标系 CS_M 的坐标为 $\begin{bmatrix} \delta x_w & \delta y_w & \delta z_w \end{bmatrix}$,如图 5-4(a) 所示。最后,刀具坐标系 $CS_T(o_T - x_T y_T z_T)$ 定义为:① 它的三个坐标轴 x_W、y_W、z_W 分别与坐标轴 x_M、y_M、z_M 平行;② 刀具末端与主轴末端之间的距离为 L,如图 5-4(b) 所示。

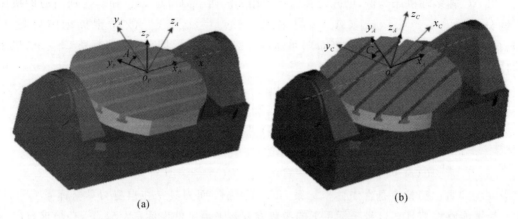

(a)

(b)

图 5 - 3   坐标系 CS_A 和坐标系 CS_C 的定义

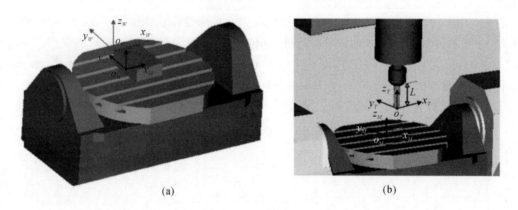

(a)

(b)

图 5 - 4   坐标系 CS_W 和坐标系 CS_T 的定义

根据所建立的一系列辅助坐标系,从工件坐标系 CS_W 开始,变换至刀具坐标系 CS_T 结束[13-15]。相邻坐标系变换的关系总结列在表 5 - 1 中。

表 5 - 1   相邻坐标系变换关系

$\text{CS}_W \rightarrow \text{CS}_C$	$\boldsymbol{T}_1$(平移变换 $\boldsymbol{v}_1 = [\delta x_w - \delta x_p \quad \delta y_w - \delta y_p \quad \delta z_w - \delta z_p]^{\text{T}}$)
$\text{CS}_C \rightarrow \text{CS}_A$	$\boldsymbol{R}_2$(绕 z 轴旋转角度 $\boldsymbol{\theta}_2 = C$)
$\text{CS}_A \rightarrow \text{CS}_P$	$\boldsymbol{R}_3$(绕 x 轴旋转角度 $\boldsymbol{\theta}_3 = A$)
$\text{CS}_P \rightarrow \text{CS}_M$	$\boldsymbol{T}_4$(平移变换 $\boldsymbol{v}_4 = [\delta x_p \quad \delta y_p \quad \delta z_p]^{\text{T}}$)
$\text{CS}_M \rightarrow \text{CS}_T$	$\boldsymbol{T}_5$(平移变换 $\boldsymbol{v}_5 = [-x_m \quad -y_m \quad -z_m + L]^{\text{T}}$)

由表 5 - 1 可知,CS_W 至坐标系 CS_C 的变换矩阵为 $\boldsymbol{T}_1$,CS_C 至坐标系 CS_A 的变换矩阵为 $\boldsymbol{R}_2$,有

$$\boldsymbol{T}_1 = \begin{bmatrix} 1 & 0 & 0 & \delta x_w - \delta x_p \\ 0 & 1 & 0 & \delta y_w - \delta y_p \\ 0 & 0 & 1 & \delta z_w - \delta z_p \\ 0 & 0 & 0 & 1 \end{bmatrix}, \quad \boldsymbol{R}_2 = \begin{bmatrix} \cos C & -\sin C & 0 & 0 \\ \sin C & \cos C & 0 & 0 \\ 0 & 0 & 1 & 0 \\ 0 & 0 & 0 & 1 \end{bmatrix}$$

CS_A 至坐标系 CS_P 的变换矩阵为 $\boldsymbol{R}_3$，CS_P 至坐标系 CS_M 的变换矩阵为 $\boldsymbol{T}_4$，CS_M 至坐标系 CS_T 的变换矩阵为 $\boldsymbol{T}_5$，有

$$\boldsymbol{R}_3 = \begin{bmatrix} 1 & 0 & 0 & 0 \\ 0 & \cos A & -\sin A & 0 \\ 0 & \sin A & \cos A & 0 \\ 0 & 0 & 0 & 1 \end{bmatrix}, \quad \boldsymbol{T}_4 = \begin{bmatrix} 1 & 0 & 0 & \delta x_p \\ 0 & 1 & 0 & \delta y_p \\ 0 & 0 & 1 & \delta z_p \\ 0 & 0 & 0 & 1 \end{bmatrix}, \quad \boldsymbol{T}_5 = \begin{bmatrix} 1 & 0 & 0 & -x_m \\ 0 & 1 & 0 & -y_m \\ 0 & 0 & 1 & -z_m + L \\ 0 & 0 & 0 & 1 \end{bmatrix}$$

根据以上相邻坐标系关系，工件坐标系 CS_W 至刀具坐标系 CS_T 的变换矩阵为

$$\boldsymbol{M}_{w \to t} = \boldsymbol{T}_5 \boldsymbol{T}_4 \boldsymbol{R}_3 \boldsymbol{R}_2 \boldsymbol{T}_1$$

则刀具坐标系 CS_T 至工件坐标 CS_W 的变换矩阵为

$$\boldsymbol{M}_{t \to w} = (\boldsymbol{T}_5 \boldsymbol{T}_4 \boldsymbol{R}_3 \boldsymbol{R}_2 \boldsymbol{T}_1)^{-1} = \boldsymbol{T}_1^{-1} \boldsymbol{R}_2^{-1} \boldsymbol{R}_3^{-1} \boldsymbol{T}_4^{-1} \boldsymbol{T}_5^{-1}$$

计算可得

$$\boldsymbol{M}_{t \to w} = \begin{bmatrix} \cos C & \cos A \sin C & \sin A \sin C & M_{1,4} \\ -\sin C & \cos A \cos C & \sin A \cos C & M_{2,4} \\ 0 & -\sin A & \cos A & M_{3,4} \\ 0 & 0 & 0 & 1 \end{bmatrix} = \begin{bmatrix} M_{1,1} & M_{1,2} & M_{1,3} & M_{1,4} \\ M_{2,1} & M_{2,2} & M_{2,3} & M_{2,4} \\ 0 & M_{3,2} & M_{3,3} & M_{3,4} \\ 0 & 0 & 0 & 1 \end{bmatrix}$$

式中

$$\begin{cases} M_{1,4} = \cos C(x_m - \delta x_p) + \sin C \cos A(y_m - \delta y_p) + \sin C \sin A(z_m - \delta z_p - L) + \delta x_p - \delta x_w \\ M_{2,4} = -\sin C(x_m - \delta x_p) + \cos C \cos A(y_m - \delta y_p) + \cos C \sin A(z_m - \delta z_p - L) + \delta y_p - \delta y_w \\ M_{3,4} = -\sin A(y_m - \delta y_p) + \cos A(z_m - \delta z_p - L) + \delta z_p - \delta z_w \end{cases}$$

至此，机床的运动学方程求解完毕。

利用 CAD/CAM 软件编制加工路径，生成刀轨上一系列离散的刀位点。刀位点的形式为 $[p_x \quad p_y \quad p_z \quad n_x \quad n_y \quad n_z]$，其中 $[p_x \quad p_y \quad p_z]$ 表示刀具中心点在工件坐标系 CS_W 下的坐标，即刀心点的位置，而 $[n_x \quad n_y \quad n_z]$ 表示刀具轴线的矢量，即刀具体的姿态。

但是，在加工过程中，机床数控系统需要的机床输入量为 $[x_M \quad y_M \quad z_M \quad A \quad C]$，利用相邻两个刀位点所对应的机床输入量进行线性插值求得 $0 \to 1\,\text{s}$ 时段内所有时刻的机床瞬时输入量 $[x_M(t) \quad y_M(t) \quad z_M(t) \quad A(t) \quad C(t)]$，从而使得刀具从一个刀位点运动到下一个刀位点。

在刀具坐标系 CS_T 下，刀心点的位置始终为 $[0 \quad 0 \quad 0]^{\text{T}}$，刀轴矢量始终为 $[0 \quad 0 \quad 1]^{\text{T}}$。借助于刀具坐标系 CS_T 至工件坐标系 CS_W 的变换矩阵 $\boldsymbol{M}_{t \to w}$，可以获得以下两个方程：

$$\begin{cases} [p_x \quad p_y \quad p_z \quad 1]^{\text{T}} = \boldsymbol{M}_{t \to w}[0 \quad 0 \quad 0 \quad 1]^{\text{T}} \\ [n_x \quad n_y \quad n_z \quad 0]^{\text{T}} = \boldsymbol{M}_{t \to w}[0 \quad 0 \quad 1 \quad 1]^{\text{T}} \end{cases}$$

由 $[p_x \quad p_y \quad p_z \quad 1]^{\text{T}} = \boldsymbol{M}_{t \to w}[0 \quad 0 \quad 0 \quad 1]^{\text{T}}$ 可得

$$\begin{cases} p_x = \sin C \sin A(z_m - \delta z_p - L) + \sin C \cos A(y_m - \delta y_p) + \cos C(x_m - \delta x_p) + \delta x_p - \delta x_w \\ p_y = \cos C \sin A(z_m - \delta z_p - L) + \cos C \cos A(y_m - \delta y_p) - \sin C(x_m - \delta x_p) + \delta y_p - \delta y_w \\ p_z = \cos A(z_m - \delta z_p - L) - \sin A(y_m - \delta y_p) + \delta z_p - \delta z_w \end{cases}$$

该方程组是关于变量 x_m、y_m、z_m 的三元一次方程组,解得

$$
\begin{cases}
x_m = \cos C(p_x - \delta x_p + \delta x_w) - \sin C(p_y - \delta y_p + \delta x_w) + \delta x_p \\
y_m = \cos A[\sin C(p_x - \delta x_p + \delta x_w) + \cos C(p_y - \delta y_p + \delta x_w)] - \\
\qquad \sin A(p_z - \delta z_p + \delta z_w) + \delta x_p \\
z_m = \sin A[\sin C(p_x - \delta x_p + \delta x_w) + \cos C(p_y - \delta y_p + \delta x_w)] + \\
\qquad \cos A(p_z - \delta z_p + \delta z_w) + L + \delta z_p
\end{cases}
$$

由 $[n_x \quad n_y \quad n_z \quad 0]^T = \boldsymbol{M}_{t\to w}[0 \quad 0 \quad 1 \quad 0]^T$ 可得

$$
\begin{cases}
n_x = \sin A \sin C \\
n_y = \sin A \cos C \\
n_z = \cos A
\end{cases}
$$

进一步可得

$$
n_x^2 + n_y^2 = (\sin A \sin C)^2 + (\sin A \cos C)^2 = \sin^2 A
$$

此处取 $\sin A = \sqrt{n_x^2 + n_y^2}$,所以 A 和 C 的求解方程

$$
\begin{cases}
\sin A = \sqrt{n_x^2 + n_y^2} \\
\cos A = n_z
\end{cases}
\Rightarrow A = \arctan(\sqrt{n_x^2 + n_y^2}, n_z)
$$

$$
\begin{cases}
\sin C = \dfrac{n_x}{\sin A} = \dfrac{n_x}{\sqrt{n_x^2 + n_y^2}} \\
\cos C = \dfrac{n_y}{\sin A} = \dfrac{n_y}{\sqrt{n_x^2 + n_y^2}}
\end{cases}
\Rightarrow C = \arctan\left(\dfrac{n_x}{\sqrt{n_x^2 + u_y^2}}, \dfrac{n_y}{\sqrt{n_x^2 + n_y^2}}\right)
$$

因为 $\boldsymbol{M}_{t\to w}$ 是关于时间 t 的函数,即 $\boldsymbol{M}_{t\to w}(t)$。将其关于时间 t 的导数表示为

$$
\boldsymbol{M}'_{t\to w}(t) =
\begin{bmatrix}
M'_{1,1} & M'_{1,2} & M'_{1,3} & M'_{1,4} \\
M'_{2,1} & M'_{2,2} & M'_{2,3} & M'_{2,4} \\
0 & M'_{3,2} & M'_{3,3} & M'_{3,4} \\
0 & 0 & 0 & 0
\end{bmatrix}
$$

式中

$$
\begin{cases}
M'_{1,1} = -\Delta C \sin C \\
M'_{1,2} = -\Delta A \sin A \sin C + \Delta C \cos A \cos C \\
M'_{1,3} = \Delta A \cos A \sin C + \Delta C \sin A \cos C \\
M'_{1,4} = \cos C(\Delta x + y_0 \Delta C \cos A - z_0 \Delta C \sin A) - x_m \Delta C \sin C + \\
\qquad [\delta x_p \Delta C - z_0 \Delta A \cos A + \Delta y \cos A + (y_0 \Delta A + \Delta z) \sin A] \sin C
\end{cases}
$$

$$
\begin{cases}
M'_{2,1} = -\Delta C \cos C \\
M'_{2,2} = -\Delta A \sin A \cos C - \Delta C \cos A \sin C \\
M'_{2,3} = \Delta A \cos A \cos C - \Delta C \sin A \sin C \\
M'_{2,4} = \cos C[-x_0 \Delta C - z_0 \Delta A \cos A + \Delta y \cos A - (y_0 \Delta A - \Delta z) \sin A] - \\
\qquad (\Delta x + y_0 \Delta C \cos A - z_0 \Delta C \sin A) \sin C
\end{cases}
$$

$$
\begin{cases}
M'_{3,2} = -\Delta A \cos A \\
M'_{3,3} = -\Delta A \sin A \\
M'_{3,4} = -\Delta y \sin A + \Delta z \cos A - y_0 \Delta A \cos A + z_0 \Delta A \sin A
\end{cases}
,
\begin{cases}
x_0 = x_m - \delta x_p \\
y_0 = y_m - \delta y_p \\
z_0 = L - z_m + \delta z_p
\end{cases}
$$

在工件坐标系 CS_w 下，工件层 Ω 的法向量为 $\boldsymbol{n}_w = \begin{bmatrix} 0 & 0 & 1 \end{bmatrix}^T$，借助于工件坐标系与刀具坐标系之间的变换矩阵 $\boldsymbol{M}_{t \to w}$，求得工件层 Ω 在刀具坐标系下的法向量为

$$\begin{bmatrix} \boldsymbol{n}_T \\ 0 \end{bmatrix} = \boldsymbol{M}_{w \to t} \begin{bmatrix} 0 \\ 0 \\ 1 \\ 0 \end{bmatrix} = (\boldsymbol{M}_{t \to w})^{-1} \begin{bmatrix} 0 \\ 0 \\ 1 \\ 0 \end{bmatrix} = \begin{bmatrix} 0 \\ -\sin A \\ \cos A \\ 0 \end{bmatrix}$$

即 $\boldsymbol{n}_T = \begin{bmatrix} 0 & -\sin A & \cos A \end{bmatrix}^T$。

注意到 $\boldsymbol{n}_T$ 的第一个分量为 0，所以工件层 Ω 在刀具坐标系下的法向量 $\boldsymbol{n}_T$ 恰好位于刀具坐标系 CS_T 的平面 $y_T o_T z_T$ 内。工件层与刀具相对位置关系如图 5-5 所示，因为平面 $y_T o_T z_T$ 的法向量为 $\begin{bmatrix} 1 & 0 & 0 \end{bmatrix}^T$，所以工件层 Ω 与平面 $y_T o_T z_T$ 相互垂直，且工件层 Ω 的法向量与刀具坐标系的 z_T 轴的角度为 A。

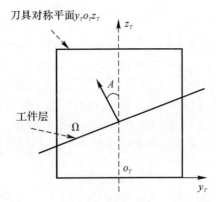

图 5-5　工件层与刀具相对位置关系

值得注意的是，从 z_T 轴旋转至工件层 Ω 的法向量，若该过程为逆时针，则 $A > 0$，否则 $A < 0$。

5.1.2　多轴数控加工未变形切屑的几何建模

为了构建五轴加工中未变形切屑的 3D 模型，采用分层切削的思想。分层切削原理图如图 5-6 所示，在工件之间建立一系列平行于机床工作台的工件层，利用工件层与刀具体的交线来求解未变形切屑的几何形状[16-18]。本书中定义工件层与刀具体的截面线为瞬时切削刃，主要由以下步骤建立：

（1）计算刀具体在刀具坐标系 $o_T - x_T y_T z_T$ 中的参数方程。

（2）通过刀具坐标系 $o_T - x_T y_T z_T$ 与工件坐标系 $o_w - x_w y_w z_w$ 之间的变换矩阵 $\boldsymbol{M}_{t \to w}$，将刀具体的参数方程转化至工件坐标系 $o_w - x_w y_w z_w$ 中。

（3）将参数方程投影至工件层，即求解刀具体与工件层 Ω 的交线。

在两个很短的时刻 $t_i \to t_{i+1}$，刀具移除某些层的工件材料被称为未变形切屑。从几何上讲，初始时刻的刀具在某一层上会产生一个瞬时切削刃。在第二个时刻，刀具在该层产生另一个瞬时切削刃。两个瞬时切削刃之间的区域表示刀具在该时间段切除的工件层材料，即未变形切屑在该工件层的截面线。

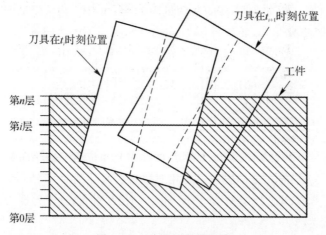

图 5-6　分层切削原理图

当刀具在相邻两个刀位点间运动时,瞬时切削刃将在离散的工件层上产生边界。假设在 $0 \sim t_1$ 时间段内刀具在工件层 Ω_i 上产生的边界为 B_1[见图 5-7 (a)],在 $0 \sim t_2$ 时间段内产生的边界为 B_2[见图 5-7 (b)],则两个边界的布尔差 $B_2 - B_1$[见图 5-7 (c)],即为刀具在 $t_1 \sim t_2$ 时间段内产生的未变形切屑在工件层 Ω_i 上的截面。因此未变形切屑的求解最终转化为求解瞬时切削刃在 $0 \sim t(0 < t \leqslant 1)$ 时间段内运动所产生的边界。借助于一系列工件层上的截面线[见图 5-8(a)],未变形切屑的几何模型可以通过放样各截面线获得[见图 5-8 (b)]。

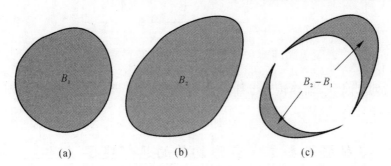

图 5-7　未变形切屑模型

(a)$0 \sim t_1$ 时间段瞬时切削刃运动形成边界;　(b)$0 \sim t_2$ 时间段瞬时切削刃运动形成边界;
(c)边界所对应区域的布尔差

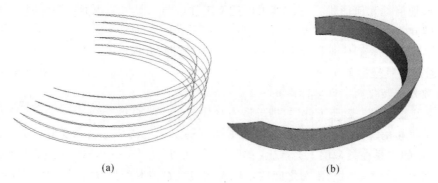

图 5-8　未变形切屑截面线轮廓和未变形切屑几何模型

(a)未变形切屑截面线轮廓;　(b)未变形切屑几何模型

为了求解刀具在相邻两个刀位点间运动过程中,对应瞬时切削刃在离散的工件层 Ω_i 上所产生的边界,需要对瞬时切削刃上的点进行分类。

假设刀具在工件层上瞬时切削刃的参数方程为

$$\mathbf{ICE}(\theta,t)=\begin{bmatrix}\mathbf{ICE}_x(\theta,t)\\[4pt]\mathbf{ICE}_y(\theta,t)\end{bmatrix}$$

式中:θ 为几何参数,t 为时间参数。则在 t_i 时刻,瞬时切削刃上对应于几何参数 θ_i 的点的速度矢量和法向矢量分别为

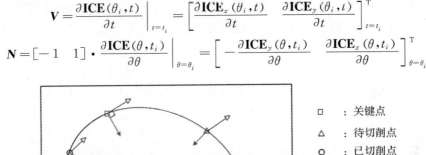

$$\mathbf{V}=\frac{\partial\mathbf{ICE}(\theta_i,t)}{\partial t}\bigg|_{t=t_i}=\begin{bmatrix}\dfrac{\partial\mathbf{ICE}_x(\theta_i,t)}{\partial t} & \dfrac{\partial\mathbf{ICE}_y(\theta_i,t)}{\partial t}\end{bmatrix}^{\mathrm{T}}_{t=t_i}$$

$$\mathbf{N}=\begin{bmatrix}-1 & 1\end{bmatrix}\cdot\frac{\partial\mathbf{ICE}(\theta,t_i)}{\partial\theta}\bigg|_{\theta=\theta_i}=\begin{bmatrix}-\dfrac{\partial\mathbf{ICE}_y(\theta,t_i)}{\partial\theta} & \dfrac{\partial\mathbf{ICE}_x(\theta,t_i)}{\partial\theta}\end{bmatrix}^{\mathrm{T}}_{\theta=\theta_i}$$

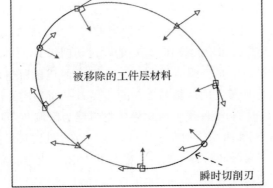

图 5-9　瞬时切削刃上的相关术语定义

如图 5-9 所示,由于五轴数控机床刀具运动复杂,瞬时切削刃上点的速度方向各不相同。在某些点处,它们的速度矢量指向瞬时切削刃的内部,而在其他点处,速度矢量指向瞬时切削刃的外部。在两类点集之间,存在着这样一类特殊点,该类点的速度矢量与瞬时切削刃相切,定义该类点为关键点。在时刻 t,假设瞬时切削刃上某点的法向矢量为 $\mathbf{N}(\theta,t)$,且它总是指向瞬时切削刃的内部,此外,该点的速度矢量为 $\mathbf{V}(\theta,t)$。因此,关键点的方程为

$$\mathbf{N}(\theta,t)\cdot\mathbf{V}(\theta,t)=0$$

已切点是瞬时切削刃上速度矢量指向边界内部的一类点。在加工过程的某个时刻,因为已切点正在向瞬时切削刃的内部移动,从物理上看,该点处材料已经被切除。唯一例外是初始时刻 t_0,一个已切点仍然是边界上的点。因此,已切点的方程被定义为

$$\mathbf{N}(\theta,t)\cdot\mathbf{V}(\theta,t)>0$$

换句话说,瞬时切削刃上的已切点的速度矢量与该点的法向矢量之间的夹角小于 $\pi/2$。

待切点是瞬时切削刃上速度矢量指向边界外部的一类点。在加工过程的某个时刻,因为已切点正在向瞬时切削刃的外部移动,从物理角度上讲,该点的材料还没有被切除(或者正在被切除),并且是边界上的点。因此,待切点的方程为

$$\mathbf{N}(\theta,t)\cdot\mathbf{V}(\theta,t)<0$$

也就是说,瞬时切削刃上的待切点的速度矢量与该点的法向矢量之间的夹角大于 $\pi/2$。

至此,可以看出:已切点和待切点成段出现,它们被瞬时切削刃上的关键点所分割。如果瞬时切削刃上有两个关键点,则瞬时切削刃上将出现一段已切段和一段待切段。如果瞬时切削刃上有4个关键点,则瞬时切削刃上将出现两段已切段和两段待切段。

从初始时刻 t_0 至当前时刻 t_{now} 过程中,求解某一工件层上一系列瞬时切削刃所构成边界的思路:通过研究一系列离散的时刻来代表这一时间段内的连续过程。由于时间间隔非常短,两个刀位点之间的连续加工过程可以利用那些离散的时刻来进行近似逼近,其本质是以有限逼近无限。

在五轴加工的两个相邻刀位点之间,瞬时切削刃的时间参数为 t,它的范围为 $t \in [0,1]$,不同的 t 值代表了不同时刻所对应的瞬时切削刃。假设离散时刻数目为 $n+1$,定义时刻 t 所产生的瞬时切削刃为 $\mathbf{ICE}(\theta,t)$,其中 θ 表示瞬时切削刃的几何参数,$t \in [t_0,t_1,\cdots,t_{i-1},t_i,\cdots,t_n]$。如图 5-10 所示,在初始时刻 t_0,瞬时切削刃 $\mathbf{ICE}(\theta,t_0)$ 所覆盖的区域为 A_0,它代表了在这一时刻工件层 Ω 上被移除的材料,并且区域 A_0 所形成的边界为 B_0。当到达第 i 个时刻 t_{i-1} 时,瞬时切削刃 $\mathbf{ICE}(\theta,t)$,$t \in [t_0,t_1,\cdots,t_{i-1}]$ 所形成覆盖的区域为 A_{i-1},并且该区域对应的边界为 B_{i-1}。一般来说,从初始时刻到当前时刻所形成的边界 B_n,由初始时刻 t_0 的瞬时切削刃 $\mathbf{ICE}(\theta,t_0)$ 上的已切段、当前时刻 t_n 的瞬时切削刃 $\mathbf{ICE}(\theta,t_n)$ 上的待切段以及连接从初始时刻到当前时刻过程中每个瞬时切削刃上关键点的线段所组成。在时刻 t_i,相应的瞬时切削刃为 $\mathbf{ICE}(\theta,t_i)$,它所覆盖的区域与之前的边界 B_{i-1} 所形成的边界为 B_i,并且在边界 B_i 内部的区域为 A_i。在该时刻,工件层上所切除的材料层为区域 A_i 与 A_{i-1} 的布尔差 $A_i - A_{i-1}$。在最后时刻 t_n,所有时刻瞬时切削刃所覆盖的区域为 B_n,且该区域的边界为 A_n。因此,在时刻 t_n,刀具在工件层上所移除的材料为 $A_n - A_{n-1}$,其中 B_{n-1} 表示初始时刻至 t_{n-1} 时刻瞬时切削刃所形成的区域[19-25]。

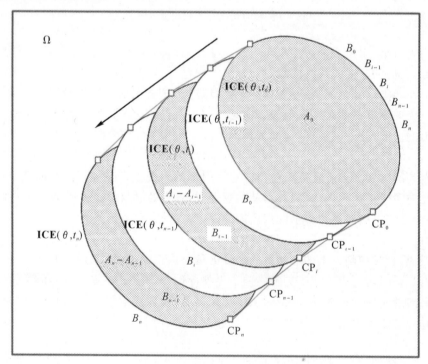

图 5-10　工件层上的一系列瞬时切削刃 $\mathbf{ICE}(\theta,t_i)$（箭头表示刀具运动方向）

在刀轴没有大抖动的五轴加工中,可以总结以下边界规则。

规则 5－1:

(1) 初始时刻 t_0 对应的瞬时切削刃 $ICE(\theta, t_0)$ 上的已切点,在相应的边界 B_0 上;

(2) 最后时刻 t_n 对应的瞬时切削刃 $ICE(\theta, t_n)$ 上的待切点,在对应的边界 B_n 上;

(3) 在 t_i 时刻,前一个边界 B_{i-1} 上的关键点(用 CP_{i-1} 表示),以及当前时刻 t_i 上的关键点(用 CP_i 表示)均在当前的边界 B_i 上。相应关键点的线段 $\overrightarrow{CP_{i-1}CP_i}$ 是边界 B_i 的一部分。

实际上,规则 5－1 的完整内容与传统的包络理论相一致。

规则 5－2: 在刀轴具有大的抖动的五轴加工中,在 t_i 时刻,如果当前时刻对应的瞬时切削刃 $ICE(\theta, t_i)$ 与初始边界 B_0 相交,且交于初始边界 B_0 的已切段,则:

(1) B_0 上处于瞬时切削刃 $ICE(\theta, t_i)$ 内部的已切点被称为无效已切点,而处于瞬时切削刃 $ICE(\theta, t_i)$ 外部的已切点被称为有效已切点;

(2) 边界 B_{i-1} 上处于瞬时切削刃 $ICE(\theta, t_i)$ 内部的关键点被称为无效关键点,而处于瞬时切削刃 $ICE(\theta, t_i)$ 外部的关键点被称为有效关键点;

(3) 初始边界 B_0 上的无效已切点以及边界 B_{i-1} 上的无效关键点将不在当前的边界 B_i 上,而初始边界 B_0 上的有效已切点以及边界 B_{i-1} 上的有效关键点将位于当前的边界 B_i 上。

规则 5－3: 在刀轴具有大的抖动的五轴加工中,在 t_i 时刻,如果当前时刻对应的瞬时切削刃 $ICE(\theta, t_i)$ 与前一时刻 t_{i-1} 的边界 B_{i-1} 相交,且交于当前时刻瞬时切削刃 $ICE(\theta, t_i)$ 的待切段,则:

(1) 瞬时切削刃 $ICE(\theta, t_i)$ 上处于边界 B_{i-1} 内部的待切点被称为无效待切点,而处于边界 B_{i-1} 外部的待切点被称为有效待切点;

(2) 瞬时切削刃 $ICE(\theta, t_i)$ 上处于边界 B_{i-1} 内部的关键点被称为无效关键点,而处于边界 B_{i-1} 外部的关键点被称为有效关键点;

(3) 瞬时切削刃 $ICE(\theta, t_i)$ 上的无效待切点和关键点将不在当前的边界 B_i 上,而瞬时切削刃 $ICE(\theta, t_i)$ 上的有效待切点和关键点将处于当前的边界 B_i 上。

规则 5－4: 如果瞬时切削刃是复合曲线,则复合曲线的分隔点可能位于边界上。该规则的原理如图 5－11 所示,某一工件层上一系列离散时刻所对应的瞬时切削刃,它们不是单一的曲线,而是由部分椭圆和直线段组成的复合曲线,则:

(1) 瞬时切削刃 $ICE(\theta, t_i)$ 上处于边界 B_{i-1} 内部的分隔点被称为无效分隔点,而处于边界 B_{i-1} 外部的分隔点被称为有效分隔点;

(2) 瞬时切削刃 $ICE(\theta, t_i)$ 上的无效分隔点将不在当前的边界 B_i 上,而瞬时切削刃 $ICE(\theta, t_i)$ 上的有效分隔点将处于当前的边界 B_i 上。

此外,还需要将一系列散乱的离散点连接成边界,即找出它们的先后顺序。该问题可表述如下:假设有若干散乱点 $P_k(x_k, y_k)(k=1,2,\cdots,n)$ 位于二维平面 xoy 上,且它们构成一个封闭的区域,现在要寻找到散乱点的连接顺序,以便依次连接它们得到光滑的边界。

最直接的方法是从点集中的第一个点 P_1 开始,在剩下的点之中取出离它最近的点 P_i,重复该过程,直到剩下的点数目为 0。该方法虽然简单,在测试的过程中也是可行的,但是最大的缺点就是寻找最近点操作耗时严重。为了解决这一问题,提出了一种解决方法:对于一个封闭的区域而言,存在一个几何重心 M,边界上的每一个点 $P_k(k=1,\cdots,n)$ 相对于该重心都对

应于一个极径 ρ_k 和极角 θ_k,根据极角 θ_k 的大小,对散乱边界点进行升序排序即可得到边界点的连接顺序。

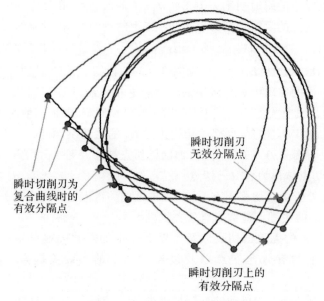

图 5-11　规则 5-4 的原理图

5.1.3　基于加工未变形切屑的切削力建模

由于五轴加工中的刀轴方向会变化,在某个离散层 Ω 上,刀具与离散层的瞬时切削刃实际为一椭圆,椭圆的圆心 O_E 为刀轴与离散层 Ω 的交点。而且由于每个不同瞬时,刀轴的摆角都在发生变化,所以在同一离散层 Ω 上,不同瞬时产生的椭圆的大小形状都不相同[26-28]。

设此时刻为 t_k,此时刀位点 $\boldsymbol{Q}(t_k)$ 为 (u_x, u_y, u_z),刀轴矢量 $\boldsymbol{T}(t_k)$ 为 (u_i, u_j, u_k),经过后置处理,可以计算出该刀位点处对应的机床输入量 $[x_M(t_k) \quad y_M(t_k) \quad z_M(t_k) \quad A_M(t_k) \quad C_M(t_k)]$。

则刀具轴线所在的直线参数方程如下:

$$\boldsymbol{r} = \boldsymbol{Q}(t_k) + \lambda \boldsymbol{T}(t_k) = (u_x + \lambda u_i, u_y + \lambda u_j, u_z + \lambda u_k)$$

式中:λ 为参数,且 $\lambda \in (-\infty, +\infty)$。

在高度为 z_Ω 的离散层 Ω 上,令 $u_z + \lambda u_k = z_\Omega$,可得

$$\lambda = \frac{z_\Omega - u_z}{u_k}$$

由上式即可得该离散层 Ω 上椭圆中心在工件坐标系下的坐标 $(x_{O_E}, y_{O_E}, z_{O_E})$ 为

$$\begin{cases} x_{O_E} = u_x + \dfrac{z_\Omega - u_z}{u_k} \cdot u_i \\[2mm] y_{O_E} = u_y + \dfrac{z_\Omega - u_z}{u_k} \cdot u_j \\[2mm] z_{O_E} = z_\Omega \end{cases}$$

在一个完整的加工过程中,只有处于切削状态的切削刃才会对总的切削力做出贡献,没有

处于切削区域的切削刃不会产生切削力,所以需要判断出任意瞬时切削刃上参与切削的部分,并计算该部分产生的切削力。由于在前面已经求解出了一个刀步内产生的未变形切屑的几何模型,故只要在该刀步内,切削刃上的切削微元位于该未变形切屑内部,则这部分切削刃就处于切触区域内。可以利用一个刀步内的未变形切屑几何模型计算出该刀步内的每一个离散层上刀具切入工件的切入角和切出角,并根据切削刃上不同高度处切削微元所对应的浸入角来判断切削刃上该部分的切削微元是否处于切削状态。

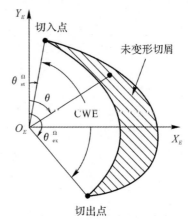

图 5-12　切入角、切出角示意图

如图 5-12 所示,阴影部分为某个刀步内刀具在离散层 Ω 上运动产生的未变形切屑。建立直角坐标系 CS_E,坐标系原点 O_E 位于该离散层上刀步结束时刻的截面线椭圆的圆心处,坐标轴方向和工件坐标系一致。

则从工件坐标系 CS_W 到 CS_E 的变化矩阵 $\boldsymbol{T}_6$ 即为

$$\boldsymbol{T}_6(CS_W \rightarrow CS_E) = \begin{bmatrix} 1 & 0 & 0 & -x_{O_E} \\ 0 & 1 & 0 & -y_{O_E} \\ 0 & 0 & 1 & -z_{O_E} \\ 0 & 0 & 0 & 1 \end{bmatrix}$$

在图 5-12 中,从坐标原点 O_E 开始沿着 Y 轴正向引一条射线,并绕原点做顺时针旋转,第一个接触到的未变形切屑边界上的点为该离散层上的切入点,从这一点开始,刀刃切入工件,产生切削力,此时,定义射线旋转过的角度 θ_{st}^{Ω} 为刀具开始切入工件的角度,即切入角。最后一个接触到的未变形切屑边界上的点为该离散层上的切出点,从这一点开始,刀刃切出工件,不再产生切削力,此时,定义射线旋转过的角度 θ_{ex}^{Ω} 为刀具开始切出工件的角度,即切出角。切入角和切出角之间的部分即为刀具-工件啮合区,若切削微元处于该区域内,则处于切削状态。

定义切削微元与坐标原点 O_E 的连线和 Y_E 轴的夹角 θ 为浸入角,$\theta \in [0,2\pi]$。根据上述分析知,若 $\theta \in [\theta_{st}^{\Omega}, \theta_{ex}^{\Omega}]$,则该切削微元处于切削状态,若 $\theta \notin [\theta_{st}^{\Omega}, \theta_{ex}^{\Omega}]$,则该切削微元处于非切削状态。

若工件材料本身存在不连续的情况,刀具与工件之间可能存在多个切削区域,这种情况下刀具和工件间的切削区域为 $[\theta_{st\_1}^{\Omega}, \theta_{ex\_1}^{\Omega}] \bigcup [\theta_{st\_2}^{\Omega}, \theta_{ex\_2}^{\Omega}]$,其中 $\theta_{st\_1}^{\Omega}$、$\theta_{ex\_1}^{\Omega}$ 分别为切削区域 1 的切入角和切出角,$\theta_{st\_2}^{\Omega}$、$\theta_{ex\_2}^{\Omega}$ 分别为切削区域 2 的切入角和切出角。

由于采用 B-rep 方法表达工件模型的几何边界,在每个离散层上的未变形切屑轮廓边界的数据存储形式为轮廓边界上的一系列有序的离散点,所以为了能够从中找出切入点和切出点,先对离散层上的所有离散点进行编号,$1\cdots w-1, w, w+1\cdots$。

如图 5-13 所示,任意两个相邻离散点 w、$w+1$ 之间组成的向量(从编号小的点指向编号大的点)为 $\boldsymbol{n}_w$,若任意两个相邻向量间的夹角 α 大于 90°,即

$$\boldsymbol{n}_{w-1} \cdot \boldsymbol{n}_w < 0$$

则定义这三个相邻离散点中间的点为尖点,即图 5-13 中的 w 点,遍历该离散层上的所有离散点,找

出这个离散层上未变形切屑的所有尖点。如果找出的尖点数量为两个,则这两个点即为对应的切入点和切出点,若找出的点的个数大于两个,则对应的切入点和切出点一定位于这些尖点中。

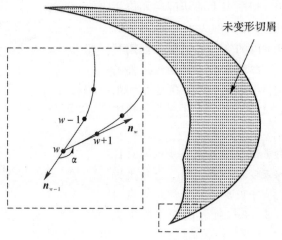

图 5-13　尖点计算示意图

定义任意两个尖点之间对应的浸入角的差值为 $\bar{\theta}$,因为浸入角相差越大,则两个点之间所包含的材料就越多,所以遍历所有的尖点,其中夹角 $\bar{\theta}$ 最大的两个点即为切入点和切出点。

如图 5-14 所示,图中的 P_1 点和 P_2 点即为找出的两个尖点,在未变形切屑的边界上取编号位于两个尖点中间的一点作为测试点,记作点 P_t。分别计算三个点处对应的浸入角,分别记做 θ_1、θ_2 和 θ_t。

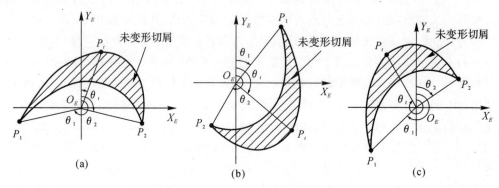

(a)　　　　　　　　(b)　　　　　　　　(c)

图 5-14　切入角、切出角判断示意图

当机床转角 $|A| < 90°$ 时,从工件坐标系的 Z 轴正方向往下看刀具是作顺时针旋转的,此时比较三个浸入角的大小如下:

(1) 若如图 5-14(a) 所示,$\theta_1 < \theta_t < \theta_2$,即 θ_t 为三个角中第二大,则 P_1 点为切入点,P_2 点为切出点,此时切入角为 θ_1,切出角为 θ_2,切触区域 CWE 为 $[\theta_1, \theta_2]$。

(2) 若如图 5-14(b) 所示,$\theta_t < \theta_2 < \theta_1$,即 θ_t 为三个角中最小,则 P_1 点为切入点,P_2 点为切出点,此时切入角为 θ_1,切出角为 θ_2,切触区域 CWE 为 $[\theta_1, 2\pi] \cup [0, \theta_2]$。

(3) 若如图 5-14(c) 所示,$\theta_2 < \theta_1 < \theta_t$,即 θ_t 为三个角中最大,则 P_1 点为切入点,P_2 点为切出点,此时切入角为 θ_1,切出角为 θ_2,切触区域 CWE 为 $[\theta_1, 2\pi] \cup [0, \theta_2]$。

当机床转角 $|A| > 90°$ 时,从工件坐标系的 Z 轴正方向往下看刀具是作逆时针旋转的,即切入角和切出角的方向将取反,此时比较三个侵入角的大小如下:

(1) 若 $\theta_1 < \theta_t < \theta_2$,即 θ_t 为三个角中第二大,则 P_2 点为切入点,P_1 点为切出点,此时切入角为 θ_2,切出角为 θ_1,切触区域 CWE 为 $[\theta_1, \theta_2]$。

(2) 若 $\theta_t < \theta_2 < \theta_1$,即 θ_t 为三个角中最小,则 P_2 点为切入点,P_1 点为切出点,此时切入角为 θ_2,切出角为 θ_1,切触区域 CWE 为 $[\theta_1, 2\pi] \bigcup [0, \theta_2]$。

(3) 若 $\theta_2 < \theta_1 < \theta_t$,即 θ_t 为三个角中最大,则 P_2 点为切入点,P_1 点为切出点,此时切入角为 θ_2,切出角为 θ_1,切触区域 CWE 为 $[\theta_1, 2\pi] \bigcup [0, \theta_2]$。

在五轴加工中,由于刀具有摆角存在,即刀轴矢量和离散层不垂直,则每个瞬时切入同一个离散层的切削微元是时刻在变化的。如图 5-15 所示,位于离散层 Ω 上的切削微元即为该离散层和刀刃的交点。在该时刻,切削微元进入离散层 Ω 切削,判断切削状态时将以离散层 Ω 上的切触区域 CWE 进行判断,下一个瞬间该切削微元立即离开该离散层,进入其他的离散层,此时将以其他离散层上的切触区域 CWE 判断该切削微元是否参与切削。

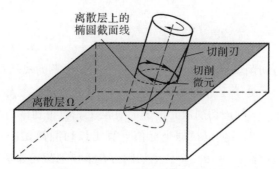

图 5-15　切削微元运动示意图

为了判断任意瞬时刀刃上参与切削的部分,首先需要在刀具坐标系下对刀刃进行离散,如图 5-16 所示,离散层为一系列垂直于刀轴方向的截平面,定义任意两个相邻离散层间的刀具体为切削盘,对于四齿刀而言,每个切削盘上存在四个切削微元。设相邻两个离散层间的距离为 Δl,则 Δl 越小,离散层的厚度就越小,离散精度就越高。若离散精度足够高,可以用两个离散层中点处的切削点的坐标来近似表示该切削微元的位置。

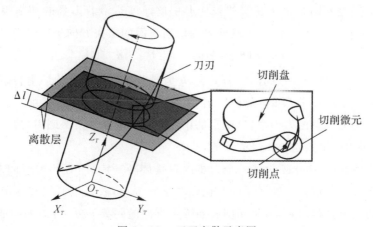

图 5-16　刀刃离散示意图

根据图 5-16 即可计算出位于各个离散层上的切削微元的位置坐标。从刀具底部开始离散,每个离散层的高度为 Δl,离散层的层数为 level,刀刃的编号为 $i(i=1,2,3,4)$,同一条刀刃上的编号为 $j(j=1,2,\cdots,\text{level})$。

则在刀具坐标系中第 i 个刀刃上的第 j 个切削微元对应的离散层高度 z_{Ω_T} 即为

$$z_{\Omega\_T} = \left(j - \frac{1}{2}\right) \cdot \Delta l$$

可知每个切削盘上的切削微元的坐标即为

$$\begin{bmatrix} x_{\text{cp}\_T} \\ y_{\text{cp}\_T} \\ z_{\text{cp}\_T} \end{bmatrix} = \begin{bmatrix} R \cdot \cos[\varphi_{i,j}(z_{\Omega\_T})] \\ R \cdot \sin[\varphi_{i,j}(z_{\Omega\_T})] \\ z_{\Omega\_T} \end{bmatrix}$$

利用坐标变换可以得到该切削微元在工件坐标系下的坐标 $(x_{\text{cp}\_w}, y_{\text{cp}\_w}, z_{\text{cp}\_w})$ 为

$$\begin{bmatrix} x_{\text{cp}\_w} \\ y_{\text{cp}\_w} \\ z_{\text{cp}\_w} \\ 1 \end{bmatrix} = M_{t-w} \begin{bmatrix} x_{\text{cp}\_T} \\ y_{\text{cp}\_T} \\ z_{\text{cp}\_T} \\ 1 \end{bmatrix}$$

在工件坐标系下,将切削微元的 Z 坐标 z_{cp_w} 和工件坐标系的离散层的 Z 坐标值 z_{Ω_w} 进行对比,即可判断该切削微元处于工件的哪个离散层内。

若 $z_{\text{cp}\_w} \in [z_{\Omega-1\_w}, z_{\Omega\_w}]$,则该切削微元位于第 Ω 层上。再得到该切削微元在坐标系 CS_E 中的坐标值 $(x_{\text{cp}\_E}, y_{\text{cp}\_E}, z_{\text{cp}\_E})$,然后可以根据坐标值计算出该切削微元在对应离散层内的坐标系 $O_E X_E Y_E Z_E$ 中的浸入角 θ。若 $\theta_{\text{st}}^{\Omega} \leqslant \theta \leqslant \theta_{\text{ex}}^{\Omega}$,则切削刃在该切削微元处是切削状态。

进一步,结合未变形切屑几何模型计算未变形切屑厚度。如图 5-17(a) 所示,刀位 CL_{S1} 表示一个刀步初始时刻时的刀具位置,刀位 CL_{S2} 表示该刀步结束时刻时的刀具位置。阴影部分是在离散层 Ω 上,该刀步内刀具产生的未变形切屑的轮廓。

若切削微元 P_{ij} 处于切削状态,则由坐标系原点 O_E 处引出一条射线,过切削微元 P_{ij} 且交未变形切屑的边界于 P_{S1}、P_{S2} 两点处。如图 5-17(c) 中所示,定义 P_{S1}、P_{S2} 两点间的距离为 $\delta(\theta)$。该段距离 $\delta(\theta)$ 和浸入角 θ 有关,对于不同时刻、不同高度处的切削微元,其浸入角 θ 不同,对应的 $\delta(\theta)$ 值也不同。由于真实的未变形切屑厚度是沿着刀具的切削表面的法矢方向的,所以需要将水平距离 $\delta(\theta)$ 沿着该点处刀具切削表面的法矢方向进行投影,即

$$h(\theta) = \delta(\theta) \cdot \overrightarrow{P_{S1}P_{S2}} \cdot \boldsymbol{n}$$

式中:$\overrightarrow{P_{S1}P_{S2}}$ 为 P_{S1} 点和 P_{S2} 点间的方向向量,$\boldsymbol{n}$ 为对应切削微元处的切削表面法矢方向。

由于设定的刀具在一个刀步内旋转一周,故这部分的未变形切屑是由 N_E 个刀齿分 N_E 次分别去除的,N_E 为刀具总的刀齿数,这个案例中使用的刀具为 4 齿平底刀,故从图 5-17(b) 中可以看出,该刀步内的材料是分 4 次去除的。

这里引入一个假设:由于所设的一个刀步内刀具旋转一周,所经历的时间非常短,所以在这个时间段内刀具实际加工中的摆角的变化幅度也非常小,故可以假设在这个过程中刀具的每个刀刃均匀地去除材料,即沿刀具切削表面法矢方向的距离 $h(\theta)$ 可以平均地分配到 N_E 个刀齿上。

则分配到每个刀刃上的未变形切屑厚度可以由下式计算得到：

$$h_i(\theta) = \frac{h(\theta)}{N_R \cdot N_E} = \frac{\delta(\theta)}{N_R \cdot N_E} \cdot \overrightarrow{P_{S1}P_{S2}} \cdot \boldsymbol{n}$$

式中：N_E 为刀刃的总数；i 为刀刃的编号，且 $i = 1, 2, \cdots, N_E$；N_R 为一个刀步内刀具旋转的圈数。

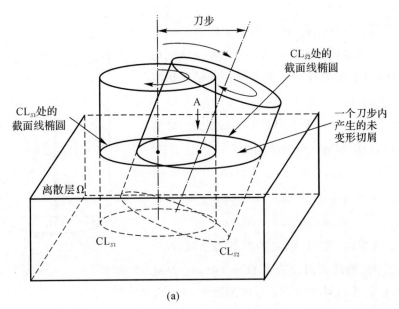

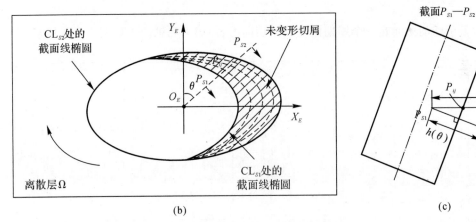

图 5-17　未变形切屑计算

（a）一个刀步内离散层 Ω 上的未变形切屑几何；（b）水平厚度定义示意图；（c）未变形切屑厚度示意图

假设用对应瞬时的刀具体表面的法矢方向来近似刀具真实切削表面对应的法矢方向，切削微元 P_{ij} 在刀具坐标系下的坐标为 $(x_{cp\_T}, y_{cp\_T}, z_{cp\_T})$，故在刀具坐标系下该切削微元处对应的表面法矢方向 $(n_{x\_T}, n_{y\_T}, n_{z\_T})$ 的计算公式为

$$\begin{bmatrix} n_{x\_T} \\ n_{y\_T} \\ n_{z\_T} \end{bmatrix} = \begin{bmatrix} \cos[\varphi_{i,j}(z_{cp\_T})] \\ \sin(\varphi_{i,j}[z_{cp\_T}]) \\ 0 \end{bmatrix}$$

通过上式的坐标变换可以得到工件坐标系下对应的法矢方向即为

$$\boldsymbol{n} = \begin{bmatrix} n_{x\_W} \\ n_{y\_W} \\ n_{z\_W} \\ 0 \end{bmatrix} = \boldsymbol{M}_{t-w}(t) \begin{bmatrix} n_{x\_T} \\ n_{y\_T} \\ n_{z\_T} \\ 0 \end{bmatrix}$$

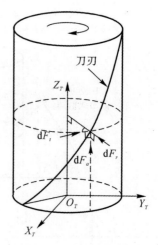

由于铣刀都有螺旋角的存在,所以微元切削力模型可以通过斜角切削模型来描述。本书利用该方法建立微元切削力模型,并利用计算出的未变形切屑厚度计算微元切削力,预测五轴加工中的瞬时切削力[29-32]。

如图5-18所示,刀具坐标系下刀刃上某切削微元处的微元切削力的切向、径向和轴向分力分别为

$$\begin{cases} \mathrm{d}F_{t,ij}(z) = \{K_{tc}h_{ij}[\theta(z)] + K_{te}\}\mathrm{d}z \\ \mathrm{d}F_{r,ij}(z) = \{K_{rc}h_{ij}[\theta(z)] + K_{re}\}\mathrm{d}z \\ \mathrm{d}F_{a,ij}(z) = \{K_{ac}h_{ij}[\theta(z)] + K_{ae}\}\mathrm{d}z \end{cases}$$

式中:K_{tc}、K_{rc}、K_{ac} 为切向、径向、轴向的剪切力系数;K_{te}、K_{re}、K_{ae} 为切向、径向、轴向的刃口力系数;$h_{ij}[\theta(z)]$ 为对应切削微元处的未变形切屑厚度;$\mathrm{d}z$ 为切削微元的轴向高度。

图 5-18　微元切削力示意图

加工中某个切削微元在一个周期内受到的切向力、径向力和轴向力如图5-19所示。

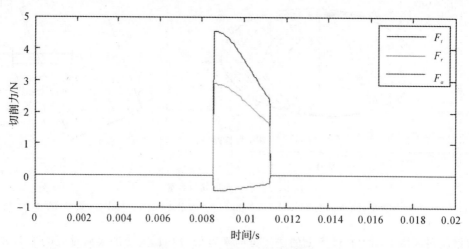

图 5-19　微元切削力结果图

由于实验中测得的切削力是在工件坐标系下的,为了更好地对比测量值和仿真值,则需要将微元切削力转换到工件坐标系下。

在工件坐标系下,径向微元力 $\mathrm{d}F_r$ 的方向向量为

$$r = (r_x, r_y, r_z) = (-n_{x\_w}, -n_{y\_w}, -n_{z\_w})$$

在工件坐标系下,轴向微元力 dF_a 的方向向量为

$$a = (a_x, a_y, a_z) = (i, j, k)$$

式中,i、j、k 分别为刀位文件中的刀轴矢量。

在工件坐标系下,切向微元力 dF_t 的方向向量为

$$t = (t_x, t_y, t_z) = r \times a$$

则将该微元力投影到工件坐标系下为

$$\begin{bmatrix} dF_{x,ij} \\ dF_{y,ij} \\ dF_{z,ij} \end{bmatrix} = \begin{bmatrix} t_x & r_x & a_x \\ t_y & r_y & a_y \\ t_z & r_z & a_z \end{bmatrix} \begin{bmatrix} dF_{t,ij} \\ dF_{r,ij} \\ dF_{a,ij} \end{bmatrix}$$

对所有切削刃上的微元切削力进行累加,即可得到工件坐标系中某时刻下各个坐标轴方向上的切削合力:

$$\begin{cases} F_x = \sum_{i=1}^{N_E} \sum_{j=1}^{level} dF_{x,ij} \\ F_y = \sum_{i=1}^{N_E} \sum_{j=1}^{level} dF_{y,ij} \\ F_z = \sum_{i=1}^{N_E} \sum_{j=1}^{level} dF_{z,ij} \end{cases}$$

5.2　加工过程中动态工艺模型建模

5.2.1　铣削加工中刀具跳动精确建模

本书面向三轴立式铣削加工中心,建立考虑轴承内圈径向误差的主轴运动模型。首先需要分析刀具轴线受哪些因素的影响,当轴承承受载荷之后,轴承的套圈位置不可避免地会产生变形。由于轴承内圈和主轴转子通过过盈配合安装在一起,而转子通常为薄壁结构来安装拉钉机构,因此可以将其整体视为一个圆环结构。当轴承内圈与空心转子一同承受载荷的时候会产生弯曲变形,而这一变形会改变轴承内部的动力学状态,从而影响主轴系统的旋转轨迹。综上所述,可认为轴承安装位置处的主轴轴心的运动轨迹与该处轴承内圈中心的运动轨迹一致,而轴承孔与轴承外圈为理想形状[33-38]。

在主轴上端轴承安装平面上建立了主轴坐标系 CS1,将主轴上端角接触球轴承的安装位置上的轴承孔处圆心设定为 CS1 的坐标原点 O_1,主轴坐标系 CS1 的 X_1、Y_1、Z_1 轴分别与机床坐标系 CS0 的 X_0、Y_0、Z_0 轴平行,将主轴下端角接触球轴承的安装位置上的轴承孔处圆心设定为点 M,将主轴底端中心设定为点 O_2,如图 5-20 所示。

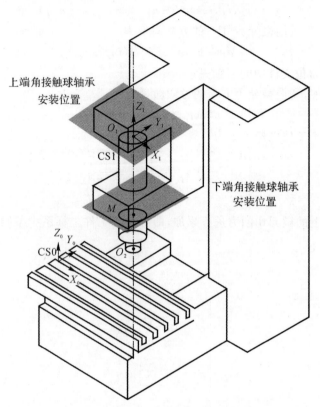

图 5-20　三轴立式铣削加工中心以及坐标系 CS0、CS1 示意图

如图 5-21 所示，为了描述主轴轴线的运动，将主轴上端轴承安装平面设定为 Π_1，主轴下端轴承安装平面为 Π_2，A_1 为主轴轴线与上端轴承安装平面 Π_1 的交点，A_2 为主轴轴线与下端轴承安装平面 Π_2 的交点。N 为主轴底端中心。主轴上安装的刀柄螺母底端中心为 O_2。定义刀柄底端平面为 Π_3。令机床主轴上端与下端轴承安装平面距离为 l_{O1M}，l_{A1N} 为点 A_1 与点 N 之间的距离，l_{O1M} 可通过查阅机床手册获得。l_{NO2} 为刀柄螺母底端中心 O_2 与主轴底端中心的距离，可以通过查阅标准获得。定义点 A_1 与点 A_2 的运动轨迹为平面 Π_1 与平面 Π_2 上的圆，点 A_1 在 CS1 中的坐标为 (x_{A1}, y_{A1}, z_{A1})，点 A_2 在 CS1 中的坐标为 (x_{A2}, y_{A2}, z_{A2})，在 CS1 下 A_1 与 A_2 的参数方程为

$$\begin{cases} x_{A1}(t) = a_1 \cos(\theta_1 - \omega t) \\ y_{A1}(t) = a_1 \sin(\theta_1 - \omega t) \\ z_{A1}(t) = 0 \end{cases}, \qquad \begin{cases} x_{A2}(t) = a_2 \cos(\theta_2 - \omega t) \\ y_{A2}(t) = a_2 \sin(\theta_2 - \omega t) \\ z_{A2}(t) = -l_{O1M} \end{cases}$$

式中：θ_1 为平面 Π_1 上直线 O_1A_1 与 X_1 轴的夹角；θ_2 为平面 Π_2 上直线 MA_2 与 X_1 轴的夹角；a_1 为 A_1 的圆运动轨迹的半径；a_2 为 A_2 的圆运动轨迹的半径；ω 为主轴转速；t 为主轴旋转的时间。

如图 5-22 所示，机床主轴的顶端被定位盘 S 所固定，在这种情况下 A_1 与 A_2 的运动受到了一定的约束。主轴轴线运动参数存在约束条件，如以下公式所示（其中主轴定位盘为 S，定义盘至上端轴承安装位置的距离为 l_{SO1}）：

$$\begin{cases} \dfrac{a_1}{a_2} = \dfrac{l_{SO1}}{l_{O1M} + l_{SO1}} \\ \theta_1 = \theta_2 \end{cases}$$

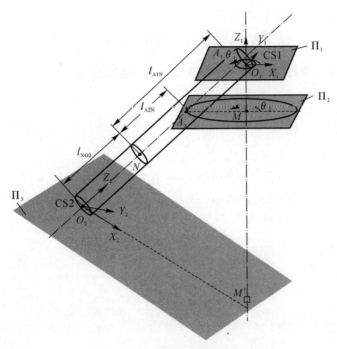

图 5 - 21　主轴运动模型示意图

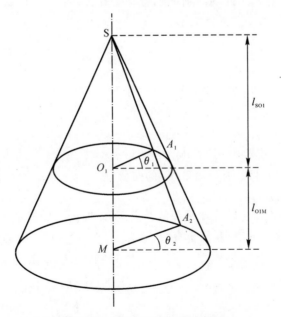

图 5 - 22　机床主轴运动示意图

如图 5-21 所示,点 M' 为点 M 沿着直线 MO_1 在平面 Π_3 上的投影。直线 O_2M' 方向为 CS2

的 X_2 轴方向,由 CS2 的 X_2 轴与 Z_2 轴的叉乘得到 CS2 的 Y_2 轴。利用直线 A_2A_1 与直线 O_2M' 的垂直关系,可以得到点 M' 在 CS1 下的坐标 $(x_{M'}, y_{M'}, z_{M'})$ 为

$$\begin{cases} x_{M'} = 0 \\ y_{M'} = 0 \\ z_{M'} = z_{O2} + \dfrac{x_{A1} - x_{O2} x_{O2} + (y_{A1} - y_{O2}) y_{O2}}{z_{A_1} - z_{O2}} \end{cases}$$

综上所述,建立由坐标系 CS2 到坐标系 CS1 的变换矩阵 $\boldsymbol{M}_{21}$:

$$\boldsymbol{M}_{21} = \begin{bmatrix} a_{2x} & a_{2y} & a_{2z} & x_{O2} \\ b_{2x} & b_{2y} & b_{2z} & y_{O2} \\ c_{2x} & c_{2y} & c_{2z} & z_{O2} \\ 0 & 0 & 0 & 1 \end{bmatrix}$$

式中:(x_{O2}, y_{O2}, z_{O2}) 为坐标系 CS2 坐标原点 O_2 在 CS1 中的坐标值;a_{2x}, b_{2x}, c_{2x} 为 CS2 坐标系的 X_2 轴在坐标系 CS1 中的方向余弦;a_{2y}, b_{2y}, c_{2y} 为 CS2 坐标系的 Y_2 轴在坐标系 CS1 中的方向余弦;a_{2z}, b_{2z}, c_{2z} 为 CS2 坐标系的 Z_2 轴在坐标系 CS1 中的方向余弦。

有

$$\begin{cases} a_{2v} = \dfrac{r_{2v}}{\sqrt{r_{2v}^2 + p_{2v}^2 + q_{2v}^2}} \\ b_{2v} = \dfrac{p_{2v}}{\sqrt{r_{2v}^2 + p_{2v}^2 + q_{2v}^2}}, \quad v = x, y, z \\ c_{2v} = \dfrac{q_{2v}}{r_{2v}^2 + p_{2v}^2 + q_{2v}^2} \end{cases}$$

(r_{2z}, p_{2z}, q_{2z}) 是沿着直线 A_2A_1 的向量,也是沿着 Z_2 的向量,计算公式如下:

$$\begin{cases} r_{2z} = x_{A_1} - x_{A_2} \\ p_{2z} = y_{A_1} - y_{A_2} \\ q_{2z} = z_{A_1} - z_{A_2} \end{cases}$$

(r_{2x}, p_{2x}, q_{2x}) 是沿着 X_2 的向量,计算公式如下:

$$\begin{cases} r_{2x} = x_{M'} - x_{O2} \\ p_{2x} = x_{M'} - x_{O2} \\ q_{2x} = x_{M'} - x_{O2} \end{cases}$$

Y_2 由 Z_2 与 X_2 外积得到,所以沿着 Y_2 的向量 $[r_{2y} \quad p_{2y} \quad q_{2y}]$ 的计算公式如下:

$$[r_{2y} \quad p_{2y} \quad q_{2y}] = [r_{2z} \quad p_{2z} \quad q_{2z}] \times [r_{2x} \quad p_{2x} \quad q_{2x}]$$

l_{NO2} 为刀柄底端平面与主轴底端平面的距离,可以根据刀柄型号获得。l_{A1A2} 为点 A_1 与点 A_2 的距离。坐标系 CS2 的原点 O_2 位于直线 A_2A_1 上,点 O_2 在 CS2 中的坐标为 (x_{O2}, y_{O2}, z_{O2}),计算方法为

$$\begin{cases} x_{O2} = x_{A1} + (x_{A2} - x_{A1}) \cdot \dfrac{l_{A1N} + l_{NO2}}{l_{A1A2}} \\ y_{O2} = y_{A1} + (y_{A2} - y_{A1}) \cdot \dfrac{l_{A1N} + l_{NO2}}{l_{A1A2}} \\ z_{O2} = z_{A1} + (z_{A2} - z_{A1}) \cdot \dfrac{l_{A1N} + l_{NO2}}{l_{A1A2}} \end{cases}$$

　　为了说明刀具安装带来的误差,在刀柄底端平面 Π_3 上建立局部坐标系 CS2,并在 CS2 中描述刀具的安装误差。主轴底端中心位置为 N。

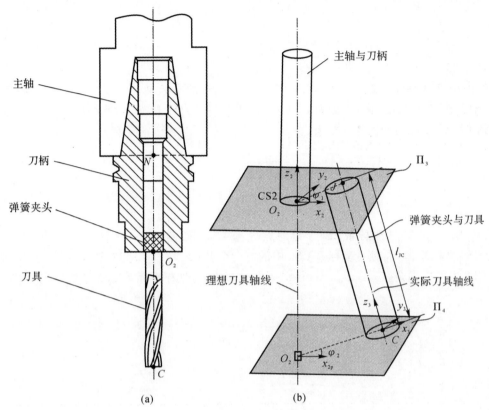

图 5 - 23　刀具装夹以及坐标系 CS2、CS3 示意图

(a) 理想状况下刀具装夹示意图;　(b) 实际状况下刀具装夹示意图

　　如图 5 - 23 所示,定义极坐标参数 φ_1、φ_2、ρ_1 以及 ρ_2 来说明刀具的安装误差,其中直线 $O_2O_2{}'$ 为机床主轴与刀柄的轴线,理想状况下刀具轴线与直线 $O_2O_2{}'$ 共线。当存在刀具安装误差时,刀具轴线与平面 Π_3 的交点 J 并不与刀柄底端中心 O_2 重合。点 C 与点 J 之间的距离 l_{JC},可以在实验现场测量得到 l_{JC} 的值。刀具底端中心点为 C,点 C 也就是刀心点。为了说明点 C 的位置,定义为过点 C 且与平面 Π_3 平行的平面为 Π_4,X_{2p} 为 X_2 在平面 Π_4 上的投影,点 O_2 沿着 CS2 的坐标轴 z_2 方向在平面 Π_4 上的投影点为 $O_2{}'$。在坐标系 CS2 下,点 $O_2{}'$ 的坐标为 $(x_{O2'},y_{O2'},z_{O2'})$,点 J 的坐标为 (x_J,y_J,z_J),点 C 坐标为 (x_C,y_C,z_C),需要指出点 O_3 与刀心点 C 为同一个点,$x_{O3}=x_C,y_{O3}=y_C,z_{O3}=z_C$,点 J 与点 C 坐标计算公式为

$$\begin{cases} x_J = r_1\cos\varphi_1 \\ y_J = r_1\sin\varphi_1 \\ z_J = 0 \\ x_C = r_2\cos\varphi_2 \\ y_C = r_2\sin\varphi_2 \\ z_C = -\sqrt{l_{\mathrm{JC}}^2 - (r_1\cos\varphi_1 - r_2\cos\varphi_2)^2 - (r_1\sin\varphi_1 - r_2\sin\varphi_2)^2} \end{cases}$$

式中：r_1 为 J 与点 O_2 的距离；φ_1 为直线 O_2J 与 X_2 轴的夹角；r_2 为 $O_2{'}$ 与点 C 的距离；φ_2 为直线 $O_2{'}C$ 与 X_{2p} 轴的夹角。

计算点 $O_2{'}$ 在坐标系 CS2 中坐标的公式为

$$\begin{cases} x_{O2'} = 0 \\ y_{O2'} = 0 \\ z_{O2'} = z_C \end{cases}$$

如图 5-23 所示，定义刀具坐标系 CS3，坐标系 CS3 的坐标原点 O_3 为刀心点 C，坐标系 CS3 的 Z_3 轴沿着刀具轴线方向，坐标系 CS3 的 X_3 轴为沿着直线 $O_2{'}C$。综上所述，建立由坐标系 CS3 到坐标系 CS2 的变换 $\boldsymbol{M}_{32}$ 矩阵。

$$\boldsymbol{M}_{32} = \begin{bmatrix} a_{3x} & a_{3y} & a_{3z} & x_{O3} \\ b_{3x} & b_{3y} & b_{3z} & y_{O3} \\ c_{3x} & c_{3y} & c_{3z} & z_{O3} \\ 0 & 0 & 0 & 1 \end{bmatrix}$$

式中：(x_{O3}, y_{O3}, z_{O3}) 为坐标系 CS3 坐标原点 O_3 在 CS2 中的坐标值，点 O_3 为刀心点 C；a_{3x}, b_{3x}, c_{3x} 为 CS3 坐标系的 X_3 轴在坐标系 CS2 中的方向余弦；a_{3y}, b_{3y}, c_{3y} 为 CS3 坐标系的 Y_3 轴在坐标系 CS2 中的方向余弦；a_{3z}, b_{3z}, c_{3z} 为 CS3 坐标系的 Z_3 轴在坐标系 CS2 中的方向余弦。

有

$$\begin{cases} a_{3v} = \dfrac{r_{3v}}{\sqrt{r_{3v}^2 + p_{3v}^2 + q_{3v}^2}} \\ b_{3v} = \dfrac{p_{2x}}{\sqrt{r_{3v}^2 + p_{3v}^2 + q_{3v}^2}} \ , \quad v = x, y, z \\ c_{3v} = \dfrac{q_{2v}}{\sqrt{r_{3v}^2 + p_{3v}^2 + q_{3v}^2}} \end{cases}$$

式中

$$\begin{cases} r_{3z} = x_J - x_C \\ p_{3z} = y_J - y_C \\ q_{3z} = z_J - z_C \\ r_{3x} = x_C - x_{O2'} \\ p_{3x} = y_C - y_{O2'} \\ q_{3x} = Z_C - z_{O2'} \end{cases}$$

$$\begin{bmatrix} r_{3y} & p_{3y} & q_{3y} \end{bmatrix} = \begin{bmatrix} r_{3z} & p_{3z} & q_{3z} \end{bmatrix} \times \begin{bmatrix} r_{3x} & p_{3x} & q_{3x} \end{bmatrix}$$

将刀心点 C 变换到 CS1 下，矩阵变换为

$$\begin{bmatrix} X_C \\ Y_C \\ Z_C \\ 1 \end{bmatrix} = \boldsymbol{M}_{21} \cdot \boldsymbol{M}_{32} \cdot \begin{bmatrix} 0 \\ 0 \\ 0 \\ 1 \end{bmatrix}$$

式中，X_C、Y_C 以及 Z_C 为点 C 在 CS1 下的坐标。

为了说明考虑机床主轴运动与刀具安装误差的刀具轴线仿真模型的合理性，分析了 API 公司的 SPN-300 型主轴动态误差分析仪所记录的数据。由仪器所记录的测量数据可以得到

标准球棒中心与电容传感器(S_1, S_2, S_3)之间的距离$(x_{M,i}, y_{M,i}, z_{M,i})$，如图 5 - 24 所示。

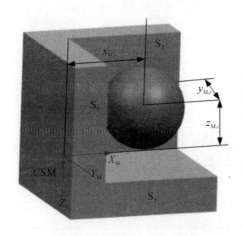

图 5 - 24　主轴动态误差分析仪测量原理示意图

在机床工作台上固定好主轴动态误差分析仪以建立测量坐标系 CSM。可以通过调整测量底座，保证测量坐标系 CSM 的坐标轴与机床坐标系 CS0 的坐标轴平行。机床主轴以及标准球棒的轴线围绕 CS1 的 Z_1 轴转动，CSM 的原点为测量点云的几何中心，则测量坐标系 CSM 的原点在 CS1 下的坐标为

$$
\begin{cases}
x_{\mathrm{MC}} = -\dfrac{\displaystyle\sum_{i=1}^{N_m} x_{\mathrm{M},i}}{N_m} \\[4mm]
y_{\mathrm{MC}} = -\dfrac{\displaystyle\sum_{i=1}^{N_m} y_{\mathrm{M},i}}{N_m} \\[4mm]
z_{\mathrm{MC}} = -\dfrac{\displaystyle\sum_{i=1}^{N_m} z_{\mathrm{M},i}}{N_m} + Z_{\mathrm{M1}}
\end{cases}
$$

式中：x_{MC} 为 CSM 的原点在 CS1 的 X_1 轴坐标；y_{MC} 为 CSM 的原点在 CS1 的 Y_1 轴坐标；z_{MC} 为 CSM 的原点在 CS1 的 Z_1 轴坐标；$x_{\mathrm{M},i}$ 为第 i 个测量点在 CSM 下的 X_M 轴坐标；$y_{\mathrm{M},i}$ 为第 i 个测量点在 CSM 下的 Y_M 轴坐标；$z_{\mathrm{M},i}$ 为第 i 个测量点在 CSM 下的 Z_M 轴坐标；Z_{M1} 为标准球棒中心在 CS1 下的 Z_1 轴坐标。

为了建立刀具主轴运动模型与测量数据之间的关系，需要将测量数据从测量坐标系转换到固定坐标系 CS1 下。其中，令第 i 个测量点在固定坐标系 CS1 下的坐标为$(X_{M,i}, Y_{M,i}, Z_{M,i})$，有

$$
\begin{bmatrix}
X_{\mathrm{M},i} \\
Y_{\mathrm{M},i} \\
Z_{\mathrm{M},i} \\
1
\end{bmatrix}
= \boldsymbol{M}_{\mathrm{M1}} \cdot
\begin{bmatrix}
X_{\mathrm{M},i} \\
y_{\mathrm{M},i} \\
z_{\mathrm{M},i} \\
1
\end{bmatrix}
$$

测量坐标系 CSM 与固定坐标系 CS1 转换矩阵 $\boldsymbol{M}_{\mathrm{M1}}$ 为

$$M_{M1} = \begin{bmatrix} 1 & 0 & 0 & x_{MC} \\ 0 & 1 & 0 & y_{MC} \\ 0 & 0 & 1 & z_{MC} \\ 0 & 0 & 0 & 1 \end{bmatrix}$$

5.2.2　铣削刀具多轴切削中的扫描体建模

图 5-25 所示为常用的刀具结构,加工中高速旋转的刀具由圆柱面、圆环面和底平面组成,因此需要分别研究圆柱面、圆环面和底平面的数学模型。根据 R_1 和 R_2 的值将其具体分为以下三种刀具:

(1) $R_1 \neq 0, R_2 \neq 0$ 时,刀具为圆角刀;

(2) $R_1 = 0, R_2 \neq 0$ 时,刀具为球头刀;

(3) $R_1 \neq 0, R_2 = 0$ 时,刀具为平底刀。

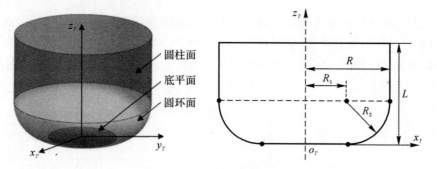

图 5-25　常用刀具结构

圆柱面数学模型建模方法:刀具高速旋转时圆柱面结构如图 5-26 所示,其中 $R = R_1 + R_2$,在刀具坐标系下,圆柱面的参数方程 $E_T(l, \theta)$ 为

$$E_T(l, \theta) = \begin{bmatrix} x_{E,T}(l, \theta) \\ y_{E,T}(l, \theta) \\ z_{E,T}(l, \theta) \end{bmatrix} = \begin{bmatrix} (R_1 + R_2)\cos\theta \\ (R_1 + R_2)\sin\theta \\ l \end{bmatrix}, \quad l \in [R_2, L], \theta \in [0, 2\pi]$$

利用刀具坐标系与工件坐标系之间的变换关系,刀具圆柱面在工件坐标系下的参数方程 $E_W(l, \theta)$ 为

$$\begin{bmatrix} E_W(l, \theta) \\ 1 \end{bmatrix} = \begin{bmatrix} x_{E,W}(l, \theta) \\ y_{E,W}(l, \theta) \\ z_{E,W}(l, \theta) \\ 1 \end{bmatrix} = M_{T \to W} \begin{bmatrix} E_T(l, \theta) \\ 1 \end{bmatrix}$$

因为工件层 Ω 在工件坐标系下的 z 坐标值为 z_Ω,即 $z_{E,W}(l, \theta) = z_\Omega$,所以利用坐标变换方程 $M_{T \to W} \cdot [E_T(\theta, l) \quad 1]^T = [x \quad y \quad z_\Omega \quad 1]^T$ 可求得

$$l = \frac{z_\Omega - M_{31}(R_1 + R_2)\cos\theta - M_{34}}{M_{33}}$$

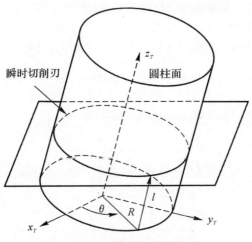

图 5 - 26　圆柱面结构示意图

刀具圆柱面与工件层相交的曲线为椭圆,得到椭圆类型瞬时切削刃在刀具坐标系下的单参数方程 $\boldsymbol{E}_T(\theta)$ 为

$$
\boldsymbol{E}_T(\theta) = \begin{bmatrix} x_{E,T}(\theta) \\ y_{E,T}(\theta) \\ z_{E,T}(\theta) \end{bmatrix} = \begin{bmatrix} (R_1 + R_2)\cos\theta \\ (R_1 + R_2)\sin\theta \\ [z_\Omega - M_{31}(R_1 + R_2)\cos\theta - M_{34}]/M_{33} \end{bmatrix}
$$

假设工件层与刀具相交,工件层在 $o_T z_T$ 轴上的交点坐标为 $\begin{bmatrix} 0 & 0 & l_0 \end{bmatrix}^T$,且工件层在工件坐标系下的 z 坐标为 z_Ω,则通过坐标变换矩阵建立如下方程即可求解得到 l_0:

$$
\begin{bmatrix} M_{31} & 0 & M_{33} & M_{34} \end{bmatrix} \begin{bmatrix} 0 \\ 0 \\ l_0 \\ 1 \end{bmatrix} = M_{33} \cdot l_0 + M_{34} = z_\Omega
$$

求解得

$$
l_0 = \frac{z_\Omega - M_{34}}{M_{33}}
$$

如图 5 - 27(a) ～ (c) 所示,为了准确描述瞬时切削刃的组成,通过工件层与刀具坐标系 z 轴的交点与刀心点 z 坐标差值 l_0 来定量分析。工件层与刀具圆柱面相交有三种临界状态,三种临界状态是工件层分别通过刀具在刀具坐标系 $x_T o_T z_T$ 平面的投影的三个顶点 P_1、P_2、P_3。三种临界状态 l_0 值分别为 $l_{\min}$、$l_{\max}$、l_{top},由平面几何知识求得 $l_{\min}$、$l_{\max}$、l_{top} 的值分别为

$$
\begin{cases} l_{\min} = R_2 - (R_1 + R_2)\tan|B| \\ l_{\max} = R_2 + (R_1 + R_2)\tan|B| \\ l_{top} = L + (R_1 + R_2)\tan|B| \end{cases}
$$

注意:图 5 - 27 只给出了 $B < 0$ 的情形,为了统一 $B > 0$ 和 $B < 0$ 的情况,上式中对 B 取绝对值。

比较工件层 l_0 值与临界值 $l_{\min}$、$l_{\max}$、l_{top},总结出工件层 Ω 与刀具圆柱面相交产生的瞬时切削刃的三种情形:

（1）当 $l_0 \leqslant l_{\min}$ 时，工件层与刀具圆柱面不相交，不产生椭圆瞬时切削刃。

（2）当 $l_{\min} \leqslant l_0 \leqslant l_{\max}$ 时，工件层与刀具圆柱面部分相交，产生的瞬时切削刃的部分为椭圆段。此种情况因参数域的表达形式不同，可分为以下两种情况：

1）$B > 0$ 时，瞬时切削刃椭圆段对应的几何参数域 $\theta \in \left[-\dfrac{\pi}{2} + \theta_T, \dfrac{\pi}{2} - \theta_T \right]$；

2）$B < 0$ 时，瞬时切削刃椭圆段对应的几何参数域 $\theta \in \left[\dfrac{\pi}{2} - \theta_T, \dfrac{3\pi}{2} + \theta_T \right]$，其中 θ_T 计算过程为

$$\sin\theta_T = \frac{(R_2 - l_0)/\tan B}{R_1 + R_2}\left(\theta_T \in \left[-\frac{\pi}{2}, \frac{\pi}{2} \right] \right) \Rightarrow \theta_T = \arcsin\frac{R_2 - l_0}{(R_1 + R_2)\tan B}$$

（3）当 $l_0 \geqslant l_{\max}$ 时，工件层与刀具圆柱面完全相交，产生瞬时切削刃为完整的椭圆，几何参数域 $\theta \in [0, 2\pi]$。

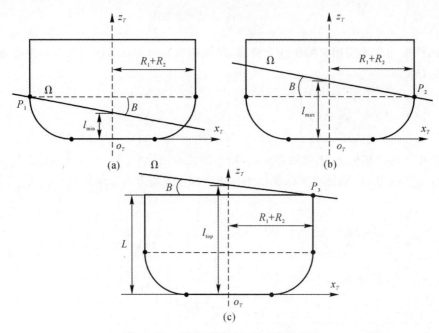

图 5-27　圆柱面瞬时切削刃临界状态

圆环面数学模型：图 5-28（a）为常用刀具圆环面三维图，图 5-28（b）为通过圆环面上一点 P 与刀具坐标系 z_T 轴的平面 surf 截取圆环面的截面图，圆环面在刀具坐标系下的参数方程 $\mathbf{TS}_T(\beta, \theta)$ 为

$$\mathbf{TS}_T(\beta, \theta) = \begin{bmatrix} x_{TS,T}(\beta, \theta) \\ y_{TS,T}(\beta, \theta) \\ z_{TS,T}(\beta, \theta) \end{bmatrix} = \begin{bmatrix} r(\beta)\cos\theta \\ r(\beta)\sin\theta \\ h(\beta) \end{bmatrix}, \quad \beta \in \left[0, \frac{\pi}{2} \right], \quad \theta \in [0, 2\pi]$$

式中，θ 和 β 为几何参数，几何意义为：点 S 为圆环面上任意一点 P 在刀具坐标系 $x_T o_T y_T$ 平面上的投影，O 为平面 surf 与圆环面相交的圆弧线的圆心，θ 为有向线段 $o_T S$ 与刀具坐标系 x 轴正向的夹角，β 有向线段 SP 与 PO 的夹角。其中 $r(\beta)$ 与 $h(\beta)$ 的具体表达式为

$$\begin{cases} r(\beta) = R_1 + R_2 \sin\beta \\ h(\beta) = R_2 (1 - \cos\beta) \end{cases}$$

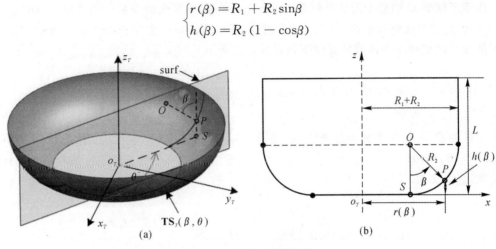

图 5 - 28　圆环面结构图

利用刀具坐标系与工件坐标系之间的变换关系,建立刀具圆环面在工件坐标系下的数学表达式:

$$\mathbf{TS}_W(\beta,\theta) = \begin{bmatrix} x_{TS,w}(\beta,\theta) \\ y_{TS,w}(\beta,\theta) \\ z_{TS,w}(\beta,\theta) \\ 1 \end{bmatrix} = \mathbf{M}_{T \to w} \begin{bmatrix} \mathbf{TS}_T(\beta,\theta) \\ 1 \end{bmatrix}$$

依据工件层 Ω 与刀具圆环面的相对位置的不同,刀具圆环面上产生的瞬时切削刃可能由一段或两段分离的环面曲线组成。刀具圆环面上产生的瞬时切削刃均为关于刀具坐标系 $x_T o_T z_T$ 平面的对称曲线,为后续分析方便,将刀具圆环面上产生的瞬时切削刃分割为位于刀具坐标系 $x_T o_T z_T$ 平面两侧的两段曲线 $\mathbf{TS}_T^+(\beta,\theta)$ 和 $\mathbf{TS}_T^-(\beta,\theta)$,如图 5 - 29 所示。$\mathbf{TS}_T^+(\beta,\theta)$ 和 $\mathbf{TS}_T^-(\beta,\theta)$ 的表达式分别为

$$\begin{cases} \mathbf{TS}_T^+(\beta,\theta) = \begin{bmatrix} x_{TS,T}^+(\beta,\theta) & y_{TS,T}^+(\beta,\theta) & z_{TS,T}^+(\beta,\theta) \end{bmatrix}^T \\ \mathbf{TS}_T^-(\beta,\theta) = \begin{bmatrix} x_{TS,T}^-(\beta,\theta) & y_{TS,T}^-(\beta,\theta) & z_{TS,T}^-(\beta,\theta) \end{bmatrix}^T \end{cases}$$

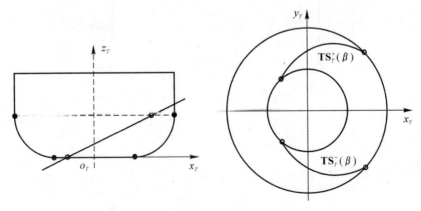

图 5 - 29　环面曲线

由于工件层 Ω 垂直于刀具坐标系的 $x_T o_T z_T$ 平面,且环面曲线的前后两部分 $\mathbf{TS}_T^+(\beta,\theta)$ 与 $\mathbf{TS}_T^-(\beta,\theta)$ 关于刀具坐标系的 $x_T o_T z_T$ 平面对称,所以两段环面曲线 $\mathbf{TS}_T^+(\beta,\theta)$ 与 $\mathbf{TS}_T^-(\beta,\theta)$ 的参数 β 的定义域相同且坐标值具有以下关系:

$$
\begin{cases}
x_{\text{TS},T}^-(\beta,\theta) = x_{\text{TS},T}^+(\beta,\theta) \\
y_{\text{TS},T}^-(\beta,\theta) = -y_{\text{TS},T}^+(\beta,\theta) \\
z_{\text{TS},T}^-(\beta,\theta) = z_{\text{TS},T}^+(\beta,\theta)
\end{cases}
$$

工件层 Ω 在工件坐标系下的 z 坐标值为 z_Ω,即 $z_{\text{TS},w}(\beta,\theta) = z_\Omega$,利用坐标变换方程 $\mathbf{M}_{T \to w} \cdot [\mathbf{TS}_T(\beta,\theta) \quad 1]^T = [x \quad y \quad z_\Omega \quad 1]^T$ 可建立工件层 Ω 在工件坐标系和刀具坐标系下的关系,表达式为

$$
z_\Omega = z_{\text{TS},w}(\beta,\theta) = \begin{bmatrix} M_{31} & 0 & M_{33} & M_{34} \end{bmatrix} \begin{bmatrix} x_{\text{TS},T}(\beta,\theta) \\ y_{\text{TS},T}(\beta,\theta) \\ z_{\text{TS},T}(\beta,\theta) \\ 1 \end{bmatrix} \Rightarrow
$$

$$
x_{\text{TS},T}(\beta,\theta) = \frac{z_\Omega - h(\beta) \cdot M_{33} - M_{34}}{M_{31}}
$$

因为 $x_{\text{TS},T}^+(\beta)^2 + y_{\text{TS},T}^+(\beta)^2 = r(\beta)^2$,令 $x_{\text{TS},T}(\beta) = x_{\text{TS},T}^+(\beta)$,$y_{\text{TS},T}(\beta) = y_{\text{TS},T}^+(\beta)$,则

$$
y_{\text{TS},T}(\beta,\theta) = \sqrt{r(\beta)^2 - \left(\frac{z_\Omega - h(\beta) \cdot M_{33} - M_{34}}{M_{31}} \right)^2}
$$

将关于双参数 θ 和 β 的环面曲线函数 $\mathbf{TS}_T^+(\beta,\theta)$ 和 $\mathbf{TS}_T^-(\beta,\theta)$ 转换成关于单参数 β 的函数 $\mathbf{TS}_T^+(\beta)$ 和 $\mathbf{TS}_T^-(\beta)$,具体表达式为

$$
\begin{cases}
\mathbf{TS}_T^+(\beta) = \begin{bmatrix} x_{\text{TS},T}(\beta) & y_{\text{TS},T}(\beta) & h(\beta) \end{bmatrix}^T \\
\mathbf{TS}_T^-(\beta) = \begin{bmatrix} x_{\text{TS},T}(\beta) & -y_{\text{TS},T}(\beta) & h(\beta) \end{bmatrix}^T
\end{cases}
$$

如图 5-30 所示,直线 line 为工件层在刀具坐标系 $x_T o_T z_T$ 平面的投影,圆弧线 arc1 和 arc2 为圆环面在刀具坐标系 $x_T o_T z_T$ 平面的截面线。下面通过计算 line 与 arc1、arc2 交点的个数来判断瞬时切削刃中是否存在环面曲线。

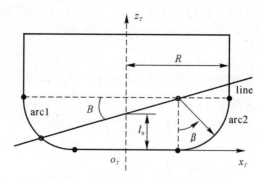

图 5-30　圆环面与工件层的投影

直线 line 的方程为

$$
z_T = \tan B \cdot x_T + l_0 = \tan B \cdot x_T + \frac{z_\Omega - M_{34}}{M_{33}}
$$

圆弧线 arc1 和 arc2 的方程为

$$\begin{cases} x_T = \pm (R_1 + R_2 \sin\beta) \\ z_T = R_2 (1 - \cos\beta) \end{cases} , \quad \beta \in \left[0, \frac{\pi}{2} \right]$$

将 $M_{33} = \cos B$ 代入公式，联立这两个方程求解 β 有两组解，即

$$\beta = \begin{cases} \arccos \dfrac{R_2 \cos B - R_1 \sin B + M_{34} - z_\Omega}{R_2} + B \\ \arccos \dfrac{R_2 \cos B + R_1 \sin B + M_{34} - z_\Omega}{R_2} - B \end{cases}$$

依据参数 β 的几何意义，当所求的 $\beta \in [0, \pi/2]$ 时，β 为有效解，有效解的个数即为 line 与 arc1、arc2 交点的个数。

分析刀具圆环面与工件层相交产生的环面曲线的情形及环面曲线的参数域时需要利用如下临界值：$r(\beta)$、$x_{\text{TS},T}(\beta)$ 在参数 β 为 0 和 $\pi/2$ 时的值。将 $\beta = 0$ 和 $\beta = \pi/2$ 分别代入上述公式可得

$$\begin{cases} |r(0)| = R_1 \\ |x_{\text{TS},T}(0)| = \dfrac{z_\Omega - M_{34}}{M_{31}} \\ |r(\pi/2)| = R_1 + R_2 \\ |x_{\text{TS},T}(\pi/2)| = \dfrac{z_\Omega - R_2 \cdot M_{33} - M_{34}}{M_{31}} \end{cases}$$

依据以下两个条件——① 所求 β 有效解的个数和值，② 工件层与圆环面相交的临界值 $|r(0)|$、$|r(\pi/2)|$、$|x_{\text{TS},T}(0)|$、$|x_{\text{TS},T}(\pi/2)|$，总结出刀具圆环面与工件层相交的瞬时切削刃的几种情形：

(1) 若 β 没有有效解，但 $\begin{cases} |r(0)| > |x_{\text{TS},T}(0)| \\ |r(\pi/2)| > |x_{\text{TS},T}(\pi/2)| \end{cases}$，如图 5-31(a) 所示，存在两段对称的环面曲线，环面曲线的参数域为 $\beta \in \left[0, \dfrac{\pi}{2} \right]$；

(2) 若 β 没有有效解，且 $\begin{cases} |r(0)| \leqslant |x_{\text{TS},T}(0)| \\ |r(\pi/2)| \leqslant |x_{\text{TS},T}(\pi/2)| \end{cases}$，如图 5-31(b)(c) 所示，则工件层与圆环面未相交，不存在环面曲线；

(3) 若 β 有两个有效解，值分别为 β_1、β_2 ($\beta_1 < \beta_2$)，如图 5-31(d)(e) 所示，工件层与圆环面相交，存在一段完整的环面曲线，环面曲线的参数域为 $\beta \in [\beta_1, \beta_2]$；

(4) 若 β 只有一个有效解，值为 β_1，且 $\begin{cases} |r(0)| < |x_{\text{TS},T}(0)| \\ |r(\pi/2)| > |x_{\text{TS},T}(\pi/2)| \end{cases}$，如图 5-31(f) 所示，则工件层与圆环面相交，环面曲线的参数域为 $\beta \in [\beta_1, \pi/2]$；

(5) 若 β 只有一个有效解，值为 β_1，且 $\begin{cases} |r(0)| > |x_{\text{TS},T}(0)| \\ |r(\pi/2)| < |x_{\text{TS},T}(\pi/2)| \end{cases}$，如图 5-31(g) 所示，则工件层与圆环面相交，环面曲线的参数域为 $\beta \in [0, \beta_1]$。

工件层与圆环面相切时 $\beta = B$，由平面几何知识推导出 l_0 的表达式为

$$l_0 = R_2 (1 - \cos|B|) - (R_1 + R_2 \cdot \sin|B|) \cdot \tan|B|$$

求解工件层 z 坐标值 z_Ω，此 z_Ω 值为判断刀具与工件层是否相交提供依据，进而计算某工件层上初始相交时刻与结束相交时刻。

$$z_\Omega = l_0 M_{33} + M_{34} = R_2(1 - \cos|B|) \cdot M_{33} -$$
$$(R_1 + R_2 \cdot \sin|B|) \cdot \tan|B| \cdot M_{33} + M_{34}$$

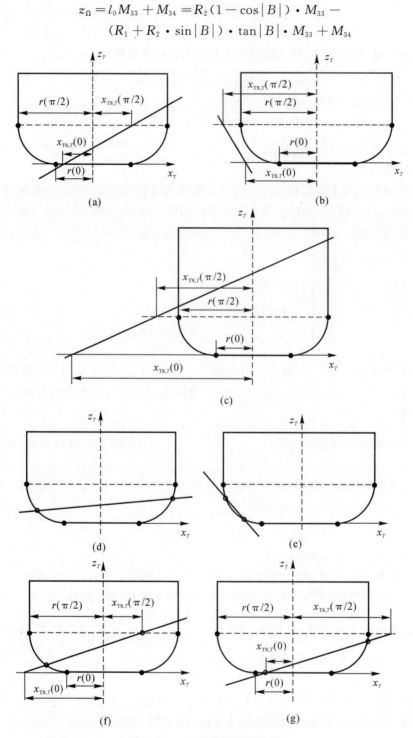

图 5-31 环面曲线情况示意图

底平面数学模型:若常用刀具 $R_1 \neq 0$,刀具底平面与工件层相交时产生的瞬时切削刃为一段直线。如图 5-32 所示,若通用刀具 $R_2 \neq 0$,刀具类型为圆角刀,瞬时切削刃直线段的两个端点为刀具圆环面与工件层相交产生的环面曲线参数 $\beta=0$ 时的点。如图 5-33 所示,若通用刀具 $R_2=0$,刀具类型为平底刀,瞬时切削刃直线段的两个端点为刀具圆柱面与工件层相交产生的椭圆线参数 $\theta=\dfrac{\pi}{2}-\theta_T$ 和 $\theta=\dfrac{3\pi}{2}+\theta_T$ 的点。

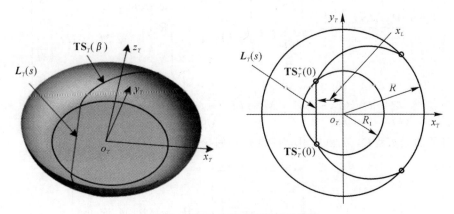

图 5-32　圆角刀瞬时切削刃直线段

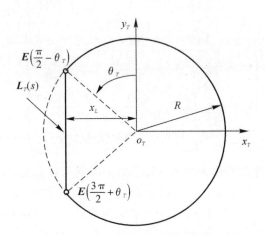

图 5-33　平底刀瞬时切削刃直线段

利用直线段在刀具坐标系 $x_T o_T z_T$ 平面上关于 x_T 轴对称的特点,建立如下直线段数学模型:

$$\boldsymbol{L}_T(s)=\begin{bmatrix} x_T \\ y_T \\ z_T \end{bmatrix}=\begin{bmatrix} x_T \\ s \cdot \sqrt{R_1^2-x_L^2} \\ 0 \end{bmatrix},\quad x_T=\frac{z_\Omega-M_{34}}{M_{31}},\quad s\in[-1,1]$$

利用刀具坐标系与工件坐标系之间的变换关系,建立椭圆曲线在工件坐标系下的表达式 $\boldsymbol{E}_T(\theta,t)$,其为关于时间参数 t 和几何参数 θ 的参数方程,具体为

$$\begin{bmatrix} \boldsymbol{E}_W(\theta,t) \\ 1 \end{bmatrix}=\begin{bmatrix} x_{E,W}(\theta,t) \\ y_{E,W}(\theta,t) \\ z_{E,W}(\theta,t) \\ 1 \end{bmatrix}=\boldsymbol{M}_{T\to W}(t)\begin{bmatrix} R\cdot\cos\theta \\ R\cdot\sin\theta \\ l \\ 1 \end{bmatrix}$$

式中
$$l = \frac{z_\Omega - M_{31} R\cos\theta - M_{34}}{M_{33}}$$

将环面曲线方程 $E_T(\theta, t)$ 对时间参数 t 求偏导数得

$$\begin{bmatrix} \dfrac{\partial E_W(\theta, t)}{\partial t} \\ 0 \end{bmatrix} = \begin{bmatrix} \dfrac{\partial x_{E,W}(\theta, t)}{\partial t} \\ \dfrac{\partial y_{E,W}(\theta, t)}{\partial t} \\ 0 \\ 0 \end{bmatrix} = M'_{T \to W}(t) \begin{bmatrix} R\cos\theta \\ R\sin\theta \\ l \\ 1 \end{bmatrix} + M_{T \to W}(t) \begin{bmatrix} 0 \\ 0 \\ \dfrac{\partial l}{\partial t} \\ 0 \end{bmatrix}$$

其中
$$\frac{\partial l}{\partial t} = \frac{(-M'_{31} R\cos\theta - M'_{34}) M_{33} - (z_\Omega - M_{31} R\cos\theta - M_{34}) M'_{33}}{M_{33}^2}$$

将环面曲线方程 $E_T(\theta, t)$ 对几何参数 θ 求偏导数得

$$\begin{bmatrix} \dfrac{\partial E_W(\theta, t)}{\partial \theta} \\ 0 \end{bmatrix} = \begin{bmatrix} \dfrac{\partial x_{E,W}(\theta, t)}{\partial \theta} \\ \dfrac{\partial y_{E,W}(\theta, t)}{\partial \theta} \\ 0 \\ 0 \end{bmatrix} = M_{T \to W}(t) \begin{bmatrix} -R\sin\theta \\ R\cos\theta \\ \dfrac{M_{31} R\sin\theta}{M_{33}} \\ 0 \end{bmatrix}$$

环面曲线 $E_T(\theta, t)$ 上任意一点的内法矢 $N(\theta, t)$ 和速度矢量 $V(\theta, t)$ 分别为

$$\begin{cases} N(\theta, t) = \begin{bmatrix} -\dfrac{\partial y_{E,W}(\theta, t)}{\partial \theta} & \dfrac{\partial x_{E,W}(\theta, t)}{\partial \theta} \end{bmatrix}^T \\ V(\theta, t) = \begin{bmatrix} \dfrac{\partial x_{E,W}(\theta, t)}{\partial t} & \dfrac{\partial y_{E,W}(\theta, t)}{\partial t} \end{bmatrix}^T \end{cases}$$

展开公式得到 $\dfrac{\partial x_{E,W}(\theta, t)}{\partial t}$、$\dfrac{\partial y_{E,W}(\theta, t)}{\partial t}$、$\dfrac{\partial x_{E,W}(\theta, t)}{\partial \theta}$、$\dfrac{\partial y_{E,W}(\theta, t)}{\partial \theta}$ 的表达式,依据边界算法建立瞬时切削刃求解临界点方程 $N(\theta, t) \cdot V(\theta, t) = 0$,利用换元法可求解临界点参数 θ 的值。

利用刀具坐标系与工件坐标系之间的变换关系,建立环面曲线在工件坐标系下的表达式 $TS_W^+(\beta, t)$、$TS_W^-(\beta, t)$,其为关于时间参数 t 和几何参数 β 的参数方程,具体表达式为

$$\begin{cases} \begin{bmatrix} TS_W^+(\beta, t) \\ 1 \end{bmatrix} = \begin{bmatrix} x_{TS,W}^+(\beta, t) \\ y_{TS,W}^+(\beta, t) \\ z_{TS,W}^+(\beta, t) \\ 1 \end{bmatrix} = M_{T \to W}(t) \begin{bmatrix} x_{TS,T}(\beta) \\ y_{TS,T}(\beta) \\ h(\beta) \\ 1 \end{bmatrix} \\[4ex] \begin{bmatrix} TS_W^-(\beta, t) \\ 1 \end{bmatrix} = \begin{bmatrix} x_{TS,W}^-(\beta, t) \\ y_{TS,W}^-(\beta, t) \\ z_{TS,W}^-(\beta, t) \\ 1 \end{bmatrix} = M_{T \to W}(t) \begin{bmatrix} x_{TS,T}(\beta) \\ -y_{TS,T}(\beta) \\ h(\beta) \\ 1 \end{bmatrix} \end{cases}, \quad \beta \in [\beta_{\min}, \beta_{\max}]$$

式中
$$\begin{cases} r(\beta) = R_1 + R_2 \sin\beta \\ h(\beta) = R_2(1 - \cos\beta) \\ x_{TS,T}(\beta) = \dfrac{z_\Omega - h(\beta) \cdot M_{33} - M_{34}}{M_{31}} \\ y_{TS,T}(\beta) = \sqrt{r(\beta)^2 - x_{TS,T}(\beta)^2} \end{cases}$$

将环面曲线 $\mathbf{TS}_W^+(\beta,t)$ 对时间参数 t 求偏导数得

$$
\begin{bmatrix} \dfrac{\partial \mathbf{TS}_W^+(\beta,t)}{\partial t} \\ 1 \end{bmatrix} = \begin{bmatrix} \dfrac{\partial x_{\mathrm{TS},w}^+}{\partial t} \\ \dfrac{\partial y_{\mathrm{TS},w}^+}{\partial t} \\ 0 \\ 0 \end{bmatrix} = \boldsymbol{M}_{T\rightarrow w}'(t) \begin{bmatrix} x_{\mathrm{TS},T}(\beta) \\ y_{\mathrm{TS},T}(\beta) \\ h(\beta) \\ 1 \end{bmatrix} + \boldsymbol{M}_{T\rightarrow w}(t) \begin{bmatrix} \dfrac{\partial x_{\mathrm{TS},T}(\beta)}{\partial t} \\ -\dfrac{x_{\mathrm{TS},T}(\beta) \cdot \dfrac{\partial x_{\mathrm{TS},T}(\beta)}{\partial t}}{y_{\mathrm{TS},T}(\beta)} \\ 0 \\ 0 \end{bmatrix}
$$

式中

$$
\frac{\partial x_{\mathrm{TS},T}(\beta)}{\partial t} = \frac{\partial}{\partial t}\left[\frac{z_\Omega - h(\beta)M_{33} - M_{34}}{M_{31}}\right] = \frac{[-h(\beta)M_{33}' - M_{34}']M_{31} - [z_\Omega - h(\beta)M_{33} - M_{34}]M_{31}'}{M_{31}^2}
$$

将环面曲线 $\mathbf{TS}_W^+(\beta,t)$ 对几何参数 β 求偏导数得

$$
\begin{bmatrix} \dfrac{\partial \mathbf{TS}_W^+(\beta,t)}{\partial \beta} \\ 1 \end{bmatrix} = \begin{bmatrix} \dfrac{\partial x_{\mathrm{TS},w}^+}{\partial \beta} \\ \dfrac{\partial y_{\mathrm{TS},w}^+}{\partial \beta} \\ 0 \\ 0 \end{bmatrix} = \boldsymbol{M}_{T\rightarrow w}(t) \begin{bmatrix} -\dfrac{M_{33}}{M_{31}}R_2\sin\beta \\ \dfrac{r(\beta)R_2\cos\beta + x_{\mathrm{TS},T}(\beta)\dfrac{M_{33}}{M_{31}}R_2\sin\beta}{y_{\mathrm{TS},T}(\beta)} \\ R_2\sin\beta \\ 0 \end{bmatrix}
$$

环面曲线 $\mathbf{TS}_W^+(\beta,t)$ 上任意一点的内法矢 $\boldsymbol{N}(\beta,t)$ 和速度矢量 $\boldsymbol{V}(\beta,t)$ 分别为

$$
\begin{cases} \boldsymbol{N}(\beta,t) = \begin{bmatrix} -\dfrac{\partial y_{\mathrm{TS},w}^+}{\partial \beta} & \dfrac{\partial x_{\mathrm{TS},w}^+}{\partial \beta} \end{bmatrix}^T \\ \boldsymbol{V}(\beta,t) = \begin{bmatrix} \dfrac{\partial x_{\mathrm{TS},w}^+}{\partial t} & \dfrac{\partial y_{\mathrm{TS},w}^+}{\partial t} \end{bmatrix}^T \end{cases}
$$

展开计算得到 $\dfrac{\partial x_{\mathrm{TS},w}^+}{\partial t}$、$\dfrac{\partial y_{\mathrm{TS},w}^+}{\partial t}$、$\dfrac{\partial x_{\mathrm{TS},w}^+}{\partial \beta}$、$\dfrac{\partial y_{\mathrm{TS},w}^+}{\partial \beta}$ 的表达式,依据边界算法建立瞬时切削刃求解临界点方程 $\boldsymbol{N}(\theta,t) \cdot \boldsymbol{V}(\theta,t) = 0$,利用换元法可求解正向环面曲线 $\mathbf{TS}_W^+(\beta,t)$ 临界点参数 θ 的值。用同样的方法可求解负向环面曲线 $\mathbf{TS}_W^-(\beta,t)$ 临界点参数 θ 的值,这里不再详述具体推导过程。

利用刀具坐标系与工件坐标系之间的变换关系,建立端面直线段在工件坐标系下的表达式 $\boldsymbol{L}_W(s,t)$,其为关于时间参数 t 和几何参数 s 的参数方程,具体为

$$
\begin{bmatrix} \boldsymbol{L}_W(s,t) \\ 1 \end{bmatrix} = \begin{bmatrix} x_{L,w}(s,t) \\ y_{L,w}(s,t) \\ z_{L,w}(s,t) \\ 1 \end{bmatrix} = \boldsymbol{M}_{T\rightarrow w}(t) \begin{bmatrix} x_L \\ s \cdot \sqrt{R_1^2 - x_L^2} \\ 0 \\ 1 \end{bmatrix}, \quad s \in [-1,1]
$$

式中

$$
x_L = \frac{z_\Omega - M_{34}}{M_{31}}
$$

将端面直线 $\boldsymbol{L}_W(s,t)$ 对时间参数 t 求偏导数得

$$\begin{bmatrix} \dfrac{\partial \boldsymbol{L}_W}{\partial t} \\ 0 \end{bmatrix} = \begin{bmatrix} \dfrac{\partial x_{L,W}(s,t)}{\partial t} \\ \dfrac{\partial y_{L,W}(s,t)}{\partial t} \\ 0 \\ 0 \end{bmatrix} = \boldsymbol{M}'_{T \to W}(t) \begin{bmatrix} x_L \\ s \cdot \sqrt{R_1^2 - x_L^2} \\ 0 \\ 1 \end{bmatrix} + \boldsymbol{M}_{T \to W}(t) \begin{bmatrix} \dfrac{\partial x_L}{\partial t} \\ \dfrac{-s \cdot x_L \cdot \dfrac{\partial x_L}{\partial t}}{\sqrt{R_1^2 - x_L^2}} \\ 0 \\ 0 \end{bmatrix}$$

式中

$$\frac{\partial x_L}{\partial t} = \frac{-M'_{34} M_{31} - M'_{31}(z_\Omega - M_{34})}{M_{31}^2}$$

将端面直线 $\boldsymbol{L}_W(s,t)$ 对几何参数 s 求偏导数得

$$\begin{bmatrix} \dfrac{\partial \boldsymbol{L}_W}{\partial s} \\ 0 \end{bmatrix} = \begin{bmatrix} \dfrac{\partial x_{L,W}(s,t)}{\partial s} \\ \dfrac{\partial y_{L,W}(s,t)}{\partial s} \\ 0 \\ 0 \end{bmatrix} = \boldsymbol{M}_{T \to W}(t) \begin{bmatrix} 0 \\ \sqrt{R_1^2 - x_L^2} \\ 0 \\ 0 \end{bmatrix}$$

端面直线 $\boldsymbol{L}_W(s,t)$ 上任意一点的内法矢 $\boldsymbol{N}(s,t)$ 和速度矢量 $\boldsymbol{V}(s,t)$ 分别为

$$\begin{cases} \boldsymbol{N}(s,t) = \begin{bmatrix} -\dfrac{\partial y_{L,W}(s,t)}{\partial s} & \dfrac{\partial x_{L,W}(s,t)}{\partial s} \end{bmatrix}^{\mathrm{T}} \\ \boldsymbol{V}(s,t) = \begin{bmatrix} \dfrac{\partial x_{L,W}(s,t)}{\partial t} & \dfrac{\partial y_{L,W}(s,t)}{\partial t} \end{bmatrix}^{\mathrm{T}} \end{cases}$$

展开计算得到 $\dfrac{\partial x_{L,W}(s,t)}{\partial t}$、$\dfrac{\partial y_{L,W}(s,t)}{\partial t}$、$\dfrac{\partial x_{L,W}(s,t)}{\partial s}$、$\dfrac{\partial y_{L,W}(s,t)}{\partial s}$ 的表达式,依据边界算法建立瞬时切削刃求解临界点方程 $\boldsymbol{N}(\theta,t) \cdot \boldsymbol{V}(\theta,t) = 0$,利用换元法可求解底平面直线临界点参数 s 的值。

工件层 Ω 与刀具圆柱面相交得到椭圆曲线,工件层 Ω 与刀具圆环面相交得到环面曲线,工件层 Ω 与刀具底平面相交得到直线段。常用刀具的瞬时切削刃由椭圆曲线、环面曲线、直线段中的一种或多种组成。为了表达完整的常用刀具瞬时切削刃形状,总结瞬时切削刃中椭圆曲线、环面曲线、直线段的连接规则。结合图中出现的各种情况,总结出常用刀具瞬时切削的连接顺序如下:

(1)$B > 0$ 时,瞬时切削刃=椭圆曲线(正序)+正向环面曲线(逆序)+直线段(逆序)+负向环面曲线(正序)。

(2)$B < 0$ 时,瞬时切削刃=椭圆曲线(正序)+负向环面曲线(逆序)+直线段(正序)+正向环面曲线(正序)。

以图 5-34 中情况为例,对刀具瞬时切削的连接顺序规则进行具体阐述。图 5-34(a) 中刀具为球头刀,工件层与球头刀相交产生的瞬时切削刃由椭圆曲线和环面曲线组成,瞬时切削刃连接顺序为:椭圆曲线(正序)+正向环面曲线(逆序)+负向环面曲线(正序)。图 5-34(b) 中刀具为圆角刀,工件层与圆角刀相交产生的瞬时切削刃由环面曲线和直线段组成,瞬时切削刃连接顺序为:负向环面曲线(逆序)+直线段(正序)+正向环面曲线(正序)。

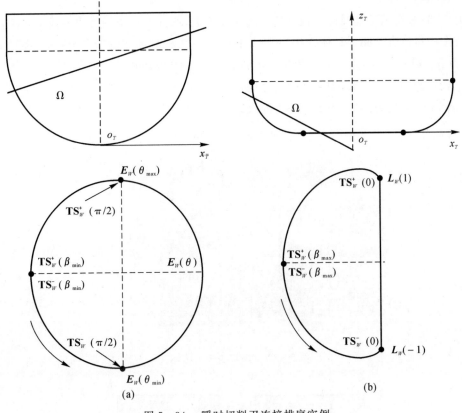

图 5 - 34　瞬时切削刃连接排序实例

5.2.3　刀具多轴扫描体求交的动态工件几何建模

本节为了提供加工过程工件的精确几何数据,采用层切法表达毛坯和实时工件模型。层切法是通过多个离散的二维边界曲线近似表达毛坯与实时工件的三维模型:一方面,将实体建模法中的曲面求交或三维实体求交转化成平面曲线的求交,避免了布尔差计算量大的问题;另一方面,层切法作为一种特殊的边界表示法继承了实体建模法计算精度高的优点。

求交过程中的毛坯模型:建立一组平行的平面 $f_n(n=1,2,\cdots)$,平面 f_n 一般为工件坐标系中与平面 $x_T o_T z_T$ 平行的 z 平面,毛坯与每一个 f_n 平面相交的截面线称为毛坯边界线。图 5 - 35 为通过层切法表示毛坯的示意图,其中,实线为第 10 个平面截取毛坯的边界线,单独提取出后如图 5 - 36 所示。

将曲线内部存在材料的毛坯边界线叫外边界线,曲线外部存在材料的毛坯边界线叫内边界线。以图 5 - 36 中工件第 10 层边界线来说明,图中阴影部分为工件材料,显然曲线 a、d、e 为外边界线,曲线 b 和 c 为内边界线。需要说明的是本章后续图中的阴影部分均表示工件材料。

仿真过程中的零件不具有材料属性,需要依据零件的几何属性来制定毛坯内外边界线的判断方法。零件的一个工件层上最外面的曲线一定是最外边界线,从最外边界线往内扫描,第奇数条边界线为内边界线,第偶数条边界线为外边界线,由此总结出毛坯或实时工件的内外边界线的判断规则 5-5。

规则 5-5：假设某毛坯层边界由 n 条封闭曲线组成，取其中一条封闭边界线 s 与剩余 $n-1$ 条边界线作相对位置判断。具体方法为：取 s 上任意一点 p，判断 p 位于剩余 $n-1$ 条边界线的内部（记为 in）或外部（记为 out）。依据 out 和 in 的个数判断边界线的结果为：

（1）若 in 的个数为奇数，则 s 为内边界线；

（2）若 in 的个数为偶数，则 s 为外边界线。

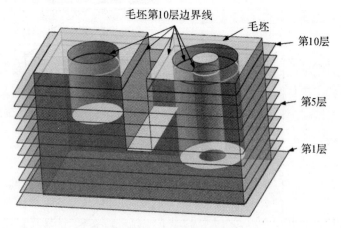

图 5-35　层切法表示毛坯

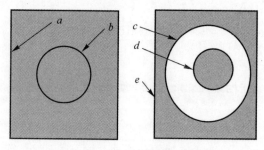

图 5-36　第 10 层毛坯边界线

仍以图 5-36 中毛坯第 10 层边界线来说明依据几何方法判断内外边界线方法，工件层由曲线 a、b、c、d、e 组成，阴影部分为工件材料。曲线 b 与曲线 a、c、d、e 的位置关系分别记为 in、out、out、out，其中 in 的个数为奇数，则 b 为内边界；曲线 d 与曲线 a、b、c、e 位置关系分别记为 out、out、in、in，其中 in 的个数为偶数，则 d 为外边界。

在解决刀具扫描体与毛坯的求交问题时，其本质是解决同一工件层中刀具扫描体包络线与毛坯边界线的求交问题，而刀具扫描体包络线与毛坯边界线均由密集点集线性插值而成，因此先研究点与封闭曲线相对位置判断规则，该规则为曲线求交算法的基础。

判断点 P 是否位于由有序点集 $\{P_1, P_2, \cdots, P_i, \cdots, P_n, P_{n+1}\}$ 按顺序线性插值形成封闭多边形内部的方法即为规则 5-6。

规则 5-6：以点 P 为起点，以有序点集 $\{P_1, P_2, \cdots, P_i, \cdots, P_n, P_{n+1}\}$ 中的各点为终点，连成有序向量集 $\{\overrightarrow{PP_1}, \overrightarrow{PP_2}, \cdots, \overrightarrow{PP_i}, \cdots, \overrightarrow{PP_n}, \overrightarrow{PP_{n+1}}\}$，以 $\overrightarrow{PP_i}$ 为起始向量，$\overrightarrow{PP_{i+1}}$ 为终止向量，求相

邻两向量的夹角值集合 $\{\theta_1,\theta_2,\cdots,\theta_i,\cdots,\theta_n\}$。两相邻向量的夹角值由起始向量沿逆时针方向旋转到终止向量时为正,顺时针旋转时为负。P 与封闭多边形的三种位置关系判断方法为:

(1) 若 $\theta_1+\theta_2+\cdots+\theta_n=360°$,且 $\theta_i\neq180°(i=1,2,\cdots,n)$,则点 P 在封闭多边形内,如图 5-37(a) 所示。

(2) 若 $\theta_1+\theta_2+\cdots+\theta_n=0°$,且 $\theta_i\neq180°(i=1,2,\cdots,n)$,则点 P 在封闭多边形外,如图 5-37(b) 所示。

(3) 若存在 $\theta_i=180°(i=1,2,\cdots,n)$,则点 P 与多边形某一条边共线,那么点 P 在封闭多边形上。

此算法研究的曲线均由点线性插值形成,本书将这种由密集有序点集线性插值成的多边形称为曲线。

如图 5-38 所示,裁剪规则研究刀具扫描体包络线中单条封闭曲线 L_E 与毛坯边界线中单条封闭曲线 L_W 的求交过程,依据刀具扫描体包络线与毛坯边界线的组成、几何形状、相对位置关系总结出裁剪方法需要解决的几种情形。以下分析过程中,不规则曲线为刀具扫描体包络线,椭圆曲线为毛坯层边界线,裁剪后实线为有效边界,虚线为无效边界,阴影为工件材料。

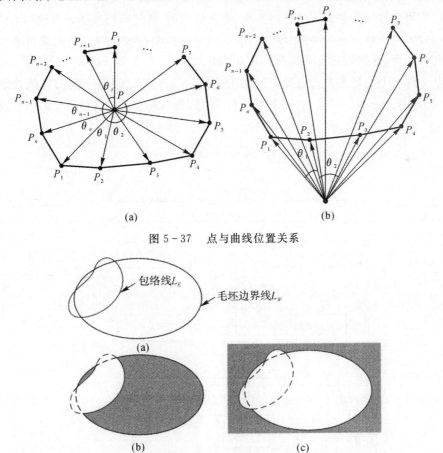

图 5-37　点与曲线位置关系

图 5-38　裁剪规则示意图

裁剪运算中,依据实际刀具切除材料的过程,总结出提取曲线段的裁剪规则,即规则5-7。

规则 5-7：

（1）若 L_W 为外边界线，当 L_W 被 L_E 裁剪时，提取 L_W 上位于 L_E 外部的曲线段；

（2）若 L_W 为内边界线，当 L_W 被 L_E 裁剪时，提取 L_W 上位于 L_E 外部的曲线段；

（3）若 L_W 为外边界线，当 L_E 被 L_W 裁剪时，提取 L_E 上位于 L_W 内部的曲线段；

（4）若 L_W 为内边界线，当 L_E 被 L_W 裁剪时，提取 L_E 上位于 L_W 外部的曲线段。

实际上，刀具扫描体包络线中单个封闭曲线 L_E 与毛坯边界线中单个封闭曲线 L_W 是由曲线上的密集点集线性插值而成的。依据上述裁剪规则提出基于密集点集的数值算法——裁剪算法。为阐述方便只取数个有序点进行线性插值表示曲线，实际程序中取数百或数千个有序点进行线性插值表示曲线。阐述同一工件层上毛坯边界的单条封闭曲线与包络体边界的单条封闭曲线的裁剪算法具体流程为：① 找出包络线上与毛坯边界线相交的线段；② 找出毛坯边界线上与包络线相交的线段；③ 将提取出的线段进行相交配对，并求出交点坐标；④ 依据裁剪规则提取曲线段。

实际加工中，由于五轴加工中动态工件模型十分复杂，工件层 Ω 上的毛坯边界线和刀具扫描体包络线均可能存在一条或多条封闭曲线，为方便分析，将刀具扫描体包络线与毛坯边界线的求交过程分解。分解过程为：将毛坯边界线中的单条封闭曲线与刀具扫描体包络线的单条封闭曲线两两组合，分别研究各种组合的裁剪过程。

假设某工件层上毛坯边界线由 n 个封闭曲线 S_1、S_2、$\cdots$、S_n 组成，刀具扫描体包络线由 m 个封闭曲线 T_1、T_2、$\cdots$、T_m 组成，则该工件层上毛坯边界线和刀具扫描体包络线求交流程如图5-39所示。

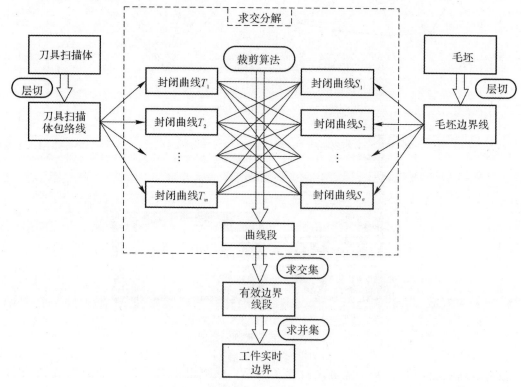

图 5-39　毛坯层边界线和包络线求交分解

　　将工件层 Ω 上的毛坯边界线与刀具扫描体包络线中的封闭曲线两两组合后,利用裁剪算法提取出封闭曲线经裁剪后的曲线段集合。然而,利用裁剪算法提取出的曲线段可能不完全是实时工件边界线的组成部分,需要通过一定方法提取出这些曲线段集合中的有效部分,有效曲线段才是实时工件边界线的组成部分。提取组成实时工件边界线的有效曲线段的方法就是曲线求交集,即提取多条曲线中重复的曲线段。

　　以图 5-40(a) 中模型为例具体阐述实时工件边界线提取过程。图 5-40(a) 中曲线 a 为刀具扫描体包络线,毛坯边界线由 3 条封闭曲线构成,其中 b 为外边界线,c 和 d 为内边界线。将毛坯边界线分解后分别研究曲线 u 与 b、a 与 c、a 与 d 的裁剪过程。曲线 a 分别被曲线 b、c、d 裁剪后的有效曲线段如图 5-40(b)~(d) 中 a_1、a_2、a_3 所示,提取 a_1、a_2、a_3 的重合部分得到 a 上最终组成实时工件边界的曲线段 a_4、a_5,如图 5-40(e) 所示。b、c、d 分别被曲线 a 裁剪后得到组成工件边界的曲线段如图 5-40(f)~(h) 中 b_1、c_1、d_1 所示。曲线 a_4、a_5、b_1、c_1、d_1 即为工件层 Ω 上实时边界曲线的组成部分。

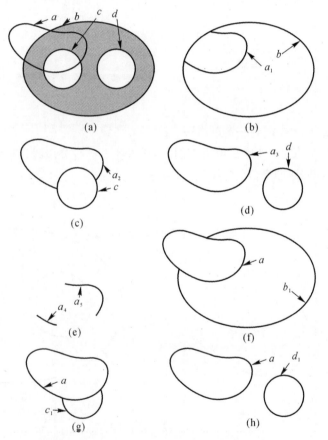

图 5-40　实时工件边界线提取过程示例

　　曲线求交集是指提取多条曲线的重合部分,这些曲线均裁剪自同一条封闭曲线。封闭曲线均是通过有序的离散点集线性插值而来的,本节采用通过逻辑计算方法来提取多条曲线重合部分。若封闭曲线 S 分别被 T_1、T_2、$\cdots$、T_m 裁剪得到曲线段 S_1、S_2、$\cdots$、S_m,其中 S 由 k 个离散点 $\{P_1,P_2,\cdots,P_k\}$ 线性插值而成,逻辑计算方法过程叙述如下:

　　(1) 利用判断点与封闭曲线位置关系算法(规则 5-6)分别计算 S 被 T_1、T_2、$\cdots$、T_m 裁剪过

程中得到 m 组逻辑值 $\text{logic\_}S_1$、$\text{logic\_}S_2$、$\cdots$、$\text{logic\_}S_m$ 分别如下

$$\begin{cases} \text{logic\_}S_1 = \{g_1^1, g_2^1, \cdots, g_i^1, \cdots, g_k^1\} \\ \text{logic\_}S_2 = \{g_1^2, g_2^2, \cdots, g_i^2, \cdots, g_k^2\} \\ \cdots\cdots \\ \text{logic\_}S_j = \{g_1^j, g_2^j, \cdots, g_i^j, \cdots, g_k^j\} \qquad (g_i^j = 0 \text{ 或 } 1, 1 \leqslant i \leqslant k, 1 \leqslant j \leqslant m) \\ \cdots\cdots \\ \text{logic\_}S_m = \{g_1^m, g_2^m, \cdots, g_i^m, \cdots, g_k^m\} \end{cases}$$

式中，g_i^j 的值为逻辑值 0 或 1，$g_i^j = 1$ 代表封闭曲线 S 被封闭曲线 T_j 裁剪时 S 上第 i 个点符合裁剪规则，即 P_i 为裁剪算法提取出曲线上的点；否则 $g_i^j = 0$，P_i 不是裁剪算法提取出曲线上的点。

（2）计算 m 组逻辑值 $\text{logic\_}S_1$、$\text{logic\_}S_2$、$\cdots$、$\text{logic\_}S_m$ 的逻辑与值 $\text{logic\_}S = \{g_1, g_2, \cdots, g_i, \cdots, g_k\}$，具体表达式如下：

$$\begin{cases} g_1 = g_1^1 \& g_1^2 \& \cdots \& g_1^j \& \cdots \& g_1^m \\ g_2 = g_2^1 \& g_2^2 \& \cdots \& g_2^j \& \cdots \& g_2^m \\ \cdots\cdots \\ g_i = g_i^1 \& g_i^2 \& \cdots \& g_i^j \& \cdots \& g_i^m \qquad (1 \leqslant i \leqslant k, 1 \leqslant j \leqslant m) \\ \cdots\cdots \\ g_k = g_k^1 \& g_k^2 \& \cdots \& g_k^j \& \cdots \& g_k^m \end{cases}$$

（3）提取 S 中对应 $\text{logic\_}S$ 逻辑值为 1 的点，将这些点进行分段线性插值的曲线即为曲线段 S_1、S_2、S_m 的重合部分，即交集，如图 5-41 所示。

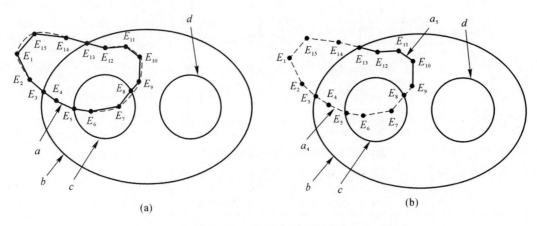

图 5-41　曲线求交集示意图

将曲线 a 抽象为由 15 个点 E_1、E_2、$\cdots$、E_{15} 线性插值而成，其中 E_3、E_5、E_8、E_{13} 为交点。曲线 a 分别被曲线 b、c、d 裁剪得到的逻辑值 $\text{logic\_}b$、$\text{logic\_}c$、$\text{logic\_}d$ 及求逻辑与的值 logic 如表 5-2 所示。由 logic 中值为 1 所对应的点序，提取 E_3、E_4、E_5 和 E_8、E_9、E_{10}、E_{11}、E_{12}、E_{13} 分别线性插值成的两条曲线即为 a 被曲线 b、c、d 裁剪得到曲线的重合部分，即图 5-40(e) 中的曲线 a_4、a_5。

表 5 - 2　曲线 a 被裁剪的逻辑值表

逻辑值	点　序														
	E_1	E_2	E_3	E_4	E_5	E_6	E_7	E_8	E_9	E_{10}	E_{11}	E_{12}	E_{13}	E_{14}	E_{15}
logic_b	0	0	1	1	1	1	1	1	1	1	1	1	1	0	0
logic_c	1	1	1	1	1	0	0	1	1	1	1	1	1	1	1
logic_d	1	1	1	1	1	1	1	1	1	1	1	1	1	1	1
logic	0	0	1	1	1	0	0	1	1	1	1	1	1	0	0

经裁剪算法和求交集算法提取出的曲线段为有效的曲线段,这些曲线段最终组成动态工件的实时边界,由于工件实时边界中封闭曲线的条数未知,若某工件层上实时边界线由多条封闭曲线组成,将曲线段分类、连接,最终组成动态工件的实时边界是一大难点[33-38]。

若某条有效曲线为封闭曲线,则该曲线的两个端点重合;若某条有效曲线不是封闭曲线,则该曲线的两个端点必然是裁剪过程中与其他曲线的交点。不同曲线段若端点重合则可连接,利用端点重合的特性将这些曲线段分类、排序连接成完整的动态工件实时边界。有效曲线段集 $\{S(1)、S(2)、\cdots、S(i)、\cdots、S(n)\}$ 分类、排序连接的流程如图 5 - 42 所示,图中曲线段间的"+"运算符表示两条曲线段按照重合的端点连接[39-41]。流程图的基本思想如下:

(1) 以曲线 $S(1)$ 为基准,寻找 $n-1$ 条剩余曲线中与 $S(1)$ 具有相同端点的曲线,然后将其与曲线 $S(1)$ 连接,直到与曲线 $S(1)$ 连接后的曲线封闭为止;

(2) 以剩余未连接曲线中的某条曲线为基准,按照步骤(1)方法完成曲线连接,直到 n 条曲线都分类连接成封闭曲线为止。

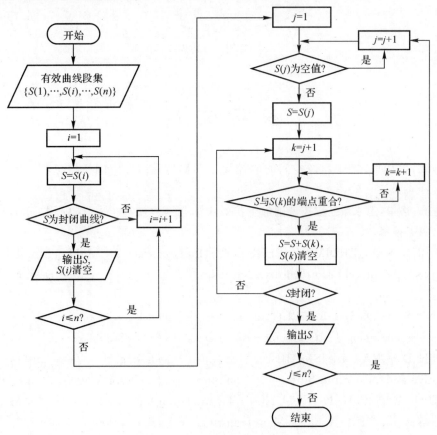

图 5 - 42　曲线求并集流程图

提取的 4 条有效曲线段如图 5-43 所示,4 条有效曲线段 a_4、a_5、b_1、c_1 存在公共的端点 j_1、j_2、j_3、j_4,所以连接成一条封闭曲线,d_1 本身是封闭的,也是一条封闭曲线。分类连接的结果如图 5-44 所示。

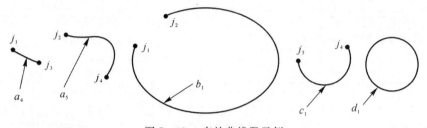

图 5-43　有效曲线段示例

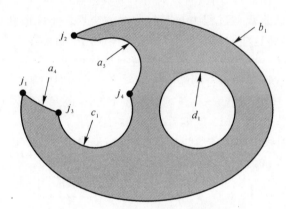

图 5-44　实时工件边界线示例

参 考 文 献

[1]　赵继政,魏生民.基于图像空间的数控加工图形仿真[J].中国机械工程,1998,9(5): 28-31.

[2]　任胜乐,路华,王永章.数控铣削加工仿真中的几何建模与求交计算[J].组合机床与自动化加工技术,2007(3):12-14.

[3]　SULLIVAN A, ERDIM H, PERRY P. High accuracy NC milling simulation using composite adaptively sampled distance fields[J]. Computer - Aided Design, 2012, 44 (6):522-536.

[4]　MANN S, BEDI S, ISRAELI G, et al. Machine models and tool motions for simulating five-axis machining[J]. Computer - Aided Design, 2012, 42(3):231-237.

[5]　ROTH D, GRAY P, ISMAIL F. Mechanistic modelling of 5-axis milling using an adaptive and local depth buffer[J]. Computer - Aided Design, 2007, 39(4):302-312.

[6]　BUDAK E, OZTURK E, TUNC L T. Modeling and simulation of 5-axis milling processes[J]. CIRP Annals - Manufacturing Technology, 2009, 58(1):347-350.

[7]　EYYUP A. Generating cutter swept envelopes in five – axis milling by two – parameter families of spheres[J]. Computer – Aided Design, 2009, 41(2):95 – 105.

[8]　杨建中,杜璇,黄科,等. 面向速度各点异性的刀具运动扫掠体建模与仿真[J]. 中国机械工程,2011,22(21):2593 – 2597.

[9]　黄仲辉,王清辉. 一种基于初始曲线变换的五轴加工刀具扫掠体计算方法[J]. 机械设计与制造,2013(4):14 – 16.

[10]　朱利民,郑刚,张小明,等. 刀具空间运动扫掠体包络面建模的双参数球族包络方法[J]. 机械工程学报,2010,46(5):145 – 149;157.

[11]　袁哲俊. 金属切削实验技术[M]. 北京:机械工业出版社,1988.

[12]　赵芝眉,丁儒林. 金属切削原理实验指导书[M]. 北京:机械工业出版社,1986.

[13]　薛为民. 正交多项式回归及其应用[M]. 北京:化学工业出版社,1989.

[14]　王学仁. 应用回归分析[M]. 重庆:重庆大学出版社,1989.

[15]　王立涛,柯映林,黄志刚. 航空铝合金 7050 – T7451 铣削力模型的实验研究[J]. 中国机械工程,2003,14(19):70 – 72;5.

[16]　郭魂. 航空多框整体结构件铣削变形机理与预测分析研究[D]. 南京:南京航空航天大学,2005.

[17]　王素玉,汪桂莲,郭培燕,等. 高速铣削 45♯中碳钢切削力建模及实验研究[J]. 山东科技大学学报(自然科学版),2005(3):9 – 13.

[18]　王素玉,艾兴,赵军,等. 高速立铣 3Cr2Mo 模具钢切削力建模及预测[J]. 山东大学学报(工学版),2006(1):1 – 5.

[19]　KLAMECKI B E. Incipient chip formation in metal cutting – a three dimensional finite analysis[D]. Urbana:University of Illinois at Urbana, 1973.

[20]　LIN Z C, LIN S Y. A couple finite element model of thermos – elastic large deformation for orthogonal cutting [J]. Journal of Engineering Material and Technology, 1992, 114(2):218 – 226.

[21]　CHILDS T H C, MAEKAWA K. Computer – aided simulation and experimental studies of chip flow and tool wear in the turning of low alloy steels by cemented carbide tools [J]. Wear, 1990, 139(2):235 – 160.

[22]　LAJCZOK M R. A study of some aspects of metal cutting by the finite element method[D]. Raleigh:North Carolina State University, 1980.

[23]　王鸿亮,郭锐锋,彭健钧,等. 通用刀具扫描体隐式曲面建模方法[J]. 机械工程学报,2015,51(23):144 – 152.

[24]　侯增选,FRANK – LOTHAR K,常钢,等. 基于压缩体素模型的鼓形刀空间扫描体构造方法及其应用[J]. 计算机辅助设计与图形学学报, 2006(8):1192 – 1196.

[25]　郝猛,肖田元,韩向利. 五轴加工中刀具扫描体的构造和显示[J]. 机械科学与技术,2003(4):535 – 377.

[26]　黎柏春,杨建宇,于天彪,等. 在GPU上实现基于高斯映射的通用刀具扫描体建模[J]. 计算机辅助设计与图形学学报,2015(7):1334 – 1340.

[27]　黎柏春. 制造系统分布交互仿真和虚拟监控的关键技术研究[D]. 沈阳:东北大

学，2016.

[28] HUANG Y, OLIVER J H. Integrated simulation, error assessment, and tool path correction for five-axis NC milling[J]. Journal of Manufacturing Systems, 1995, 14 (5):331-344.

[29] HUANG Y, OLIVER J H. NC milling error assessment and tool path correction [C]// Conference on Computer Graphics and Interactive Techniques. Orlando: SIGGRAPH, 1994:287-294.

[30] 关洋. 基于三角形二叉树模型的自由曲面数控铣削仿真技术研究[D]. 哈尔滨:哈尔滨理工大学,2016.

[31] 苗盈. 基于STL模型的数控加工仿真关键技术研究[D]. 杭州:浙江大学,2016.

[32] 吴蜀魏. 增减材复合制造的几何仿真研究[D]. 天津:天津大学,2017.

[33] FLEISIG R V, SPENCE A D. Techniques for accelerating B-rep based parallel machining simulation[J]. Computer-Aided Design, 2005, 37(12):1229-1240.

[34] CHAPPEL I T. The use of vectors to simulate material removed by numerically controlled milling[J]. Computer-Aided Design, 1983, 15(3):156-158.

[35] JERARD R B, HUSSAINI S Z, DRYSDALE R L, et al. Approximate methods for simulation and verification of numerically controlled machining programs[J]. Visual Computer, 1989, 5(6):329-348.

[36] OLIVER J H, GOODMAN E D. Direct dimensional NC verification[J]. Computer-Aided Design, 1990, 22(1):3-9.

[37] 陈建. 通用五轴数控加工仿真系统研发[D]. 成都:西南交通大学,2014.

[38] HOOK T V. Real-time shaded NC milling display[J]. Computer Graphics Proc Siggraph, 1986, 20(4):15-20.

[39] STIFTER S. Simulation of NC machining based on the dexel model:a critical analysis [J]. The International Journal of Advanced Manufacturing Technology, 1995, 10 (3):149-157.

[40] 汤幼宁,黎长荣. 图像空间基于深度元素模型的数控加工几何仿真研究[J]. 西安电子科技大学学报, 1996(3):48-54.

[41] 汤幼宁,魏生民,杨海成. 基于Dexel模型的NC加工仿真和验证研究[J]. 西北工业大学学报, 1997(4):143-147.

第6章 复杂结构切削的加工模型几何优化

6.1 复杂结构切削加工模型的优化理论

优化切削加工模型的本质是在毛坯内部找到满足加工要求的目标加工模型位置。当前，小余量毛坯技术已经成为了发展趋势。在此趋势下，当测量坐标系与工件设计坐标系的基准配准后，会有小余量毛坯无法包裹理论加工模型的情况。此时，传统的仅考虑让毛坯包裹加工模型，保证有余量加工的优化，可能会让加工结果因为超出位置公差约束而无效[1-4]。如果引入名义模型自身的位置公差、方向公差和尺寸公差，很有可能找到一个既满足加工余量约束同时又满足名义模型公差的最优目标加工模型，可以有效地避免错判可加工件。建立该模型的前提是：保证毛坯测量数据与工件在同一坐标系下；以测量点到目标加工模型的最小二乘距离建立优化目标、公差和余量的约束条件，然后求解最优目标加工模型的位置和尺寸。

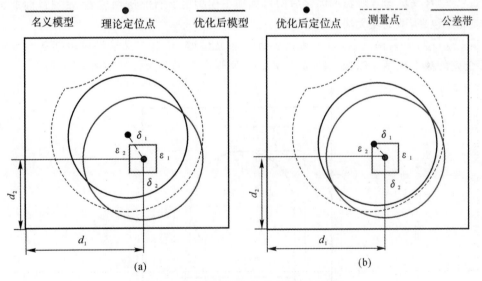

图 6-1 两种不同方法优化结果示意图

(a)传统余量约束优化结果； (b)存在合格的优化结果

以在矩形基座上加工圆形凸台为例，说明引入公差约束的必要性。图 6-1 为两种不同方法的优化结果。图 6-1(a)为传统余量约束优化的结果，可以看出优化后的目标加工模型位置超出了位置公差带，不符合加工要求。图 6-1(b)为存在合格的优化结果，优化后的目标加工工模型既满足加工余量的约束，又在名义模型位置和尺寸公差范围内。

在机械加工过程中，在数控加工前对任何零件都应判断其是否能够满足加工零件所需的最小加工余量。有向距离的概念在 2004 年被熊有伦教授所提出，成功地解决了用公式表达测量点在名义模型外面的问题。在建立余量约束时，主要涉及两类模型：毛坯模型，用一组测量结果表达为 $M=\{P_i(i=1,2,\cdots,n)\}$；名义模型，记为 N。问题转化为求一欧氏变换矩阵 E，使得名义模型完全被测量点包裹，并且要保证有加工余量。设欧氏变换矩阵为

$$E=\begin{bmatrix} \boldsymbol{R} & \boldsymbol{T} \\ \boldsymbol{0} & \boldsymbol{I} \end{bmatrix}, \quad \boldsymbol{R} \in \mathbf{R}^{3\times3}, \quad \boldsymbol{T} \in \mathbf{R}^{3\times3}$$

式中：$\boldsymbol{R}$ 描述的是名义模型的旋转矩阵，$\boldsymbol{T}$ 描述的是名义模型的平移矩阵。

$$\boldsymbol{R}=\begin{bmatrix} \cos\beta\cos\gamma & \sin\alpha\sin\beta\cos\gamma-\cos\alpha\sin\gamma & \cos\alpha\sin\beta\cos\gamma+\sin\alpha\sin\gamma \\ \cos\beta\sin\gamma & \sin\alpha\sin\beta\sin\gamma+\cos\alpha\cos\gamma & \cos\alpha\sin\beta\sin\gamma-\sin\alpha\cos\gamma \\ -\sin\beta & \sin\alpha\cos\beta & \cos\alpha\cos\beta \end{bmatrix}$$

$$\boldsymbol{T}=\begin{bmatrix} d_x & d_y & d_z \end{bmatrix}^{\mathrm{T}}$$

其中：α、β、γ 分别是名义模型绕 x 轴、y 轴、z 轴的旋转角度；d_x、d_y、d_z 为名义模型分别沿 x 轴、y 轴、z 轴的平移量。

构造有向距离函数 d_i，$d'_i(\boldsymbol{R},\boldsymbol{T})=[P_i-(\boldsymbol{R}\cdot Q_i+T_i)]\cdot n_i$。其中 $P_i \in M$，为毛坯测量点，Q_i 为名义模型上离 P_i 最近的点，n_i 为 Q_i 处的外法矢。Q_i 可以由以下公式获得：

$$Q_i=\{Q_i:\min_{Q\in\Psi}\|P_i-Q\|\}$$

其中，Ψ 是优化过程中目标加工模型上所有的点构成的集合。

如果 $d_i(\boldsymbol{R},\boldsymbol{T})\geqslant 0$，则表示优化后的目标加工模型被所有测量点包裹，否则目标加工模型不能被完全包裹，即毛坯无法加工。

建立余量约束条件之后，接下来需要针对名义模型，建立名义模型可以移动的范围和空间，即公差的数学模型。以加工圆形凸台为例，圆形凸台的公差设计如图 6-2 所示。

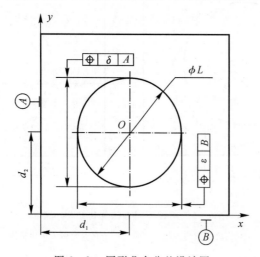

图 6-2　圆形凸台公差设计图

圆台加工特征 N 在 x 方向的位置度为 ε，在 y 方向上的位置度为 δ，要保证圆台的直径公

称尺寸为 L。 当目标加工模型满足位置度公差时,名义模型允许移动的变化量满足的约束如下所示:

$$-\frac{\varepsilon}{2} \leqslant d_x \leqslant \frac{\varepsilon}{2}, \quad -\frac{\delta}{2} \leqslant d_y \leqslant \frac{\delta}{2}$$

　　然而当只考虑名义模型的位置度公差时,仍然会出现不能加工的情况,然后要继续借用名义模型的尺寸公差、方向公差等,进一步扩大名义模型可以移动的变化的空间,进而找到既满足公差约束同时满足加工余量约束条件的最优可加工模型。以加工矩形凸台为例,其公差要求设计示意图如图 6 - 3 所示。

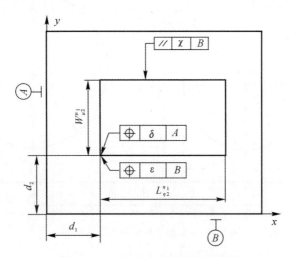

图 6 - 3　矩形凸台公差设计示意图

　　该名义模型矩形凸台的公差模型是在上节的基础上多引入了平行度公差,该加工特征的长为 L,上、下偏差为 η_1、η_2,宽为 W,上、下偏差为 μ_1、μ_2,要保证的名义模型某直线相对于加工基准 B 的平行度为 χ。优化过程中矩形凸台的长为 L_1,宽为 W_1,该直线相对于加工基准 B 的偏差角为 γ。

　　当目标加工模型满足位置度公差时,名义模型允许移动的变化量约束范围如下:

$$-\frac{\varepsilon}{2} \leqslant d_x \leqslant \frac{\varepsilon}{2}, \quad -\frac{\delta}{2} \leqslant d_y \leqslant \frac{\delta}{2}$$

当目标加工模型满足尺寸公差时,尺寸变动范围为

$$\eta_2 \leqslant L_1 - L \leqslant \eta_1, \quad \mu_2 \leqslant W_1 - W \leqslant \mu_1$$

当目标加工模型的直线要素满足其平行度公差时,变动范围为

$$-\arctan(2\chi/L_1) \leqslant \gamma \leqslant \arctan(2\chi/L_1)$$

　　由于多加工模型位置之间存在一定的耦合约束关系,第一个加工模型的位置会影响到第二个加工模型的位置,并且两个加工模型都要满足一定的加工余量约束,因此研究多加工模型的约束关系的建立是非常有必要的。多加工模型的公差示意图如图 6 - 4 所示,假设在优化过程中的两个圆台 1、2 的直径尺寸分别为 L_1'、L_2'。

当目标加工模型 1 满足位置度公差时,变动范围为

$$-\frac{\varepsilon_1}{2} \leqslant d_{1x} \leqslant \frac{\varepsilon_1}{2}, \quad -\frac{\delta_1}{2} \leqslant d_{1y} \leqslant \frac{\delta_1}{2}$$

当目标加工模型 2 满足与目标加工模型 1 的相对位置约束关系时,变动范围为

$$-\varepsilon_2 \leqslant d_{2x} - d_{1x} \leqslant \varepsilon_2, \quad -\delta_2 \leqslant d_{2y} - d_{1y} \leqslant \delta_2$$

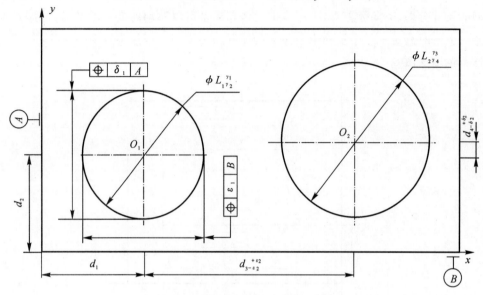

图 6-4 多加工模型公差要求示意图

当目标加工模型 1 满足尺寸公差时,尺寸约束为

$$\gamma_2 \leqslant L'_1 - L_1 \leqslant \gamma_1$$

当目标加工模型 2 满足尺寸公差时,尺寸约束为

$$\gamma_4 \leqslant L'_2 - L_2 \leqslant \gamma_3$$

6.1.1 空间平面平行度公差的建立

平行度指的是零件上被测的实际加工要素相对于基准维持等距离的状况。平行度公差分为 3 种,从广义角度上看,三种类型公差的描述与定义是相同的。图 6-5 所示为两个垂直方向上的公差域描述[5-8]。

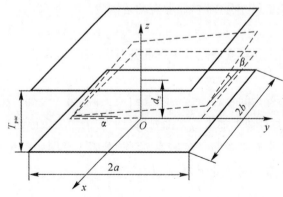

图 6-5 平行度公差示意图

该加工模型是在矩形台上铣削一个平面,三维空间中任意一张矩形平面的方程为 $Ax + By + Cz + D = 0$,其中(A,B,C)是该初始平面的法矢。当存在名义平面不能被测量点所包裹时,需要在借用公差的空间下在测量点的范围内寻找目标加工平面的最优位置。该模型主要考虑了方向公差中的平行度 T_{par},平行度是名义平面相对于加工基准在该方向上的变化量。

首先以该平面初始所在位置为水平面,中心为公差坐标系零点,z 轴垂直于该平面且过中心,其平面方程如下:$z=0,-a \leqslant x \leqslant a,-b \leqslant y \leqslant b$,即 $A=0,B=0,C=1,D=0$。根据余量优化模型中的公差约束理论可知,该平面的 SDT 矢量为 $\boldsymbol{D}=\begin{bmatrix} \alpha & \beta & 0 & 0 & 0 & d_z \end{bmatrix}^{\mathrm{T}}$,齐次变换矩阵 $\boldsymbol{E}$ 为

$$\boldsymbol{E} = \begin{bmatrix} \cos\beta & \sin\alpha\sin\beta & \cos\alpha\sin\beta & 0 \\ 0 & \cos\alpha & -\sin\alpha & 0 \\ -\sin\beta & \sin\alpha\cos\beta & \cos\alpha\cos\beta & d_z \\ 0 & 0 & 0 & 1 \end{bmatrix}$$

其中,α、β 分别是名义模型绕公差坐标系 x 轴、y 轴的旋转角度,d_z 是名义模型沿着公差坐标系 z 轴的平移量。优化过程中平面方程为

$$z = d_z + \sin\alpha\cos\beta \cdot y - \sin\beta \cdot x$$

由于平行度公差域自身的方向是不确定的,因此我们首先需要确定平行度公差域的边界。根据图 6 - 5,在平行度公差域转动达到极限位置为

$$\alpha_{\max} = \arctan \frac{T_{par}}{2a}, \quad \beta_{\max} = \arctan \frac{T_{par}}{2b}$$

时,求得平行度公差域边界的约束模型为

$$-\alpha_{\max} \leqslant \alpha \leqslant \alpha_{\max}, \quad -\beta_{\max} \leqslant \beta \leqslant \beta_{\max}, \quad -\frac{T_{par}}{2} \leqslant d_z \leqslant \frac{T_{par}}{2}$$

约束条件为

$$-\frac{T_{par}}{2} \leqslant d_z + \sin\alpha\cos\beta \cdot y - \sin\beta \cdot x \leqslant \frac{T_{par}}{2}$$

将矩形平面的四个顶点$(\pm a,\pm b,0)$坐标依次代入上述约束条件中,可得矩形平面满足平行度公差的约束为

$$-\frac{T_{par}}{2} \leqslant d_z + \sin\alpha\cos\beta \cdot b - \sin\beta \cdot a \leqslant \frac{T_{par}}{2}$$

$$-\frac{T_{par}}{2} \leqslant d_z + \sin\alpha\cos\beta \cdot b + \sin\beta \cdot a \leqslant \frac{T_{par}}{2}$$

$$-\frac{T_{par}}{2} \leqslant d_z - \sin\alpha\cos\beta \cdot b + \sin\beta \cdot a \leqslant \frac{T_{par}}{2}$$

$$-\frac{T_{par}}{2} \leqslant d_z - \sin\alpha\cos\beta \cdot b - \sin\beta \cdot a \leqslant \frac{T_{par}}{2}$$

6.1.2　空间平面平行度和尺寸公差的建立

一般来说,公差值与尺寸相比始终是一个非常小的变化量,其公差坐标系的建立和初始名义平面与上述类似,然而当只考虑平面的平行度公差 T_{par} 时,仍然会出现平面不能加工的情

况,因此需要综合考虑平行度和尺寸耦合的公差模型。假设尺寸公差上、下偏差为 T_U、T_L,尺寸公差描述的是名义平面自身尺寸允许的变化量,变换矩阵仍是不变。优化过程中平面的方程为

$$z = d_z + \sin\alpha\cos\beta \cdot y - \sin\beta \cdot x$$

与平行度公差类似,由于本节是在考虑两种公差耦合约束的情况下,即确定平行度公差和尺寸公差共同约束下耦合约束下的边界状态[9-13],根据图 6-6 所示,在平行度公差域转动达到极限位置为

$$\alpha_{max} = \arctan\frac{T_{par}}{2a}, \quad \beta_{max} = \arctan\frac{T_{par}}{2b}$$

时,求得平行度和尺寸公差域耦合边界的约束模型为

$$-\alpha_{max} \leqslant \alpha \leqslant \alpha_{max}, \quad -\beta_{max} \leqslant \beta \leqslant \beta_{max}, \quad -T_L \leqslant d_z \leqslant T_U$$

约束条件为

$$-T_L \leqslant d_z + \sin\alpha\cos\beta \cdot y - \sin\beta \cdot x \leqslant T_U$$

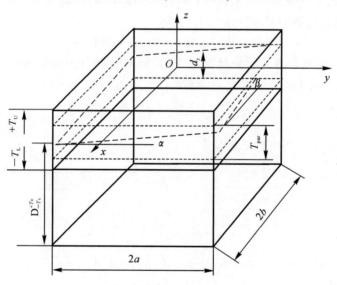

图 6-6 平行度和尺寸公差示意图

将矩形平面的四个顶点 $(\pm a, \pm b, 0)$ 坐标依次代入约束条件,可得矩形平面满足尺寸公差的约束为

$$-T_L \leqslant d_z + \sin\alpha\cos\beta \cdot b - \sin\beta \cdot a \leqslant T_U$$
$$-T_L \leqslant d_z + \sin\alpha\cos\beta \cdot b + \sin\beta \cdot a \leqslant T_U$$
$$-T_L \leqslant d_z - \sin\alpha\cos\beta \cdot b - \sin\beta \cdot a \leqslant T_U$$
$$-T_L \leqslant d_z - \sin\alpha\cos\beta \cdot b + \sin\beta \cdot a \leqslant T_U$$

6.1.3 空间圆柱位置度公差的建立

位置公差是各实际要素之间的相互位置约束关系或者加工特征相对加工基准的位置所允许的变动量。位置度公差同样分为 3 种,本书则主要分析给定相互垂直的两个方向时圆柱的

轴线位置度公差。

该加工特征是在矩形基座上加工一个圆台,以该圆台中心建立局部坐标系,该圆台的方程为 $x^2+y^2=a^2,0\leqslant z\leqslant b$。当存在名义圆台不能被测量点包裹时,需要在借用形位公差的空间下在测量点的范围内寻找目标加工特征的最优位置。该模型主要考虑位置公差中的位置度 T_{pos}。

在围绕 z 轴平移和旋转时,圆柱特征并没有变化。齐次变换矩阵 $\boldsymbol{E}$ 为

$$\boldsymbol{E}=\begin{bmatrix} \cos\beta & \sin\alpha\sin\beta & \cos\alpha\sin\beta & d_x \\ 0 & \cos\alpha & \sin\alpha & d_y \\ -\sin\beta & \sin\alpha\cos\beta & \cos\alpha\cos\beta & 0 \\ 0 & 0 & 0 & 1 \end{bmatrix}$$

其中,α 是名义模型公差坐标系 x 轴的旋转角度,β 是名义模型绕公差坐标系 y 轴的旋转角度,d_x 是名义模型沿着公差坐标系 x 轴的平移量,d_y 是名义模型沿着公差坐标系 y 轴的平移量。在 x 方向相对于加工基准的位置度为 T_{xpos},在 y 方向相对于加工基准的位置度为 T_{ypos}。优化过程中圆柱中心轴线上点的变化方程为

$$x=-z\cdot\cos\alpha\sin\beta+d_x,y=-z\cdot\sin\alpha+d_y$$

首先确定位置度公差域的边界,如图 6-7 所示,在位置度公差域转动达到极限位置为

$$\alpha_{max}=\arcsin\frac{T_{xpos}}{2L}, \quad \beta_{max}=\arcsin\frac{T_{ypos}}{2L}$$

$$d_{xmax}=\frac{T_{xpos}}{2}, \quad d_{ymax}=\frac{T_{ypos}}{2}$$

时,求得位置度公差域边界的约束模型为

$$-\alpha_{max}\leqslant\alpha\leqslant\alpha_{max}, \quad -\beta_{max}\leqslant\beta\leqslant\beta_{max}$$

$$-\frac{T_{xpos}}{2}\leqslant d_x\leqslant\frac{T_{xpos}}{2}, \quad -\frac{T_{ypos}}{2}\leqslant d_y\leqslant\frac{T_{ypos}}{2}$$

约束条件为

$$-\frac{T_{xpos}}{2}\leqslant-z\cdot\cos\alpha\sin\beta+d_x\leqslant\frac{T_{xpos}}{2}$$

$$-\frac{T_{ypos}}{2}\leqslant-z\cdot\sin\alpha+d_y\leqslant\frac{T_{ypos}}{2}$$

将圆柱上、下平面的 $z=0,z=L$ 坐标依次代入约束条件中,可得圆柱轴线满足位置约束为

$$-\frac{T_{ypos}}{2}\leqslant d_y\leqslant\frac{T_{ypos}}{2}$$

$$-\frac{T_{xpos}}{2}\leqslant d_x\leqslant\frac{T_{xpos}}{2}$$

$$-\frac{T_{xpos}}{2}\leqslant-L\cdot\cos\alpha\sin\beta+d_x\leqslant\frac{T_{xpos}}{2}$$

$$-\frac{T_{ypos}}{2}\leqslant-L\cdot\sin\alpha+d_y\leqslant\frac{T_{ypos}}{2}$$

本小节引入了圆柱高 L 的尺寸公差。尺寸

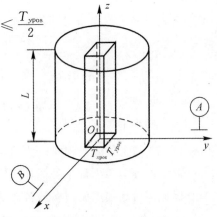

图 6-7 位置度公差示意图

公差上、下偏差为 T_U、T_L,尺寸公差描述的是名义模型自身尺寸允许的变化量。变换矩阵仍是不变,假设最终目标加工模型的高尺寸为 L_1。

位置度公差域处于边界状态下模型设计变量的值,如图 6-8 所示,在位置度公差域转动达到极限位置为

$$\alpha_{max} = \arcsin\frac{T_{xpos}}{2L_1}, \quad \beta_{max} = \arcsin\frac{T_{ypos}}{2L_1}$$

$$d_{xmax} = \frac{T_{xpos}}{2}, \quad d_{ymax} = \frac{T_{ypos}}{2}$$

时,求得位置度公差域边界的约束模型为

$$-\alpha_{max} \leqslant \alpha \leqslant \alpha_{max}, \quad -\beta_{max} \leqslant \beta \leqslant \beta_{max}$$

$$-\frac{T_{xpos}}{2} \leqslant d_x \leqslant \frac{T_{xpos}}{2}, \quad -\frac{T_{ypos}}{2} \leqslant d_y \leqslant \frac{T_{ypos}}{2}$$

约束条件为

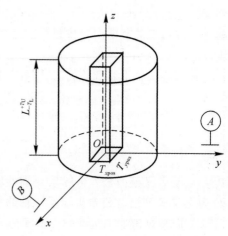

图 6-8　圆柱尺寸和位置度公差示意图

$$\begin{cases} -\dfrac{T_{xpos}}{2} \leqslant -z \cdot \cos\alpha\sin\beta + d_x \leqslant \dfrac{T_{xpos}}{2} \\[2mm] -\dfrac{T_{ypos}}{2} \leqslant -z \cdot \sin\alpha + d_y \leqslant \dfrac{T_{ypos}}{2} \end{cases}, \quad -T_L \leqslant L_1 - L \leqslant T_U$$

将优化过程中圆柱上、下平面的 $z=0, z=L_1$ 坐标依次代入约束条件,可得圆柱轴线满足位置约束为

$$-\frac{T_{ypos}}{2} \leqslant d_y \leqslant \frac{T_{ypos}}{2}, \quad -\frac{T_{xpos}}{2} \leqslant d_x \leqslant \frac{T_{xpos}}{2}$$

$$-\frac{T_{xpos}}{2} \leqslant -L_1 \cdot \cos\alpha\sin\beta + d_x \leqslant \frac{T_{xpos}}{2}, \quad -\frac{T_{ypos}}{2} \leqslant -L_1 \cdot \sin\alpha + d_y \leqslant \frac{T_{ypos}}{2}$$

公差约束下的目的是可以借用名义模型本身的公差空间,来增大名义模型可以移动和变化的范围,最终找到一个最优的可加工模型。最优目标加工模型不仅能够满足加工的余量约束条件,并且在名义模型自身的公差范围之内,又能实现零件加工余量的均匀分布。余量优化模型为

$$\min f = \sum_{i=1}^{N} d_i^2(\boldsymbol{R}, \boldsymbol{T}) = \sum_{i=1}^{N} \parallel \boldsymbol{R}Q_i + \boldsymbol{T} - P_i \parallel^2$$

$$g_i(\boldsymbol{R}, \boldsymbol{T}) = d_i'(\boldsymbol{R}, \boldsymbol{T}) - \varepsilon \geqslant 0$$

$$h_k(\boldsymbol{R}, \boldsymbol{T}) \geqslant 0$$

式中:$d_i'(\boldsymbol{R}, \boldsymbol{T})$ 与上述公式相同;ε 为给定的最小加工余量要求,N 为毛坯测量点的个数;$g_i(\boldsymbol{R}, \boldsymbol{T}) = d_i'(\boldsymbol{R}, \boldsymbol{T}) - \varepsilon \geqslant 0$ 保证了目标加工模型在测量点范围内,并且留有一定的加工余量;$h_k(\boldsymbol{R}, \boldsymbol{T}) \geqslant 0$ 保证了目标加工模型满足名义模型的公差范围,k 表示公差模型方程的个数。

建立的公差约束下的余量优化模型均可以转化为带约束的一般形式,即

$$\min f(x)$$

$$\text{s. t. } g_i(x) \geqslant 0, \quad i = 1, \cdots, m$$

6.2　复杂曲面零件的多层次加工模型优化理论

自由曲面类零件是典型的复杂结构零件。以 6.1 节优化理论为基础,复杂曲面类零件加工模型的优化方法便有了更多的扩展。本节以航空发动机叶片为例,讨论复杂曲面类零件延伸出的多层次优化理论[14-19]。

(1) 叶身设计模型,即面向加工的 CAD 模型。通过 s 条沿积叠轴方向平行分布的设计截面线 $C^d = \{c_1^d, c_2^d, \cdots, c_s^d\}$ 构建叶身曲面,通常采用 B 样条曲面表示其几何模型。叶身的 3D 设计模型如图 6-9(a) 所示,$o_d - x_d y_d z_d$ 为设计坐标系,设计截面线 C^d 沿积叠轴方向的位置是确定的,其中 t_i 表示第 i 条设计截面线在 z 方向上的高度。设计者通过定义多个截面处的形状公差代替曲面的形状公差,因此加工后的叶身需保证在各设计截面处满足相应的轮廓度公差。某截面线如图 6-9(b) 所示,叶盆、叶背的轮廓度公差带为 Ry,前缘、后缘的轮廓度公差带分别为 Rq、Rh,积叠轴中心位置为 (x_0, y_0)。

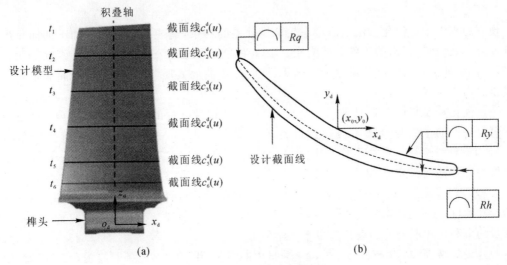

图 6-9　设计模型和截面线

(a) 设计模型；　(b) 设计截面线

(2) 叶身毛坯模型,是下一道数控精加工的小余量毛坯,在自适应加工中通常采用一组测量点近似表示该曲面。近净成形工艺为自适应加工提供了小余量且形状尺寸不完全一致的预成型模型。通常采用在机测量得到的一组测量点 $P = \{p_i \mid i = 1, 2, \cdots, N\}$ 近似描述预成型模型的实际形状,其中 N 为测量点的数量,$o_m - x_m y_m z_m$ 为测量坐标系,如图 6-10(a) 所示。

(3) 叶身目标加工模型,即优化后的曲面模型,是数控精加工编程的模型依据。由于前期工艺的加工误差,待加工的叶身毛坯模型不能完全"包裹"叶身设计模型,造成缺少材料而无法正确加工叶身。因此,加工模型优化的本质是在保证加工余量的条件下,寻找满足检测截面处轮廓度公差要求的目标加工模型,如图 6-10(b) 所示。

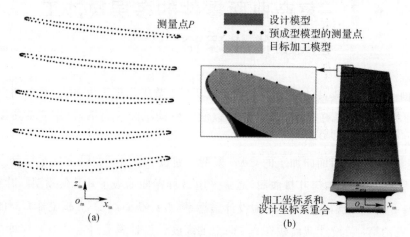

图 6-10　预成型模型和目标加工模型
(a) 叶片的预成型模型；　(b) 自由曲面类零件加工模型优化

6.2.1　刚性余量优化方法

现有的刚性余量优化方法没有考虑轮廓度公差的约束,造成优化的目标加工曲面超出了轮廓度公差,这样加工出的工件必然为废品。本书建立了考虑公差约束的叶身刚性优化数学模型,不仅保证优化后的叶片满足加工余量,同时保证曲面性质不变,优化后的曲面在轮廓度公差带之内。

余量优化涉及测量点集 $P = \{p_i \mid i = 1, 2, \cdots, N\}$ 以及叶片的设计模型 $s(u, v)$。测量点集通常可以是借助在机测量技术测得的叶片毛坯模型。设 $o_m - x_m y_m z_m$ 为测量坐标系,$o_d - x_d y_d z_d$ 为设计坐标系。在余量优化中,叶片的设计基准和加工基准一定要重合。刚性余量优化建模为叶片截面线在空间中统一做刚性旋转变换和平移变换($\boldsymbol{R}, \boldsymbol{T}$),其变换参数为 $\boldsymbol{R} = [\alpha \quad \beta \quad \gamma]$,$\boldsymbol{T} = [\Delta x \quad \Delta y \quad \Delta z]$。其中 α、β 和 γ 分别是叶片设计截面线绕着积叠轴 x、y 和 z 方向的旋转角度,Δx、Δy 和 Δz 分别为叶片设计截面线沿着坐标轴 x、y 和 z 方向的平移分量。根据余量约束和轮廓度公差约束建立以下数学模型[20-26]。

叶片设计截面线 $C^d = \{c_1^d, c_2^d, \cdots, c_s^d\}$ 为自由曲线,使用三次 B 样条曲线表示其数学模型。s 条设计截面线的数学表达式为

$$C^d(u) = \left\{ c_j^d(u) \mid c_j^d(u) = \sum_{i=0}^{m} N_{i,3}(u) \cdot v_i \right\}, \quad j = 1, 2, \cdots, s$$

式中:$N_{i,3}(u)$ 为三次 B 样条曲线的基函数,v_i 为曲线的控制顶点。经空间变换($\boldsymbol{R}, \boldsymbol{T}$)后的目标加工曲面截面线的表达式为

$$C^d(u) = \left\{ \hat{c}_j^d(u) \mid \hat{c}_j^d(u) = \sum_{i=0}^{m} N_{i,3}(u) [\boldsymbol{T} \cdot \boldsymbol{R} \cdot (v_i - v_0) + v_0] \right\}, \quad j = 1, 2, \cdots, s$$

式中:$\boldsymbol{R} = \boldsymbol{R}_x(\alpha) \cdot \boldsymbol{R}_y(\beta) \cdot \boldsymbol{R}_z(\gamma)$ 为截面曲线控制顶点沿着坐标轴 x、y 和 z 方向的旋转矩阵；$\boldsymbol{T}$ 为截面曲线控制顶点沿着坐标轴 x、y 和 z 方向的平移矩阵；v_0 为叶身旋转中心,式中

$$\boldsymbol{R}_x = \begin{bmatrix} 1 & 0 & 0 \\ 0 & \cos\alpha & -\sin\alpha \\ 0 & \sin\alpha & \cos\alpha \end{bmatrix}, \quad \boldsymbol{R}_y = \begin{bmatrix} \cos\beta & 0 & \sin\beta \\ 0 & 1 & 0 \\ -\sin\beta & 0 & \cos\beta \end{bmatrix}$$

$$\boldsymbol{R}_z = \begin{bmatrix} \cos\gamma & \sin\gamma & 0 \\ -\sin\gamma & \cos\gamma & 0 \\ 0 & 0 & 1 \end{bmatrix}, \quad \boldsymbol{T} = \begin{bmatrix} 1 & 0 & \Delta x \\ 0 & 1 & \Delta y \\ 0 & 0 & \Delta z \end{bmatrix}$$

$$\boldsymbol{R} = \begin{bmatrix} \cos\beta \cdot \cos\gamma & -\sin\beta \cdot \cos\gamma & \sin\gamma \\ \cos\alpha \cdot \sin\beta + \cos\beta \cdot \sin\alpha \cdot \sin\gamma & \cos\alpha \cdot \cos\beta - \sin\alpha \cdot \sin\beta \cdot \sin\gamma & -\sin\alpha \cdot \cos\gamma \\ \sin\alpha \cdot \sin\beta - \cos\alpha \cdot \cos\beta \cdot \sin\gamma & \cos\beta \cdot \sin\alpha + \cos\alpha \cdot \sin\beta \cdot \sin\gamma & \cos\alpha \cdot \cos\gamma \end{bmatrix}$$

优化目标函数为

$$\min[g(\boldsymbol{R},\boldsymbol{T})] = \min\Big(\sum_{i=1}^{N} \parallel d_i \parallel^2\Big) =$$
$$\min\Big(\sum_{i=1}^{N} \parallel \hat{s}(u_i,v_i) - p_i \parallel^2\Big) = \min\Big(\sum_{i=1}^{N} \parallel p_i^c - p_i \parallel^2\Big)$$

上式为数学模型中的目标函数,表示测量点 $P = \{p_i \mid i = 1,2,\cdots,N\}$ 到目标加工曲面 $\hat{s}(u,v)$ 最近点 $P^c = \{p_i^c \mid i = 1,2,\cdots,N\}$ 的最小二乘距离,其中优化变量为旋转和平移矩阵 $\boldsymbol{R}$、$\boldsymbol{T}$。目标加工曲面 $\hat{s}(u,v)$ 通过空间变换后的截面线 $\hat{C}^d = \{\hat{c}_1^d, \hat{c}_2^d, \cdots, \hat{c}_s^d\}$,用蒙面法生成。

余量约束的数学模型为

$$F_1 = [p_i - \hat{s}(u_i,v_i)] \cdot \boldsymbol{n}_i^c = (p_i - p_i^c) \cdot \boldsymbol{n}_i^c > 0, \quad i = 1,2,\cdots,N$$

自适应加工要求存在加工余量,即配准结果使得毛坯"包裹"目标加工曲面,也就是说毛坯上的测量点到目标加工曲面的有向距离大于零。其中 $\boldsymbol{n}_i^c$ 为目标加工曲面 $\hat{s}(u,v)$ 在最近点 $P^c = \{p_i^c \mid i = 1,2,\cdots,N\}$ 上的单位外法矢。测量点在曲面内外的判断方法如图 6-11 所示。

轮廓度公差约束为

$$F_2 = \text{sign} \cdot (q_j - q_j^m) \cdot \boldsymbol{n}_j^m \geqslant 0, \quad j = 1,2,\cdots,s$$

上式为目标加工曲面的检测截面线在轮廓度公差带之内的约束函数。轮廓度公差带轨迹是设计截面线沿着法向距离的偏置线。q_j 表示第 j 条轮廓度公差带上的点,当 q_j 为上轮廓度公差上的点时,sign 为 1;当 q_j 为下轮廓度公差带上的点时,sign 为 -1。q_j^m 表示轮廓度公差带上的点到检测截面线上的最近点。$\boldsymbol{n}_j^m$ 表示第 j 条检测截面线在点 q_j^m 处的单位外法矢。检测截面线在轮廓度公差带内判断如图 6-12 所示。

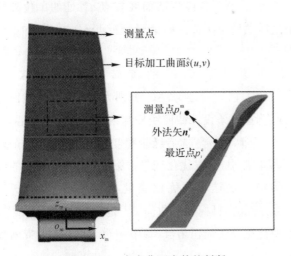

图 6-11　点在曲面内外的判断

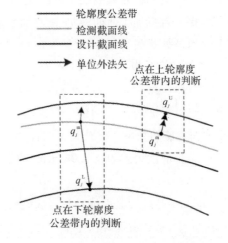

图 6-12　检测截面线在轮廓度公差带内判断

6.2.2 柔性余量优化方法

柔性余量优化方法与刚性余量优化方法建立模型的方法类似,唯一不同在于它的优化变量为每条截面线的旋转、平移矩阵 $\boldsymbol{R}_i$ 和 $\boldsymbol{T}_i, i=1,2,\cdots,s$。设计截面线 $C^{\mathrm{d}}=\{c_1^{\mathrm{d}},c_2^{\mathrm{d}},\cdots,c_s^{\mathrm{d}}\}$ 为一族三次 B 样条参数方程表示的曲线,s 条设计截面线的参数表达式为

$$C^{\mathrm{d}}(u)=\left\{c_j^{\mathrm{d}}(u)\mid c_j^{\mathrm{d}}(u)=\sum_{i=0}^m N_{i,3}(u)\cdot v_i\right\},\quad j=1,2,\cdots,s$$

式中,$N_{i,3}$ 为 B 样条曲线的基函数,v_i 为曲线的控制顶点。空间变换后截面线的表达式为

$$C^{\mathrm{d}}(u)=\left\{\hat{c}_j^{\mathrm{d}}(u)\mid \hat{c}_j^{\mathrm{d}}(u)=\sum_{i=0}^m N_{i,3}(u)\cdot\left[\boldsymbol{T}_j\cdot\boldsymbol{R}_j\cdot(v_i-v_0)+v_0\right]\right\},\quad j=1,2,\cdots,s$$

式中,$\boldsymbol{T}_j$ 为第 j 条设计截面线的平移矩阵,$\boldsymbol{R}_j$ 为第 j 条设计截面线的旋转矩阵,v_0 为叶身旋转中心。基于轮廓度公差约束的柔性余量优化方法,建立以下优化模型:

$$\min\left[g(\boldsymbol{R}_j,\boldsymbol{T}_j)\right]=\min\left(\sum_{i=1}^N\parallel d_i\parallel^2\right)=\min\left(\sum_{i=1}^N\parallel\hat{s}(u_i,v_i)-p_i\parallel^2\right)=$$

$$\min\left(\sum_{i=1}^N\parallel p_i^{\mathrm{c}}-p_i\parallel^2\right),\quad j=1,2,\cdots,s$$

上式为数学模型的目标函数,表示测量点 $\{p_i\mid i=1,2,\cdots,N\}$ 到目标加工曲面 $\hat{s}(u,v)$ 最近点 $\{p_i^{\mathrm{c}}\mid i=1,2,\cdots,N\}$ 的距离平方之和。目标加工曲面 $\hat{s}(u,v)$ 是由蒙面法经过空间变换后的截面线 $\hat{C}^{\mathrm{d}}=\{\hat{c}_1^{\mathrm{d}},\hat{c}_2^{\mathrm{d}},\cdots,\hat{c}_s^{\mathrm{d}}\}$ 构建。

$$\text{s. t.}\begin{cases}F_1=\left[p_i-\hat{s}(u_i,v_i)\right]\cdot n_i^{\mathrm{c}}=(p_i-p_i^{\mathrm{c}})\cdot n_i^{\mathrm{c}}>0,\quad i=1,2,\cdots,N\\ F_2=\mathrm{sign}\cdot(q_j-q_j^{\mathrm{m}})\cdot n_j^{\mathrm{m}}\geqslant 0,\quad j=1,2,\cdots,s\end{cases}$$

上式为检测截面线 $C^{\mathrm{m}}=\{c_1^{\mathrm{m}},c_2^{\mathrm{m}},\cdots,c_s^{\mathrm{m}}\}$ 在轮廓度公差带之内的约束函数。检测截面线是特定高度的平面与目标加工曲面求交得到的。q_j 表示第 j 条轮廓度公差带上的点,当 q_j 为上轮廓度公差上的点时,sign 为 1;当 q_j 为下轮廓度公差带上的点时,sign 为 -1。q_j^{m} 表示轮廓度公差带上的点到检测截面线上的最近点。n_j^{m} 表示第 j 条检测截面线在点 q_j^{m} 处的单位外法矢。为保证目标加工曲面 $\hat{s}(u,v)$ 有加工余量时的约束函数。n_i^{c} 表示最近点 p_i^{c} 在目标加工曲面上的单位外法矢。

柔性余量模型的优化变量为 s 条设计截面线的旋转平移参数 $\boldsymbol{X}_j=[\Delta x_j\quad\Delta y_j\quad\Delta z_j\quad\alpha_j\quad\beta_j\quad\gamma_j],j=1,2,\cdots,s$。其中,$\Delta x_j$、$\Delta y_j$、$\Delta z_j$ 分别为第 j 条设计截面线控制顶点沿着 x、y、z 方向的平移量,α_j、β_j、γ_j 为第 j 条设计截面线控制顶点沿着叶身中心 x、y、z 方向的旋转角度。叶片设计截面线 $C^{\mathrm{d}}=\{c_1^{\mathrm{d}},c_2^{\mathrm{d}},\cdots,c_s^{\mathrm{d}}\}$ 前后缘轮廓度公差为 $\pm 0.04\ \mathrm{mm}$,叶盆叶背轮廓度公差为 $\pm 0.05\ \mathrm{mm}$,约束区域非常小,所以优化变量中第 j 条设计截面线的参数初值 $\boldsymbol{X}_j^{(0)}=[0\quad 0\quad 0\quad 0\quad 0\quad 0]$。$\boldsymbol{X}^{(k)}$ 为第 k 次迭代的优化变量,截面线 $\hat{C}^{(k)}=\{\hat{c}_1^{(k)},\hat{c}_2^{(k)},\cdots,\hat{c}_s^{(k)}\}$ 是设计截面线经过 k 次旋转平移得到的,目标加工曲面 $s^{(k)}$ 是截面线 $\hat{C}^{(k)}=\{\hat{c}_1^{(k)},\hat{c}_2^{(k)},\cdots,\hat{c}_s^{(k)}\}$ 基于蒙面算法生成。本书使用的优化算法为罚函数,其中 $f_i(\boldsymbol{R}_j,\boldsymbol{T}_j)$ 为约束函数 $\{F_1,F_2\}$ 的集合,$\varepsilon=10^{-6}$ 为迭代精度。

6.3　考虑切削变形的弱刚度零件余量优化理论

为了研究切削力和变形之间的关系，现把切削力用 F_1 表示，目标加工模型与毛坯模型之间的余量用 D 表示，切削力 F_1 产生的变形用 M 表示，则实际切削深度可表示为

$$a_p = D - M$$

由上式可知，F_1 可以表示为

$$F_1 = k_1 \times (D - M)$$

其中，k_1 为线性系数。

在刀具切削工件的过程中，切削力与工件变形产生的反作用力是大小相等、方向相反，定义切削时变形产生的反作用力为 F_2，即

$$F_1 = F_2$$

工件在某处的刚度为 k_2，产生的变形量为 M，则工件该处的反作用力 F_2 与该处的变形量 M、该处的刚度 k_2 满足如下关系：

$$F_2 = k_2 \times M$$

对于悬臂梁式工件，$k_2 = -\dfrac{6EI}{3lx^2 - x^3}$。

联立上述公式，可求得切削时产生的变形量 M 如下：

$$M = \frac{k_1 D \times (3lx^2 - x^3)}{(3lx^2 - x^3) - 6EI}$$

式中：l 为工件长度；x 为刀触点距离固定端的距离；E 为杨氏模量；I 为截面惯性矩；M 为变形量。

上式表明了加工余量和变形之间的关系，给定刀触点和该处的余量，通过该式就能算得该点处的变形。在本案例中，将工件认为是弱刚性件，切削时受到切削力，产生变形，实际切削量小于理论切削量，切削以后会在加工表面产生残留[27-30]，具体状态可参考图 6-13。

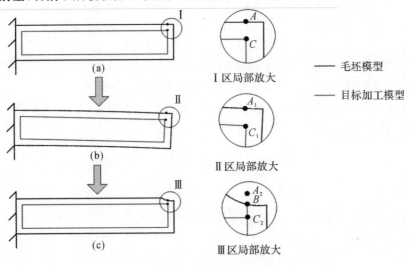

图 6-13　变形状态示意图

(a) 切削前状态；　(b) 切削时状态；　(c) 切削后状态

图 6-13(a) 表示切削前毛坯模型与目标加工模型的相对位置关系，A 点表示刀触点，C 点表示理论上要加工到的点。图 6-13(b) 表示切削时工件受到切削力产生变形，A_1、C_1 表示点 A、点 C 变形后的点，实际切削从 A_1 点开始，实际切削深度小于理论切削深度。图 6-13(c) 表示切削后工件回到原来状态，A_2、C_2 表示点 A_1、C_1 回到初始状态时的点，其中 A_2 点已经不存在于工件上，B 点表示工件在变形恢复以后的残留点，$\overline{BC_2}$ 表示由于变形引起的残留量。如果这部分残留量超差，就意味着工件加工不合格。本书提出的余量优化方法旨在控制这部分的变形量，使其处在设计精度范围以内，加工出合格工件。

由余量和切削之间的关系，可知在切削余量 D_i 下的切削力

$$F_i \propto D_i \quad (i = 0, 1, 2, \cdots)$$

式中，i 为同一个刀触点的迭代次数。$i = 0$ 时，D_0 为理论切削余量，F_0 为理论切削力。

实际切削时，工件受到切削力 F_i 时，产生的变形量为 ε_i，则变形可以表达成切削力的函数，即

$$\varepsilon_i \propto F_i \quad (i = 1, 2, \cdots)$$

实际切削余量 D_{i+1} 等于理论切削余量 D_0 减去变形量 ε_i，结果为

$$D_{i+1} = D_0 - \varepsilon_i \quad (i = 1, 2, \cdots)$$

由上式可以看出，实际切削余量 D_{i+1} 小于理论切削余量 D_0，可以发现，实际切削力 F_{i+1} 发生变化，F_{i+1} 变化使变形量 ε_{i+1} 发生变化，从而实际切削余量 D_{i+2} 又发生变化。因此，求变形量是一个反复迭代的过程。具体迭代形式如表 6-1 所示。

表 6-1　切削力、切削深度和切削变形迭代关系

迭代次数 / 次	切削余量 / mm	切削力 / N	切削变形 / mm
1	$D_1 = D_0$（已知）	F_1	ε_1
2	$D_2 = D_0 - \varepsilon_1$	F_2	ε_2
3	$D_3 = D_0 - \varepsilon_2$	F_3	ε_3
⋮	⋮	⋮	⋮
n	$D_n = D_0 - \varepsilon_{n-1}$	F_n	ε_n

对任意正整数 n，当 $|F_n - F_{n-1}| < \delta$（δ 为某一极小正整数）时，切削力 F_n 达到稳定状态，在 F_n 下求得的变形量即为在初始余量 D_0 下的最终变形量，变形量为 ε_n。

建立优化模型是需要描述设计模型、毛坯模型、目标加工模型、内外公差带的相对位置关系。具体的位置关系如图 6-14 所示。

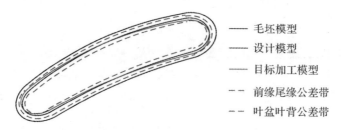

　　　—— 毛坯模型
　　　—— 设计模型
　　　—— 目标加工模型
　　　-- 前缘尾缘公差带
　　　-- 叶盆叶背公差带

图 6-14　各模型相对位置关系

在弱刚度零件精加工过程中,对设计模型进行旋转平移,得到目标加工模型,目标加工模型必须在毛坯模型范围内。求得目标加工模型上刀触点处的余量分布,通过余量计算切削时产生的切削力,由切削力求得刀触点处变形量,从而求得变形后的模型,保证变形后的模型在公差带范围内。

R、T 分别是设计模型变为目标加工模型的旋转和平移变换矩阵,包含 6 个变量,即为沿 x,y,z 轴的平移量和绕轴的旋转量。借助成熟的优化算法,在优化约束不满足的条件下,逐步调节优化变量,直到满足优化约束。在诸多满足优化约束的优化变量中,找出在此优化变量情况下满足优化目标的解,作为优化解。优化约束要满足以下两个条件。

6.3.1　余量约束

判断毛坯模型能否完全包裹住目标加工模型,亦即满足毛坯面测量点到目标加工模型表面上的点的有向距离 $d_i \geqslant 0 (i=1,2,3,\cdots)$,此时测量点都在目标加工模型之外,满足余量约束。

有向距离 d_i 需要从两个方面来说明,一个是距离,一个是方向。在目标加工模型表面按照 U 向、V 向离散 100×100 个点,用 $p_l(x_l,y_l,z_l)$ ($l=1,\cdots,10\ 000$) 表示;在毛坯模型表面的测量点是由测量得到,用 $q_m(x_m,y_m,z_m)$ ($m=1,\cdots,N$) 表示。以测量点 $q_m(x_m,y_m,z_m)$ 为例,先以距离最小原则求得目标加工模型表面上离点 q_m 最近的点,若这点记为 $p_k(x_k,y_k,z_k)$,则为

$$d_k = \{d_l\}\min = \sqrt{(x_m-x_l)^2+(y_m-y_l)^2+(z_m-z_l)^2} \quad (l=1,\cdots,k,\cdots,10\ 000)$$

$$(6-1)$$

点 p_k 和点 q_m 的相对位置关系如图 6-15 所示。

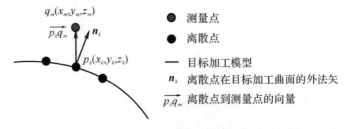

图 6-15　测量点和离散点的相对位置关系

在求得测量点最近的离散点后,需要判断测量点在目标加工模型的内部还是外部,求得离散点 p_k 到测量点 q_m 的向量 $\overrightarrow{p_k q_m}$ 及离散点在目标加工曲面的外法矢 $\boldsymbol{n}_k(i_k,j_k,k_k)$,求得两向量的点积 d_m,计算方法为

$$d_m = \overrightarrow{p_k q_m} \cdot \boldsymbol{n}_k = (x_m-x_k) \cdot i_k + (y_m-y_k) \cdot j_k + (z_m-z_k) \cdot k_k$$

当 $d_m \geqslant 0$ 时,说明测量点 q_m 在目标加工模型的外侧,否则,就在目标加工模型内侧。当所有的测量点都在目标加工模型的内侧时,表明毛坯模型完全包裹住目标加工模型,满足余量约束。

6.3.2　公差约束

在目标加工模型满足余量约束的前提下,求得目标加工模型上刀触点的余量,通过余量计算切削力,运用 Abaqus 软件分析刀触点处变形,得到变形矢量,由刀触点坐标和变形矢量求得变形后的点,点再生成样条曲线,曲线生成曲面,在指定检测高度上截取截面线,就得到变形后的截面线,如果变形截面线都满足公差约束,那说明整个变形后的模型都在公差带范围内,满足公差约束[31-32]。如图 6-16 所示,在判断变形截面线和公差带的相对位置关系时,采取的方法是:对变形截面线进行离散,每条变形截面线离散出 500 个点,同时,将内、外公差带各自组成一个多边形,如果变形截面线上的离散点同时满足在外公差带组成的多边形以内且在内公差带组成的多边形以外,即可认为该点是在公差带范围内。图 6-16 中的黑色点代表该点在公差带范围以内。灰色点代表该点在公差带范围以外。

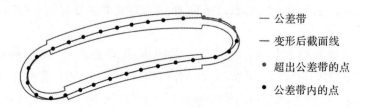

　— 公差带

　— 变形后截面线

　● 超出公差带的点

　● 公差带内的点

图 6-16　变形截面线与公差带的相对位置关系

通过判断点在公差带的内外情况,说明变形截面线与公差带的位置关系。如果所有的离散点都在公差带范围之内,说明变形截面线就在公差带范围以内,变形截面线就满足了公差约束,否则,就不满足公差约束。

以刀触点 $C(x_C, y_C, z_C)$ 为例,通过刀位轨迹得到的刀触点是设计模型上的刀触点 C_m,由于目标加工模型是由设计模型旋转平移得到的,所以目标加工模型上的刀触点 C_m 可由如下方式得到:

$$(x_m, y_m, z_m, 1) = (x_C, y_C, z_C, 1) \cdot RT_{4 \times 4}^T$$

已知目标加工模型刀触点 $C_m(x_m, y_m, z_m)$ 和变形矢量 $M[m_x \quad m_y \quad m_z]$ 的情况,刀触点和变形后点的相对位置关系如图 6-17 所示。

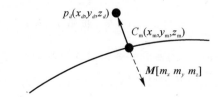

图 6-17　刀触点和变形后点的相对位置关系

在工件发生弹性变形以后,变形导致的残留是在目标加工模型的外部,所以变形量也可以理解为残留高度,通过目标加工模型的刀触点和变形矢量求残留高度,刀触点 C_m 处变形以后的点用 $p_d(x_d, y_d, z_d)$ 表示,则有

$$p_d(x_d, y_d, z_d) = C_m - M = (x_m - m_x, y_m - m_y, z_m - m_z)$$

当优化变量矩阵 **R** 与 **T** 变化时,刀触点属性集合也跟着变化,经过分析产生的变形矢量发生变化,就会得到新的变形截面线。这样,当变形截面线满足公差约束时,根据毛坯模型和目标加工模型,判断目标加工模型是否满足余量约束。如果也满足余量约束,说明此时的优化变量矩阵 **R** 与 **T** 是一个优化解。若不能同时满足余量约束和公差约束,优化程序继续搜索同时满足优化约束的矩阵 **R** 与 **T**,直到找到所有满足优化约束的优化解。具体流程如图 6 - 18 所示。

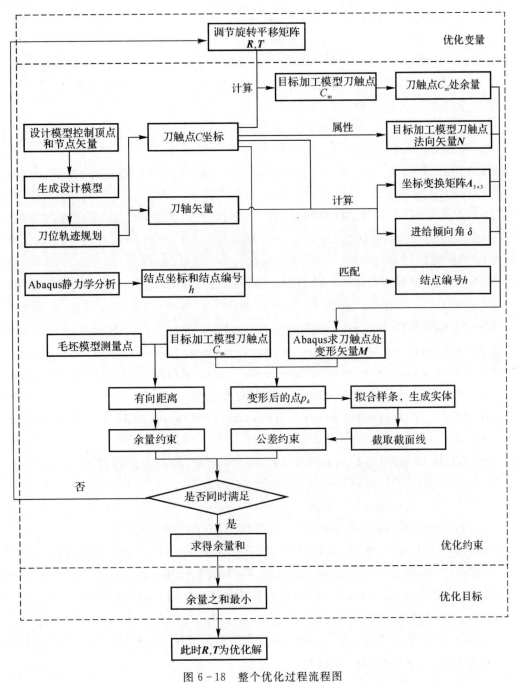

图 6 - 18　整个优化过程流程图

参 考 文 献

[1] 沈兵，高军. 大型复杂曲面类毛坯最佳适配算法的研究[J]. 西安交通大学学报，1999，33(11):90 - 94.

[2] SHEN B, HUANG G Q, MAK K L, et al. A best - fitting algorithm for optimal location of large - scale blanks with free - form surfaces[J]. Journal of Materials Processing Technology, 2003, 139(1/2/3):310 - 314.

[3] 严思杰，周云飞，彭芳瑜. 大型复杂曲面零件加工余量均布优化问题研究[J]. 华中科技大学学报(自然科学版)，2002，30(10):35 - 37.

[4] CHATELAIN J F. A balancing technique for optimal blank part machining [J]. Precision Engineering, 2001, 25:13 - 23.

[5] CHATELAIN J F. A level - based optimization algorithm for complex part localization [J]. Precision Engineering, 2005, 29(2):197 - 207.

[6] SUN Y W, XU J T, GUO D M, et al. A unified localization approach for machining allowance optimization of complex curved surfaces [J]. Precision Engineering, 2009, 33:516 - 523.

[7] SUN Y W, WANG X M, GUO D M. Machining localization and quality evaluation of parts with sculptured surfaces using SQP method [J]. Journal of advanced Manufacturing Technology, 2009, 42:1131 - 1139.

[8] YAN S J, ZHANG Y F, PENG F Y, et al. Research on the localization of the work - pieces with large sculptured surfaces in NC machining[J]. International Journal of Advanced Manufacturing Technology, 2004, 23:429 - 435.

[9] XIONG Z, LI Z. On the discrete symmetric localization problem[J]. International Journal of Machine Tools and Manufacture, 2003, 43:863 - 870.

[10] BESL P J, MCKAY N D. A method for registration of 3D shapes[J]. IEEE Transactions on Pattern Analysis Machine Intelligence,1992,14(2):239 - 256.

[11] LIU Y H. Improving ICP with easy implementation for free - form surface matching [J]. Pattern Recognition, 2004, 37(2):211 - 226.

[12] SHARP G G, LEE S W, WEHE D K. ICP registration using invariant features[J]. IEEE Transactions on Pattern Analysis Machine Intelligence, 2002, 24(1):90 - 102.

[13] 武殿梁，黄海量，丁玉成，等. 基于遗传法和最小二乘法的曲面匹配[J]. 航空学报，2002,23(3):286 - 288.

[14] 敬石开，程云勇，张定华，等. 一种区域公差约束的叶片模型配准方法[J]. 计算机集成制造系统，2010,16(4):884 - 886.

[15] ZHU L M, XIONG Z H, DING H, et al. A distance function based approach for

localization and profile error evaluation of complex surface ［J］. Journal of Manufacturing Science & Engineering，2004，126(3):542 – 554.

［16］　ZHU L M，LUO H G，DING H. Optimal design of measurement point layout for workpiece localization ［J］. Journal of Manufacturing Science and Engineering，2009，131:1 – 13.

［17］　LAI J Y，CHEN K J. Localization of parts with irregular shape for CMM inspection ［J］. International Journal of Advanced Manufacturing Technology，2007，32:1188 – 1200.

［18］　ZHANG Y，ZHANG D H，WU B H. An approach of machining allowance optimization of complex parts with integrated structure ［J］. Journal of Computational Design and Engineering，2015，2:248 – 252.

［19］　钟莹，张蒙. 基于改进 ICP 算法的点云自动配准技术[J]. 控制工程，2014，21(1):37 – 40.

［20］　王蕊，李俊山，刘玲霞，等. 基于几何特征的点云配准算法[J]. 华东理工大学学报(自然科学版)，2009，35(5):768 – 773.

［21］　戴静兰，陈志杨，叶修梓. ICP 算法在点云配准中的应用[J]. 中国图象图形学报，2007，12(3):517 – 521.

［22］　LI Y，GU P. Free – form surface inspection techniques state of the art review[J]. Computer – Aided Design，2004，36(13):1395 – 1417.

［23］　LI X，YEUNG M，LI Z. An algebraic algorithm for workpiece localization[C]// IEEE International Conference on Robotics & Automation. Minneapolis，Minnesota: IEEE，1996:22 – 28.

［24］　MA L，LI Z. A geometric algorithm for symmetric workpiece localization[C]//World Congress on Intelligent Control and Automation. Chongqing:IEEE，2008:6065 – 6069.

［25］　LI Z X，GOU J B，CHU Y X. Geometric algorithms for workpiece localization[J]. IEEE Transactions on Robotics & Automation，1999，14(6):864 – 878.

［26］　CHU Y X，GOU J B，LI Z X. On the hybrid workpiece localization/envelopment problems[C]// IEEE International Conference on Robotics and Automation，1998. Proceedings. Leuven，Belgium:IEEE，1998:3665 – 3670.

［27］　GOU J，CHU Y，LI Z. On the symmetric location problem[J]. IEEE Transactions on Robotics & Automation，1998，14(4):533 – 540.

［28］　XIONG Z H，LI Z X. On the discrete symmetric localization problem[J]. International Journal of Machine Tools & Manufacture，2003，43(9):863 – 870.

［29］　CHATELAIN J F，FORTIN C. A balancing technique for optimal blank part machining ［J］. Precision Engineering，2001，25(1):13 – 23.

［30］　CHATELAIN J F. A level – based optimization algorithm for complex part localization[J]. Precision Engineering，2005，29(2):197 – 207.

［31］　SUN Y W，XU J T，GUO D M，et al. A unified localization approach for machining allowance optimization of complex curved surfaces[J]. Precision Engineering，2009，33(4):516 - 523.

[32] SHEN B，HUANG G Q，MAK K L，et al. A best - fitting algorithm for optimal location of large - scale blanks with free - form surfaces[J]. Journal of Materials Processing Technology，2003，139(1/2/3):310 - 314.

第7章 多轴数控机床的机内测量工艺优化与误差传递

随着高端制造的发展呈现精密化、智能化趋势，自适应加工技术在制造业中有着越来越多的应用场景。机内测量(On Machine Measurement,OMM)(也称在机测量)作为自适应加工技术的关键环节，其检测结果是实现工件精密加工过程中自适应控制的基础。机内测量的主要作用是识别工件的表面形状，为后续的余量优化和加工参数的调整提供实际的物理模型。高精度、高效率机内测量是生产制造和科学研究共同追求的目标，为了提高测量效率，选择合适的造型以及采样方案，研究如何使用较少的测点高精度地重构出待加工曲面有着重要的意义[1-6]。此外，机床几何误差和测头预行程误差在整个测量误差中占有很大的比重。因而针对上述误差源的工艺优化有利于提升机内测量的精度。进一步，由于机床作业环境恶劣、切削振动以及测头和工件装夹等因素的影响，有必要探索以机床、测头和工件为载体在测量过程中引入的不确定性误差传递机理。

7.1 基于复杂曲面形状的机内测量工艺规划

针对叶片等复杂曲面类零件自适应加工中建模精度、检测效率要求高的特点，为减少传统"点—线—面"的造型方法完全忽略被测曲面理论模型所携带信息而造成的不必要误差，在曲面重构中引入测量误差补偿，建立了融合测量误差补偿的曲面优化模型。这一方面将传统的测量误差补偿中单一方向的拟合问题转化为全局方向的曲面优化问题以提高补偿精度；另一方面在曲面重构时充分利用测量结果所体现的几何约束关系以提高建模质量。

7.1.1 融合机内测量误差补偿的曲面重构方法

航空发动机叶片等复杂曲面类零件，精度要求高且加工余量小，重构出的曲面若与被测曲面实际形状相差过大极易导致工件报废。传统的先对得到的测量数据进行误差补偿，然后使用补偿后的测点数据建模，最后再对得到的曲面模型进行光顺处理的做法，往往会导致建模的误差超过加工所允许的范围[7-9]。这是由以下3点原因造成的：①传统建模中完全摈弃了被测曲面的理论模型，而实际上，对于面向自适应加工的曲面类零件，其理论模型往往是存在的；②测量误差补偿中有两个因素即补偿量大小以及补偿方向，这两者均与被测曲面息息相关；③传统的曲面重构方法，仅使用误差补偿后的测点位置信息，而忽略了法矢等几何信息的约束。

因此，可将把测量误差补偿与曲面重构融合在一起，使用未经补偿的测量数据作为重构数

据的直接来源,并分析测量参数与元素间的精确几何约束关系,充分利用测量结果所体现的信息。主要建模过程如下:

一张 $k \times l$ 次的 B 样条曲面为

$$S(u,v) = \sum_{i=0}^{m} \sum_{j=0}^{n} N_{i,k}(u) N_{j,l}(v) \cdot \boldsymbol{d}_{i,j}$$

其中,$\boldsymbol{d}_{i,j}$ 为控制顶点 $(i = 0,1,\cdots,m; j = 0,1,\cdots,n)$,$N_{i,k}(u)$ 为在节点矢量 $\boldsymbol{U} = \begin{bmatrix} u_0 & u_1 & \cdots & u_i & \cdots & u_{m+k+1} \end{bmatrix}$ 上的第 i 个 k 次 B 样条基函数,$N_{j,l}(v)$ 为在节点矢量 $\boldsymbol{V} = \begin{bmatrix} v_0 & v_1 & \cdots & v_j & \cdots & v_{m+l+1} \end{bmatrix}$ 上的第 j 个 l 次 B 样条基函数。

B 样条曲面的 u 向切矢为

$$S_u(u,v) = \sum_{i=0}^{m} \sum_{j=0}^{n} N'_{i,k}(u) N_{j,l}(v) \cdot \boldsymbol{d}_{i,j}$$

B 样条曲面的 v 向切矢为

$$S_v(u,v) = \sum_{i=0}^{m} \sum_{j=0}^{n} N_{i,k}(u) N'_{j,l}(v) \cdot \boldsymbol{d}_{i,j}$$

B 样条曲面的单位法矢为

$$\boldsymbol{n} = \frac{S_u(u,v) \times S_v(u,v)}{|S_u(u,v) \times S_v(u,v)|}$$

由 B 样条曲面公式可知,B 样条曲面可由控制顶点及基函数唯一确定,当次数一定时,基函数由节点矢量唯一确定。曲面重构的过程就是选择合理的节点矢量以及计算控制顶点的过程。图 7-1 是参数曲面拟合的一般流程。

图 7-1 参数曲面拟合一般过程

传统逆向工程中曲面重构过程存在以下问题:① 测量误差补偿与曲面重构的分离,一方面会导致测量误差补偿时存在着原理上的误差,另一方面会导致曲面重构时一些由测量结果所体现出的几何约束关系的丧失;② 上述参数化以及节点矢量的选取方法仅仅是从如何使得重构出的曲面逼近或插值于所给定的型值点的角度而确定的,并没有从更精确地重构出被测曲面的角度进行测点的参数化以及节点矢量的选取;③ 后续的光顺处理会进一步导致重构出的曲面偏离被测曲面的实际形状[10-13]。因此,考虑把测量误差补偿与曲面重构融合在一起,直接使用测量误差补偿前的数据。

设被测曲面为 $S(u,v)$,对其进行检测得到测量球心点序列 $P_k^M (k = 1,2,3,\cdots,N)$。如图 7-2 所示,设 P_k^C 与 P_k^M 一一对应的接触点序列,P_k^C 在被测曲面上的参数值为 (u_k,v_k),$\boldsymbol{n}$ 为被测曲面在点 P_k^C 处的单位法矢,r 为测球半径。

则有以下 4 个约束:

约束 7-1:接触点在被测曲面 $S(u,v)$ 上,即

$$S(u_k,v_k) = P_k^C$$

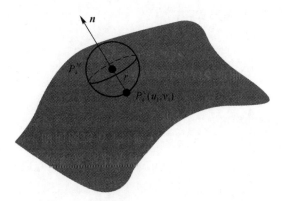

图 7-2　接触式测量元素几何约束关系

约束 7-2:球心点 P_k^M 与接触点 P_k^C 的连线与被测曲面 $S(u,v)$ 在接触点 P_k^C 处的法矢共线,即

$$\overrightarrow{P_k^M P_k^C} \times \boldsymbol{n}(u_k,v_k) = 0$$

约束 7-3:球心点 P_k^M 到被测曲面的最近点为接触点 P_k^C,即

$$\mathrm{Dist}(P_k^M,P_k^C) = \min\{\mathrm{Dist}[P_k^M,\boldsymbol{S}(u,v)]\}$$

约束 7-4:球心点 P_k^M 与接触点 P_k^C 的距离为测球半径 r,即

$$\mid P_k^M P_k^C \mid = r$$

在所得到的四个约束中,约束 7-1 为测点位置约束,约束 7-2 为测点法向约束。由于测量前选用探针时必定会保证所选的测球半径远小于被测曲面的曲率半径,在此前提下约束 7-3 所体现的最近点约束可由约束 7-1 及约束 7-2 保证。约束 7-4 所体现的距离约束则可在测量误差补偿时保证。因此,曲面重构过程中需要考虑的约束为曲面通过测量接触点,并且在测量接触点处的法向指向测量球心点。

叶片型面的设计模型通常是根据设计人员以叶片截面线处型值点数据为依据,通过"点—线—面"的方法构造出的。因此很多研究中为了达到尊重设计的目的,对叶片型面的曲面重构也常常采用"测点—截面线—叶片型面"的步骤。但这种方法完全摒弃了曲面理论模型,要想高精度地复现被测曲面,往往需要大量的测点以获得足够的曲面坐标信息。

实际上,由于被测曲面是根据理论模型制造而成的,虽然与理论曲面有一定偏差,但偏差较小,两者之间存在着极大的相似性,因此可以采用理论曲面同一套基函数表达被测曲面。确定测点参数值后,通过反求控制顶点的方式即可重构出被测曲面[14-19]。

需要注意的是,使用商用软件(如 UG)造型得到的理论模型,由于软件的一些特殊处理,可能会导致读出的节点矢量并不在 0~1 之内,不利于后续的运算。从软件中读出理论曲面的节点矢量后,应将其归一化在 0~1 之内,即

$$u_i = \frac{u_i - \min(\boldsymbol{U})}{\max(\boldsymbol{U}) - \min(\boldsymbol{U})}$$

$$v_j = \frac{v_j - \min(\boldsymbol{V})}{\max(\boldsymbol{V}) - \min(\boldsymbol{V})}$$

其中,$\boldsymbol{U}$ 表示 u 向节点矢量;$\boldsymbol{V}$ 表示 v 向节点矢量;u_i 及 v_j 分别为第 i 个 u 向节点以及第 j 个 v 向节点。

将 B 样条曲面公式写为矩阵形式：

$$S(u,v) = \begin{bmatrix} N_{0,k}(u)N_{0,l}(v) & N_{1,k}(u)N_{0,l}(v) & \cdots & N_{m,k}(u)N_{n,l}(v) \end{bmatrix} \begin{bmatrix} d_{0,0} \\ d_{1,0} \\ \vdots \\ d_{m,n} \end{bmatrix}$$

则根据约束 7-1 可得线性方程组：

$$\begin{bmatrix} N_{0,k}(u_1)N_{0,l}(v_1) & N_{1,k}(u_1)N_{0,l}(v_1) & \cdots & N_{m,k}(u_1)N_{n,l}(v_1) \\ N_{0,k}(u_2)N_{0,l}(v_2) & N_{1,k}(u_2)N_{0,l}(v_2) & \cdots & N_{m,k}(u_2)N_{n,l}(v_2) \\ \vdots & \vdots & & \vdots \\ N_{0,k}(u_N)N_{0,l}(v_N) & N_{1,k}(u_N)N_{0,l}(v_N) & \cdots & N_{m,k}(u_N)N_{n,l}(v_N) \end{bmatrix} \begin{bmatrix} d_{0,0} \\ d_{1,0} \\ \vdots \\ d_{m,n} \end{bmatrix} = \begin{bmatrix} P_1^C \\ P_2^C \\ \vdots \\ P_N^C \end{bmatrix}$$

令该方程组系数矩阵为

$$A = \begin{bmatrix} N_{0,k}(u_1)N_{0,l}(v_1) & N_{1,k}(u_1)N_{0,l}(v_1) & \cdots & N_{m,k}(u_1)N_{n,l}(v_1) \\ N_{0,k}(u_2)N_{0,l}(v_2) & N_{1,k}(u_2)N_{0,l}(v_2) & \cdots & N_{m,k}(u_2)N_{n,l}(v_2) \\ \vdots & \vdots & & \vdots \\ N_{0,k}(u_N)N_{0,l}(v_N) & N_{1,k}(u_N)N_{0,l}(v_N) & \cdots & N_{m,k}(u_N)N_{n,l}(v_N) \end{bmatrix}$$

分别用矩阵 d、P 表示控制顶点以及测量接触点为

$$d = \begin{bmatrix} d_{0,0} & d_{1,0} & \cdots & d_{m,n} \end{bmatrix}^T$$

$$P = \begin{bmatrix} P_1^C & P_2^C & \cdots & P_N^C \end{bmatrix}^T$$

分别用 X、Y 和 Z 三个矩阵表示控制网格顶点 $d_{i,j}$ 的三个坐标，用 X^C、Y^C 和 Z^C 三个矩阵表示测量接触点 P 的三个坐标，即

$$X = \begin{bmatrix} X_{0,0} & X_{1,0} & \cdots & X_{m,n} \end{bmatrix}^T, \quad X^C = \begin{bmatrix} X_1^C & X_2^C & \cdots & X_N^C \end{bmatrix}^T$$

$$Y = \begin{bmatrix} Y_{0,0} & Y_{1,0} & \cdots & Y_{m,n} \end{bmatrix}^T, \quad Y^C = \begin{bmatrix} Y_1^C & Y_2^C & \cdots & Y_N^C \end{bmatrix}^T$$

$$Z = \begin{bmatrix} Z_{0,0} & Z_{1,0} & \cdots & Z_{m,n} \end{bmatrix}^T, \quad Z^C = \begin{bmatrix} Z_1^C & Z_2^C & \cdots & Z_N^C \end{bmatrix}^T$$

进一步表示为

$$\begin{bmatrix} A & 0 & 0 \\ 0 & A & 0 \\ 0 & 0 & A \end{bmatrix} \cdot \begin{bmatrix} X \\ Y \\ Z \end{bmatrix} = \begin{bmatrix} X^C \\ Y^C \\ Z^C \end{bmatrix}$$

上式即为由测点位置约束建立的方程，该方程为线性非齐次方程组，未知数个数为控制顶点个数的三倍，即 $3(m+1)(n+1)$，方程个数为测点个数的三倍，即 $3N$。该方程求解出的曲面能够满足测点位置约束，但并不能保证约束 7-2 及约束 7-3。

若直接由约束 7-2 等式建立求解控制顶点 $d_{i,j}$ 的方程为多元二次方程，求解较难实现，在效率及精度上都不可接受。因此需要对其进行进一步转化，转化为线性关系式为

$$S_u(u_k, v_k) \cdot \overrightarrow{P_k^M P_k^C} = 0, \quad S_v(u_k, v_k) \cdot \overrightarrow{P_k^M P_k^C} = 0$$

将约束 7-4 等式、节点矢量归一化等式写为矩阵形式：

$$S_u(u,v) = \begin{bmatrix} N'_{0,k}(u)N_{0,l}(v) & N'_{1,k}(u)N_{0,l}(v) & \cdots & N'_{m,k}(u)N_{n,l}(v) \end{bmatrix} \begin{bmatrix} d_{0,0} \\ d_{1,0} \\ \vdots \\ d_{m,n} \end{bmatrix}$$

$$\boldsymbol{S}_v(u,v) = \begin{bmatrix} N_{0,k}(u)N'_{0,l}(v) & N_{1,k}(u)N'_{0,l}(v) & \cdots & N_{m,k}(u)N'_{n,l}(v) \end{bmatrix} \begin{bmatrix} \boldsymbol{d}_{0,0} \\ \boldsymbol{d}_{1,0} \\ \vdots \\ \boldsymbol{d}_{m,n} \end{bmatrix}$$

令
$$\begin{cases} \boldsymbol{S}_u(u,v) = \begin{bmatrix} x_u(u,v) & y_u(u,v) & z_u(u,v) \end{bmatrix} \\ \boldsymbol{S}_v(u,v) = \begin{bmatrix} x_v(u,v) & y_v(u,v) & z_v(u,v) \end{bmatrix} \\ \overrightarrow{P_k^M P_k^C} = \begin{bmatrix} x_k & y_k & z_k \end{bmatrix} \end{cases}$$

则上述线性关系式可化为

$$\begin{bmatrix} x_u(u_k,v_k) & y_u(u_k,v_k) & z_u(u_k,v_k) \\ x_v(u_k,v_k) & y_v(u_k,v_k) & z_v(u_k,v_k) \end{bmatrix} \cdot \begin{bmatrix} x_k \\ y_k \\ z_k \end{bmatrix} = 0$$

用 $\boldsymbol{N}_u(u,v)$、$\boldsymbol{N}_v(u,v)$ 分别表示基函数对 u 的偏导数矩阵以及对 v 的偏导数矩阵，则有
$$\boldsymbol{N}_u(u,v) = \begin{bmatrix} N'_{0,k}(u)N_{0,l}(v) & N'_{1,k}(u)N_{0,l}(v) & \cdots & N'_{m,k}(u)N_{n,l}(v) \end{bmatrix}$$
$$\boldsymbol{N}_v(u,v) = \begin{bmatrix} N'_{0,k}(u)N_{0,l}(v) & N'_{1,k}(u)N_{0,l}(v) & \cdots & N'_{m,k}(u)N_{n,l}(v) \end{bmatrix}$$

从而能够得到

$$\begin{bmatrix} \boldsymbol{N}_u(u_k,v_k)\boldsymbol{X} & \boldsymbol{N}_u(u_k,v_k)\boldsymbol{Y} & \boldsymbol{N}_u(u_k,v_k)\boldsymbol{Z} \\ \boldsymbol{N}_v(u_k,v_k)\boldsymbol{X} & \boldsymbol{N}_v(u_k,v_k)\boldsymbol{Y} & \boldsymbol{N}_u(u_k,v_k)\boldsymbol{Z} \end{bmatrix} \cdot \begin{bmatrix} x_k \\ y_k \\ z_k \end{bmatrix} = 0$$

进一步为

$$\begin{bmatrix} x_k \cdot \boldsymbol{N}_u(u_k,v_k) & y_k \cdot \boldsymbol{N}_u(u_k,v_k) & z_k \cdot \boldsymbol{N}_u(u_k,v_k) \\ x_k \cdot \boldsymbol{N}_v(u_k,v_k) & y_k \cdot \boldsymbol{N}_v(u_k,v_k) & z_k \cdot \boldsymbol{N}_u(u_k,v_k) \end{bmatrix} \cdot \begin{bmatrix} \boldsymbol{X} \\ \boldsymbol{Y} \\ \boldsymbol{Z} \end{bmatrix} = 0$$

在各测点处可建立方程组：
$$\begin{bmatrix} x_1 \cdot \boldsymbol{N}_u(u_1,v_1) & y_1 \cdot \boldsymbol{N}_u(u_1,v_1) & z_1 \cdot \boldsymbol{N}_u(u_1,v_1) \\ x_1 \cdot \boldsymbol{N}_v(u_1,v_1) & y_1 \cdot \boldsymbol{N}_v(u_1,v_1) & z_1 \cdot \boldsymbol{N}_v(u_1,v_1) \\ \vdots & \vdots & \vdots \\ x_N \cdot \boldsymbol{N}_u(u_N,v_N) & y_N \cdot \boldsymbol{N}_u(u_N,v_N) & z_N \cdot \boldsymbol{N}_u(u_N,v_N) \\ x_N \cdot \boldsymbol{N}_v(u_N,v_N) & y_N \cdot \boldsymbol{N}_v(u_N,v_N) & z_N \cdot \boldsymbol{N}_v(u_N,v_N) \end{bmatrix} \cdot \begin{bmatrix} \boldsymbol{X} \\ \boldsymbol{Y} \\ \boldsymbol{Z} \end{bmatrix} = 0$$

联立测点位置约束方程及上式可得

$$\begin{bmatrix} \boldsymbol{A} & 0 & 0 \\ 0 & \boldsymbol{A} & 0 \\ 0 & 0 & \boldsymbol{A} \\ x_1 \cdot \boldsymbol{N}_u(u_1,v_1) & y_1 \cdot \boldsymbol{N}_u(u_1,v_1) & z_1 \cdot \boldsymbol{N}_u(u_1,v_1) \\ x_1 \cdot \boldsymbol{N}_v(u_1,v_1) & y_1 \cdot \boldsymbol{N}_v(u_1,v_1) & z_1 \cdot \boldsymbol{N}_v(u_1,v_1) \\ \vdots & \vdots & \vdots \\ x_N \cdot \boldsymbol{N}_u(u_N,v_N) & y_N \cdot \boldsymbol{N}_u(u_N,v_N) & z_N \cdot \boldsymbol{N}_u(u_N,v_N) \\ x_N \cdot \boldsymbol{N}_v(u_N,v_N) & y_N \cdot \boldsymbol{N}_v(u_N,v_N) & z_N \cdot \boldsymbol{N}_v(u_N,v_N) \end{bmatrix} \cdot \begin{bmatrix} \boldsymbol{X} \\ \boldsymbol{Y} \\ \boldsymbol{Z} \end{bmatrix} = \begin{bmatrix} \boldsymbol{X}^C \\ \boldsymbol{Y}^C \\ \boldsymbol{Z}^C \\ 0 \\ 0 \\ \vdots \\ 0 \\ 0 \end{bmatrix}$$

方程为线性非齐次方程组,未知数为控制顶点,未知数个数为控制顶点个数的 3 倍,为 $3(m+1)(n+1)$,方程个数为测点个数的 5 倍,为 $5N$。要想求解出控制顶点 $\boldsymbol{d}_{i,j}$,则方程个数应不少于未知数个数,即 $5N \geqslant 3(m+1)(n+1)$。

显然,若测点个数及分布适当,由上述方程求解出的曲面同时满足约束 7-1 及约束 7-2,实际上因为测球半径必然远小于被测曲面的曲率半径,在此前提下约束 7-3 亦能同时被满足,且测点个数理论上仅需控制点个数的 0.6 倍。

误差补偿有两个要素,即补偿大小以及补偿方向。在机测量预行程误差与被测曲面在测点处法向间的对应关系,能够解决补偿量的大小问题。现有的在机测量误差补偿中通常将测球物理半径 r 与预行程误差 δ 间的差值作为测头在该方向的作用半径,得到作用半径与测量接触点处法向之间的对应关系。使用不同方法拟合出测量点处的法矢作为补偿方向,最后利用下列两式计算出测量接触点:

$$r_f = r - \delta$$
$$P^C = P^M - \boldsymbol{n} \cdot r_f$$

其中,P^C 为测量接触点,P^M 是机床中读取的测量球心点。

传统的测量误差补偿中大都采用单一方向的拟合作为补偿方向,将预行程误差以及测球半径误差简化为作用半径,并将其向同一方向补偿。由于测球半径远大于加工精度要求,补偿方向的微小偏差即可引入不可接受的补偿误差。而且预行程误差与实际接触点处法矢相关,补偿方向的偏差同样会导致预行程误差补偿量的偏差。补偿偏差不仅会使得最终重构出的曲面精度不高,也易对曲面的光顺性造成不利影响。

图 7-3 中 Q^C 为规划测量点,测头沿理论曲面在规划测点处的法矢方向逼近工件。由于工件实际轮廓与理论轮廓间的偏差,实际上触碰到的接触点为 P_2^C。若仍使用理论曲面在规划点处的法矢作为补偿方向或者使用点距法补偿,则得到的补偿接触点为 P_1^C。以实际接触点 P_2^C 到补偿接触点 P_1^C 之间的距离作为补偿误差,得到

$$\lambda = |P_1^C P_2^C| = 2r \cdot \sin\left(\arccos\frac{\boldsymbol{n}_1 \cdot \boldsymbol{n}_2}{|\boldsymbol{n}_1||\boldsymbol{n}_2|}\right)$$

其中,$\boldsymbol{n}_1$ 为理论曲面在规划测量点 Q^C 处的法矢,$\boldsymbol{n}_2$ 为实际曲面在实际接触点 P_2^C 处的法矢。

可见补偿误差值与测球半径以及实际接触点处的法矢方向以及理论接触点处的法矢方向夹角正相关。当测球半径 $r = 3$ mm 时,则补偿误差与两法矢间的夹角之间的关系如表 7-1 所示。

表 7-1　补偿误差与夹角之间的关系

夹角 $\alpha/(')$	8	12	16	20
误差值 λ/mm	0.007 0	0.010 5	0.014 0	0.017 5

显然夹角 λ 与实际曲面、理论曲面间的偏差相关,也与实际曲面的曲率大小相关。上述补偿误差是仅考虑测球半径时的误差。实际上由于机械式测头的各向异性,预行程误差的大小还与实际接触点的法矢相关,若考虑到不同法矢下的预行程误差大小的不同,上述补偿误差会

比表 7 - 1 中给出的更大。

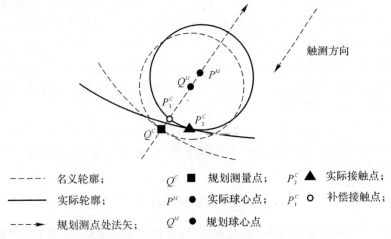

－ － － －	名义轮廓；	Q^C ■	规划测量点；	P_2^C ▲ 实际接触点；
———	实际轮廓；	P^M ●	实际球心点；	P_1^C ○ 补偿接触点；
－ － －▶	规划测点处法矢；	Q^M ●	规划球心点	

图 7 - 3　被测曲面与理论曲面偏差引起的补偿误差

如图 7 - 4 所示,若实际接触点 P^C 处法矢对应的极角为 θ,方位角为 φ,则此时预行程误差可通过基于标准件的实验标定法获取,表示为

$$\delta = f(\theta, \varphi)$$

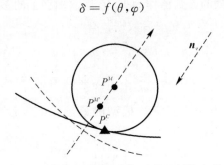

图 7 - 4　触发时刻测量参与元素几何约束关系

在球坐标系下接触点处对应的法矢为

$$\boldsymbol{n} = \begin{bmatrix} \sin\theta & \cos\varphi & \sin\theta & \sin\varphi & \cos\theta \end{bmatrix}$$

经预行程误差补偿后的球心点为

$$P^M = P^{M'} + \boldsymbol{n}_v \cdot \delta$$

其中, $\boldsymbol{n}_v$ 为触测方向。

经半径误差补偿后的测量接触点为

$$P^C = P^M - \boldsymbol{n} \cdot r$$

从上述等式可以看出,对于每一个从机床中读出的测点 $P_k^M(k = 1, 2, 3, \cdots, N)$,当其对应的补偿方位角 (θ_k, φ_k) 确定时,即可求出测量球心点 P_k^M 以及测量接触点 P_k^C,当确定 P_k^C 在待求曲面上的参数后,即可根据测点位置约束方程或者控制顶点非齐次方程组,反求出控制顶点,从而确定出一张曲面。因此把测点对应的补偿方位角及极角 (θ_k, φ_k) 作为优化变量,即可将测量误差补偿问题转换为待求曲面的优化问题。

自适应加工中的被测曲面具有以下几个特征:① 被测曲面满足测量结果所体现的几何约

束;② 被测曲面与理论曲面有着极大的相似性;③ 被测曲面一般都是光顺的。前面选用的共用基函数的造型方案就是根据特征 ② 而确定的。在反求控制顶点时,也已将特征 ① 转换为线性约束加入控制顶点的反求当中,因此最为理想的状况则为使用非齐次方程组求解控制顶点,使得所重构出的曲面天然满足特征 ①,而以特征 ② 或者 ③ 为优化目标,从而得到更为贴近被测曲面的模型。当被测曲面理论模型的控制顶点个数较少时,这种方案是可行的;但当被测曲面控制顶点过多时,使用控制顶点非齐次方程组时难以保证所建立的方程组系数矩阵有良好的形态,因此会在求解控制顶点时产生不可接受的计算误差[20-26]。

对真实的叶片而言,其型面模型是由很多控制点表达的。所以,在每一步迭代过程中以测点位置约束建立方程组、反求控制顶点,而在整个优化过程中以被测曲面在各个测点处应满足的法矢约束作为优化目标。

$$\min E = \sum_{k=1}^{N} \left| P_k^M P_k^C \times \boldsymbol{n}(u_k, v_k) \right|$$

重构曲面时需要对测量点进行参数化操作,即确定测量接触点 P_k^C 在重构曲面上的参数值 (u_k, v_k),参数值确定后才能使用测点位置约束方程反求出控制顶点。每个测点的补偿方向也需要一个好的优化初始值。通过将从机床中读出的 P^M 向理论曲面作投影的方式,确定测量接触点 P_k^C 参数值 (u_k, v_k) 以及补偿方向的迭代初始值 (θ_0, φ_0)。即求解 P^M 到理论模型的最近点 P^P,将 P^P 在理论模型处的参数值作为 P_k^C 在待求曲面上的参数值,将 $\overrightarrow{P^M P^P}$ 作为补偿方向的初始值。需要指出的是 P^M 为配准后数据。有

$$\boldsymbol{n}_0 = \overrightarrow{P^M P^P} = (n_x, n_y, n_z)$$

则
$$\theta_0 = \arccos \frac{n_z}{|\boldsymbol{n}_0|}, \quad \varphi_0 = \arctan \frac{n_y}{|n_x|}$$

采用数值的方法计算测点 P^M 到理论模型的最近点 P^P,设理论模型曲面方程为 $\boldsymbol{S}(u, v)$,则

$$\begin{cases} \boldsymbol{H}(u, v) = \boldsymbol{S}(u, v) - P^M \\ f(u, v) = \boldsymbol{H}(u, v) \cdot S_u = 0 \\ g(u, v) = \boldsymbol{H}(u, v) \cdot S_v = 0 \end{cases}$$

设每次迭代的步距为

$$\boldsymbol{\delta}_i = \begin{bmatrix} \Delta u \\ \Delta v \end{bmatrix} = \begin{bmatrix} u_{i+1} - u_i \\ v_{i+1} - v_i \end{bmatrix}$$

分别计算 $f(u, v)$ 以及 $g(u, v)$ 对 u、v 的偏导矩阵,有

$$\boldsymbol{J}_i = \begin{bmatrix} f_u & f_v \\ g_u & g_v \end{bmatrix} = \begin{bmatrix} s_u^2 + H \cdot S_{uu} & s_u \cdot s_v + H \cdot s_{uv} \\ s_u \cdot s_v + H \cdot s_{vu} & s_u^2 + H \cdot S_{vv} \end{bmatrix}$$

$$\boldsymbol{k}_i = -\begin{bmatrix} f(u_i, v_i) \\ g(u_i, v_i) \end{bmatrix}$$

$$\boldsymbol{J}_i \cdot \boldsymbol{\delta}_i = \boldsymbol{k}_i$$

则
$$\boldsymbol{\delta}_i = \boldsymbol{J}_i - 1 \cdot \boldsymbol{k}_i$$

于是可得
$$\begin{bmatrix} u_{i+1} \\ v_{i+1} \end{bmatrix} = \begin{bmatrix} u_i \\ v_i \end{bmatrix} + \boldsymbol{\delta}_i$$

反复迭代,直至满足

$$\frac{\big|\,\boldsymbol{H}(u_i,v_i)\cdot S_u(u_i,v_i)\,\big|}{\big|\,\boldsymbol{H}(u_i,v_i)\,\big|\cdot\big|\,S_u(u_i,v_i)\,\big|}\leqslant\varepsilon,\qquad\frac{\big|\,\boldsymbol{H}(u_i,v_i)\cdot S_v(u_i,v_i)\,\big|}{\big|\,\boldsymbol{H}(u_i,v_i)\,\big|\cdot\big|\,S_v(u_i,v_i)\,\big|}\leqslant\varepsilon$$

7.1.2　考虑复杂曲面控制顶点影响力的测量点规划方法

面向自适应加工的测量与面向逆向工程的测量类似,其目的同样是重构出被测曲面。但二者有着不同的特点。首先,面向自适应加工的测量中被测曲面的理论模型一般是已知的,之所以测量是因为工件与理论模型相比有了一定的变形;其次,面向自适应加工的测量需要高精度地识别出待加工曲面真实形状,由于其理论曲面本身就存在,若重构出的曲面与实际形状有较大的误差,则就失去了测量与重构的意义;最后,面向自适应加工的测量一般采用在机的测量方式,由于在机测量的过程占用机床加工时间,测量点数量过多就会造成机时的浪费,即对测量的效率有着更高的要求[27-29]。

采样点选取的原则要根据测量的目的、精度和效率来确定。对于接触式测量,由于效率的限制,大部分都是有限点测量,所以采样点的选择极为重要。一般选取的采样点要满足下列要求:① 采样点的分布应满足后续曲面重构要求;② 采样点要有代表性;③ 采样点的分布要有侧重点;④ 采样点要保证能被检测到。结合上述要求,提出了基于控制点影响力的采样方法。

根据 B 样条基的局部支撑性可知,B 样条基 $N_{i,k}(t)$ 虽然是定义在整个参数轴 t 上的,但仅在区间 $[t_i,t_{i+k+1}]$ 有大于零的值,在这个区间外取值均为零,即

$$N_{i,k}(t)\begin{cases}\geqslant 0,&t\in[t_i,t_{i+k+1}]\\=0,&t\notin[t_i,t_{i+k+1}]\end{cases}$$

其中,k 为基函数次数,t_i 为第 i 个节点 $(i=0,1,\cdots,m+k+1)$。

第 i 个基函数不为 0 的取值范围为编号为 i 的节点至编号为 $(i+k+1)$ 的节点,共有 $(k+1)$ 个节点区间。

图 7-5 为定义在 $\boldsymbol{U}=\begin{bmatrix}0&0&0&0&0.2&0.4&0.5&0.6&0.7&0.8&0.9&1&1&1&1\end{bmatrix}$ 上的 3 次 B 样条基函数。图 7-5(a) 为编号为 4 的基函数(编号从 0 开始,所有控制顶点以及基函数的编号均从 0 开始),其取值不为零的区间为 $[0.2,0.7]$,从第 4 个节点至第 8 个节点,横跨 4 个节点区间;图 7-5(b) 为编号为 5 的基函数,其不为零的区间为 $[0.4,0.8]$,从第 5 个节点至第 9 个节点,包含 4 个节点区间。

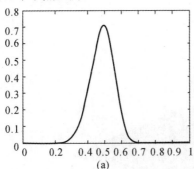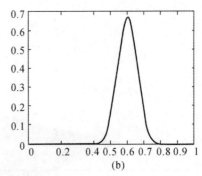

图 7-5　基函数的局部支撑性

(a) 编号为 4 的基函数;　(b) 编号为 5 的基函数

B 样条曲面含有两个方向的基函数,设其次数为 $k \times l$,则其数学表达式为

$$S(u,v) = \sum_{i=0}^{m} \sum_{j=0}^{n} N_{i,k}(u) N_{j,l}(v) \cdot \boldsymbol{d}_{i,j} \quad (i=0,1,2,\cdots,m; j=0,1,2,\cdots,n)$$

控制顶点 $\boldsymbol{d}_{i,j}$ 对应的基函数为 $N_{i,k}(u)N_{j,l}(v)$,令

$$N_{i,j}(u,v) = N_{i,k}(u)N_{j,l}(v)$$

那么由下式可知,$N_{i,j}(u,v)$ 在矩形区域 $[u_i,u_{i+k+1}] \times [v_i,v_{i+l+1}]$ 内有大于零的值,在该区域外等于 0,即

$$N_{i,j}(u,v) \begin{cases} \geqslant 0, & (u,v) \in [u_i,u_{i+k+1}] \times [v_i,v_{i+l+1}] \\ =0, & (u,v) \notin [u_i,u_{i+k+1}] \times [v_i,v_{i+l+1}] \end{cases}$$

因此,控制顶点 $\boldsymbol{d}_{i,j}$ 所能影响到的区域为矩形区域 $[u_i,u_{i+k+1}] \times [v_i, v_{i+l+1}]$,共 $(k+1) \times (l+1)$ 个节点区域(包含重复节点),为了保证反求控制顶点时系数矩阵为列满秩,在该区域内应至少分布有一个测点。图 7-6 所示为双三次准均匀 B 样条曲面(两端节点重复度为 4),其任意控制顶点能够影响到 16 个节点区域(包含重复节点)。图中阴影部分即为控制顶点 $\boldsymbol{d}_{4,4}$ 的影响区域。

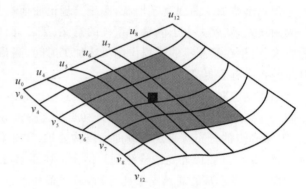

图 7-6 控制点的影响区域

参数曲面上的任意一点由若干个控制顶点共同影响,每个控制顶点对该点处的影响力大小不同。同样地,对于任一个控制顶点,它对曲面上任意一点的影响力大小也是不同的。基函数 $N_{i,j}(u, v)$ 在某一参数值处的大小,就反映了其对应控制顶点 $\boldsymbol{d}_{i,j}$ 对该点处的影响力的大小:基函数越大意味着 $\boldsymbol{d}_{i,j}$ 对该点处的影响越大,反之则说明 $\boldsymbol{d}_{i,j}$ 对该点处的影响越小。当基函数取最大值时,则说明 $\boldsymbol{d}_{i,j}$ 对该点处的影响最大。图 7-7 是 $\boldsymbol{U} = \begin{bmatrix} 0 & 0 & 0 & 0 & 0.4 & 0.5 & 0.6 & 0.7 & 0.8 \\ 0.9 & 1 & 1 & 1 & 1 \end{bmatrix}$,$\boldsymbol{V} = \begin{bmatrix} 0 & 0 & 0 & 0 & 0.2 & 0.4 & 0.5 & 0.6 & 0.7 & 0.8 & 0.9 & 1 & 1 & 1 & 1 \end{bmatrix}$ 上,且次数为双三次,编号为 $N_{4,5}(u,v)$ 的基函数图像。它取峰值的那一点 $(u,v)=(0.6,0.6)$ 即为控制点 $\boldsymbol{d}_{4,5}$ 的影响最大点。

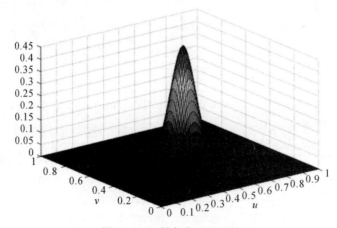

图 7-7 B 样条曲面基函数

每个控制顶点 $\boldsymbol{d}_{i,j}$ 都对应一个影响最大点,可将这些点定为采样点集,通过计算基函数最大值来确定曲面上任意一控制顶点的影响最大处。基函数 $N_{i,j}(u,v)$ 为有界的关于自变量 (u,v) 的二元 $(k+l)$ 次多项式函数,必定存在最值,可知

$$\max_{\substack{u\in[u_i,u_{i+k+1}]\\v\in[v_j,v_{j+l+1}]}}\{N_{i,j}(u,v)\}=\max_{u\in[u_i,u_{i+k+1}]}\{N_{i,k}(u)\}\max_{v\in[v_j,v_{j+l+1}]}\{N_{j,l}(v)\}$$

如图 7-8 所示,当 u 向基函数 $N_{i,k}(u)$ 以及 v 向基函数 $N_{j,l}(v)$ 分别取得最大值时,$N_{i,j}(u,v)$ 也就取得最大值。B 样条基 $N_{i,k}(u)$ 以及 $N_{j,l}(v)$ 为多项式基,在其支撑区间内的最值存在解析解。但由于 B 样条基一般采用在计算机实现中最有效的德布尔递推公式计算,使用数值方法较易求解。即分别将 u 向及 v 向参数离散成若干个点,分别求出使得 u 向基函数 $N_{i,k}(u)$ 以及 v 向基函数 $N_{j,l}(v)$ 取得最大值的 u 向及 v 向参数值 $u_{\max}^i$、$v_{\max}^j$:

$$N_{i,k}(u_{\max}^i)=\max_{u\in[u_i,u_{i+k+1}]}\{N_{i,k}(u)\},\quad N_{j,l}(v_{\max}^j)=\max_{v\in[v_j,v_{j+l+1}]}\{N_{j,l}(v)\}$$

则曲面上参数域值 $(u_{\max}^i,v_{\max}^j)$ 即为控制点 $\boldsymbol{d}_{i,j}$ 影响最大点。将计算出的参数值 $(u_{\max}^i,v_{\max}^j)$ 带入曲面表达式,即可计算出各个控制顶点所对应的影响最大点 $\boldsymbol{P}_{i,j}$:

$$\boldsymbol{P}_{i,j}=\sum_{i=0}^{m}\sum_{j=0}^{n}N_{i,k}(u_{\max}^i)N_{j,l}(v_{\max}^j)\cdot\boldsymbol{d}_{i,j}$$

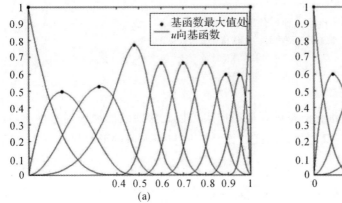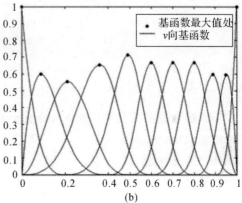

图 7-8　求基函数最大值处

(a)u 向基函数最大值处;　(b)v 向基函数最大值处

　　上述介绍的基于控制点影响力的采样方法,采样点广泛分布在整张曲面上。但在工程实践中,工件理论曲面可能是被裁剪过的曲面,但从造型软件中读出的信息仍然是未被裁剪过的完整数学表达。若直接使用上述采样方法,则分布在被裁剪掉区域的测点根本无从测起。如图 7-9(a) 所示,左边为精锻叶片毛坯,其叶背面为造型人员裁剪过的曲面,若直接按上述方法规划测量点,则部分测点会落在叶片榫头上[30-32]。此外,如图 7-9(b) 所示,在装夹完成后曲面部分区域也有可能会被夹具遮挡。若直接舍去上述难以测量的测点又无法反求出控制顶点,从而也无法重构出被测曲面。因此需要对理论曲面作分割处理,将无法测量的区域分割出去,得到被测区域单独的数学表达。

　　采用上述采样方法,采样点的分布取决于节点矢量的分布,节点较为密集处采样点也就较为密集。节点密集意味着该区域有更多的控制顶点。考虑到叶片理论模型是通过“点—线—面”的放样方法构造出的,设计模型在型值点多的地方控制点较为密集,而这些型值点是由发

动机设计部门基于叶片的工作环境对其进行气体动力学分析所给定,因此型值点密集的部位可以认为是叶片的关键部分。但是在实际应用时,我们仍然希望能够在较为关键的部位增加测点以提高测量和建模的精度。若直接在关键区域增加采样点而不增加控制顶点,在反求控制顶点时只会造成测点信息的冗余,得到的是一个最小二乘解,并不能直接提高关键区域的精度。因此需要在关键区域进行曲面细化,通过插入节点、增加控制顶点的方法来提高关键区域的调整灵活性以及采样点个数。

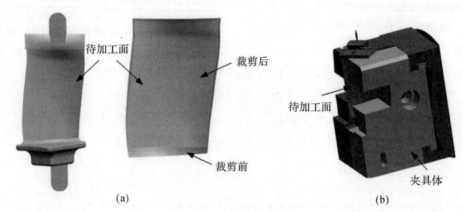

图 7 - 9　曲面分割的必要性
(a) 待加工面为被裁剪过的曲面;　(b) 待加工面被夹具遮挡

7.1.2.1　节点插入

节点插入是曲面分割以及曲面细化的基础。节点插入可以改善曲线曲面的局部性质,提高曲线曲面形状控制的灵活性,同时又能保证曲线曲面插入前与插入后的形状保持不变。给定一条 B 样条曲线为

$$\boldsymbol{C}(u) = \sum_{i=0}^{m} N_{i,k}(u) \cdot \boldsymbol{d}_i$$

其中,$\boldsymbol{d}_i$ 为控制顶点 $(i=0,1,\cdots,m)$,$N_{i,k}(u)$ 为节点矢量 $\boldsymbol{U} = [u_0 \quad u_1 \quad \cdots \quad u_j \quad \cdots \quad u_{m+k+1}]$ 上的第 i 个 k 次 B 样条基函数。

现在要在曲线定义域的某个节点区间内插入一个节点 $\bar{u} \in [u_j, u_{j+1}]$,于是得到新的节点矢量为

$$\boldsymbol{U} = [u_0 \quad u_1 \quad \cdots \quad u_j \quad \bar{u} \quad u_{j+1} \quad \cdots \quad u_{m+k+1}]$$

重新编号为

$$\boldsymbol{U}' = [u_0' \quad u_1' \quad \cdots \quad u_j' \quad u_{j+1}' \quad u_{j+2}' \quad \cdots \quad u_{m+k+2}']$$

新的节点矢量决定了一组新的基函数 $N_{i,k}'(u)(i=0,1,\cdots,m+1)$,则原来的 B 样条曲线就完全可以用新的基函数与未知的新控制顶点 $\boldsymbol{d}_i'$ 表示为

$$\boldsymbol{C}(u) = \sum_{i=0}^{m+1} N_{i,k}'(u) \boldsymbol{d}_i'$$

因此需要计算新的控制顶点 $\boldsymbol{d}_i'(i=0,1,\cdots,m+1)$,控制顶点增加一个,但新的曲线与原来的曲线完全相同[见图 7 - 10(a)]。现有研究中节点插入后新控制顶点的计算公式为

$$\boldsymbol{d}'_i = \alpha_i \boldsymbol{d}'_i + (1 - \alpha_i) \boldsymbol{d}'_{i-1}$$

其中

$$\alpha_i = \begin{cases} 1, & i \leqslant j-k \\ \dfrac{\bar{u} - u_i}{u_{i+k} - u_i}, & j-k+1 \leqslant i \leqslant j \\ 0, & i \geqslant j+1 \end{cases}$$

上式表明,只有 k 个新的控制顶点需要计算,而其他控制顶点保持不变。

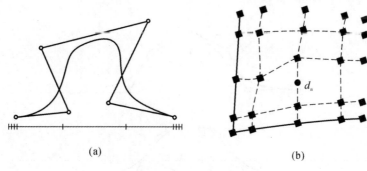

(a)   (b)

图 7 - 10　节点插入

(a) 曲线节点插入;　(b) 曲面节点插入

曲面的节点插入可以通过对控制点的各行或各列应用前面的公式来实现[见图 7 - 10(b)]。将 $\bar{u}$ 插入 U 可通过对 $n+1$ 列控制顶点的每一列应用节点插入后新控制顶点的计算公式即可实现。所得到的是新的控制顶点 $\boldsymbol{d}'_{i,j}(0 \leqslant i \leqslant m+1, 0 \leqslant j \leqslant n)$,共增加了 $n+1$ 个控制顶点。

同样,可通过对 $m+1$ 行控制点的每一行应用节点插入后新控制顶点的计算公式将 $\bar{v}$ 插入 V 中。所得到的新控制顶点为 $\boldsymbol{d}'_{i,j}(0 \leqslant i \leqslant m, 0 \leqslant j \leqslant n+1)$。

7.1.2.2　测量区域的曲面分割

曲线曲面的分割都可以由节点插入实现,分割算法可以将曲面分为两片或多片独立表达的曲面,且不会造成任何信息的丧失。曲线分割可通过在定义域内重复插入节点来实现,所插入节点即曲线在分裂处的参数值。

给定一条由控制顶点 $\boldsymbol{d}_i(i=0,1,\cdots,m)$ 定义的 k 次 B 样条曲线,在 $\bar{u} \in [u_j, u_{j+1}]$ 处分裂为两部分。把 $\bar{u}$ 作为节点插入它的节点矢量 $U = [u_0 \quad u_1 \cdots u_j \cdots \quad u_{m+k+1}]$。当重复插入该节点 $\bar{u}$,直至具有重复度 k 时,节点矢量为

$$[u_0 \quad u_1 \quad \cdots \quad u_{j-r+1} = \cdots = u_i \leqslant \underbrace{\bar{u} \quad \cdots \quad \bar{u}}_{k-r\text{重}} \quad u_{i+1} \quad \cdots \quad u_{m+k+1}]$$

当节点 $\bar{u}$ 具有重复度 k 时,在最后一次插入时得到的中间顶点就是曲线上的分裂点 $\boldsymbol{C}(\bar{u})$。这时作为母曲线的整条样条曲线将由 $m+k-r+1$ 个控制顶点 $\boldsymbol{d}_i(i=0,1,\cdots,m+k-r)$ 定义。它在分裂点 $\boldsymbol{C}(\bar{u})$ 处分裂成前、后两条子样条曲线,此时前、后子样条曲线用各自的控制顶点与节点矢量来定义。分裂后 $\bar{u}$ 作为子样条的端节点,还应分别再补一个成为 $k+1$ 重。此时有:

第一条曲线的节点矢量为

$$\begin{bmatrix} u_0 & u_1 & \cdots & u_{j-1} = u_j \leqslant \underbrace{\bar{u} \quad \cdots \quad \bar{u}}_{k-r+1\text{重}} \end{bmatrix}$$

第二条曲线的节点矢量为

$$\begin{bmatrix} u_{j-r+1} = u_{j-1} = u_j \leqslant \underbrace{\bar{u} \quad \cdots \quad \bar{u}}_{k-r+1\text{重}} & u_{j+1} & \cdots & u_{m+k+1} \end{bmatrix}$$

分裂点 $C(\bar{u})$ 将成为第一条曲线的最后一个端点和最后一个顶点,以及第二条曲线的第一个端点和第一个顶点(见图 7-11)。

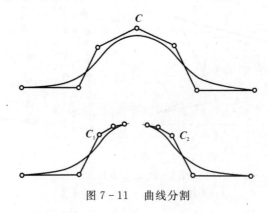

图 7-11 曲线分割

类似于曲线节点插入到曲面节点插入的推广,曲线分割也可向曲面分割推广。

7.1.2.3 关键区域的曲面细化

曲线曲面的细化同样可由节点插入实现,曲面细化不需要额外的数学推导,只是一次插入多个节点。

给定一条由控制顶点 $d'_i(i=0,1,\cdots,m)$ 定义的 k 次 B 样条曲线,设有不减序列 $X = \{x_0, x_1, \cdots, x_r,\}$,把 X 插入 $U = \begin{bmatrix} u_0 & u_1 & \cdots & u_j & \cdots & u_{m+k+1} \end{bmatrix}$ 中,计算出新的控制顶点 $d'(0 \leqslant i \leqslant m+r+1)$。

7.2　高精高效多轴机内测量
工艺优化方法

测头是在机测量中的关键部件,由测头引入的误差主要有预行程误差、测球圆度误差、测头偏心误差等。预行程误差一般被认为是在机测量中对测量结果影响最大的误差,该误差通常可由理论分析法和实验标定法获得。理论分析法侧重于分析测头结构和触发过程,从力学角度推导出预行程误差与各项因素之间的关系。基于标准件的实验标定法主要借助标准球或标准环标定预行程误差,这种标定方法操作简单,而且标定出的预行程误差为实际工况下的预行程误差,因而在实际中应用广泛[33-35]。

此外,数控机床引入的误差包括静态误差和动态误差。其中静态误差包含几何误差、热变形误差等,动态误差主要来源于主轴震动、刀具切削等。几何误差和热变形误差在机床误差中约占 60%,因而几何误差的补偿成为提高机床精度的重要方式之一。机床几何误差建模是误差补偿的基础,几何误差项的辨识是几何误差建模的前提。

7.2.1　旋转轴定位误差引入最小的机内测量工艺优化

在建立多轴机床旋转轴定位误差最小理论前需要先根据双摆台型五轴机床结构建立对应的机床运动学链,作为测量工艺优化和后续多源误差不确定度建模的基础。在双摆台式 BC 轴机床上建立的机内测量系统中涉及的坐标系包括:机床坐标系 CS_M、探针坐标系 CS_P、工作台坐标系 CS_G、辅助坐标系 CS_B 和 CS_C、工件坐标系 CS_W。

与第 5 章中各坐标系定义方法相同,分别定义上述坐标系,则能够建立由探针坐标系 CS_P 到工件坐标系 CS_W 之间的变换矩阵,即后置处理公式推导。当已知工件坐标系下的探针轴向单位向量 $[n_x \quad n_y \quad n_z]$、红宝石球中心点坐标 (p_x,p_y,p_z) 时,由探针坐标系 CS_P 到工件坐标系 CS_W 的变换矩阵可以求出对应的主轴末端中心位置坐标和两个旋转轴的机床输入量 (x_m, y_m, z_m, B, C)。表 7-2 为相邻坐标系之间的变换矩阵。

表 7-2　各坐标系之间的齐次变换矩阵

坐标系变换	矩阵形式	变换矩阵
$CS_C \rightarrow CS_W$	平移矩阵 $\boldsymbol{T}_C^W$	$\boldsymbol{T}_C^W = \begin{bmatrix} 1 & 0 & 0 & \delta x_p - \delta x_w \\ 0 & 1 & 0 & \delta y_p - \delta y_w \\ 0 & 0 & 1 & \delta z_p - \delta z_w \\ 0 & 0 & 0 & 1 \end{bmatrix}$
$CS_B \rightarrow CS_C$	旋转矩阵 $\boldsymbol{R}_B^C$	$\boldsymbol{R}_B^C = \begin{bmatrix} \cos C & -\sin C & 0 & 0 \\ \sin C & \cos C & 0 & 0 \\ 0 & 0 & 1 & 0 \\ 0 & 0 & 0 & 1 \end{bmatrix}$
$CS_G \rightarrow CS_B$	旋转矩阵 $\boldsymbol{R}_G^B$	$\boldsymbol{R}_G^B = \begin{bmatrix} \cos B & 0 & \sin B & 0 \\ 0 & 1 & 0 & 0 \\ -\sin B & 0 & \cos B & 0 \\ 0 & 0 & 0 & 1 \end{bmatrix}$
$CS_M \rightarrow CS_G$	平移矩阵 $\boldsymbol{T}_M^G$	$\boldsymbol{T}_M^G = \begin{bmatrix} 1 & 0 & 0 & -\delta x_p \\ 0 & 1 & 0 & -\delta y_p \\ 0 & 0 & 1 & -\delta z_p \\ 0 & 0 & 0 & 1 \end{bmatrix}$
$CS_P \rightarrow CS_M$	平移矩阵 $\boldsymbol{T}_P^M$	$\boldsymbol{T}_P^M = \begin{bmatrix} 1 & 0 & 0 & x_m \\ 0 & 1 & 0 & y_m \\ 0 & 0 & 1 & z_m - L \\ 0 & 0 & 0 & 1 \end{bmatrix}$

因此由探针坐标系 CS_P 到工件坐标系 CS_W 的变换矩阵为
$$\boldsymbol{M}_P^W = \boldsymbol{T}_C^W \cdot \boldsymbol{R}_B^C \cdot \boldsymbol{R}_G^B \cdot \boldsymbol{T}_M^G \cdot \boldsymbol{T}_P^M$$
将表 7-2 中各变换矩阵代入上式中计算得到变换矩阵 $\boldsymbol{M}_P^W$ 为

$$\boldsymbol{M}_P^W = \begin{bmatrix} \cos C\cos B & -\sin C & \cos C\sin B & F_1 \\ \sin C\cos B & \cos C & \sin C\sin B & F_2 \\ -\sin B & 0 & \cos B & F_3 \\ 0 & 0 & 0 & 1 \end{bmatrix}$$

$$\begin{cases} F_1 = (\delta x_p - \delta x_w) + (x_m - \delta x_p)\cos B\cos C - (y_m - \delta y_p)\sin C - (\delta z_p - z_m + L)\sin B\cos C \\ F_2 = (\delta y_p - \delta y_w) + (x_m - \delta x_p)\cos B\sin C + (y_m - \delta y_p)\cos C + (z_m - \delta z_p - L)\sin B\sin C \\ F_3 = (\delta z_p - \delta z_w) + (\delta x_p - x_m)\sin B + (z_m - \delta z_p - L)\cos B \end{cases}$$

在探针坐标系 CS_P 下，探针轴向单位向量表示为 $\begin{bmatrix} 0 & 0 & 1 \end{bmatrix}$，红宝石球心点的坐标为 $(0,0,0)$。根据探针坐标系 CS_P 到工件坐标系 CS_W 的变换矩阵 $\boldsymbol{M}_P^W$，可以建立与工件坐标系下的探针轴向单位向量 $(n_x \quad n_y \quad n_z)$、红宝石球心点坐标 (p_x, p_y, p_z) 之间的等式关系为

$$\begin{bmatrix} n_x & n_y & n_z & 0 \end{bmatrix}^T = \boldsymbol{M}_P^W \cdot \begin{bmatrix} 0 & 0 & 1 & 0 \end{bmatrix}^T$$

$$\begin{bmatrix} p_x & p_y & p_z & 1 \end{bmatrix}^T = \boldsymbol{M}_P^W \cdot \begin{bmatrix} 0 & 0 & 0 & 1 \end{bmatrix}^T$$

将公式 $\begin{bmatrix} p_x & p_y & p_z & 1 \end{bmatrix}^T = \boldsymbol{M}_P^W \cdot \begin{bmatrix} 0 & 0 & 0 & 1 \end{bmatrix}^T$ 展开，令左右两边对应项相等，得到

$$\begin{cases} p_x = (x_m - \delta x_p)\cos B\cos C - (y_m - \delta y_p)\sin C - (\delta z_p - z_m + L)\sin B\cos C + (\delta x_p - \delta x_w) \\ p_y = (x_m - \delta x_p)\cos B\sin C + (y_m - \delta y_p)\cos C + (z_m - \delta z_p - L)\sin B\sin C + (\delta y_p - \delta y_w) \\ p_z = (\delta x_p - x_m)\sin B + (z_m - \delta z_p - L)\cos B + (\delta z_p - \delta z_w) \end{cases}$$

从上式中可以求解出某一位置处主轴末端中心的机床输入量 (x_m, y_m, z_m) 为

$$\begin{cases} x_m = \delta x_p + \mathrm{Coe}^z\sin B - \mathrm{Coe}^x\cos C\cos B - \mathrm{Coe}^y\sin C\cos B \\ y_m = \delta y_p - \mathrm{Coe}^y\cos C + \mathrm{Coe}^x\sin C \\ z_m = \delta z_p - \mathrm{Coe}^z\cos B - \mathrm{Coe}^x\cos C\sin B - \mathrm{Coe}^y\sin B\sin B \end{cases}$$

其中

$$\begin{cases} \mathrm{Coe}^x = \delta x_p - p_x - \delta x_w \\ \mathrm{Coe}^y = \delta y_p - p_y - \delta y_w \\ \mathrm{Coe}^z = \delta z_p - p_z - \delta z_w \end{cases}$$

相应的探针轴向单位向量 $\begin{bmatrix} n_x & n_y & n_z \end{bmatrix}$ 与旋转角度 B、C 满足下列表达式：

$$\begin{cases} n_x = \sin B\cos C \\ n_y = \sin B\sin C \\ n_z = \cos B \end{cases}$$

对上式中 $\begin{bmatrix} n_x & n_y & n_z \end{bmatrix}$ 取值范围进行具体分析，反求出旋转角度如下：

若 $n_z = 1$ 时

$$\begin{cases} B = 0 \\ C = 0 \end{cases}$$

若 $n_z \neq 1$ 且 $n_z \neq 0$ 时

$$B = \arctan\left(\frac{\sqrt{n_x^2 + n_y^2}}{n_z}\right)$$

若 $n_z \neq 1$ 且 $n_y = 0$ 时

$$C = \begin{cases} 0, & n_x > 0 \\ \pi, & n_x < 0 \end{cases}$$

若 $n_z \neq 1$ 且 $n_y \neq 0$ 时

$$C = \begin{cases} \arctan\left(\dfrac{n_y}{n_x}\right), & n_x > 0 \\[2mm] \dfrac{\pi}{2}, & n_x = 0, n_y > 0 \\[2mm] -\dfrac{\pi}{2}, & n_x = 0, n_y < 0 \\[2mm] \pi + \arctan\left(\dfrac{n_y}{n_x}\right), & n_x < 0, n_y > 0 \\[2mm] -\pi + \arctan\left(\dfrac{n_y}{n_x}\right), & n_x < 0, n_y < 0 \end{cases}$$

在机测量的探测流程是指探针在数控指令驱动下探测布置在工件上测量点时的运动过程。为了防止探针在运动过程中与工件和转台干涉,依据工件的特征需要人为设置探针运动路径中的一些关键位置点和参数,包括工件坐标系 CS_w 下测量点、探测点、定位点、安全点和探测方向等(见图 7 - 12)。

(1)关键位置点的定义。

1)测量点:测量前在 CAD 模型上选择的待测点,记为 $P_i(i=1,2,3,\cdots)$,其中 i 为测量路径上测量点的序号。

2)探测点:红宝石球在接触测量点时,沿着外法矢方向 $\boldsymbol{N}_i$ 偏置红宝石球半径 r 距离处的球心点坐标,用 D_i 表示,则

$$D_i = P_i + r \cdot \boldsymbol{N}_i$$

3)定位点:为了保证探针的运动安全,探针需要先运动到定位点再缓慢地向测量点移动,对于第 i 个测量点 P_i 对应的定位点记为 H_i,有

$$H_i = D_i + k \cdot \boldsymbol{N}_i$$

其中,k 为探测点至定位点之间的安全距离。

4)安全点:探针触碰完测量点后,从定位点返回到的安全位置 $C_i(i=1,2,3,\cdots)$,该位置可由下列公式计算得到:

$$C_i = H_i + k_1 \cdot \boldsymbol{n}_i$$

其中,k_1 为定位点到安全点之间的距离,$\boldsymbol{n}_i$ 为第 i 个测量点 P_i 处选定的探针轴向单位向量。

5)探测方向:在测头移动到定位点后,沿着测量点名义法矢的反向去接触工件,第 i 个测量点 P_i 处的探测方向为 $-\boldsymbol{N}_i$。

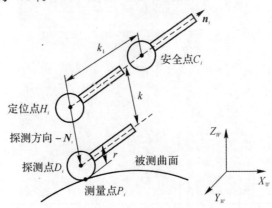

图 7 - 12　工件坐标系下的关键位置点定义

（2）叶轮模型和工件坐标系。叶轮上的叶片多设计为自由曲面，流道两边相邻的叶片相互遮挡，流道极其狭窄，因此探针在探测叶盆、叶背上测量点时容易与流道两边的叶片发生碰撞。叶轮上工件坐标系的设置如图7-13所示，其中坐标原点 O_W 位于叶轮上平面方形特征中心处，该方形特征用于在实验中找正叶轮的安装位置。

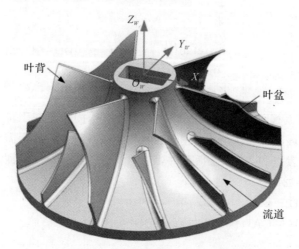

图 7-13　工件坐标系下的叶轮模型

（3）在机测量探测过程。在机测量时旋转轴先转动至指定的角度，接着探针先快速运动到安全点位置，然后减速运动到定位点处，最后沿着测量点处法矢的反方向缓慢地运动直至触碰到工件上测量点，此时接收器收到测头发出的触发信号，数控系统标记此时主轴停留的位置。随后探针返回到定位点处，再快速移动到对应的安全点位置，开始下一个点的测量。

此外，五轴机床还可以实现五轴联动，即三个移动轴和两个旋转轴同时运动。在图7-14中，探针触碰完测量点 P_1 后先退回至定位点 H_1 处，接着在叶轮流道中由定位点 H_1 直接移动到定位点 H_2，不需要返回到安全点。

图 7-14　在机测量探测过程

　　数控机床的空间定位精度是探针或者刀具实际位置相对于理论位置的偏差,受机床动态误差和静态误差的影响,是移动轴和旋转轴运动误差综合作用的结果。相比移动轴来说,旋转轴的几何误差对空间定位精度的影响更加明显。相关研究证明了工作台单向转动的定位精度和重复定位精度都大于工作台双向转动,所以在加工和测量中都应避免工作台频繁正反转情况的发生。为了验证这一结论,先通过构建机床定位误差对测量误差的影响模型进行仿真分析。

　　已知测量点 P_i 在工件坐标系 CS_W 中的坐标为 M_{WT},曲面在该点处的理论外法矢为 $\boldsymbol{N}_{WT}$。当给定测量点 P_i 处的探针轴向 $\boldsymbol{n}_{WT}$ 时,根据后置处理,可得其对应的机床输入量为 $[x_T^M, y_T^M, z_T^M, B_T^M, C_T^M]$。测量点 P_i 在机床坐标系中的理论坐标为 M_{MT},其计算公式为

$$M_{MT} = [x_T^M, y_T^M, z_T^M] - [0,0,L] - [0,0,R]$$

其中,L 为主轴末端点与探针红宝石球心之间的距离,R 红宝石球半径。

　　设定辅助点 G_i,其在工件坐标中的坐标为 G_{WT},在机床坐标系中的理论坐标 G_{MT},计算公式分别表示为

$$G_{WT} = M_{WT} + \boldsymbol{N}_{WT}$$

$$G_{MT} = (\boldsymbol{T}_M^G)^{-1} \cdot [\boldsymbol{R}_G^B(B_T^M)]^{-1} \cdot [\boldsymbol{R}_B^C(C_T^M)]^{-1} \cdot (\boldsymbol{T}_C^W)^{-1} \cdot G_{WT}$$

　　测量点 P_i 处理论外法矢在机床坐标系中的表示为

$$\boldsymbol{N}_{MT} = G_{MT} - M_{MT}$$

　　鉴于工作台旋转轴存在定位误差 ΔB_i、ΔC_i,所以工作台的实际转动角度为 $B_T^M + \Delta B_i$、$C_T^M + \Delta C_i$。因此考虑旋转轴定位误差时,根据机床运动学链,测量点 P_i 在机床坐标系中的实际坐标 M_{MP}、辅助点 G_i 在机床坐标系中的实际坐标 G_{MP} 的计算公式分别为

$$M_{MP} = (\boldsymbol{T}_M^G)^{-1} \cdot [\boldsymbol{R}_G^B(B_T^M + \Delta B_i)]^{-1} \cdot [\boldsymbol{R}_B^C(C_T^M + \Delta C_i)]^{-1} \cdot (\boldsymbol{T}_C^W)^{-1} \cdot M_{WT}$$

$$G_{MP} = (\boldsymbol{T}_M^G)^{-1} \cdot [\boldsymbol{R}_G^B(B_T^M + \Delta B_i)]^{-1} \cdot [\boldsymbol{R}_B^C(C_T^M + \Delta C_i)]^{-1} \cdot (\boldsymbol{T}_C^W)^{-1} \cdot G_{WT}$$

　　所以测量点 P_i 处的实际外法矢在机床坐标系中的表示为 $\boldsymbol{N}_{MP}$,由下式计算得到:

$$\begin{aligned}
\boldsymbol{N}_{MP} = G_{MP} - M_{MP} = \\
(\boldsymbol{T}_M^G)^{-1} \cdot [\boldsymbol{R}_G^B(B_T^M + \Delta B_i)]^{-1} \cdot [\boldsymbol{R}_B^C(C_T^M + \Delta C_i)]^{-1} \cdot (\boldsymbol{T}_C^W)^{-1} \cdot (G_{WT} - M_{WT}) = \\
(\boldsymbol{T}_M^G)^{-1} \cdot [\boldsymbol{R}_G^B(B_T^M + \Delta B_i)]^{-1} \cdot [\boldsymbol{R}_M^C(C_T^M + \Delta C_i)]^{-1} \cdot (\boldsymbol{T}_C^W)^{-1} \cdot \boldsymbol{N}_{WT}
\end{aligned}$$

　　记量块被测面 Ⅱ 在机床中的理论位置为 Π_T,由平面的点法式方程可得量块被测面 Ⅱ 在机床坐标系中的实际位置 Π_P 的表达式为

$$(\boldsymbol{N}_{MP})_x \cdot [x - (M_{MP})_x] + (\boldsymbol{N}_{MP})_y \cdot [y - (M_{MP})_y] + (\boldsymbol{N}_{MP})_z \cdot [z - (M_{MP})_z] = 0$$

将上式整理得

$$(\boldsymbol{N}_{MP})_x \cdot x + (\boldsymbol{N}_{MP})_y \cdot y + (\boldsymbol{N}_{MP})_z \cdot z - \boldsymbol{N}_{MP} \cdot M_{MP} = 0$$

记

$$\mathrm{Con\_D} = -\boldsymbol{N}_{MP} \cdot M_{MP}$$

　　测量点 P_i 对应的定位点 D_i 在工件坐标系中的坐标 D_{WT} 为

$$D_{WT} = M_{WT} + l \cdot \boldsymbol{N}_{WT}$$

其中,M_{WT} 为测量点 P_i 在工件坐标系中的坐标,$\boldsymbol{N}_{WT}$ 为曲面在测量点 P_i 处的理论外法矢在工件坐标系中的表示,l 为测量点 M_{WT} 与定位点 D_{WT} 之间的距离。

　　根据定位点 D_i 在工件坐标系中的坐标 D_{WT} 及对应的探针轴向 $\boldsymbol{n}_{WT}$,经过后置处理,可得其对应的机床输入量为 $[x_T^D, y_T^D, z_T^D, B_T^M, C_T^M]$。定位点 D_i 在机床坐标系中的理论坐标为

$$D_{MT} = [x_T^D, y_T^D, z_T^D] - [0,0,L] - [0,0,R]$$

考虑机床移动轴定位误差 $[\Delta x_i, \Delta y_i, \Delta z_i]$，此时定位点 D_i 在机床坐标系中的实际坐标 D_{MP} 为

$$D_{MP} = [x_T^D, y_T^D, z_T^D] + [\Delta x_i, \Delta y_i, \Delta z_i] - [0, 0, L] - [0, 0, R]$$

点 D_{MP} 到被测面 Π_P 的距离为

$$d = \frac{\left|(N_{MP})_x \cdot (D_{MP})_x + (N_{MP})_y \cdot (D_{MP})_y + (N_{MP})_z \cdot (D_{MP})_z + \text{Con\_D}\right|}{\sqrt{(N_{MP})_x^2 + (N_{MP})_y^2 + (N_{MP})_z^2}}$$

如图 7-15 所示，测量时探针由定位点在机床坐标系中的实际位置 D_{MP} 沿测量点 P_i 处理论外法矢的反方向 $-N_{MT}$ 去触碰工件，当信号触发时，可计算得到被测点 M_G 在机床坐标系中的坐标。

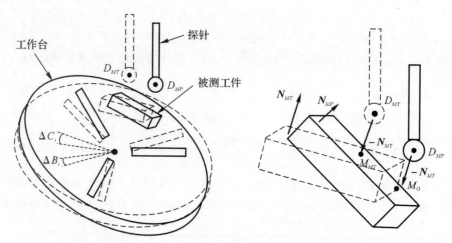

图 7-15   定位误差对在机测量误差影响的示意图

考虑机床定位误差，且假设预行程误差已经补偿，测量结果与理论坐标之间偏差 E 的计算过程如图 7-16 所示，实际触碰时红宝石球心在机床坐标系中的坐标记为 S_G。实际获取到的测量数据在机床坐标系中的坐标 M_G 的计算如下：

$$a = \frac{R}{\cos\alpha} = \frac{R \cdot |N_{MP}| \cdot |N_{MT}|}{N_{MP} \cdot N_{MT}}$$

$$l_G = \frac{d}{\cos\alpha} = \frac{d \cdot |N_{MP}| \cdot |N_{MT}|}{N_{MP} \cdot N_{MT}}$$

$$M_G = D_{MP} - (l_G - a + R) \cdot N_{MT}$$

则测量误差 E 为

$$E = |M_G - M_{MT}|$$

仿真时，每个测量点有 9 种不同的旋转角度组合（见表 7-3）。对单个测量点来说，在每个角度组合处，在移动轴和旋转轴定位精度区间内分别产生 400 个随机数，用于仿真实际测量时移动轴和回转轴的定位误差值，最后取 400 个测量误差的平均值作为该测量点的平均测量误差。根据机床的技术参数，x、y、z 轴定位误差分别为 $[-3,3]$ μm、$[-2,2]$ μm、$[-2,2]$ μm，B、C 双向定位误差均为 $[-8'',8'']$、单向定位误差为 $[-4'',4'']$。测量点 P_1、P_2 在工件坐标系中的坐标为 $P_1 = [300,300,300]$，$P_2 = [100,100,100]$，工件坐标系原点的 x、y 坐标与机床枢轴点的 x、y 坐标一致，工件坐标系原点的 z 坐标设置在工件上表面，即工件坐标系原点的坐标为

$O_W = [306.781\ 1, 122.820\ 0, -348.393\ 5]$。

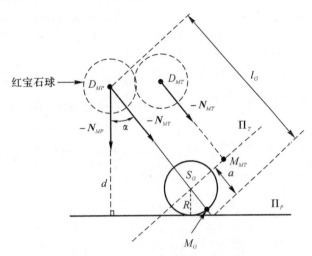

图 7-16　在机测量误差计算示意图

表 7-3　角度组合

角度组合编号	1	2	3	4	5	6	7	8	9
(B,C)	$(5°,10°)$	$(10°,20°)$	$(15°,30°)$	$(20°,40°)$	$(25°,50°)$	$(30°,60°)$	$(35°,70°)$	$(40°,80°)$	$(45°,90°)$

定位误差对在机测量误差的影响分为以下四种情况：

情况 1　同时考虑移动轴和旋转轴的定位误差。移动轴定位误差区间为 $T_{ex} = [-3,3]$ μm，$T_{ey} = [-2,2]$ μm，$T_{ez} = [-2,2]$ μm；旋转轴定位误差区间为 $R_{eB} = [-8'',8'']$，$R_{eC} = [-8'',8'']$。此时在各个角度组合处测量点 P_1、P_2 的平均测量误差如图 7-17(a) 所示，由图可知，在机测量引入的测量误差与测量点距离枢轴点的距离有关，测量点距离枢轴点越远，引入的测量误差越大。

情况 2　忽略移动轴的定位误差，只考虑旋转轴的定位误差，旋转轴定位误差区间为 $R_{eB} = [-8'',8'']$，$R_{eC} = [-8'',8'']$。此时在各个角度组合处测量点 P_1、P_2 的平均测量误差如图 7-17(b) 所示。分析可知，对于这两个测量点，当只考虑旋转轴的定位误差时，其引入的测量误差相对于同时考虑移动轴和旋转轴定位误差时引入的测量误差来说减少较少，说明旋转轴定位误差对测量误差的影响比移动轴大。

情况 3　忽略旋转轴的定位误差，只考虑移动轴的定位误差，即移动轴定位误差为 $T_{ex} = [-3,3]$ μm，$T_{ey} = [-2,2]$ μm，$T_{ez} = [-2,2]$ μm，此时在各个角度组合处测量点 P_1、P_2 的平均测量误差如图 7-17(c) 所示，分析可知，移动轴定位误差对测量误差的影响与测量点距离枢轴点的距离无关，且相比于旋转轴来说，移动轴定位误差对测量误差影响较小。

情况 4　忽略移动轴的定位误差，只考虑旋转轴的定位误差，且鉴于工作台单向定位精度与双向定位精度存在差异，该部分仿真比较的是工作台单向转动与频繁正反转的差异。在各个角度组合处测量点 P_1、P_2 的平均测量误差如图 7-17(d) 所示。分析可知，在机测量时工作台单向转动引入的测量误差比工作台频繁正反转时引入的测量误差小，而且当测量点距离枢轴点更远时,上述差异会更加明显。

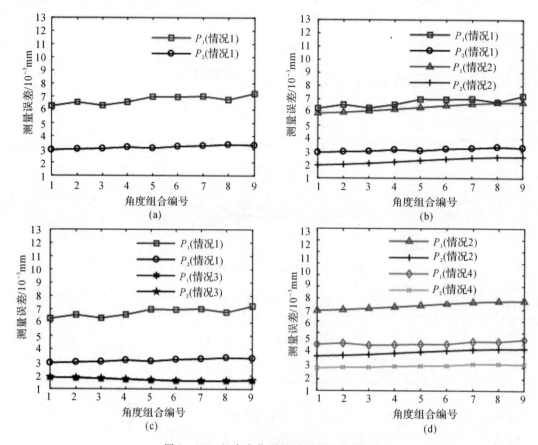

图 7 - 17　机床定位误差对测量误差的影响

(a) 定位误差; (b) 旋转轴定位误差; (c) 移动轴定位误差; (d) 旋转轴单、双向定位误差

因此,当测量点距离枢轴点较远时,工作台频繁正、反转引入的测量误差明显大于工作台单向转动引入的测量误差。结果表明,减少工作台正、反转次数能减少定位误差对在机测量结果的影响。在该结论得到仿真验证后,基于多轴机床旋转轴误差最小理论的机内测量工艺优化方法如下:

(1) 计算测量点可达方向锥。测量点处初始的探针轴向集合经过干涉检查后剩余的探针轴向集合为 $F_i^M(i=1,2,3,\cdots)$。同理,经干涉检查后获得定位点处的探针轴向集合 $F_i^D(i=1,2,3,\cdots)$。当已知路径点 $H_j(j=1,2,3,\cdots)$ 在工件坐标系中的坐标时,按同样的方式亦可求得路径点处的探针轴向集合 $F_j^H(j=1,2,3,\cdots)$。

根据在机测量探针运动过程可知,在探测一个测量点时,探针先运动到定位点,然后保持工作台不变,主轴三轴联动沿测量点理论法矢的反方向去触碰工件。因为在该触碰过程中,探针轴向保持不变,所以第 i 个测量点和定位点最终可达方向锥的计算如下:

$$\mathrm{AC}_i^M = F_i^M \bigcap F_i^D \quad (i=1,2,3,\cdots)$$
$$\mathrm{AC}_i^D = F_i^M \bigcap F_i^D \quad (i=1,2,3,\cdots)$$

其中,AC_i^M 为第 i 个测量点处的最终可达方向锥,AC_i^D 为第 i 个测量点对应定位点处的最终可达方向锥。

　　路径点只是在探针运动过程中便于控制探针的运动轨迹而设定的点,探针在该类点处没有触碰工件的触碰过程,因此第 j 个路径点最终可达方向锥 AC_j^H 为

$$AC_j^H = F_j^H \quad (j = 1, 2, 3, \cdots)$$

　　(2)构建可行图以及旋转轴旋转规律分析。将测量点处所有干涉检查后剩余的探针轴向经过后置处理换算工作台转动角度 B、C,即将该测量点处所有的探针轴向映射为以 (B, C) 为数据点的平面点集。如图 7-18 所示,该平面点集中任何一个点 (B_k, C_k) 都与该测量点处的一个探针轴向相对应。

　　关于测量路径上每个位置点可行域的可行图是指将测量路径上每个位置点处的转动角度组合 (B, C) 的点集边界 Ω 及其内部区域按照位置点的编号 T 进行排列的图,如图 7-19 所示。例如 Ω_4 为第 4 个位置点 l_T^4 的点集边界及内部区域,也即可行域,其所在的平面平行于 BOC 平面,该平面在可行图中的 T 坐标为 $T = 4$。

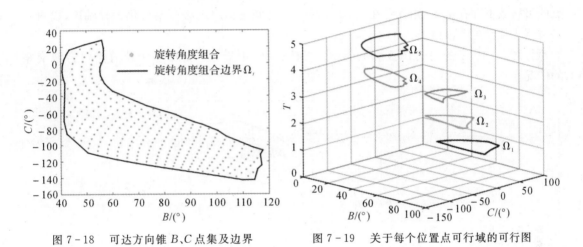

图 7-18　可达方向锥 B、C 点集及边界　　　　图 7-19　关于每个位置点可行域的可行图

　　根据上述可行图可以进行如下分析:

　　1)工作台反向转动次数计算。如图 7-20 所示,假定每个位置点处的探针轴向已知,经过后置处理得到对应的工作台转动角度点 $P_{kj}^i (j = 1, 2, \cdots, 5)$。

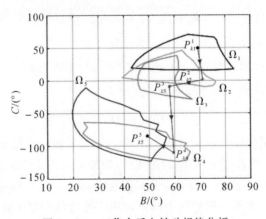

图 7-20　工作台反向转动规律分析

整个运动过程中旋转轴 B 轴的变化趋势为：$l_T^1 \rightarrow l_T^2$，B 轴转角增大；$l_T^2 \rightarrow l_T^3$，B 轴转角减小；$l_T^3 \rightarrow l_T^4$，B 轴转角增大；$l_T^4 \rightarrow l_T^5$，B 轴转角减小。所以仅分析旋转轴 B 轴的转动时，工作台反向转动了 3 次。同理，分析旋转轴 C 轴的变化趋势时，工作台反向旋转了 1 次。因而整个测量过程工作台共反向旋转 4 次。

2）工作台转动情况分析。可行域交集是连续多个位置点可行域的交集，用 Γ 表示。其中 Γ_K 表示第 K 个可行域交集，Γ_k^{n+k} 表示从第 k 个位置点至第 $k+n$ 个位置点，这连续 n 个位置点处可行域的交集。

针对可行图在 BOC 平面上的投影，如果从第 n 个位置点到第 $n+k_m$ 个位置点，这连续 k_m 个位置点处的可行域存在交集 $\Gamma_n^{n+k_m}$，即

$$\Gamma_n^{n+k_m} = \bigcap_{j=n}^{n+k_m} \Omega_j \, (k_m = 1, 2, 3, \cdots)$$

则探针在这连续 k_m 个位置点之间运动时就可以不变化探针轴向，反之，如果这连续 k_m 个位置点的可行域不存在交集，则探针在这 k_m 个位置点之间运动时就必须要变化探针轴向，以避免与被测工件发生干涉碰撞。

将图 7-19 中的可行图投影到 BOC 平面上，得到图 7-21 中各个位置点可行域交集的情况。

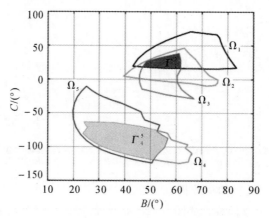

图 7-21　工作台转动规律分析

因为从位置点 l_T^1 到位置点 l_T^3，这连续 3 个位置点的可行域存在交集 Γ_1^3，即

$$\Gamma_1^3 = \bigcap_{j=1}^{3} \Omega_j$$

所以探针由位置点 l_T^1 运动到位置点 l_T^3 的过程中，工作台不需要转动。同理，因为由位置点 l_T^4 到位置点 l_T^5 这连续 2 个位置点的可行域存在交集 Γ_4^5，即

$$\Gamma_4^5 = \bigcap_{j=4}^{5} \Omega_j$$

所以探针从位置点 l_T^4 运到位置点 l_T^5 的过程中，工作台不需要转动。但是 Γ_1^3 与 Γ_4^5 之间没有交集，这就意味着探针在由位置点 l_T^3 移动到 l_T^4 的过程中，为避免与工件发生干涉，工作台必须转动。

3）计算工作台最少反转次数。将整个测量路径上的多个可行域交集 Γ 投影到 BOT 平面上，可得到多条直线段，每条直线段的两个端点代表该可行域交集中转动角度 B 的最大和最小取值。将第 K 个可行域交集的投影用直线段 $\Theta_k^{P_{k,s}, P_{k,e}}$ 表示，第 $K+1$ 个可行域交集的投影用直

线段 $\Theta_{k+1}^{P_{k+1,s},P_{k+1,e}}$ 表示,其中 $P_{k,s}$、$P_{k,e}$ 分别为第 K 条直线段的左、右端点,$P_{k+1,s}$、$P_{k+1,e}$ 分别为第 $K+1$ 条直线段的左、右端点。在分析相邻两可行域交集之间工作台正反转情况时,两条投影直线段 $\Theta_{k}^{P_{k,s},P_{k,e}}$、$\Theta_{k+1}^{P_{k+1,s},P_{k+1,e}}$ 之间的相对位置关系有 6 种情况(见图 7 - 22)。

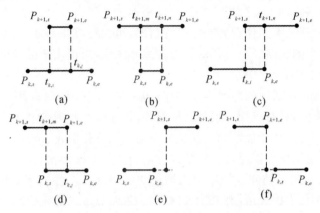

图 7 - 22　相邻可行域交集的不同划分情况

以图 7 - 22(a) 为例,线段 $\overrightarrow{P_{k+1,s}P_{k+1,e}}$ 代表的转动角度 B 的数值区间大于 $\overrightarrow{P_{k,s}t_{k,i}}$,所以定义线段 $\overrightarrow{P_{k,s}t_{k,i}}$ 到线段 $\overrightarrow{P_{k+1,s}P_{k+1,e}}$ 的工作台转动标号为 1,代表工作台正转。

同理,线段 $\overrightarrow{P_{k+1,s}P_{k+1,e}}$ 代表的转动角度 B 的数值区间等于 $\overrightarrow{t_{k,i}t_{k,j}}$,所以定义由线段 $\overrightarrow{t_{k,i}t_{k,j}}$ 到线段 $\overrightarrow{P_{k+1,s}P_{k+1,e}}$ 的工作台转动标号为 0,代表工作台可以不旋转。

依次类推,因为线段 $\overrightarrow{P_{k+1,s}P_{k+1,e}}$ 代表的转动角度 B 的数值区间小于 $\overrightarrow{t_{k,j}P_{k,e}}$,所以定义由线段 $\overrightarrow{t_{k,j}P_{k,e}}$ 到线段 $\overrightarrow{P_{k+1,s}P_{k+1,e}}$ 的工作台转动标号为 -1,代表工作台反转。

图 7 - 22(b) ～ (f) 中,工作台正反转标号按照同样的原则确定,最终确定结果如图 7 - 23 所示,图中每个子线段用一个结点表示,代表的是工作台转动角度的取值区间。

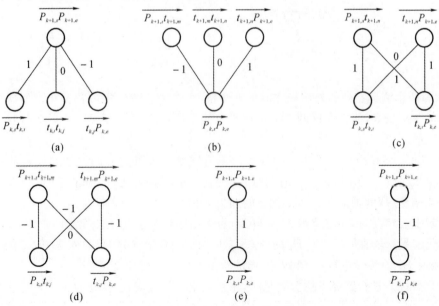

图 7 - 23　工作台正反转标号确定原则

　　根据上述相邻两个可行域交集之间工作台正反转情况分析，当已知整个测量路径上可行域交集的情况时，可以构建关于工作台正反转次数及对应工作台转动角度取值区间的三叉树结构，该树的高度等于测量路径上可行域交集的数目。

　　三叉树构建完成后，通过三叉树的遍历可以获得关于可行域交集 Γ 的所有转动角度组合情况。根据整个测量路径上工作台转动标号的情况，可以计算出每种角度组合时工作台反转次数。规定：针对整个测量路径上工作台正反转标号序列，当正反转标号由 1 变为 -1，或者由 -1 变为 1 时，工作台正反转 1 次。

　　在机测量探针优化包括运动路径优化和探针轴向优化这两部分，其中运动路径优化是探针轴向优化的前提条件，只有当探针运动路径已知时，才能在此基础上进行探针轴向的优化。良好的探针运动路径可以减少探针轴向优化的难度。因此先优化五轴联动在机测量时探针的运动路径，然后以避免工作台正反转为目的进行运动路径上探针轴向的优化。

　　(1) 运动路径优化模型建立。当给定测量点和定位点在工件坐标系中的坐标时，探针运动路径优化问题就转化为探针运动路径上路径点位置和数量的优化问题。在计算确定路径点数目时，需考虑以下几种情况：

　　1) 相邻两个定位点连线形成的直线段 $D_{i-1}D_i$ 与叶轮模型相交或者与叶轮模型的最小距离小于红宝石球半径，意味着探针沿直线插补运动时，红宝石球都无法直接由定位点 D_{i-1} 运动到定位点 D_i（见图 7-24）。

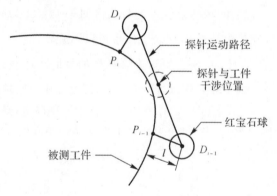

图 7-24　定位点连线与工件相交或者与工件的距离小于红宝石球半径

　　2) 相邻两个测量点处的外法矢之间的夹角较大，意味着曲面的形状变化剧烈或者两个测量点之间的距离较大，探针在这两个测量点对应的定位点之间作直线插补运动时容易与叶轮发生干涉碰撞。

　　3) 相邻两个定位点处的可达方向锥之间没有交集或者可达方向锥中心线之间的夹角较大，如图 7-25 所示，出现这种情况时意味着定位点 D_{i-1} 与 D_i 之间，相邻两叶片之间的空间位置关系变化剧烈，探针轴向在这两定位点间插值运动时易与工件干涉。

　　当出现上述情况时，在定位点 D_{i-1} 与 D_i 间优化计算路径点位置（见图 7-26）。

　　a. 优化变量。取直线段 $D_{i-1}D_i$ 的中点 q_j，以第 i 个测量点 P_i 处的外法矢 $\boldsymbol{N}_i$ 作为调整方向，以路径点 H_k 与线段中点 q_j 沿 $\boldsymbol{N}_i$ 方向的距离 l_{path}^k 作为优化变量。

　　b. 优化目标。进行路径点位置优化时，采用的是多目标优化，优化目标 1 和优化目标 2 为

$$\max\left[S\left(\Omega_{H_k} \bigcap \Omega_{D_{i-1}}\right)\right]$$

$$\max\left[S(\varOmega_{H_k} \bigcap \varOmega_{D_i})\right]$$

其中，$\varOmega_{H_k}$ 为路径点 H_k 处可达方向锥对应的二维可行域，$\varOmega_{D_{i-1}}$ 为定位点 D_{i-1} 处可达方向锥对应的二维可行域，$\varOmega_{D_i}$ 为定位点 D_i 处可达方向锥对应的二维可行域，S 为面积计算函数。

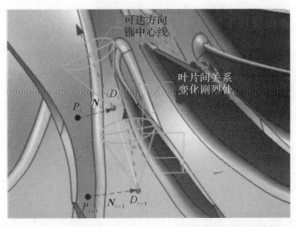

图 7 - 25　相邻两定位点处可达方向锥中心线间夹角较大

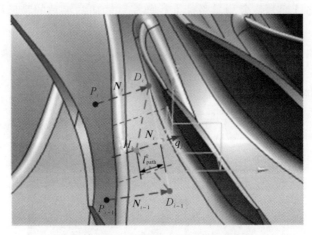

图 7 - 26　路径点优化计算示意图

　　c. 约束条件。在优化计算路径点位置时，考虑到探针红宝石球心与通道两侧叶片的最小距离都应大于红宝石球半径，首先求出 l_{path}^k 所允许的最大和最小值 l_{min}^k、l_{max}^k，然后设定路径点位置优化时的约束条件为

$$l_{min}^k < l_{path}^k < l_{max}^k$$

　　经过上述路径点位置优化，可以尽最大可能保证探针由定位点 D_{i-1} 移动到路径点 H_k 处保持定轴，由路径点 H_k 移动到定位点 D_i 处保持定轴，为接下来的探针轴向优化奠定良好的基础。

　　图 7 - 27 为整个测量路径上路径点优化计算完成后的示意图。

　　通过路径点和定位点来共同控制探针的运动轨迹，体现了在机测量运动的灵活性。同时通过优化计算路径点，既有利于避免探针与叶轮模型发生干涉碰撞，又可以保证整个测量路径上探针的可达方向锥变化平缓，为后续探针轴向的优化奠定了良好的基础。

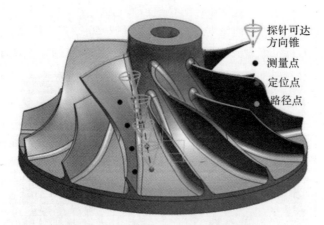

图 7 - 27　运动路径上路径点示意图

（2）探针轴向优化模型建立。

1）优化目标。就相邻两个位置点来说，应保证探针轴向的夹角尽可能小，如图 7 - 28 所示；就整个测量路径来说，应保证相邻探针轴向的夹角的和尽可能小。因此，建立探针轴向优化模型时设置的优化目标为整个测量路径上相邻探针轴向的夹角的和最小，即优化目标为

$$\min\left[\sum_{i=2}^{n+m}\arccos(\boldsymbol{v}_{i-1}\cdot\boldsymbol{v}_i)\right]$$

其中，$\boldsymbol{v}_{i-1}$ 为测量路径上第 $i-1$ 个位置点处的探针轴向，$\boldsymbol{v}_i$ 为测量路径上第 i 个位置点处的探针轴向，n 是测量点总数，m 为优化计算出的路径点总数。

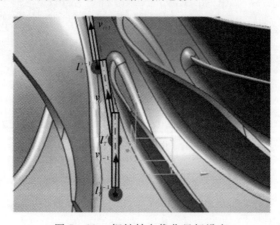

图 7 - 28　探针轴向优化目标设定

2）优化变量。将与探针轴向对应的主轴末端点所在的曲线作为探针轴向的控制曲线，以该控制曲线的控制顶点作为优化变量，通过调整控制顶点在空间中的位置来优化探针轴向，具体过程如下所述：

在工件坐标系 $O_w - X_w Y_w Z_w$ 中，测量路径上的位置点用 $\boldsymbol{\Psi}=(l_T^1, l_T^2, l_T^3, \cdots)$ 表示，位置点处的探针轴向用 $\boldsymbol{V}_{ec}=[\boldsymbol{v}_1 \quad \boldsymbol{v}_2 \quad \boldsymbol{v}_3 \quad \cdots]$ 表示，与探针轴向相对应的主轴末端点用 $E=(l_1^E, l_2^E, l_3^E, \cdots)$ 表示，且满足

$$l_i^E = l_T^i + L\cdot\boldsymbol{v}_i, \quad i=1,2,3,\cdots,m+n$$

其中，L 是主轴末端与红宝石球心点之间的距离。

整条运动路径的长度 s 为

$$s = \sum_{i=2}^{m+n} | l_T^i - l_T^{i-1} | = \sum_{i=2}^{m+n} \sqrt{(x_i - x_{i-1})^2 + (y_i - y_{i-1})^2 + (z_i - z_{i-1})^2}$$

以位置点 l_T^1 为起始点，探针运动到第 k 个位置点时经过的路径长度 s_k 为

$$s_k = \sum_{j=2}^{k} \sqrt{(x_j - x_{j-1})^2 + (y_j - y_{j-1})^2 + (z_j - z_{j-1})^2}, \quad k = 2, 3, \cdots, m+n$$

参数化时第 k 个位置点的参数 $t_k = \dfrac{s_k}{s}$，所以参数化位置点 $\boldsymbol{\Psi} = (l_1^1, l_1^2, l_1^3, \cdots)$ 得到的对应参数为 $T = (t_1, t_2, t_3, \cdots)$。

用三次准均匀 B 样条曲线 U 来插值主轴末端点 $E = (l_1^E, l_2^E, l_3^E, \cdots)$，反求出该曲线 U 的控制顶点 $\boldsymbol{V}_i (i = 1, 2, \cdots, 5)$，将该样条曲线作为探针轴向的控制曲线，如图 7-29(a) 所示，该样条曲线的参数方程为

$$U(t) = \sum_{i=1}^{5} [N_i(t) \cdot \boldsymbol{V}_i], \quad t \in [0,1]$$

采用蚁群优化算法调整控制顶点 $\boldsymbol{V}_i (i = 1, 2, \cdots, 5)$ 在空间中的位置，随着控制顶点在空间中由 $\boldsymbol{V} = (\boldsymbol{V}_1 \quad \boldsymbol{V}_2 \quad \boldsymbol{V}_3 \quad \boldsymbol{V}_4 \quad \boldsymbol{V}_5)$ 变化为 $\boldsymbol{V}' = (\boldsymbol{V}_1' \quad \boldsymbol{V}_2' \quad \boldsymbol{V}_3' \quad \boldsymbol{V}_4' \quad \boldsymbol{V}_5')$，形成的 B 样条控制曲线也由曲线 U 变为曲线 U'，如图 7-29(b) 所示，此时获取到的点集为 $E' = (l_1^E, l_2^E, l_3^E, \cdots)$，变化后的探针轴向为 $\boldsymbol{V}_{ec}' = [\boldsymbol{v}_1' \quad \boldsymbol{v}_2' \quad \boldsymbol{v}_3' \quad \cdots]$，其中探针轴向 $\boldsymbol{v}_i'$ 为

$$\boldsymbol{v}_i' = \frac{\overrightarrow{l_T^i l_i^E}}{|l_T^i l_i^E|}$$

将探针轴向 $\boldsymbol{V}_{ec}'$ 表示成 B 样条曲线 U' 的控制顶点 $\boldsymbol{V}'$ 的函数，如下式：

$$\boldsymbol{V}_{ec}'(\boldsymbol{v}_1' \quad \boldsymbol{v}_2' \quad \boldsymbol{v}_3' \quad \cdots) = f(\boldsymbol{V}')$$

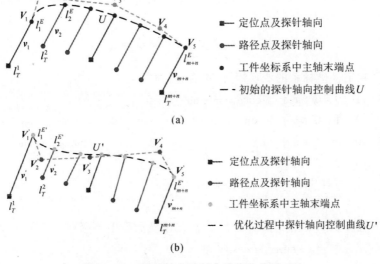

图 7-29　探针轴向控制曲线优化前后对比

(a) 初始的探针轴向控制曲线；　(b) 优化过程中的探针轴向控制曲线

通过将探针轴向优化模型的优化变量由每个位置点处的探针轴向 v_i 转化成控制曲线的控制顶点 V'，优化变量的个数由优化前的 $3(m+n)$ 个变成优化后的 15 个，当 $m+n$ 较大时，经过上述转化，明显减少了优化变量的个数，提高了优化的效率。

3) 约束条件。通过构建整个测量路径上关于每个位置点处可行域的可行图及关于可行域交集的可行图，可以计算工作台最少转动次数、最少反向转动次数及对应工作台转动角度组合的取值区域，当每个位置点处的探针轴向在相应取值区域内取值时，可以避免工作台正反转情况的发生。因此，探针轴向优化时设置的约束条件为，使工作台正反转动次数最少的工作台转动角度组合取值区域。

7.2.2 预行程误差补偿最优的机内测量工艺优化

针对不同探针轴向下红宝石球上触碰点会引入不同预行程误差导致标定精度和效率低的问题，需要对机内测量工艺进行优化。首先，在探针无干涉的前提下，通过优化探针轴向的姿态使得测量路径中红宝石球上触碰点个数最少。同时考虑由于不同测量点对应的探针姿态改变反映出的机床旋转轴旋转方向变化，进一步减少引入的机床旋转轴定位误差，即通过在机床旋转轴可行图中优化探针轴向，用以减少旋转轴的旋转方向变化。主要优化过程如下。

7.2.2.1 构建红宝石球上触碰点可行图与机床旋转轴可行图

通过干涉检查获得最终可行的探针轴向点集，每个测量点对应多个可行的探针轴向，这些探针轴向在单位球面上可以组成一个有边界的区域。在这个区域中不同探针轴向下的探针去触碰工件上测量点时，红宝石球上的接触位置均不同。探针坐标系 CS_P 的 Z_P 轴表示探针轴向，如图 7-30 所示，已知探针坐标系原点 O_P 在工件坐标系下坐标为 (x_i, y_i, z_i)，对于一个测量点 P_i，在干涉检查后探针轴向集合中选定的探针轴向为 (n_x, n_y, n_z)，将探针坐标系 CS_P 平移到工件坐标系的原点 O_W 处，它可以绕工件坐标系 CS_W 的 X_W 轴旋转 ω 角度，绕 Z_W 轴旋转 υ 角度，则有

$$\sin\omega = \frac{n_y}{\sqrt{n_x^2 + n_y^2}}, \quad \cos\upsilon = n_z$$

则由探针坐标系到工件坐标系的变换矩阵 $\boldsymbol{M}$ 为

$$\boldsymbol{M} = \begin{bmatrix} 1 & 0 & 0 & x_i \\ 0 & 1 & 0 & y_i \\ 0 & 0 & 1 & z_i \\ 0 & 0 & 0 & 1 \end{bmatrix} \cdot \begin{bmatrix} \cos\upsilon & -\sin\upsilon & 0 & 0 \\ \sin\upsilon & \cos\upsilon & 0 & 0 \\ 0 & 0 & 1 & 0 \\ 0 & 0 & 0 & 1 \end{bmatrix} \cdot \begin{bmatrix} 1 & 0 & 0 & 0 \\ 0 & \cos\omega & \sin\omega & 0 \\ 0 & -\sin\omega & \cos\omega & 0 \\ 0 & 0 & 0 & 1 \end{bmatrix}$$

对于测量点 P_i，与红宝石球上的触碰点 m_i 满足

$$m_i = \boldsymbol{M}^{-1} \cdot P_i$$

则探针坐标系下触碰点 m_i 坐标为 (x_i^m, y_i^m, z_i^m)，在球坐标系中可用 θ_i^m、φ_i^m 两个参数表示为

$$\begin{cases} x_i^m = r \cdot \sin\varphi_i^m \cdot \cos\theta_i^m \\ y_i^m = r \cdot \sin\varphi_i^m \cdot \sin\theta_i^m, \quad \theta_i^m \in [0, 2\pi], \varphi_i^m \in \left[\frac{\pi}{2}, \pi\right] \\ z_i^m = r \cdot \cos\varphi_i^m \end{cases}$$

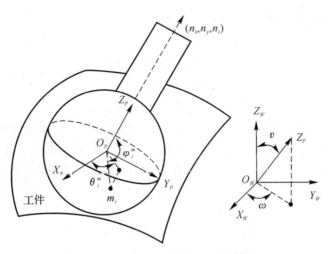

图 7 - 30　探针探测测量点示意图

　　进一步,依据红宝石球上触碰点的参数,把可行的探针轴向区域转化为红宝石球上触碰点的可行图,用 Ω_i 表示(见图 7 - 31)。

　　通过后置处理公式把选定的探针轴向(n_x,n_y,n_z)转化为 BC 轴的旋转角度,将该测量点处所有的可行探针轴向映射为以(B,C)为数据点的平面点集,用 Θ_i 表示,如图 7 - 32 所示,该平面点集中任何一个点都与该测量点处的一个探针轴向相对应。

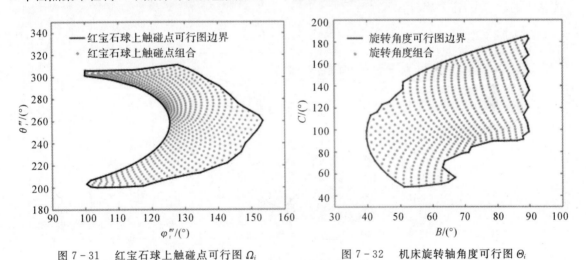

图 7 - 31　红宝石球上触碰点可行图 Ω_i　　　　　　图 7 - 32　机床旋转轴角度可行图 Θ_i

7.2.2.2　建立红宝石球上触碰点与机床旋转轴的关系

　　在建立红宝石球上触碰点可行图和机床旋转轴角度可行图后,若选定一个探针轴向,则在红宝石球上触碰点可行图 Ω_i 中有唯一与之对应的点,且在机床 BC 轴可行图 Θ_i 中也有唯一确定的点。但是在红宝石球上触碰点可行图 Ω_i 中选择一点,与之对应的探针轴向却有无数个。

　　高档的数控机床一般都具备主轴定向功能,在加工或测量时它能够控制机床上测头旋转至指定的角度,此时若在红宝石球上触碰点可行图 Ω_i 中选择一点(θ_i^m,φ_i^m),该触碰点不变的情况下,探针轴向可绕测量点处外法矢旋转一周,会产生无数个探针轴向,旋转一周后得到的探

针轴向集合记为 Ξ_i,表达式为

$$\begin{bmatrix} x_{n_i} \\ y_{n_i} \\ z_{n_i} \\ 0 \end{bmatrix} = \boldsymbol{N} \cdot \begin{bmatrix} \sin(\pi - \varphi_i^m) \cdot \cos(\kappa_i) \\ \sin(\pi - \varphi_i^m) \cdot \sin(\kappa_i) \\ \cos(\pi - \varphi_i^m) \\ 0 \end{bmatrix}, \quad \kappa_i \in [0, 2\pi]$$

其中,κ_i 为探针轴向绕法矢旋转角度,$(x_{n_i}, y_{n_i}, z_{n_i})$ 为探针绕外法矢旋转产生的探针轴向;$\boldsymbol{N}$ 为红宝石球心坐标系到工件坐标系的变换矩阵。已知工件坐标系的三个轴分量为 (i_w, j_w, k_w),红宝石球心坐标系 $O_D - X_D Y_D Z_D$ 三个轴在工件坐标系下的分量为 (i_D, j_D, k_D),故变换矩阵 $\boldsymbol{N}$ 为

$$\boldsymbol{N} = \begin{bmatrix} i_w \cdot i_D & i_w \cdot j_D & i_w \cdot k_D & O_x^P \\ j_w \cdot i_D & j_w \cdot j_D & j_w \cdot k_D & O_y^P \\ k_w \cdot i_D & k_w \cdot j_D & k_w \cdot k_D & O_z^P \\ 0 & 0 & 0 & 1 \end{bmatrix}$$

探针绕测量点处外法矢旋转一周得到的探针轴向集合 Ξ_i 通过后置处理转换后可以在机床旋转轴角度可行图中表示。当机床具备主轴定向功能时,探针轴向集合 Ξ_i 转化在旋转轴角度可行图 Θ_i 中是一条与旋转轴角度可行图存在交集的曲线段,如图 7-33 所示。该曲线与可行图边界相交,并且位于可行图内的为有效的角度组合,其他旋转角度组合是无效的,即旋转轴在无效的角度组合下可能会造成探针与工件干涉。测头在由第 i 个测量点移动到第 $i+1$ 个测量点的过程中,需要旋转 Λ_i 角度:

$$\Lambda_i = \theta_{i+1}^m - \theta_i^m$$

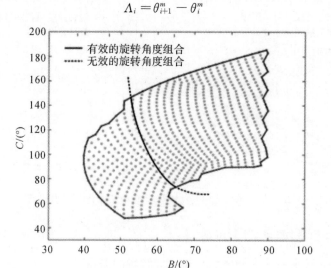

图 7-33　有效的旋转轴角度组合

若机床不含有主轴定向功能时,探针在测量中无法自动旋转,因此探针绕外法矢旋转的角度 κ_i 是一个定值,具体的计算方法如下:首先将探针坐标系下红宝石球上触碰点 m_i 向 $X_P O_P Y_P$ 平面作投影,投影点为 m_i^P。接着,通过探针坐标系 CS_P 到工件坐标系 CS_W 的理论变换矩阵 $\boldsymbol{M}_P^W$ 将投影点 m_i^P 转化到工件坐标系下为 m_i^W。最后由变换矩阵 $\boldsymbol{N}$ 将 m_i^W 点转化到红宝石球心坐标系下,记为 $m_i^D = (x_i^D, y_i^D, z_i^D, 1)$,用于计算旋转角度 κ_i,如下式:

$$m_i^W = M_P^W \cdot m_i^P$$

$$m_i^D = N^{-1} \cdot m_i^W$$

$$\kappa_i = \arctan\left(\frac{y_i^D}{x_i^D}\right)$$

综上所述,若机床无主轴定向时,红宝石球上触碰点可行图 Ω_i 中存在交集的测量点能共用红宝石球上的触碰位置,但旋转后的探针轴向转化在旋转轴角度可行图 Θ_i 中为 (B,C) 点集,无法减少旋转轴定位误差的引入。当机床具备主轴定向时,可以确保在触碰点可行图 Ω_i 中存在交集的测量点能共用红宝石球上的触碰位置,且转化在旋转轴角度可行图 Θ_i 中为曲线段,可用于规划旋转轴的旋转方向。

7.3　机内测量多源误差的不确定度传播

在机测量系统主要由机床、测头和工件构成。由于机床作业环境、切削振动以及工件装夹等因素的影响,测量过程中引入的误差是不确定的,但是这些误差往往又呈现自身的规律,即会以某种确定的规律影响测量结果。在测量前无法确定引入的误差值,但误差的不确定度可以在测量前通过数学建模得到。

误差矢量传递是指在测量中同时考虑误差的位置和方向上的偏差,用分量的形式表示误差在空间中积累、传递的变化状态。此外,由机床、测头和工件引入的误差会影响探测流程中半径补偿的准确性,而半径补偿的偏差又会影响预行程量补偿的精度,最终产生测量结果偏差。

7.3.1　机内测量多源误差的不确定性分析

针对以机床、测头和工件为载体引入的误差,主要考虑机床上移动轴、旋转轴定位误差,工件找正误差和测头偏心误差等误差因素,分别用期望、不确定度和概率密度函数描述误差源并建立其不确定性误差模型。具体过程如下。

7.3.1.1　机床定位误差

激光干涉仪因为具备测量精度高、重复性好等特点,常被用来辨识机床定位误差。在得到机床移动轴和旋转轴定位误差后,基于 ISO 230 - 2—2014 标准中的方法计算定位误差的期望和标准不确定度。具体计算过程如下:辨识移动轴定位误差时采集点个数共 21 个,正反向共测量了 10 次,则第 $n(n=1,2,\cdots,10)$ 次测量第 $m(m=1,2,\cdots,21)$ 个采集点处的定位偏差为

$$\tau_{mn} = p_{mn} - p_m \quad (\tau = x,y,z)$$

其中,p_{mn} 为第 n 次测量第 m 个采集点的实际位置,p_m 为第 m 个采集点的理论位置。

第 m 个采集点处正向($\rightarrow$)和反向($\leftarrow$)测量的定位误差平均值为

$$\begin{cases} \overrightarrow{\tau_m} = \dfrac{1}{5}\sum_{n=1}^{5} \overrightarrow{\tau_{mn}} \\ \overleftarrow{\tau_m} = \dfrac{1}{5}\sum_{n=1}^{5} \overleftarrow{\tau_{mn}} \end{cases}$$

将某个采集点位置 p_m 处的平均双向定位误差作为该位置处的定位误差期望,计算公式为

$$\overline{\tau_m} = \frac{\overrightarrow{\tau_m} + \overleftarrow{\tau_m}}{2}$$

采集点 p_m 处正反向定位误差的标准不确定度估计 $\overrightarrow{u_{\tau_m}}$、$\overleftarrow{u_{\tau_m}}$ 为

$$\begin{cases} \overrightarrow{u_{\tau_m}} = \frac{1}{2}\sqrt{\sum_{n=1}^{5}(\overrightarrow{\tau_{mn}} - \overrightarrow{\tau_m})^2} \\ \overleftarrow{u_{\tau_m}} = \frac{1}{2}\sqrt{\sum_{n=1}^{5}(\overleftarrow{\tau_{mn}} - \overleftarrow{\tau x_m})^2} \end{cases}$$

该采集点处最终的定位误差标准不确定度由下式计算得到(将移动轴 X、Y、Z 方向上各位置处的定位误差标准不确定度拟合为样条曲线):

$$u_{\tau_m} = \frac{\overrightarrow{u_{\tau_m}} + \overleftarrow{u_{\tau_m}}}{2}$$

因此当置信概率为95%时,在 $\tau(\tau=X,Y,Z)$ 轴上第 i 个测量点位置处对应的机床移动轴定位误差的概率密度函数计算公式如下:

$$f(\tau_i) = \frac{1}{\sqrt{2\pi}\,u_{\tau_i}}\mathrm{e}^{\frac{-(\tau_i - \overline{\tau_i})^2}{2u_{\tau_i}^2}} \quad (\tau_i \in [\overline{\tau_i} - 1.96u_{\tau_i},\ \overline{\tau_i} + 1.96u_{\tau_i}])$$

上式中第 i 个测量点在测量中对应的机床移动轴定位误差期望 $\overline{\tau_i}$ 和标准不确定度 u_{τ_i} 可根据图 7-34 中数据由插值方法计算得到。

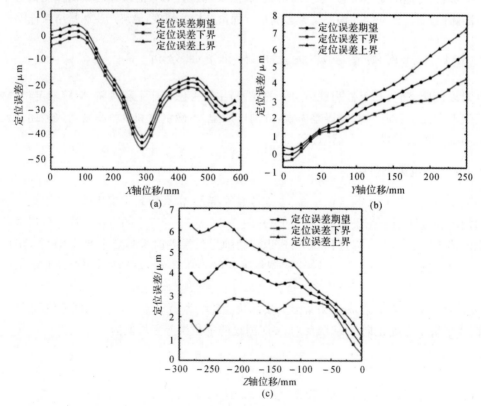

图 7-34　机床移动轴定位误差曲线图

(a)X 轴定位误差曲线图；　(b)Y 轴定位误差曲线图；　(c)Z 轴定位误差曲线图

则包含移动轴定位误差的标准不确定度且由探针坐标系 CS_P 到机床坐标系 CS_M 的实际变换矩阵 $\boldsymbol{T}_P^{M'}$ 为

$$\boldsymbol{T}_P^{M'} = \begin{bmatrix} 1 & 0 & 0 & x'_m \\ 0 & 1 & 0 & y'_m \\ 0 & 0 & 1 & z'_m \\ 0 & 0 & 0 & 1 \end{bmatrix}, \quad \begin{cases} x'_m = x_m \pm 1.96 u_{x_i} \\ y'_m = y_m \pm 1.96 u_{y_i} \\ z'_m = z_m \pm 1.96 u_{z_i} - L \end{cases}$$

同理,基于上述定位偏差计算公式和拉格朗日插值计算得到第 m 个采集点处对应的旋转轴角度定位误差期望 $\overline{\omega}_m (\omega = B, C)$ 和旋转轴定位误差标准不确定度 u_{ω_m}（见图 7-35）。将不同 B 轴角度下 C 轴的定位误差不确定度曲线拟合为误差曲面（见图 7-36）,在 $\omega(\omega = B, C)$ 轴上,第 i 个测量点位置处对应的旋转轴定位误差的概率密度函数由下式表示:

$$f(\omega_i) = \frac{1}{\sqrt{2\pi}\, u_{\omega_i}} \mathrm{e}^{\frac{-(\omega_i - \overline{\omega}_i)^2}{2u_{\omega_i}^2}} \quad (\omega_i \in [\,\overline{\omega}_i - 1.96 u_{\omega_i},\ \overline{\omega}_i + 1.96 u_{\omega_i}\,])$$

同理,第 i 个测量点在测量时引入的旋转轴定位误差的期望 $\overline{\omega}_i$ 和标准不确定度 u_{ω_i} 可通过插值计算得到。

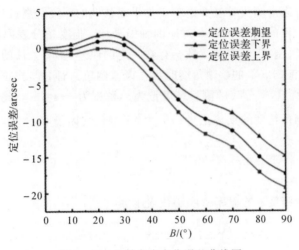

图 7-35　B 轴角度定位误差曲线图

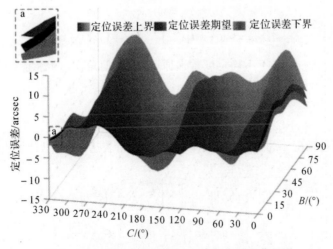

图 7-36　不同 B 轴角度下 C 轴定位误差曲面图

因此,在机床运动学链中,包含旋转轴定位误差标准不确定度的实际旋转矩阵 $\boldsymbol{R}_G^{B'}$、$\boldsymbol{R}^{CB'}$ 分别为

$$\boldsymbol{R}_G^{B'} = \begin{bmatrix} \cos B_i' & 0 & \sin B_i' & 0 \\ 0 & 1 & 0 & 0 \\ -\sin B_i' & 0 & \cos B_i' & 0 \\ 0 & 0 & 0 & 1 \end{bmatrix}, \quad B_i' = B_i \pm 1.96 u_{B_i}$$

$$\boldsymbol{R}_{B'}^{C'} = \begin{bmatrix} \cos C_i' & -\sin C_i' & 0 & 0 \\ \sin C_i' & \cos C_i' & 0 & 0 \\ 0 & 0 & 1 & 0 \\ 0 & 0 & 0 & 1 \end{bmatrix}, \quad C_i' = C_i \pm 1.96 u_{C_i}$$

7.3.1.2 工件找正误差

在测量前,把工件安装在转台上并夹紧后,需要借助千分表对工件安装的初始位置进行找正,用于确保工件坐标系 CS_W 和机床坐标系 CS_M 的三个轴矢分别平行。在使用千分表找正 CS_W 某个轴矢时,千分表上测头接触并沿着工件平面移动的一段距离过程中,指针指向某个刻度不跳动,认为此时找正的轴矢与 CS_M 对应的轴矢平行。但受千分表内部传动机构的灵敏度和工件上找正距离的限制,千分表的读数会存在一定的误差,影响工件的实际找正精度。

在五轴机床上找正 CS_W 下的 C 轴角度时存在误差偏角 α_1;同样,找正 B 轴角度时存在误差偏角 α_2。如图 7-37 所示,千分表的测量精度记为 ε,范围为 $[-\varepsilon_1, \varepsilon_1]$,此范围的分布规律通常符合均匀分布,因此测量精度的期望记为 $\bar{\varepsilon}$,值为 0。当包含因子取 $\sqrt{3}$ 时,千分表测量误差的标准不确定度表示为

$$u_\varepsilon = \frac{\varepsilon_1}{\sqrt{3}}$$

此外,千分表测量精度 ε 的概率密度函数表示为

$$f(\varepsilon) = \frac{1}{2\varepsilon_1}, \quad \varepsilon \in [-\varepsilon_1, \varepsilon_1]$$

找正工件时千分表的测头与工件的接触距离 L_w 确定后,误差偏角 α_w 可简化并由下列公式计算得到:

$$\alpha_w = \arcsin\left(\frac{\varepsilon}{L_w}\right) \quad (w = 1, 2)$$

根据误差偏角表达式,基于不确定度传递原则,误差偏角 α_w 的标准不确定度可由下式计算得到:

$$u_{\alpha_w}^2 = \left(\frac{1}{L_w} \cdot \frac{1}{\sqrt{1-(\varepsilon/L_w)^2}} u_\varepsilon\right)^2$$

结合千分表测量精度 ε 的概率密度函数和误差偏角表达式,可以计算出误差偏角 α_w 的期望为

$$E(\alpha_w) = E\left[\arcsin\left(\frac{\varepsilon}{L_w}\right)\right] = \int_{-\varepsilon_1}^{\varepsilon_1} \arcsin\left(\frac{\varepsilon}{L_w}\right) \cdot f(\varepsilon) d\varepsilon =$$

$$\frac{1}{2\varepsilon_1} \int_{-\varepsilon_1}^{\varepsilon_1} \arcsin\left(\frac{\varepsilon}{L_w}\right) d\varepsilon, \quad \varepsilon \in [-\varepsilon_1, \varepsilon_1]$$

误差偏角 α_w 的概率密度函数表示为

$$f(\alpha_w) = \frac{L_w\cos(\alpha_w)}{2\varepsilon_1}, \quad \arcsin\left(\frac{-\varepsilon_1}{L_w}\right) < \alpha_w < \arcsin\left(\frac{\varepsilon_1}{L_w}\right)$$

因此,使用千分表找正工件初始位置时包含误差偏角的标准不确定度可由变换矩阵 $\boldsymbol{T}_C^{W'}$ 表示为

$$\boldsymbol{T}_C^{W'} = \boldsymbol{T}_C^W \cdot \boldsymbol{R}_{\alpha_1} \cdot \boldsymbol{R}_{\alpha_2}$$

其中　$\boldsymbol{R}_{\alpha_1} = \begin{bmatrix} \cos u_{\alpha_1} & \sin u_{\alpha_1} & 0 & 0 \\ -\sin u_{\alpha_1} & \cos u_{\alpha_1} & 0 & 0 \\ 0 & 0 & 1 & 0 \\ 0 & 0 & 0 & 1 \end{bmatrix}, \quad \boldsymbol{R}_{\alpha_2} = \begin{bmatrix} \cos u_{\alpha_2} & 0 & \sin u_{\alpha_2} & 0 \\ 0 & 1 & 0 & 0 \\ -\sin u_{\alpha_2} & 0 & \cos u_{\alpha_2} & 0 \\ 0 & 0 & 0 & 1 \end{bmatrix}$

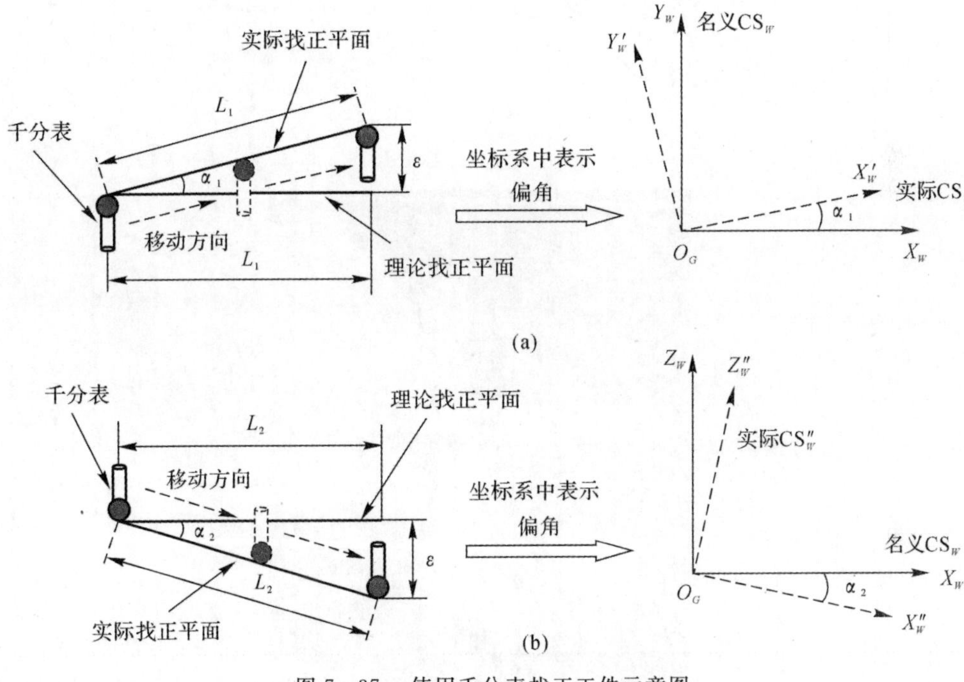

图 7-37　使用千分表找正工件示意图
(a) 在 XOY 平面找正 C 轴；(b) 在 XOZ 平面找正 B 轴

7.3.1.3　测头偏心误差

测量前先将测头本体与刀柄连接并安装在机床主轴上,为了保证测量精度,需要校正探针的同轴度。校正探针同轴度时使用千分表沿着 X_P 轴方向接触红宝石球赤道附近并匀速旋转测头,通过调节测头本体四个方向上的螺钉减小千分表读数的变化幅度[见图 7-38(a)]。但在实际调节过程中,由于人工操作、千分表精度等因素的影响,校正后仍然会出现探针轴线与主轴轴线不重合的情况。图 7-38(b)为使用千分表校正探针同轴度的过程。

当旋转测头至红宝石球跳动最大位置处时,在红宝石球的纬度上会存在误差偏角 β。此外,由于手动旋转测头,在经度上引入了误差偏角 γ。因此,测头的偏心误差可由误差偏角组合 (β, γ) 表示。

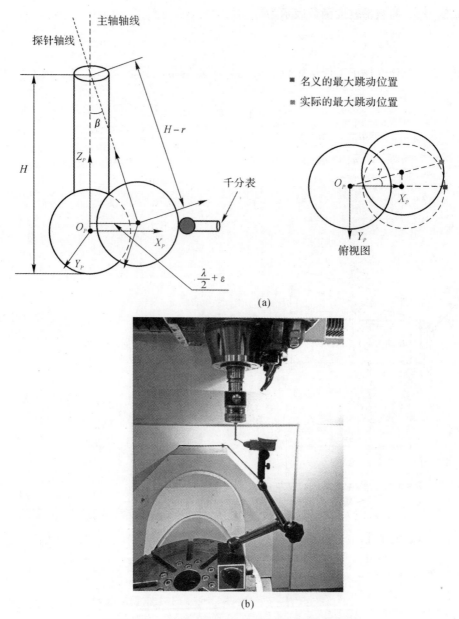

图 7 - 38   千分表校正探针同轴度示意图和现场图

(a)测头校正同轴度示意图； (b)校正同轴度现场图

探针的最大跳动量 λ 由 N 次的重复性校正实验确定,实验结果集中于 $[0, \lambda_1]$ 内,并且符合正态分布,在该范围内的探针跳动量为可允许的跳动量。探针跳动量的期望记为 $\bar{\lambda}$,方差的计算公式如下:

$$\delta_\lambda^2 = \frac{\sum_{j=1}^{N} (\lambda^j - \bar{\lambda})^2}{(N-1)}$$

其中, λ^j 为第 $j(j=1,2,\cdots,N)$ 次重复性实验时的探针跳动量。

结合上述方差的计算公式,探针跳动量的标准不确定度 u_λ 和概率密度函数 $f(\lambda)$ 可表示为

$$u_\lambda = \frac{\delta_\lambda}{\sqrt{N}} = \sqrt{\frac{\sum_{j=1}^{N}(\lambda^j - \bar\lambda)^2}{(N-1)N}}$$

$$f(\lambda) = \frac{1}{\sqrt{2\pi}\,u_\lambda} e^{\frac{-(\lambda-\bar\lambda)^2}{2u_\lambda^2}}, \quad \lambda \in [0, \lambda_1]$$

基于探针跳动量 λ 和千分表测量精度 ε 的期望、标准不确定度和概率密度函数的表示,下面分别给出了误差偏角 β、γ 的具体计算和表示方法。

(1) 误差偏角 β 的表示。由图 7-38(a) 可得,误差偏角 β 的计算公式如下:

$$\beta = \arcsin\left[\frac{\lambda + 2\varepsilon}{2(H-r)}\right], \quad \varepsilon \in [-\varepsilon_1, \varepsilon_1], \quad \lambda \in [0, \lambda_1]$$

其中,r 为红宝石球半径,H 为探针的长度。

由于千分表的测量精度和探针的跳动量是两个独立的随机变量,则二维随机变量 (ε, λ) 的联合概率密度函数为

$$f(\varepsilon, \lambda) = f(\varepsilon) \cdot f(\lambda) = \frac{1}{2\sqrt{2\pi}\,u_\lambda \varepsilon_1} e^{\frac{-(\lambda-\bar\lambda)^2}{2u_\lambda^2}}, \quad \varepsilon \in [-\varepsilon_1, \varepsilon_1], \quad \lambda \in [0, \lambda_1]$$

根据误差偏角 β 的计算公式,误差偏角 β 的标准不确定度表示为

$$u_\beta^2 = \frac{1}{4(H-r)^2\left\{1 - \left[\frac{\bar\lambda + 2\bar\varepsilon}{2(H-r)}\right]^2\right\}} u_\lambda^2 + \frac{1}{(H-r)^2\left\{1 - \left[\frac{\bar\lambda + 2\bar\varepsilon}{2(H-r)}\right]^2\right\}} u_\varepsilon^2$$

联立误差偏角 β 的计算公式和联合概率密度函数,误差偏角 β 的期望 $E(\beta)$ 和误差偏角 β 的概率密度函数 $f(\beta)$ 计算如下:

$$E(\beta) = E\left\{\arcsin\left[\frac{\lambda + 2\varepsilon}{2(H-r)}\right]\right\} = \int_{-\varepsilon_1}^{\varepsilon_1}\int_0^{\lambda_1} \arcsin\left[\frac{\lambda + 2\varepsilon}{2(H-r)}\right] \cdot f(\varepsilon, \lambda)\, d\lambda\, d\varepsilon =$$

$$\int_{-\varepsilon_1}^{\varepsilon_1}\int_0^{\lambda_1} \arcsin\left[\frac{\lambda + 2\varepsilon}{2(H-r)}\right] \cdot \frac{1}{2\sqrt{2\pi}\,u_\lambda \varepsilon_1} e^{\frac{-(\lambda-\bar\lambda)^2}{2u_\lambda^2}}\, d\lambda\, d\varepsilon$$

$$f(\beta) = \int_{-\infty}^{+\infty} f(\varepsilon, \lambda)\, d\lambda = \int_{-\infty}^{+\infty} f\left[\frac{2(H-r)\sin\beta - \lambda}{2}, \lambda\right] d\lambda =$$

$$\int_{-\infty}^{+\infty} \frac{1}{2\sqrt{2\pi}\,u_\lambda \varepsilon_1} e^{\frac{-(\lambda-\bar\lambda)^2}{2u_\lambda^2}}\, d\lambda$$

概率密度函数 $f(\beta)$ 中 λ 需要满足下列两个条件:

$$0 < \lambda < \lambda_1$$

$$2[(H-r)\sin\beta - \varepsilon_1] < \lambda < 2[(H-r)\sin\beta + \varepsilon_1]$$

(2) 误差偏角 γ 的表示。合理假设误差偏角 γ 在范围 $[-\gamma_1, \gamma_1]$ 内变化,且符合均匀分布,因而误差偏角 γ 的期望为 0,取包含因子为 $\sqrt{3}$,则其标准不确定度 u_γ 和概率密度函数可由下列公式计算得到:

$$u_\gamma = \frac{\gamma_1}{\sqrt{3}}$$

$$f(\gamma) = \frac{1}{2\gamma_1}, \quad \gamma \in [-\gamma_1, \gamma_1]$$

则包含测头偏心误差不确定度的旋转变换矩阵 $\boldsymbol{R}_{\gamma,\beta}$ 为

$$\boldsymbol{R}_{\gamma,\beta} = \begin{bmatrix} \cos u_\gamma & \sin u_\gamma & 0 & 0 \\ -\sin u_\gamma & \cos u_\gamma & 0 & 0 \\ 0 & 0 & 1 & 0 \\ 0 & 0 & 0 & 1 \end{bmatrix} \cdot \begin{bmatrix} \cos u_\beta & 0 & -\sin u_\beta & 0 \\ 0 & 1 & 0 & 0 \\ \sin u_\beta & 0 & \cos u_\beta & 0 \\ 0 & 0 & 0 & 1 \end{bmatrix}$$

7.3.2 机内测量不确定性误差传递建模

结合机床运动学链分析误差源在测量过程中对半径补偿、预行程量补偿和最终测量结果的影响规律,进一步计算误差传递后测量点坐标在 X,Y,Z 三个方向上与理论值之间的偏差。不确定性误差传递过程如下。

(1) 半径补偿偏差。由于上述误差源的影响,测量中探针和工件均会偏离其理论位置(见图 7-39)。因此,结合机床运动学链,考虑上述误差源引入的不确定度,由工件坐标系 CS_W 到机床坐标系 CS_M 的实际变换矩阵 $'\boldsymbol{M}_W^M$ 为

$$'\boldsymbol{M}_W^M = (\boldsymbol{T}_M^G)^{-1} \cdot (\boldsymbol{R}_G^{B'})^{-1} \cdot (\boldsymbol{R}_{B'}^{C'})^{-1} \cdot (\boldsymbol{R}_{a_2})^{-1} \cdot (\boldsymbol{R}_{a_1})^{-1} \cdot (\boldsymbol{T}_C^W)^{-1}$$

则机床坐标系 CS_M 下引入误差源不确定度的实际探测点坐标 $'D_i^M = ('x_i^M, 'y_i^M, 'z_i^M)$ 为

$$'D_i^M = '\boldsymbol{M}_W^M \cdot D_i$$

其中,D_i 为工件坐标系下的理论探测点,坐标为 (x_i, y_i, z_i)。

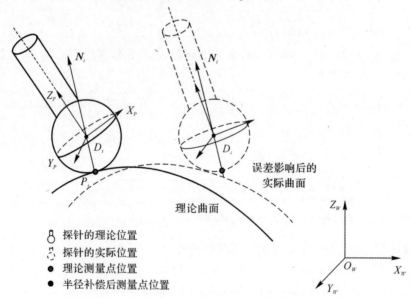

图 7-39 误差影响后探针和工件的实际位置

实际探测点坐标 $'D_i^M$ 在 X、Y、Z 方向上表示为

$$\begin{bmatrix} 'x_i^M \\ 'y_i^M \\ 'z_i^M \\ 1 \end{bmatrix} = \begin{bmatrix} f_1^{x1} & f_1^{y1} & f_1^{z1} & f_1^{c1} \\ f_1^{x2} & f_1^{y2} & f_1^{z2} & f_1^{c2} \\ f_1^{x3} & f_1^{y3} & f_1^{z3} & f_1^{c3} \\ 0 & 0 & 0 & 1 \end{bmatrix} \cdot \begin{bmatrix} x_i \\ y_i \\ z_i \\ 1 \end{bmatrix}$$

其中：$f_1^{\tau k}$ 为 X、Y、Z 坐标前的分量系数，$\tau = x, y, z$ 且 $k = 1, 2, 3$；f_1^{ck} 为常数项系数。

工件坐标系下理论探测点坐标 (x_i, y_i, z_i) 前分量系数和常数项系数包含的不确定度误差源如下：

$$\begin{cases} f_1^{\tau k} = f_1^{\tau k}(u_{B_i}, u_{C_i}, u_{\alpha_1}, u_{\alpha_2}) \\ f_1^{ck} = f_1^{ck}(u_{B_i}, u_{C_i}, u_{\alpha_1}, u_{\alpha_2}) \end{cases} \quad (\tau = x, y, z, k = 1, 2, 3)$$

机床旋转轴的定位误差和工件找正误差彼此之间是相互独立的，因此根据不确定度传递原则，实际探测点坐标 $'D_i^M$ 在 X、Y、Z 方向上的不确定度计算公式为

$$u\,('\tau_i^M)^2 = \left(\frac{\partial '\tau_i^M}{\partial B_i} u_{B_i}\right)^2 + \left(\frac{\partial '\tau_i^M}{\partial C_i} u_{C_i}\right)^2 + \left(\frac{\partial '\iota_i^M}{\partial \alpha_1} u_{\alpha_1}\right)^2 + \left(\frac{\partial '\tau_i^M}{\partial \alpha_2} u_{\alpha_2}\right)^2$$

其中，$\dfrac{\partial '\tau_i^M}{\partial B_i}$、$\dfrac{\partial '\tau_i^M}{\partial C_i}$、$\dfrac{\partial '\tau_i^M}{\partial \alpha_1}$、$\dfrac{\partial '\tau_i^M}{\partial \alpha_2}$ 为不确定度分量的灵敏度系数。

在得到探针与工件接触时对应的实际探测点坐标后，需要沿着外法矢的反方向进行半径补偿，获取补偿后实际的测量点坐标 $'P_i^M = ('x_i^P, 'y_i^P, 'z_i^P)$，具体计算公式如下：

$$N_i^M = M_W^M \cdot N_i$$
$$'P_i^M = 'D_i^M - r \cdot N_i^M$$

其中：M_W^M 为由工件坐标系到机床坐标系的理论变换矩阵；N_i^M 为机床坐标系下测量点处理论的外法矢，$N_i^M = (n_i^x, n_i^y, n_i^z)$。

由补偿实际的测量点公式可知，实际工件上测量点坐标 $'P_i^M$ 在 X、Y、Z 方向上分量的不确定度分别与实际探测点坐标 $'D_i^M$ 三个分量的不确定度相同，表达式如下：

$$\begin{cases} u('x_i^P) = u('x_i^M) \\ u('y_i^P) = u('y_i^M) \\ u('z_i^P) = u('z_i^M) \end{cases}$$

其中，$u('x_i^M)$、$u('y_i^M)$、$u('z_i^M)$ 为实际探测点三个分量的不确定度，$u('x_i^P)$、$u('y_i^P)$、$u('z_i^P)$ 为实际测量点三个分量的不确定度。

同理，包含上述机床旋转轴定位误差和工件找正误差期望值，由工件坐标系 $\mathrm{CS_W}$ 到机床坐标系 $\mathrm{CS_M}$ 的期望变换矩阵 $^E M_W^M$ 为

$$^E M_W^M = (T_M^G)^{-1} \cdot (^E R_G^{B'})^{-1} \cdot (^E R_{B'}^{C'})^{-1} \cdot (^E R_{\alpha_2})^{-1} \cdot (^E R_{\alpha_1})^{-1} \cdot (T_C^W)^{-1}$$

其中

$$^E R_G^{B'} = \begin{bmatrix} \cos B'_i & 0 & \sin B'_i & 0 \\ 0 & 1 & 0 & 0 \\ -\sin B'_i & 0 & \cos B'_i & 0 \\ 0 & 0 & 0 & 1 \end{bmatrix}, \quad B'_i = B_i + E(B_i)$$

$$^E R_{B'}^{C} = \begin{bmatrix} \cos C'_i & -\sin C'_i & 0 & 0 \\ \sin C'_i & \cos C'_i & 0 & 0 \\ 0 & 0 & 1 & 0 \\ 0 & 0 & 0 & 1 \end{bmatrix}, \quad C'_i = C_i + E(C_i)$$

$$^E R_{\alpha_2} = \begin{bmatrix} \cos[E(\alpha_2)] & 0 & \sin[E(\alpha_2)] & 0 \\ 0 & 1 & 0 & 0 \\ -\sin[E(\alpha_2)] & 0 & \cos[E(\alpha_2)] & 0 \\ 0 & 0 & 0 & 1 \end{bmatrix}$$

$$
^{E}\boldsymbol{R}_{\alpha_1} = \begin{bmatrix} \cos[E(\alpha_1)] & \sin[E(\alpha_1)] & 0 & 0 \\ -\sin[E(\alpha_1)] & \cos[E(\alpha_1)] & 0 & 0 \\ 0 & 0 & 1 & 0 \\ 0 & 0 & 0 & 1 \end{bmatrix}
$$

因此联立上述公式，计算得到机床坐标系下实际探测点的期望坐标 $^{E}D_i^M = (^{E}x_i^M, {}^{E}y_i^M, {}^{E}z_i^M)$，半径补偿后实际测量点的期望坐标 $^{E}P_i^M = (^{E}x_i^P, {}^{E}y_i^P, {}^{E}z_i^P)$。当置信概率为 95% 时，用期望和坐标分量不确定度表示半径补偿后实际测量点的范围为 $[^{E}x_i^P \pm 1.96u('x_i^P), {}^{E}y_i^P \pm 1.96u('y_i^P), {}^{E}z_i^P \pm 1.96u('z_i^P)]$。

而当检测过程中未引入上述误差源时，机床坐标系 CS_M 下理论的探测点 D_i^M 和半径补偿后测量点 P_i^M 表示为

$$D_i^M = \boldsymbol{M}_W^M \cdot D_i$$

$$P_i^M = D_i^M - r \cdot \boldsymbol{N}_i^M$$

则半径补偿偏差的期望由下列公式计算得到：

$$^{E}E_i = {}^{E}P_i^M - P_i^M = (^{E}x_i, {}^{E}y_i, {}^{E}z_i)$$

同时，半径补偿偏差在 X、Y、Z 方向上的不确定度计算如下：

$$'E_i = 'P_i^M - P_i^M = ('x_i^E, 'y_i^E, 'z_i^E)$$

$$\begin{cases} u('x_i^E) = u('x_i^P) \\ u('y_i^E) = u('y_i^P) \\ u('z_i^E) = u('z_i^P) \end{cases}$$

最后，基于李雅普诺夫的中心极限定理，可以认为实际测量点的半径补偿偏差在三个方向上的分布均近似符合正态分布。因此，用期望和标准不确定度来表示半径补偿偏差在 X、Y、Z 方向上的概率密度函数，即

$$f(\tau_i) = \frac{1}{\sqrt{2\pi}\,u('\tau_i^E)} e^{\frac{-(\tau_i - {}^E\tau_i)^2}{2u('\tau_i^E)^2}}, \quad \tau_i \in [^{E}\tau_i - 1.96u('\tau_i^E), {}^{E}\tau_i + 1.96u('\tau_i^E)]$$

（2）预行程补偿偏差。触发式测头引入的误差主要有预行程误差、测头半径误差、测头偏心误差和各向异性误差等。在各项误差中，预行程误差的预测和补偿是国内外学者研究的重点和难点。由于上述误差源的影响，红宝石球上名义的触碰点位置会发生变化，如图 7-40 所示，对应的预行程量补偿就会不准确。

基于误差不确定度传递原则，预行程补偿偏差的标准不确定度计算步骤如下：

由探针坐标系 CS_P 到机床坐标系 CS_M 的实际变换矩阵 $'\boldsymbol{M}_P^M$ 为

$$'\boldsymbol{M}_P^M = \boldsymbol{T}_P^M \cdot \boldsymbol{R}_{\gamma,\beta}$$

则对于机床坐标系 CS_M 下半径补偿后实际测量点来说，红宝石球上对应的实际触碰点 $'m_i = ('x_i^m, 'y_i^m, 'z_i^m)$ 满足下列公式：

$$'m_i = ('\boldsymbol{M}_P^M)^{-1} \cdot 'P_i^M = (\boldsymbol{R}_{\gamma,\beta})^{-1} \cdot (\boldsymbol{T}_P^M)^{-1} \cdot 'P_i^M$$

将上式表示成矩阵形式为

$$\begin{bmatrix} 'x_i^m \\ 'y_i^m \\ 'z_i^m \\ 1 \end{bmatrix} = \begin{bmatrix} f_2^{x1} & f_2^{y1} & f_2^{z1} & f_2^{c1} \\ f_2^{x2} & f_2^{y2} & f_2^{z2} & f_2^{c2} \\ f_2^{x3} & f_2^{y3} & f_2^{z3} & f_2^{c3} \\ 0 & 0 & 0 & 1 \end{bmatrix} \cdot \begin{bmatrix} 'x_i^P \\ 'y_i^P \\ 'z_i^P \\ 1 \end{bmatrix}$$

其中:$f_2^{\tau k}$ 为 X、Y、Z 坐标前的分量系数,$\tau = x,y,z$ 且 $k = 1,2,3$;f_2^{ck} 为常数项系数。

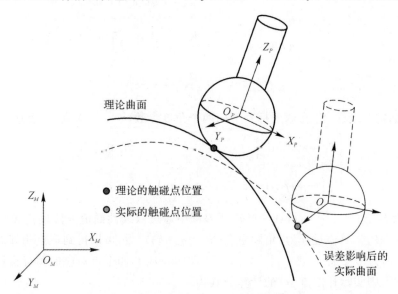

图 7-40　红宝石球上理论和实际触碰点位置

上述系数项包含的不确定度误差源为

$$\begin{cases} f_2^{\tau k} = f_2^{\tau k}(u_{x_i}, u_{y_i}, u_{z_i}, u_\beta, u_\gamma) \\ f_2^{ck} = f_2^{ck}(u_{x_i}, u_{y_i}, u_{z_i}, u_\beta, u_\gamma) \end{cases} \quad (\tau = x,y,z, k = 1,2,3)$$

同理,依据不确定度传递原则,对各误差源分量求偏导,则红宝石球上的实际触碰点坐标 $'m_i$ 在 X、Y、Z 方向上的不确定度为

$$u('\tau_i^m)^2 = \left(\frac{\partial '\tau_i^m}{\partial x_i} u_{x_i}\right)^2 + \left(\frac{\partial '\tau_i^m}{\partial y_i} u_{y_i}\right)^2 + \left(\frac{\partial '\tau_i^m}{\partial z_i} u_{z_i}\right)^2 + \left(\frac{\partial '\tau_i^m}{\partial \beta} u_\beta\right)^2 + \left(\frac{\partial '\tau_i^m}{\partial \gamma} u_\gamma\right)^2 +$$

$$\left(\frac{\partial '\tau_i^m}{\partial 'x_i^P} u('x_i^P)\right)^2 + \left(\frac{\partial '\tau_i^m}{\partial 'y_i^P} u('y_i^P)\right)^2 + \left(\frac{\partial '\tau_i^m}{\partial 'z_i^P} u('z_i^P)\right)^2 \quad (\tau = x,y,z)$$

其中,$\dfrac{\partial '\tau_i^m}{\partial x_i}$、$\dfrac{\partial '\tau_i^m}{\partial y_i}$、$\dfrac{\partial '\tau_i^m}{\partial z_i}$… 为不确定度分量的灵敏度系数。

在使用标准球进行标定时,标准球坐标系 CS_R 与探针坐标系 CS_P 的相对位置关系如图 7-41 所示,红宝石球心与红宝石球上的实际触碰点 $'m_i$ 连接构成向量 $\overrightarrow{o'm_i}$,则标准球上对应的实际标定点 $'S_i = ('x_i, 'y_i, 'z_i)$ 为

$$'S_i = -R \cdot \frac{\overrightarrow{o'm_i}}{|\overrightarrow{o'm_i}|}$$

其中,R 为标准球的半径。

因此,标准球上对应的实际标定点坐标 $'S_i$ 在 X、Y、Z 方向上的不确定度计算如下:

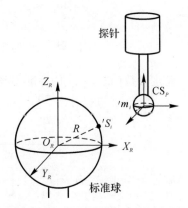

图 7-41　探针坐标系与标准球坐标系的相对位置

$$\begin{cases} u\,('x_i)^2 = \left[\dfrac{R}{|\overrightarrow{o'm_i}|} \cdot u('x_i^m)\right]^2 \\[3mm] u\,('y_i)^2 = \left[\dfrac{R}{|\overrightarrow{o'm_i}|} \cdot u('y_i^m)\right]^2 \\[3mm] u\,('z_i)^2 = \left[\dfrac{R}{|\overrightarrow{o'm_i}|} \cdot u('z_i^m)\right]^2 \end{cases}$$

将实际标定点坐标 $'S_i$ 在球坐标系下用两个角度参数 $('\theta_i,\,'\varphi_i)$ 表示,表达式为

$$\begin{cases} '\theta_i = \arctan\left(\dfrac{'y_i}{'x_i}\right), & '\theta_i \in [0, 2\pi] \\[3mm] '\varphi_i = \arccos\left(\dfrac{'z_i}{\sqrt{'x_i^2 + 'y_i^2 + 'z_i^2}}\right), & '\varphi_i \in \left[0, \dfrac{\pi}{2}\right] \end{cases}$$

利用角度组合 $('\theta_i,\,'\varphi_i)$,可在三叶草误差图中通过双线性插值方法确定预行程量的补偿值 $'\delta_i$(见图 7-42)。具体过程为:角度组合 $('\theta_i,\,'\varphi_i)$ 确定后,可以得到该点相邻的四个标定点参数坐标,分别为 $(\theta_i^1, \varphi_i^1)$、$(\theta_i^2, \varphi_i^1)$、$(\theta_i^1, \varphi_i^2)$ 和 $(\theta_i^2, \varphi_i^2)$,四个点对应的预行程量的补偿值为 δ_i^1、δ_i^2、δ_i^3 和 δ_i^4,则实际补偿值 $'\delta_i$ 的计算公式为

$$'\delta_i = \frac{'\varphi_i - \varphi_i^1}{\varphi_i^2 - \varphi_i^1} \cdot \frac{\delta_i^4('\theta_i - \theta_i^1) + \delta_i^3(\theta_i^2 - '\theta_i)}{\theta_i^2 - \theta_i^1} + \frac{\varphi_i^2 - '\varphi_i}{\varphi_i^2 - \varphi_i^1} \cdot \frac{\delta_i^2('\theta_i - \theta_i^1) + \delta_i^1(\theta_i^2 - '\theta_i)}{\theta_i^2 - \theta_i^1}$$

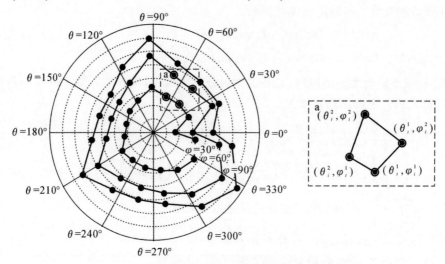

图 7-42 通过标定标准球上点获得的三叶草误差图

角度参数 $('\theta_i,\,'\varphi_i)$ 的标准不确定度 $u('\theta_i)$、$u('\varphi_i)$ 的计算公式如下:

$$u('\theta_i)^2 = \left[\frac{\partial'\theta_i}{\partial'x_i}u('x_i)\right]^2 + \left[\frac{\partial'\theta_i}{\partial'y_i}u('y_i)\right]^2 =$$
$$\left[\frac{-'y_i}{'x_i^2('y_i^2/'x_i^2 + 1)}u('x_i)\right]^2 + \left[\frac{1}{'x_i('y_i^2/'x_i^2 + 1)}u('y_i)\right]^2$$
$$u('\varphi_i)^2 = \left[\frac{\partial'\varphi_i}{\partial'x_i}u('x_i)\right]^2 + \left[\frac{\partial'\varphi_i}{\partial'y_i}u('y_i)\right]^2 + \left[\frac{\partial'\varphi_i}{\partial'z_i}u('z_i)\right]^2 =$$
$$\left[\frac{'x_i'z_i}{\sqrt{1 - ['z_i^2/('x_i^2 + 'y_i^2 + 'z_i^2)]}('x_i^2 + 'y_i^2 + 'z_i^2)\frac{3}{2}}u('x_i)\right]^2 +$$

$$\left[\frac{'y_i\, 'z_i}{\sqrt{1-('z_i^2/('x_i^2+'y_i^2+'z_i^2))}\,('x_i^2+'y_i^2+'z_i^2)\,\frac{3}{2}}u('y_i)\right]^2+$$

$$\left[\frac{('x_i^2+'y_i^2+'z_i^2)\,\frac{3}{2}-'z_i^2\,('x_i^2+'y_i^2+'z_i^2)^{\frac{1}{2}}}{\sqrt{1-('z_i^2/('x_i^2+'y_i^2+'z_i^2))}\,('x_i^2+'y_i^2+'z_i^2)^2}u('z_i)\right]^2$$

根据标准不确定度 $u('\theta_i)$、$u('\varphi_i)$ 的计算公式和不确定度传递原则,预行程量的标准不确定度 $u('\delta_i)$ 的计算为

$$u('\delta_i)^2=\left[\frac{\partial'\delta_i}{\partial'\theta_i}u('\theta_i)\right]^2+\left[\frac{\partial'\delta_i}{\partial'\varphi_i}u('\varphi_i)\right]^2$$

其中的灵敏度系数为

$$\frac{\partial'\delta_i}{\partial'\theta_i}=\frac{[\delta_i^1(\theta_i^1-\theta_i^2)+\delta_i^2](\varphi_i-\varphi_i^2)-[\delta_i^4(\theta_i^1-\theta_i^2)+\delta_i^3](\varphi_i-\varphi_i^1)}{(\varphi_i^1-\varphi_i^2)(\theta_i^1-\theta_i^2)}$$

$$\frac{\partial'\delta_i}{\partial'\varphi_i}=\frac{[\delta_i^1('\theta_i-\theta_i^2)(\theta_i^1-\theta_i^2)+\delta_i^2('\theta_i-\theta_i^1)]-[\delta_i^4('\theta_i-\theta_i^1)(\theta_i^1-\theta_i^2)+\delta_i^3('\theta_i-\theta_i^2)]}{(\varphi_i^1-\varphi_i^2)(\theta_i^1-\theta_i^2)}$$

通过将半径补偿后实际的测量点期望坐标 $^E P_i^M$、误差期望矩阵 $^E T_P^M$ 和 $^E R_{\gamma,\beta}$ 代入实际测量点和对应红宝石球上的实际触碰点公式中,红宝石球上的实际触碰点期望坐标 $^E m_i$ 为

$$^E m_i=(^E R_{\gamma,\beta})^{-1}\cdot(^E T_P^M)^{-1}\cdot{}^E P_i^M$$

其中

$$^E R_{\gamma,\beta}=\begin{bmatrix}\cos[E(\beta)]&0&-\sin[E(\beta)]&0\\0&1&0&0\\\sin[E(\beta)]&0&\cos[E(\beta)]&0\\0&0&0&1\end{bmatrix}$$

$$^E T_P^M=\begin{bmatrix}1&0&0&x_m'\\0&1&0&y_m'\\0&0&1&z_m'\\0&0&0&1\end{bmatrix},\quad\begin{cases}x_m'=x_m+E(x_i)\\y_m'=y_m+E(y_i)\\y_m'=z_m+E(z_i)-L\end{cases}$$

联立上述公式,计算得到标准球上标定点角度组合参数的期望坐标 $(^E\theta_i,{}^E\varphi_i)$。因此当置信概率为 95% 时,标准球上的实际标定点坐标在 $(^E\theta_i\pm1.96u('\theta_i),\ {}^E\varphi_i\pm1.96u('\varphi_i))$ 范围内。此外由期望坐标 $(^E\theta_i,{}^E\varphi_i)$ 以及双线性插值公式可以计算出预行程量的期望值 $^E\delta_i$。

预行程补偿偏差的期望、预行程补偿偏差的标准不确定度计算公式如下:

$$^E E_i^\delta={}^E\delta_i-\delta_i$$
$$'E_i^\delta='\delta_i-\delta_i$$
$$u('E_i^\delta)=u('\delta_i)$$

与半径补偿偏差的概率密度函数表示方法相同,当置信度为 95% 时,用预行程补偿偏差的期望 $^E E_i^\delta$ 和标准不确定度 $u('E_i^\delta)$ 来表达预行程补偿偏差的概率密度函数,则有

$$f(\delta_i)=\frac{1}{\sqrt{2\pi}\cdot u('E_i^\delta)}e^{\frac{-(\delta_i-{}^E E_i^\delta)^2}{2u('E_i^\delta)^2}},\quad\delta_i\in\left[{}^E E_i^\delta-1.96u('E_i^\delta),\ {}^E E_i^\delta+1.96u('E_i^\delta)\right]$$

结合上述建立的不确定性误差矢量传递模型,双摆台式 BC 轴机床为仿真载体,以离心式叶轮为仿真对象,叶背上测量点的分布位置如图 7-43 所示。仿真中测头上探针杆长为 50 mm,红宝石球半径为 2.5 mm。表 7-4 为工件坐标系下理论测量点的坐标,表 7-5 为选定的

探针轴向通过后置处理得到每个测量点对应的理论旋转角度。

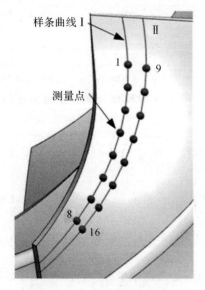

图 7-43　待测点的分布

表 7-4　工件坐标系下的理论测量点坐标　　　　单位:mm

序　号	x	y	z	序　号	x	y	z
1	−24.10	29.82	−9.65	9	−22.83	27.32	−10.19
2	−26.15	28.83	−12.55	10	−24.90	26.57	−13.27
3	−28.32	28.17	−15.47	11	−27.14	26.17	−16.34
4	−30.67	27.83	−18.38	12	−29.61	26.07	−19.39
5	−33.25	27.78	−21.25	13	−32.34	26.27	−22.37
6	−36.12	27.99	−24.05	14	−35.39	26.73	−25.24
7	−39.28	28.45	−26.74	15	−38.75	27.44	−28.00
8	−42.75	29.15	−29.32	16	−42.44	28.37	−30.61

表 7-5　旋转轴理论转动角度　　　　单位:(°)

序　号	B	C	序　号	B	C
1	60.133	170.615 9	9	76.195 9	165.435 7
2	16.792 6	155.022 6	10	80.008 4	164.371 9
3	65.909 2	178.449 6	11	79.874 7	160.525 1
4	70.579 4	179.914 9	12	81.744	160.675 3
5	69.305 5	175.794 8	13	82.299 4	156.982 1
6	73.632 4	174.587 7	14	85.939 9	155.842 7
7	72.769 9	170.502 2	15	87.111 2	152.349 7
8	76.785 3	169.398 8	16	88.882 7	152.381 6

根据规划的理论测量点坐标和 B、C 轴的旋转角度,利用拉格朗日插值方法分别计算检测每个测量点时移动轴和旋转轴对应位置处定位误差的期望、标准不确定度(见表 7-6 ~ 表 7-9)。

表 7-6　各测量点移动轴对应位置处定位误差的期望　　单位:μm

序　号	x	y	z	序　号	x	y	z
1	−8.297	2.583	3.794	9	−20.770	2.782	3.661
2	−6.033	2.528	4.012	10	−3.609	2.564	4.165
3	6.068	2.574	4.069	11	−4.233	2.628	4.184
4	−6.241	2.649	4.101	12	−4.712	2.692	4.201
5	−6.349	2.723	4.128	13	−5.056	2.758	4.216
6	−6.256	2.798	4.157	14	−5.887	2.812	4.207
7	−6.593	2.858	4.160	15	−5.581	2.886	4.231
8	−5.812	2.939	4.202	16	−5.643	2.948	4.235

表 7-7　各测量点移动轴对应位置处定位误差的标准不确定度　　单位:μm

序　号	x	y	z	序　号	x	y	z
1	0.613 2	0.285 9	0.67	9	0.711 3	0.303	0.362 5
2	0.639 5	0.281 5	0.701 1	10	0.668 8	0.284 4	0.715 7
3	0.639	0.285 2	0.705 8	11	0.661 2	0.289 5	0.719
4	0.637	0.291 2	0.708 5	12	0.655 3	0.294 9	0.722 6
5	0.635 7	0.297 6	0.711 2	13	0.651 2	0.300 8	0.726 6
6	0.636 8	0.304 5	0.714 7	14	0.641 2	0.305 9	0.724 2
7	0.632 8	0.310 5	0.715 1	15	0.644 9	0.313 4	0.731 8
8	0.642 1	0.319 2	0.722 8	16	0.644 1	0.320 1	0.733 6

表 7-8　各测量点旋转轴对应位置处定位误差的期望　　单位:($''$)

序　号	B	C	序　号	B	C
1	−9.732 6	−1.483 4	9	0.828 7	−7.213 3
2	−10.874 6	−1.998	10	−11.786 4	−2.149 9
3	−11.526 8	−1.768 8	11	−12.468 4	−1.683 8
4	−12.265 7	−1.479 3	12	−13.288 7	−1.258 6
5	−13.125 5	−1.478 2	13	−14.258 1	−1.546 7
6	−14.215 5	−1.802 8	14	−14.824 4	−1.792 9
7	−15.009 7	−2.018	15	−16.217 8	−2.076 7
8	−16.578 1	−2.208 7	16	−17.057 7	−2.207 8

表 7-9　各测量点旋转轴对应位置处定位误差的标准不确定度　单位:(″)

序　号	B	C	序　号	B	C
1	1.915 7	0.572 4	9	0.134 9	0.827 9
2	2.434 2	0.625 8	10	2.890 6	0.641 3
3	2.763 8	0.601 9	11	3.197 5	0.593
4	3.110 7	0.572	12	3.511 6	0.202 5
5	3.453 6	0.227 2	13	3.817 1	0.237 2
6	3.804 9	0.284 5	14	3.969 2	0.282 3
7	4.015 4	0.342	15	4.277 2	0.363
8	4.342 5	0.433 9	16	4.418 3	0.433 2

仿真中用到的千分表技术参数如表 7-10 所示,参数 $\varepsilon_1 = 4\ \mu m$,千分表测量精度引入的标准不确定度 $u_\varepsilon = 2.309\ 4\ \mu m$,概率密度函数 $f(\varepsilon) = 0.125$。在找正工件时千分表上的测头与工件接触移动距离 $L_1 = 16\ mm$,$L_2 = 18\ mm$ 确定后,由误差偏角 α_w 的标准不确定度公式、误差偏角 α_w 的期望公式计算出找正 C 轴和 B 轴时误差偏角 α_1、α_2 的期望、标准不确定度,分别为 $u_{\alpha_1} = 1.443\ 4 \times 10^{-4}°$、$E(\alpha_1) = 0$,$u_{\alpha_2} = 1.283 \times 10^{-4}°$、$E(\alpha_2) = 0$。两个误差偏角的概率密度函数为

$$f(\alpha_1) = 2\ 000\cos(\alpha_1), \quad \alpha_1 \in [-0.014\ 3°, 0.014\ 3°]$$
$$f(\alpha_2) = 2\ 250\cos(\alpha_2), \quad \alpha_2 \in [-0.012\ 7°, 0.012\ 7°]$$

因此包含误差偏角标准不确定度的矩阵为

$$\boldsymbol{R}_{\alpha_1} = \begin{bmatrix} 0.999\ 9 & 2.519\ 2\times10^{-6} & 0 & 0 \\ -2.519\ 2\times10^{-6} & 0.999\ 9 & 0 & 0 \\ 0 & 0 & 1 & 0 \\ 0 & 0 & 0 & 1 \end{bmatrix}$$

$$\boldsymbol{R}_{\alpha_2} = \begin{bmatrix} 0.999\ 9 & 0 & 2.239\ 2\times10^{-6} & 0 \\ 0 & 1 & 0 & 0 \\ -2.239\ 2\times10^{-6} & 0 & 0.999\ 9 & 0 \\ 0 & 0 & 0 & 1 \end{bmatrix}$$

表 7-10　千分表的主要技术参数

执行标准	GB/T 8123—2007
测量范围	$\pm 0.1\ mm$
分度值	0.002 mm
测量精度 ε	$[-4, 4]\ \mu m$
回程精度	$2\ \mu m$

此外,探针的跳动量 λ 通过 100 次的重复性校正实验来确定,实验结果集中在 $0 \sim 4\ \mu m$ 内,跳动量的期望值 $\bar\lambda = 2.104\ 8\ \mu m$,不确定度 $u_\lambda = 0.082\ 4\ \mu m$。测头的偏心误差由误差偏角

组合 (β,γ) 表示,计算得到偏角 β 的标准不确定度 $u_\beta = 2.413\ 6°$,期望 $E(\beta) = 2.196\ 2\times10^{-5}°$。对于误差偏角 γ,其范围为 $[-4,4]°$,则 $\gamma_1 = 4°$ 时,期望为 0,标准不确定度 $u_\gamma = 2.309\ 4°$。那么包含测头偏心误差不确定度的旋转变换矩阵 $\boldsymbol{R}_{\gamma,\beta}$ 为

$$\boldsymbol{R}_{\gamma,\beta} = \begin{bmatrix} 0.999\ 2 & 0.040\ 3 & 0 & 0 \\ -0.040\ 3 & 0.999\ 2 & 0 & 0 \\ 0 & 0 & 1 & 0 \\ 0 & 0 & 0 & 1 \end{bmatrix} \cdot \begin{bmatrix} 0.999\ 1 & 0 & -0.042\ 1 & 0 \\ 0 & 1 & 0 & 0 \\ 0.042\ 1 & 0 & 0.999\ 1 & 0 \\ 0 & 0 & 0 & 1 \end{bmatrix}$$

　　将上述计算出的机床定位误差、工件找正误差和测头偏心误差的期望值、含不确定度的误差矩阵分别代入在机测量不确定性误差矢量传递模型中,用于仿真在机测量结果可能产生的偏差。通过上述设定的参数计算得到各个理论测量点对应仿真结果的误差期望和标准不确定度,并基于这两个参数表示出仿真结果偏差的误差分布,以第 1 个测量点的在机测量仿真结果与理论测量点之间的偏差为例进行说明(见图 7-44)。

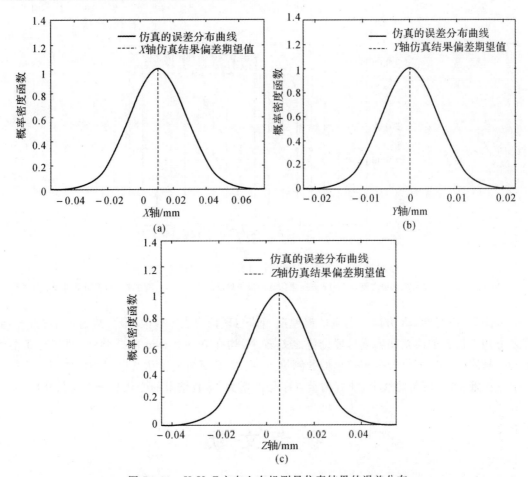

图 7-44　X、Y、Z 方向上在机测量仿真结果的误差分布

(a)X 方向上仿真结果的误差分布;　(b)Y 方向上仿真结果的误差分布;　(c)Z 方向上仿真结果的误差分布

　　从图 7-44 中可以看出第 1 个测量点在 X 方向上仿真结果的偏差期望值与理论值之间的偏差最大,为 $0.012\ \text{mm}$ 左右;在 Y 方向上偏差最小,偏差值几乎为 0。此外,三个方向上误差

分布区间在 0.04 ~ 0.09 mm 内,分布范围较大。按照图 7-44 展示的方法,可以表示出每个测量点的仿真结果在三个方向上的误差分布。在 95% 的置信概率下,图 7-45 为所有测量点在 X、Y、Z 方向上的在机测量仿真结果与理论测量点坐标之差的误差区间。

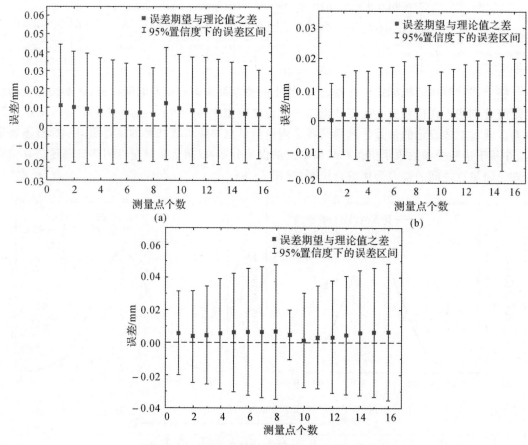

图 7-45　X、Y、Z 方向上仿真结果与理论值之差

(a)X 方向上仿真结果与理论值之差; 　(b)Y 方向上仿真结果与理论值之差; 　(c)Z 方向上仿真结果与理论值之差

由图 7-45 可知,X 方向上仿真的误差期望值与理论值之差较大,最大约为 0.013 mm;而 Y、Z 方向上仿真的误差期望值与理论值之差较小,均在 0.006 mm 内。此外,对于样条曲线 I、II(见图 7-43)上位置分布较相似的测量点,在 X、Y、Z 方向上仿真的误差期望值和区间范围也较接近,且在两条曲线上,随着测量点序号的增大,仿真结果的变化趋势也近似相同。

参 考 文 献

[1]　张心明,崔连柱. 三坐标测量机触发式测头误差分析[J]. 机电技术,2011(2):60-62.

[2]　华玉亮,盛伯浩. 触发式测头全方位紧密测量技术[J]. 制造技术与机床,1994(4): 11-14.

[3]　DOBOSZ M, WOZNIAK A. CMM touch trigger probes testing using a reference axis

[J]. Precision Engineering, 2005, 29(3):281 - 289.

[4]　RENEMAYER J R, GHAZZAR A, ROSSY O. 3D characterisation, modelling and compensation of the pre - travel of a kinematic touch trigger probe[J]. Measurement, 1996, 19(2):83 - 94.

[5]　高峰, 赵柏涵, 李艳, 等. 基于误差隔离的触发式测头预行程标定方法[J]. 仪器仪表学报, 2013, 34(7):1581 - 1587.

[6]　唐文杰. 数控加工精度在线检测技术研究与应用[D]. 北京:清华大学, 2009.

[7]　QIAN X M, YE W H, CHEN X M. On - machine measurement for touch - trigger probes and its error compensation[J]. Key Engineering Materials, 2008, 375/376: 558 - 563.

[8]　高健, 陈岳坪, 邓海祥, 等. 复杂曲面零件加工精度的原位检测误差补偿方法[J]. 机械工程学报, 2013, 49(19):133 - 143.

[9]　陈岳坪. 复杂曲面零件精密检测与误差补偿技术研究[D]. 广州:广东工业大学, 2012.

[10]　常智勇, 万能. 计算机辅助几何造型技术[M]. 3 版. 北京:科学出版社, 2013.

[11]　施法中. 计算机辅助几何设计与非均匀有理 B 样条[M]. 北京:高等教育出版社, 2013.

[12]　卢红, 张仲甫. 测头半径补偿的方法[J]. 组合机床与自动化加工技术, 2001(10): 39 - 41.

[13]　蔺小军, 王增强, 单晨伟. 自由曲面 CMM 测量测头半径补偿方法[J]. 航空制造技术, 2011(10):68 - 70;78.

[14]　王增强, 蔺小军, 任军学. CMM 测量曲面测头半径补偿与路径规划研究[J]. 机床与液压, 2006(3):75 - 77.

[15]　MENQ C, CHEN F L. Curve and surface approximation from CMM measurement data[J]. Computers & Industrial Engineering, 1996, 30(2):211 - 225.

[16]　SUH S H, LEE S K, LEE J J. Compensating probe radius in free surface modelling with CMM:simulation and experiment[J]. International Journal of Production Research, 1996, 34(2):507 - 523.

[17]　石照耀, 谢华锟, 费业泰. 复杂曲面测量技术的研究综述[J]. 现代制造工程, 2000 (11):38 - 40.

[18]　周强, 刘志刚, 洪军, 等. 卡尔曼滤波在精密机床装配过程误差状态估计中的应用 [J]. 西安交通大学学报, 2015, 49(12):97 - 103.

[19]　田兆青, 来新民, 林忠钦. 多工位薄板装配偏差流传递的状态空间模型[J]. 机械工程学报, 2007(2):206 - 213.

[20]　MANTRIPRAGADA R, WHITNEY D E. Modeling and controlling variation propagation in mechanical assemblies using state transition models[J]. IEEE Transactions on Robotics and Automation, 1999, 15(1):124 - 140.

[21]　DÍAZ T E, UGALDE U, LÓPEZ DE LACALLE L N, et al. Propagation of assembly errors in multitasking machines by the homogenous matrix method[J]. International Journal of Advanced Manufacturing Technology, 2013, 68(1/2/3/4):149 - 164.

[22] KAKINO Y, IHARA Y, SHINOHRA A. Accuracy inspection of NC machine tools by double ball bar method[M]. New York：Hanser, 1993.

[23] MAITINSEN K, KOJIMA T. Express definition of vectorial tolerancing in product modelling [C]//International Conference on Information Infrastructure Systems for Manufacturing： Design of Information Infrastructure Systems for Manufacturing. Boston：ACM Digital Library, 1997：313 – 324.

[24] HUANG Q, ZHOU S Y, SHI J J. Diagnosis of multi – operational machining processes through variation propagation analysis [J]. Robotics and Computer Integrated Manufacturing, 2012(18)：233 – 239.

[25] 姚旭峰, 杜世昌, 王猛, 等. 航天阀门多工序加工过程误差传递分析与建模[J]. 工业工程与管理, 2014(1)：113 – 121.

[26] 苏春, 黄漪. 装配误差传递建模及其精度可靠性评估[J]. 中国机械工程, 2017, 28 (19)：2359 – 2364.

[27] 郭俊康. 精密机床几何精度设计与装配精度保障技术研究[D]. 西安：西安交通大学, 2017.

[28] 郭崇颖, 刘检华, 唐承统, 等. 基于几何特征变动向量的几何误差评定方法[J]. 计算机集成制造系统, 2015, 21(10)：2604 – 2612.

[29] 郎爱蕾. 基于统计学习的自由曲面轮廓度误差评定与不确定度研究[D]. 天津：天津大学, 2016.

[30] 张秉怡. CMM 校准测量的不确定度评定[J]. 现代制造技术与装备, 2020(2)：139 – 140.

[31] 蒋薇, 张玘, ALESSANDRO F, 等. 随机模糊变量表示测量及测量不确定度[J]. 仪器仪表学报, 2016(5)：1065 – 1078.

[32] LIRA I, CARGILL G. Uncertainty analysis of positional deviations of CNC machine tools[J]. Precision Engineering, 2004, 28(2)：232 – 239.

[33] SCHMITT R, PETEREK M, Traceable measurements on machine tools – thermal influences on machine tool structure and measurement uncertainty[J]. Procedia CIRP, 2015(33)：576 – 580.

[34] PÉREZ P, AGUADO S, ALBAJEZ J A, et al. Influence of laser tracker noise on the uncertainty of machine tool volumetric verification using the Monte Carlo method[J]. Measurement, 2019, 133：81 – 90.

[35] 唐宇航, 范晋伟, 陈东菊, 等. 基于蒙特卡洛模拟的机床关键几何误差溯源方法[J]. 北京工业大学学报, 2017(11)：16 – 25.

第8章 复杂结构零件多轴加工的工具磨损预测

8.1 多轴数控砂带磨削的砂带磨损预测方法

8.1.1 砂带磨损预测的应用需求

复杂曲面在航空航天领域中具有广泛的应用,例如发动机中的风扇叶片目前主要采用多轴铣削的方式加工,其优点在于技术成熟、加工精度高。除了铣削加工外,砂带磨削是另一种应用较为广泛的精加工方式,其原理是借助大量高硬度的磨粒对材料进行去除。相比于铣削、车削等机械加工手段,砂带磨削更适用于复杂曲面的精加工。此外,砂带磨削在精加工中的去除材料材效率远高于铣削加工,磨削后工件表面质量较好,表面粗糙度值 Ra 小于 $0.5~\mu m$,并且由于砂带的周长较长,有利于磨削热的散出,加工后工件表面的热损伤也远小于砂轮磨削[1-8]。

刀具(砂带/砂轮等)的磨钝与磨损是磨削加工中不可避免的问题。相比于砂轮磨削,采用静电植砂工艺的砂带磨粒分布更为均匀、与基底结合更牢固,因此砂带磨削的切削条件要优于砂轮磨削,但磨削过程中砂带磨损造成的材料去除率下降等问题仍然很明显。当磨损达到一定程度后,砂带的去除材料能力迅速降低,无法有效去除余量,并且由于摩擦因数上升,磨削热的产生加剧,可能在工件表面造成烧伤等问题。因此,在材料去除规律的研究中考虑砂带磨损问题,可以有效地提高砂带磨削尺寸精度与工件表面质量[9-15]。

8.1.2 砂带磨削材料去除量预测建模

8.1.2.1 无相对进给运动

首先,研究接触区域压强均匀分布,砂带各处磨损速率一致,且工件无相对进给运动的情况。假设接触压强恒定为 p_0,砂带线速度为 v_s,使用新砂带(认为砂带各处磨损系数 K_t 均为 1)对试件磨削 t_0 时间段,则在磨削过程中任意时刻 t 的局部材料去除率 $r(t)$ 可按下式计算:

$$r(t) = K \cdot b_1^{\left(\frac{D}{L} \cdot t\right)} \cdot p_0^{b_2} \cdot v_s^{b_3}$$

其中,D 为矩形接触区域在砂带周长方向上的尺寸,L 为砂带周长。

由于试件截面上各点的磨削条件相同,试件的高度变化量也处处相同,令单位长度砂带的

磨削时长为 $t_w = \dfrac{D}{L}t$，则磨削 t_0 时间后，试件的高度变化量 h 为

$$h = \int_0^{t_0} r(t) \cdot \mathrm{d}t = K \cdot p_0^{b_2} \cdot v_s^{b_3} \cdot \frac{L}{D} \cdot \int_0^{\frac{D}{L} \cdot t_0} b_1^{t_w} \cdot \mathrm{d}t_w$$

磨削 t_0 时间后，砂带的磨损系数 K_t 为

$$K_t = b_1^{\left(\frac{D}{L} \cdot t_0\right)}$$

以上各式中的 b_1 值与接触区域均布压强 p_0 相关。考虑更为一般的情况：仍然在上述条件下磨削试件，不同的是使用一条初始磨损系数为 K_{t_0} 的砂带，先在接触压强 p_0 下对试件磨削 t_0 时间，再在接触压强 p_1 下磨削 t_1 时间，直至在接触压强 p_n 下磨削 t_n 时间，砂带线速度始终为 v_s 不变。在整个磨削过程中，试件的高度变化量 h 为各时间段内高度变化量 h_i 之和，即

$$h = \sum_{i=0}^{n} h_i$$

假设第 $i(i \geqslant 0)$ 个时间段开始时的砂带磨损系数为 K_{t_i}，第 i 个时间段的持续时长为 t_i，第 $i+1$ 个时间段开始时的砂带磨损系数为 $K_{t_{i+1}}$，根据通过磨削实验得到的磨损系数指数变化规律，可知

$$K_{t_{i+1}} = K_{t_i} \cdot b_{1,i}^{\left(\frac{D}{L} t_i\right)}$$

根据上式可计算得到，第 i 个时间段内试件的高度变化量 h_i 为

$$h_i = K \cdot K_{t_i} \cdot p_0^{b_2} \cdot v_s^{b_3} \cdot \frac{L}{D} \cdot \int_{t_d}^{t_u} b_{1,i}^{t_w} \cdot \mathrm{d}t_w$$

t_u 和 t_d 为积分上下限，分别为

$$t_d = \log_{b_{1,i}} K_{t_i}$$

$$t_u = \log_{b_{1,i}} K_{t_{i+1}} = \log_{b_{1,i}} K_{t_i} + \frac{D}{L} t_i$$

第 n 个时间段结束时的砂带磨损系数为

$$K_{t_{n+1}} = K_{t_0} \cdot b_{1,0}^{\left(\frac{D}{L} \cdot t_0\right)} \cdot b_{1,1}^{\left(\frac{D}{L} \cdot t_1\right)} \cdots b_{1,n}^{\left(\frac{D}{L} \cdot t_n\right)} = K_{t_0} \cdot \prod_{i=0}^{n} b_{1,i}^{\left(\frac{D}{L} \cdot t_i\right)}$$

同样，以上各式中的底数 $b_{1,i}$ 与 t_i 时间段内的接触压强 p_i 相关，借助磨削实验也能得到两者之间的关系。

8.1.2.2　有相对进给运动

在实际磨削加工中，砂带轮通过相对进给运动来去除工件表面指定位置处的材料，相对进给的速度大小决定了工件上某点处于接触区域内的时间长短，也会影响该点的材料去除深度[16-19]。

如图 8-1 所示，待磨削的工件表面为平面，同样假设砂带轮与工件间的接触区域是一个具有均布压强 p_0 的矩形，矩形区域的长为 l，宽为 w，砂带轮相对于工件沿直线进给，进给速度为 v_w，砂带线速度为 v_s，砂带周长为 L。

对于工件表面处于接触范围内的任一点 T 来说，由于进给速度的存在，T 点相对于砂带的速度不再是 v_s，而变为了 $v_s \pm v_w$（当砂带线速度方向与砂带轮相对工件进给方向相同时取正号，反之取负号），然而由于 $v_s \gg v_w$，故这一影响可以忽略。

若不考虑砂带磨损影响，T 点处于接触区域内的时间 t 以及 T 点在砂带轮经过之后的材料

去除深度 h 分别为

$$t = \frac{l}{v_{\mathrm{w}}}, \quad h = K \cdot p_0^{b_2} \cdot v_{\mathrm{s}}^{b_3} \cdot \frac{l}{v_{\mathrm{w}}}$$

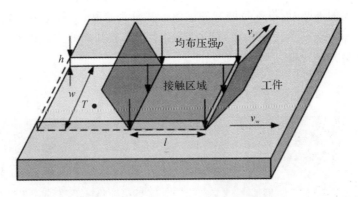

图 8-1　接触压强均布的平面磨削

在图 8-2 的条件下,接触范围内各点的材料去除深度均为 h,假设砂带轮与工件在 a 点开始发生接触,b 点是磨削路径上距离 a 点 x 的一点,b 点在砂带轮经过以后的材料去除深度为 $h(x)$。

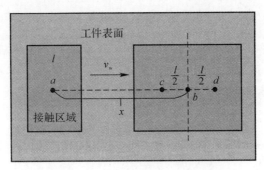

图 8-2　b 点的材料去除深度计算

当砂带轮运动到 c 点时,砂带各处的磨损系数均为

$$K_{t_c} = b_1^{\frac{2xl-l^2}{2v_{\mathrm{w}}L}}$$

b 点处于接触区域内的时长为 $\frac{l}{v_{\mathrm{w}}}$,可知

$$h(x) = K \cdot K_{t_c} \cdot P_0^{b_2} \cdot v_{\mathrm{s}}^{b_3} \cdot \frac{L}{l} \cdot \int_{t_d}^{t_u} b_1^{t_{\mathrm{w}}} \cdot \mathrm{d}t_{\mathrm{w}}$$

积分上下限 t_{u} 和 t_{d} 为

$$t_{\mathrm{d}} = \log b_1 K_{t_c}$$

$$t_{\mathrm{u}} = \log_{b_1} K_{t_d} = \log_{b_1} K_{t_c} + \frac{l^2}{v_{\mathrm{w}}L}$$

同样由于接触区域为压强均匀分布的矩形,因此工件表面在垂直于进给方向上(图 8-2 中虚线)各点材料去除深度相同;在平行于进给方向上,工件表面各点的材料去除深度由于砂带磨损而不断减小;对于砂带来说,各处的磨损系数则时刻保持相同。

当接触力为零时,砂带轮表面与平面工件相切,接触区域为一条线段,定义该线段的中点为接触点,砂带轮轮心相对于工件表面接触点的速度方向为该接触点处磨削运动的进给方向。

根据进给方向的不同,可将砂带磨削的进给方式分为两种:一种是砂带轮沿垂直于其轴向的方向进给[见图 8-3(a)],另一种则为砂带轮沿平行于其轴向的方向进给[见图 8-3(b)]。本书限定相对进给方向为垂直于砂带轮轴向。

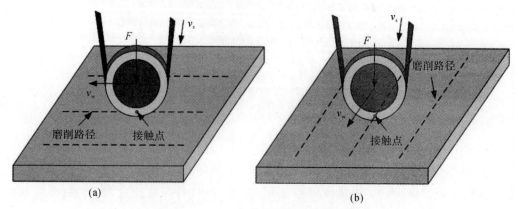

图 8-3 砂带磨削的两种进给方向

(a)垂直于砂带轮轴向的进给； (b)平行于砂带轮轴向的进给

如图 8-4 所示,若将相对进给的方向定义为 y 轴,则在 y 轴上接触区域的压强分布为半椭圆形,在垂直于 y 轴的方向上压强则不发生改变。因此,在垂直于 y 轴的方向上,砂带的磨损程度和工件表面的材料去除深度也是时刻相同的。

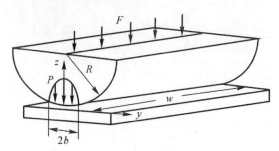

图 8-4 砂带轮磨削平面的接触情况

根据接触模型,平面砂带磨削中接触区域的压强分布为

$$p(y) = \frac{2F}{\pi b w}\sqrt{1 - \frac{y^2}{b^2}}$$

式中:y 轴的原点位于砂带轮与平面工件在接触力为 0 时的相切线上;b 为接触区域的短半轴,可通过将 $R_1' = R, R_1' \to +\infty, R_2' = R_2'' \to +\infty$ 代入式中计算得到;w 为砂带轮的宽度。

根据以上分析,在图 8-4 的磨削条件下,砂带上任一点所受到的接触压强随磨削时间的变化是周期性的。如图 8-5 所示,其中 $t_{i,s}$ 代表该点第 i 次进入接触区域;$t_{i,e}$ 代表该点第 i 次离开接触区域。每次 $t_{i,s}$ 与 $t_{i,e}$ 之间的时间间隔 Δt 均为

$$\Delta t = \frac{2b}{v_s}$$

若 $t_{i,s}$ 时刻为 $t=0$，则 $t_{i,s}$ 到 $t_{i,e}$ 时间段内的接触压强随时间变化规律 $p(t)$ 的表达式为

$$p(t) = \frac{2F}{\pi b w} \sqrt{1 - \frac{(v_s t - b)^2}{b^2}}$$

由于 b 的值较小而 v_s 很大，Δt 的值极小（数量级约为 10^{-4} s），可采用这段时间间隔内的平均压强 p_{ave} 代表砂带上该点在此次经过接触区域时的压强大小，即

$$p_{ave} = \frac{\int_0^{\Delta t} p(t)\,\mathrm{d}t}{\Delta t} = \frac{F}{2bw}$$

若磨削压力保持为 F，则砂带轮与平面之间的接触区域不发生改变，砂带上该点在每次经过接触区域时的平均压强 p_{ave} 均相同，工件表面上任意一点在接触区域内所受的平均压强同样为 p_{ave}。

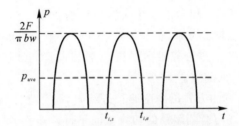

图 8-5　砂带上任意一点所受的周期性压强

由于平面砂带磨削接触区域的形状依然为矩形，工件表面上任一点的材料去除过程仍然可由图 8-2 表示。当砂带轮上的接触点移动到 c 点时，砂带的磨损系数为

$$K_{t_c} = b_1^{\frac{2xb - 2b^2}{v_w L}}$$

b 点处于接触区域内的时长为 $\dfrac{2b}{v_w}$，b 点在砂带轮经过之后的材料去除深度 $h(x)$ 可按照下式简化计算：

$$h(x) = K \cdot K_{t_c} \cdot p_{ave}^{b_2} \cdot v_s^{b_3} \cdot \frac{L}{2b} \cdot \int_{t_d}^{t_u} b_1^{t_w} \cdot \mathrm{d}t_w$$

积分上下限 t_u 和 t_d 为

$$t_d = \log_{b_1} K_{t_c}$$

$$t_u = \log_{b_1} K_{t_d} = \log_{b_1} K_{t_c} + \frac{4b^2}{v_w L}$$

8.1.3　复杂曲面磨削过程中的砂带磨损预测

由于复杂曲面磨削的材料去除受到砂带非均匀磨损的影响，有必要先研究砂带在磨削曲面工件过程中的磨损变化。由于砂带线速度远远大于磨削进给速度，可认为同一圈砂带微元上各点的磨损系数时刻保持相同，而不同圈砂带微元的磨损系数相互独立。如图 8-6 所示，新砂带各处的磨损系数 K_t 均为 1，使用后各圈砂带微元的磨损系数一般呈现中间小两边大的规

律。因此,研究砂带的非均匀磨损,能被转化为研究各圈砂带微元在磨削过程中任意时刻的磨损系数 K_t 变化。

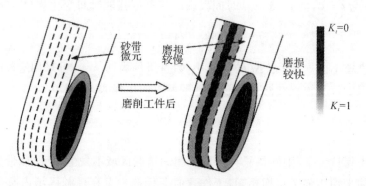

图 8-6   各圈砂带微元的磨损系数变化

为了从砂带轮的角度研究各圈砂带微元的磨损系数变化,首先建立砂带磨削过程中的局部坐标系。以砂带轮上的接触点为原点,砂带轮表面在接触点处的切平面为 xoy 平面建立局部坐标系,局部坐标系的 x 轴与砂带轮轴向平行,x 轴正向指向砂带轮前进方向的右侧,y 轴正向指向砂带轮相对工件进给的前方。

当砂带轮按照图 8-3(a) 的方式沿磨削路径进给时,局部坐标系的 x 轴始终与磨削路径的主法线方向平行,y 轴则始终与磨削路径的切线方向平行。图 8-7(a) 为曲面工件砂带磨削中不同接触点处的局部坐标系,图 8-7(b) 则为不同时刻接触区域在局部坐标系中的形状变化。

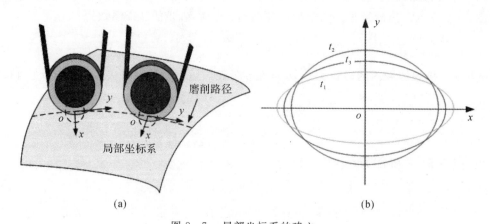

(a)   (b)

图 8-7   局部坐标系的建立
(a) 附着于接触点的局部坐标系;   (b) 局部坐标系中接触区域的形状变化

由于复杂曲面各处的曲率不相同,接触区域在局部坐标系中的形状随着砂带轮与工件的相对运动而变化,如图 8-8 所示。为了更直观地表达这一变化,在二维局部坐标系的基础上增加时间轴 t 轴,则不同时刻的接触区域在 $o-xyt$ 三维坐标系中形成了扫掠体(接触区域扫掠体)。接触区域扫掠体的 t 轴对应于磨削时间,t 轴零点即为开始磨削的时刻。用任意一个垂直于 t 轴的平面(称为 t 平面)与接触区域扫掠体相交,所得椭圆形截面就是该时刻接触区域在局部坐标系中的形状。

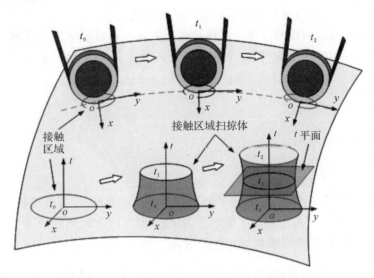

图 8-8　基于局部坐标系构建的接触区域扫掠体

由于局部坐标系的 x 轴也即是砂带的宽度方向,在 $o-xyt$ 三维坐标系中采用若干个垂直于 x 轴的平行平面(称为 x 平面)对接触区域扫掠体进行分割,如图 8-9(a) 所示,在每一个 t 平面上,相邻两个 x 平面所夹的二维区域即为某一圈砂带微元在当前接触区域内的部分;在整个接触区域扫掠体中,相邻两个 x 平面所夹的三维区域则为该砂带微元在接触区域内的部分所构成的扫掠体(扫掠体微元)。

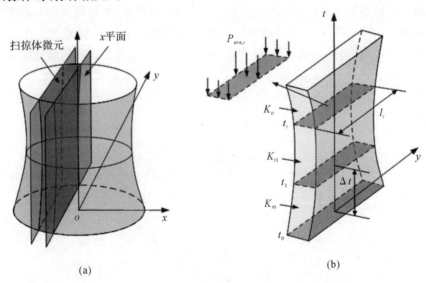

(a)　　　　　　　　　　　　　　　(b)

图 8-9　根据接触区域扫掠体计算砂带微元磨损系数
(a) 接触区域扫掠体的分割;　(b) 砂带微元的磨损系数计算

图 8-9(b) 为相邻两个 x 平面所截得的扫掠体微元,由于各接触点处的接触状态不同,扫掠体微元在每个 t 平面上的尺寸及压强分布也都不相同,而是随着相对进给运动发生改变。

由于进给速度较慢而砂带线速度很高,可采用扫掠体微元在每个 t 平面上的平均压强代表所对应砂带微元上各点在经过当前接触区域时所受的压强大小。

基于上述简化方法,可以对任意一圈砂带微元的磨损系数变化进行预测。假设某一圈砂带微元距离接触点所在那一圈砂带微元的距离为 x,则 t_i 时刻接触区域在该砂带微元上的长度 l_i 为

$$l_i = 2b_i \cdot \sqrt{1 - \frac{x^2}{a_i^2}}$$

接触区域在该砂带微元上的平均压强 $p_{\mathrm{ave},i}$ 为

$$p_{\mathrm{ave},i} = \frac{3F}{8a_i b_i}\sqrt{1 - \frac{x^2}{a_i^2}}$$

其中,a_i、b_i 为 t_i 时刻砂带轮与工件接触区域的长半轴和短半轴,可按照接触公式计算。

假设砂带微元在 t_0 时刻的初始磨损系数为 K_{t_0},相邻两个时刻的间隔为 Δt,砂带周长为 L,则在 $[t_n, t_{n+1}]$ 时间段内砂带微元的磨损系数 K_{t_n} 为

$$K_{t_n} = K_{t_0} \cdot b_{1,0}^{t_{\mathrm{w},0}} \cdot b_{1,1}^{t_{\mathrm{w},1}} \cdots b_{1,n-1}^{t_{\mathrm{w},n-1}} = K_{t_0} \cdot \prod_{i=0}^{n-1} b_{1,i}^{t_{\mathrm{w},i}}$$

式中,$t_{\mathrm{w},i}$ 则代表 $[t_i, t_{i+1}]$ 时间段内该砂带微元的单位长度工作时长,有

$$t_{\mathrm{w},i} = \frac{\Delta t \cdot l_i}{L}$$

计算出各圈砂带微元在任意时刻的磨损系数变化,当任意一圈砂带微元的磨损系数 K_t 小于某一阈值时,则代表该砂带微元首先达到了报废标准,也即意味着这一整条砂带应当被更换,否则将无法有效地去除材料。

在平面或曲面磨削过程中,局部材料去除率受到接触压强、砂带线速度与砂带磨损系数的影响。如图 8-10 所示,T 点为工件表面位于磨削路径附近的一点,假设 T 点在 t_1 时刻开始进入接触区域,在 t_2 时刻离开接触区域,砂带轮在不同时刻与工件表面间的接触区域分别用若干个椭圆表示。随着砂带轮的相对运动,接触区域的形状及压强分布不断改变,T 点将处于不同接触区域的不同位置,这导致 T 点所受接触压强与时间的关系很难用解析方法获得。

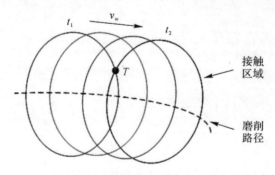

图 8-10 T 点在接触区域内的相对位置变化

当砂带轮相对工件沿着曲线路径进给时,T 点到磨削路径上不同接触点处切线的距离 d 并不相同。距离 d 的改变表明 T 点在处于接触区域内的时间内,并非始终位于同一圈砂带微元上(见图 8-11)。由前面分析已知,各圈砂带微元的磨损速率不同,因此对于曲面工件砂带

磨削,尤其是磨削路径为曲线的情况,T 点的材料去除深度计算需要同时关注 T 点的接触压强变化及 T 点所处砂带微元的磨损系数变化。

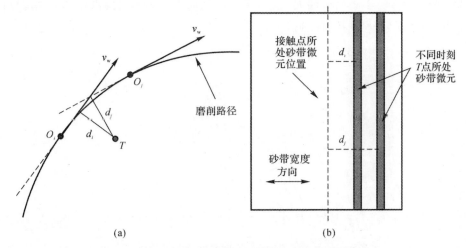

图 8 - 11　工件表面 T 点在砂带宽度方向的位置变化

(a) 工件表面 T 点到磨削路径的距离变化；　(b) 不同时刻 T 点所处的砂带微元

　　T 点在任意时刻的局部材料去除率 $r(t)$ 取决于 T 点在该时刻所受的接触压强、砂带线速度及所处砂带微元的磨损系数,而 T 点在砂带轮经过之后的材料去除深度则为 $r(t)$ 对时间 t 的积分。由于本书中砂带的线速度在磨削过程中不发生改变,因此只需要获得 T 点的 K_t · p^{b_2} - t 曲线,可计算出 T 点的材料去除深度。

　　如图 8 - 12 所示,将局部坐标系拓展为 o - xyt 三维坐标系后,T 点在局部坐标系下的运动轨迹就对应于 o - xyt 三维坐标系中处于接触区域扫掠体内部的一条空间曲线段(称为三维磨削轨迹)。根据扫掠体内部的压强分布,可以得到三维磨削轨迹上各点的压强值,进而获得 T 点在磨削中的 p^{b_2} - t 曲线。若砂带线速度 v_s 保持不变,且不考虑砂带磨损系数的变化,即认为各圈砂带微元的磨损系数 K_t 始终为 1,则在砂带轮经过之后,T 点的材料去除深度 h 为

$$h = K \cdot v_s^{b_3} \cdot \int_{t_1}^{t_2} p\,(t)^{b_2} \cdot \mathrm{d}t$$

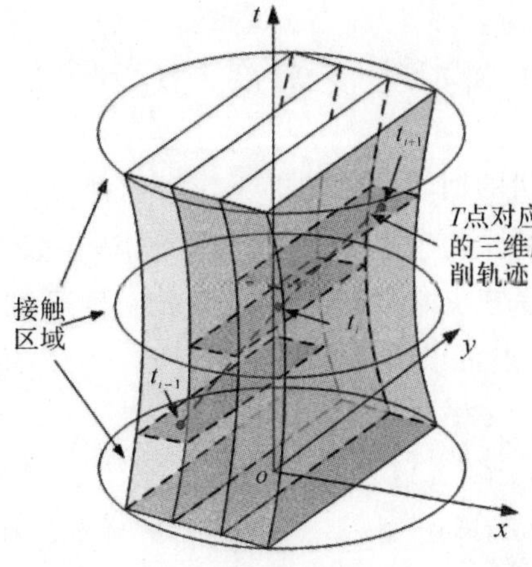

图 8 - 12　砂带微元的磨损系数变化计算

实际上，T 点材料去除深度的计算还要考虑 T 点所处砂带微元的磨损系数变化。根据 T 点对应的三维磨削轨迹，可以确定任意时刻 T 点在砂带宽度方向上的位置及该处砂带微元的磨损系数，进一步得到 T 点对应的 $K_t \cdot p^{b_2} - t$ 曲线（见图 8-13）。假设 T 点在 t_1 时刻开始进入接触区域，在 t_2 时刻离开接触区域，则 T 点在砂带轮经过之后的材料去除深度为

$$h = K \cdot v_s^{b_3} \cdot \int_{t_1}^{t_2} K_t(t) \cdot p(t)^{b_2} \cdot \mathrm{d}t$$

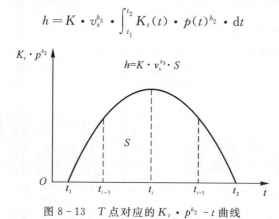

图 8-13　T 点对应的 $K_t \cdot p^{b_2} - t$ 曲线

8.2　多轴数控砂轮磨削的磨损预测方法

8.2.1　砂轮磨损预测的应用需求

磨削是一种精密加工方法，广泛应用于机械制造行业，通常面向被加工工件的半精加工和精加工环节。因此，磨削加工对于保证被加工工件的表面粗糙度、尺寸精度等都起着关键性作用。伴随着砂轮及磨料制备新技术的应用以及磨削技术的飞速发展，磨削加工效率不断提高，磨削加工的应用范围日益扩大。在某些方面，磨削已经成为与车、铣、刨等相竞争的加工方法[20-26]。

8.2.2　砂轮磨削中瞬时未变形磨屑建模

在砂轮坐标系下，任意形状的回转体砂轮的工作表面都可以看作是由一条位于 $X_T O_T Z_T$ 平面的母线绕 z_T 轴旋转而成的。为了建立通用的回转体砂轮数学模型，本书用一条准均匀二次 B 样条曲线表示砂轮母线，若已知砂轮坐标系下砂轮右侧母线的三个控制顶点分别为 $\boldsymbol{V}_1$、$\boldsymbol{V}_2$ 和 $\boldsymbol{V}_3$，则位于其上的任意一点可以表示为

$$C^R(s) = \sum_{i=0}^{2} N_{i,2}(s)\boldsymbol{V}_i = \begin{bmatrix} C_X^R(s) \\ C_Y^R(s) \\ C_Z^R(s) \end{bmatrix} \begin{bmatrix} 1 & s & s^2 \end{bmatrix} \begin{bmatrix} 1 & 0 & 0 \\ -2 & 2 & 0 \\ 1 & -2 & 1 \end{bmatrix} \begin{bmatrix} \boldsymbol{V}_1 \\ \boldsymbol{V}_2 \\ \boldsymbol{V}_3 \end{bmatrix}, \quad 0 \leqslant s \leqslant 1$$

其中，s 是描述点的位置的参数。

将砂轮母线设定在 $X_T O_T Z_T$ 平面内,故 $\boldsymbol{V}_1$、$\boldsymbol{V}_2$ 和 $\boldsymbol{V}_3$ 三个控制顶点的 Y_T 向坐标均为 0,则有

$$C_X^R(s) = \begin{bmatrix} 1 & s & s^2 \end{bmatrix} \begin{bmatrix} 1 & 0 & 0 \\ -2 & 2 & 0 \\ 1 & -2 & 1 \end{bmatrix} \begin{bmatrix} x_1 \\ x_2 \\ x_3 \end{bmatrix}, \quad 0 \leqslant s \leqslant 1$$

$$C_Y^R(s) = 0, \quad 0 \leqslant s \leqslant 1$$

$$C_Z^R(s) = \begin{bmatrix} 1 & s & s^2 \end{bmatrix} \begin{bmatrix} 1 & 0 & 0 \\ 2 & 2 & 0 \\ 1 & -2 & 1 \end{bmatrix} \begin{bmatrix} z_1 \\ z_2 \\ z_3 \end{bmatrix}, \quad 0 \leqslant s \leqslant 1$$

其中,x_1、x_2、x_3 和 z_1、z_2、z_3 为控制顶点对应的 X_T 向坐标和 Z_T 向坐标。

如图 8-14 所示,对于由母线绕砂轮坐标系 Z_T 轴旋转生成的砂轮工作面,位于其上的具有相同参数 s 的点与 Z_T 轴之间的距离是固定不变的,称为砂轮在参数 s 处对应的砂轮半径,可以表示为

$$r(s) = \sqrt{C_X^R(s)^2 + C_Y^R(s)^2} = \begin{bmatrix} 1 & s & s^2 \end{bmatrix} \begin{bmatrix} 1 & 0 & 0 \\ -2 & 2 & 0 \\ 1 & -2 & 1 \end{bmatrix} \begin{bmatrix} x_1 \\ x_2 \\ x_3 \end{bmatrix}, \quad 0 \leqslant s \leqslant 1$$

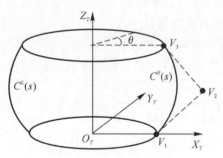

图 8-14　回转体砂轮建模

同样地,具有相同参数 s 的砂轮工作面上的点具有相同的 Z_T 向坐标,可以表示为

$$H(s) = C_Z^R(s) = \begin{bmatrix} 1 & s & s^2 \end{bmatrix} \begin{bmatrix} 1 & 0 & 0 \\ -2 & 2 & 0 \\ 1 & -2 & 1 \end{bmatrix} \begin{bmatrix} z_1 \\ z_2 \\ z_3 \end{bmatrix}, \quad 0 \leqslant s \leqslant 1$$

在此基础上,将砂轮工作面记为 S^T,则位于该回转曲面上的任意一点可以表示为

$$S^T(s,\theta) = \begin{bmatrix} S_X^T(s,\theta) \\ S_Y^T(s,\theta) \\ S_Z^T(s) \end{bmatrix} = \begin{bmatrix} r(s)\cos\theta \\ r(s)\sin\theta \\ H(s) \end{bmatrix}, \quad 0 \leqslant s \leqslant 1, \quad 0 \leqslant \theta < 2\pi$$

其中,θ 为表示面上一点的弧度参数,由砂轮坐标系 X_T 轴沿逆时针方向逐渐增大。

考虑到砂轮运动过程中与工件层 Γ_j 的相对位置关系,需要对可能产生的瞬时磨削刃形状进行分类讨论。在砂轮坐标系下,砂轮坐标系 $X_T O_T Z_T$ 平面的单位法矢为 $\boldsymbol{n}_{X_T O_T Z_T}^T = \begin{bmatrix} 0 & 1 & 0 \end{bmatrix}^T$,由砂轮坐标系到加工坐标系之间的变换矩阵可得

$$\begin{bmatrix} \boldsymbol{n}^{W}_{X_T O_T Z_T} \\ 0 \end{bmatrix} = \boldsymbol{M}^{W}_{T} \cdot \begin{bmatrix} \boldsymbol{n}^{T}_{X_T O_T Z_T} \\ 0 \end{bmatrix} = \begin{bmatrix} -\sin C \\ \cos C \\ 0 \\ 0 \end{bmatrix}$$

故 $\boldsymbol{n}^{W}_{X_T O_T Z_T} = [-\sin C \quad \cos C \quad 0]^{T}$。而在加工坐标系下 $X_w O_w Y_w$ 平面的单位法矢为 $\boldsymbol{n}^{W}_{X_w O_w Y_w} = [0 \quad 0 \quad 1]^{T}$，由

$$\boldsymbol{n}^{W}_{X_T O_T Z_T} \cdot \boldsymbol{n}^{W}_{X_w O_w Y_w} = 0$$

可知在五轴磨削过程中，加工坐标系的 $X_w O_w Y_w$ 平面与砂轮坐标系的 $X_T O_T Z_T$ 始终垂直。同理，将砂轮坐标系 $X_T O_T Y_T$ 平面的单位法矢为 $\boldsymbol{n}^{T}_{X_T O_T Y_T} = [0 \quad 0 \quad 1]^{T}$ 转换到加工坐标系下有

$$\begin{bmatrix} \boldsymbol{n}^{W}_{X_T O_T Y_T} \\ 0 \end{bmatrix} = \boldsymbol{M}^{W}_{T} \cdot \begin{bmatrix} \boldsymbol{n}^{T}_{X_T O_T Y_T} \\ 0 \end{bmatrix} = \begin{bmatrix} \cos C \sin B \\ \sin C \sin B \\ \cos B \\ 0 \end{bmatrix}$$

根据

$$\frac{\boldsymbol{n}^{W}_{X_T O_T Y_T} \cdot \boldsymbol{n}^{W}_{X_w O_w Y_w}}{|\boldsymbol{n}^{W}_{X_T O_T Y_T}| |\boldsymbol{n}^{W}_{X_w O_w Y_w}|} = \cos B$$

可知 $X_T O_T Y_T$ 平面法矢与 $X_w O_w Y_w$ 平面法矢夹角为机床输入量 B，因此五轴磨削过程中 $X_T O_T Y_T$ 平面与 $X_w O_w Y_w$ 平面夹角为 B。

图 8-15 展示了 t_i 时刻工件层 Γ_j 与砂轮的相对位置关系。砂轮坐标系下工件层 Γ_j 与 $O_T Z_T$ 轴的交点为 $[0 \quad 0 \quad l_0]^{T}$，借助于该时刻砂轮坐标系到加工坐标系的变换矩阵 $\boldsymbol{M}^{W}_{T}$ 可得

$$\boldsymbol{M}^{W}_{T} \cdot \begin{bmatrix} 0 \\ 0 \\ l_0 \\ 1 \end{bmatrix} = [M_{31} \quad 0 \quad M_{33} \quad M_{34}] \cdot \begin{bmatrix} 0 \\ 0 \\ l_0 \\ 1 \end{bmatrix} = M_{33} \cdot l_0 + M_{34} = z_{\Gamma_j}$$

即有

$$l_0 = \frac{z_{\Gamma_j} - M_{34}}{M_{33}}$$

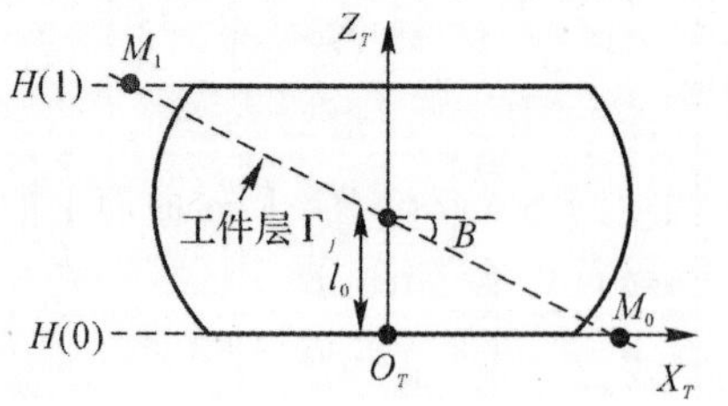

图 8-15　工件层 Γ_j 与砂轮的相对位置

此时根据工件层 Γ_j 与砂轮的相对位置关系，可得工件层 Γ_j 在砂轮坐标系下满足如下方程：

$$z_{T,\Gamma_j} = \tan B \cdot x_{T,\Gamma_j} + l_0 = \tan B \cdot x_{T,\Gamma_j} + \frac{z_{\Gamma_j} - M_{34}}{M_{33}}$$

其中，x_{T,Γ_j} 与 z_{T,Γ_j} 分别为 Γ_j 上的点在砂轮坐标系下的 X_T 向和 Z_T 向坐标。

在 $X_T O_T Z_T$ 平面内，工件层 Γ_j 与砂轮上下端面所在平面存在两个交点，分别记为 M_1 和 M_0，将两点与砂轮坐标系 Z_T 轴之间的距离分别记为 R_{M1} 和 R_{M0}，则有

$$R_{M0} = \left| \frac{l_0}{\tan B} \right|, \quad R_{M1} = \left| \frac{H(1) - l_0}{\tan B} \right|$$

其中，$H(1)$ 为砂轮上参数 $s=1$ 的点对应的 Z_T 向坐标。

在 $X_T O_T Y_T$ 平面内，存在两条砂轮母线，左侧母线 $C^L(s)$ 必然满足

$$C_X^L(s) = -C_X^R(s) = \begin{bmatrix} 1 & s & s^2 \end{bmatrix} \begin{bmatrix} 1 & 0 & 0 \\ -2 & 2 & 0 \\ 1 & -2 & 1 \end{bmatrix} \begin{bmatrix} x_1 \\ x_2 \\ x_3 \end{bmatrix}, \quad 0 \leqslant s \leqslant 1$$

$$C_Z^L(s) = C_Z^R(s) = \begin{bmatrix} 1 & s & s^2 \end{bmatrix} \begin{bmatrix} 1 & 0 & 0 \\ -2 & 2 & 0 \\ 1 & -2 & 1 \end{bmatrix} \begin{bmatrix} z_1 \\ z_2 \\ z_3 \end{bmatrix}, \quad 0 \leqslant s \leqslant 1$$

下面以右侧母线 $C^R(s)$ 为例说明母线与工件层交点的求解方法。令

$$x_{T,\Gamma_j} = C_X^R(s), \quad z_{T,\Gamma_j} = C_Z^R(s)$$

代入公式并化简可得

$$[z_1 - 2z_2 + z_3 - (x_1 - 2x_2 + x_3)\tan B]s^2 + 2[-z_1 + z_2 - (-x_1 + x_2)\tan B]s +$$
$$\left(z_1 - x_1\tan B - \frac{z_{\Gamma_j} - M_{34}}{M_{33}} \right) = 0$$

则根据一元二次方程求根公式可以得到满足方程的 s 的个数及取值大小，即为母线 $C(s)$ 与工件层交点对应的 s 参数。同理，可求得左侧母线对应的一元二次方程为

$$[z_1 - 2z_2 + z_3 + (x_1 - 2x_2 + x_3)\tan B]s^2 + 2[-z_1 + z_2 + (-x_1 + x_2)\tan B]s +$$
$$\left(z_1 + x_1\tan B - \frac{z_{\Gamma_j} - M_{34}}{M_{33}} \right) = 0$$

进而可求得 $C^L(s)$ 与工件层的交点个数和对应参数。

在此基础上，若已知某时刻下的砂轮位置对应的机床输入量，则根据 R_{M1} 和 R_{M0} 以及 $X_T O_T Z_T$ 平面内砂轮两侧母线与工件层的交点情况，对 Γ_j 与砂轮相交生成的瞬时磨削刃的形状进行判别的方法如下：

（1）如图 8-16(a) 所示，若 $R_{M1} > r(1)$，$R_{M0} > r(0)$ 且工件层 Γ_j 与位于 $X_T O_T Z_T$ 平面内砂轮两侧母线均无交点，则此时在该工件层上未产生瞬时磨削刃。

（2）如图 8-16(b) 所示，若 $R_{M1} > r(1)$，$R_{M0} > r(0)$ 且工件层仅与位于 $X_T O_T Z_T$ 平面内砂轮一侧母线存在一个交点，此时工件层与砂轮在该点处相切，瞬时磨削刃为一个单独的点，这种相交情况无实际意义，对此不做研究。

（3）如图 8-16(c) 所示，若 $R_{M1} > r(1)$，$R_{M0} > r(0)$ 且工件层仅与位于 $X_T O_T Z_T$ 平面内砂轮一侧母线存在两个交点，此时砂轮工作面上仅有一侧与工件层相交，产生的瞬时磨削刃的形状为一条封闭环面曲线。

（4）如图 8-16(d) 所示，若 $R_{M1} > r(1)$，$R_{M0} > r(0)$ 且工件层与位于 $X_T O_T Z_T$ 平面内砂轮两侧母线均存在一个交点，此时整个砂轮工作表面均与工件层 Γ_j 相交，产生的瞬时磨削刃的形状为一条封闭的环面曲线。

（5）如图 8-16(e) 所示，若 $R_{M1} > r(1)$，$R_{M0} < r(0)$ 且工件层与位于 $X_T O_T Y_T$ 平面内砂轮两侧母线均无交点，此时砂轮工作表面和下端面同时参与了瞬时磨削刃的构成，瞬时磨削刃的形状为由一条线段和一条环面曲线组合而成的封闭图形。

（6）如图 8-16(f) 所示，若 $R_{M1} < r(1)$，$R_{M0} > r(0)$ 且工件层与位于 $X_T O_T Z_T$ 平面内砂轮两侧母线均无交点，此时瞬时磨削刃由砂轮上端面、工作表面与工件层 Γ_j 相交产生，其形状也为由一条线段和一条环面曲线组合而成的封闭图形。

（7）如图 8-16(g) 所示，若 $R_{M1} < r(1)$，$R_{M0} < r(0)$ 且工件层与位于 $X_T O_T Z_T$ 平面内砂轮两侧母线均无交点，此时砂轮上端面、工作表面以及下端面均与工件层 Γ_j 相交，瞬时磨削刃的形状为由两段线段和两段环面曲线构成的封闭图形。

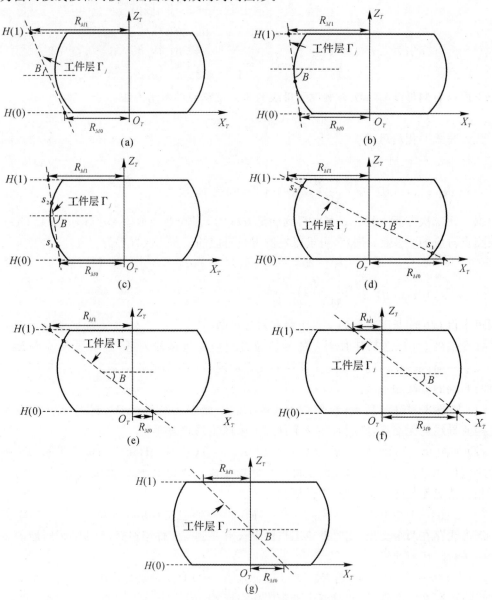

图 8-16　瞬时磨削刃的形状判别方法

可以发现，如果砂轮与工件层 Γ_j 相交，则生成的瞬时磨削刃可能是封闭的环面曲线，也可能是由部分环面曲线和线段组成的复合曲线。因此，对于瞬时磨削刃的求解分为环面曲线部分求解和线段部分求解两个方面。

（1）环面曲线部分求解。瞬时磨削刃上的环面曲线部分产生于砂轮工作回转面与工件层 Γ_j 的相交，将相交产生的环面曲线记为 TC（见图 8-17）。若经过前面对于瞬时磨削刃形状判定得知 t_i 瞬时下砂轮与工件层 Γ_j 相交产生的瞬时磨削刃上存在环面曲线部分，由于 TC 位于砂轮工作表面上，则其在砂轮坐标系下可以表示为

$$\mathbf{TC}_T(s,\theta) = [TC_{T,X}(s,\theta)\quad TC_{T,Y}(s,\theta)\quad TC_{T,Z}(s)]^T = [r(s)\cos\theta\quad r(s)\sin\theta\quad H(s)]^T$$

且有

$$TC_{T,X}(s,\theta)^2 + TC_{T,Y}(s,\theta)^2 = r(s)^2$$

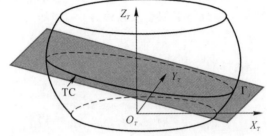

图 8-17　环面曲线

同理，根据 TC 同样位于工件层 Γ_j 上，而工件层 Γ_j 在加工坐标系下对应的 Z_W 向坐标为 z_{Γ_j}，借助于 t_i 瞬时砂轮坐标系到加工坐标系的变换矩阵 $\boldsymbol{M}_T^W$ 环面曲线上的点一定满足

$$\boldsymbol{M}_T^W \cdot \begin{bmatrix} \mathbf{TC}_T(s,\theta) \\ 1 \end{bmatrix} = \begin{bmatrix} \mathbf{TC}_W(s,\theta) \\ 1 \end{bmatrix} = \begin{bmatrix} TC_{W,X}(s,\theta) \\ TC_{W,Y}(s,\theta) \\ z_{\Gamma_j} \\ 1 \end{bmatrix}$$

有 $[M_{31}\quad 0\quad M_{33}\quad M_{34}] \begin{bmatrix} TC_{T,X}(s,\theta) \\ TC_{T,Y}(s,\theta) \\ TC_{T,Z}(s) \\ 1 \end{bmatrix} = M_{31} \cdot TC_{T,X}(s,\theta) + M_{33} \cdot TC_{T,Z}(s) + M_{34} = z_{\Gamma_j}$

进而可得

$$TC_{T,X}(s,\theta) = \frac{z_{\Gamma_j} - M_{33} \cdot TC_{T,Z}(s) - M_{34}}{M_{31}}$$

可以将砂轮坐标系下的环面曲线表示为关于参数 s 的单参数方程，即

$$\mathbf{TC}_T(s) = \begin{bmatrix} TC_{T,X}(s) \\ TC_{T,Y}(s) \\ TC_{T,Z}(s) \end{bmatrix} = \begin{bmatrix} [z_{\Gamma_j} - M_{33} \cdot H(s) - M_{34}]/M_{31} \\ \pm\sqrt{r(s)^2 - TC_{T,X}(s)^2} \\ H(s) \end{bmatrix}$$

对于环面曲线参数 s 的取值范围，根据计算得到的工件层 Γ_j 与砂轮在 $X_T O_T Z_T$ 平面内的两侧母线的交点情况进行如下说明：

1) 若 t_i 瞬时砂轮与工件层 Γ_j 的相对位置关系如图 8-16(c)(d) 所示，工件层与两侧母线存在两个交点，将两个交点对应的参数按照从小到大的顺序分别记为 s_1、s_2，则此种情况下环面曲线参数 s 的取值范围为 $s_{\text{range}} = [s_1, s_2]$。

2) 若 t_i 瞬时砂轮与工件层 Γ_j 的相对位置关系如图 8-16(e) 所示，工件层仅与单侧母线存在一个交点，将交点的对应参数记为 s_1。此时工件层还与砂轮下端面相交，而砂轮下端面上的点对应参数为 $s=0$，故此种情况下环面曲线参数 s 的取值范围为 $s_{\text{range}} = [0, s_1]$。

3) 若 t_i 瞬时砂轮与工件层 Γ_j 的相对位置关系如图 8-16(f) 所示，同样将工件层与砂轮在 $X_T O_T Z_T$ 平面内的两侧母线仅存在的一个交点对应参数记为 s_1。此时工件层还与砂轮上端面相交，环面曲线参数 s 的取值范围为 $s_{\text{range}} = [s_1, 1]$。

4) 若 t_i 瞬时砂轮与工件层 Γ_j 的相对位置关系如图 8-16(g) 所示，此时工件层与砂轮在 $X_T O_T Z_T$ 平面内的两侧母线均无交点，此时环面曲线参数 s 的取值范围为 $s_{\text{range}} = [0, 1]$。

综上所述，环面曲线在加工坐标系下的参数方程为

$$
\begin{bmatrix} \text{TC}_W(s) \\ 1 \end{bmatrix} = \boldsymbol{M}_T^W \cdot \begin{bmatrix} \text{TC}_C(s) \\ 1 \end{bmatrix} = \boldsymbol{M}_T^W \cdot \begin{bmatrix} \text{TC}_{T,X}(s) \\ \text{TC}_{T,Y}(s) \\ \text{TC}_{T,Z}(s) \\ 1 \end{bmatrix} =
$$

$$
\boldsymbol{M}_T^W \cdot \begin{bmatrix} [z_{\Gamma_j} - M_{33} \cdot H(s) - M_{34}]/M_{31} \\ \pm \sqrt{r(s)^2 - \text{TC}_{T,X}(s)^2} \\ H(s) \\ 1 \end{bmatrix}, \quad s \in s_{\text{range}}
$$

至此，瞬时磨削刃上的环面曲线部分求解完毕。

（2）线段部分求解。瞬时磨削刃上的线段部分产生于砂轮上端面或者下端面与工件层的相交，其中将砂轮上端面与工件层相交产生的线段部分记为 LI^U，将砂轮下端面与工件层相交产生的线段部分即为 LI^D（见图 8-18）。根据磨削过程中工件层 Γ_j 始终与砂轮对称平面 $X_T O_T Z_T$ 相互垂直，所以工件层与砂轮相交产生的线段部分平行于 Y_T 轴且关于 $X_T O_T Z_T$ 平面对称。下面对砂轮上端面和下端面上的线段部分进行分类求解[27-31]。

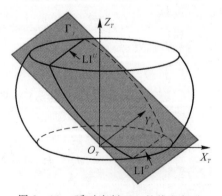

图 8-18　瞬时磨削刃上的线段部分

对于砂轮上端面线段部分 LI^U，由于线段位于砂轮上端面上，因此在砂轮坐标系下位于相

交选段 LI^U 的点具相同的 Z_T 向坐标,为

$$\mathrm{LI}_{T,z}^U = H(1)$$

同样根据 LI^U 也位于工件层 Γ_j 上,根据 Γ_j 在砂轮坐标系下的方程可得

$$\mathrm{LI}_{T,z}^U = \tan B \cdot \mathrm{LI}_{T,x}^U + \frac{z_{\Gamma_j} - M_{34}}{M_{33}}$$

进而可求得

$$\mathrm{LI}_{T,x}^U = \frac{\mathrm{LI}_{T,z}^U}{\tan B} - \frac{z_{\Gamma_j} - M_{34}}{M_{33} \cdot \tan B} = \frac{z_{\Gamma_j} - M_{33} \cdot H(1) - M_{34}}{M_{31}}$$

其中,$\mathrm{LI}_{T,x}^U$ 为线段 LI^U 在砂轮坐标系下对应的 X_T 向坐标。由砂轮在上端面处的半径为 $r(1)$,则该段线段在砂轮坐标系下可以表示为

$$\mathrm{LI}_T^U(\lambda) = \begin{bmatrix} \mathrm{LI}_{T,x}^U \\ \lambda \cdot \sqrt{r(1)^2 - (\mathrm{LI}_{T,x}^U)^2} \\ H(1) \\ 1 \end{bmatrix}, \quad \lambda \in [-1,1]$$

其中,λ 为描述线段部分点的位置的参数。因此,LI^U 在加工坐标系下的参数方程为

$$\begin{bmatrix} \mathrm{LI}_W^U(\lambda) \\ 1 \end{bmatrix} = \boldsymbol{M}_T^W \cdot \begin{bmatrix} \mathrm{LI}_T^U(\lambda) \\ 1 \end{bmatrix} = \boldsymbol{M}_T^W \cdot \begin{bmatrix} \mathrm{LI}_{T,x}^U \\ \lambda \cdot \sqrt{r(1)^2 - (\mathrm{LI}_{T,x}^U)^2} \\ H(1) \\ 1 \end{bmatrix}, \quad \lambda \in [-1,1]$$

与上端面线端部分求解类似,对于砂轮下端面上的线段部分 LI^D,位于其上的点在砂轮坐标系下具有相同的 X_T 向坐标为

$$\mathrm{LI}_{T,z}^D = H(0) = 0$$

由于 LI 同样位于工件层 Γ_j 上,根据 Γ_j 在砂轮坐标系下的方程可得

$$\mathrm{LI}_{T,z}^D = \tan B \cdot \mathrm{LI}_{T,x}^D + \frac{z_{\Gamma_j} - M_{34}}{M_{33}}$$

进而可求得

$$\mathrm{LI}_{T,x}^D = \frac{\mathrm{LI}_{T,z}^D}{\tan B} - \frac{z_{\Gamma_j} - M_{34}}{M_{33} \cdot \tan B} = \frac{z_{\Gamma_j} - M_{33} \cdot H(0) - M_{34}}{M_{31}} = \frac{z_{\Gamma_j} - M_{34}}{M_{31}}$$

其中,$\mathrm{LI}_{T,x}^D$ 为线段 LI^D 在砂轮坐标系下对应的 X_T 向坐标。由砂轮在下端面处的半径为 $r(0)$,则 LI^D 在砂轮坐标系下可以表示为

$$\mathrm{LI}_T^D(\lambda) = \begin{bmatrix} \mathrm{LI}_{T,x}^D \\ \lambda \cdot \sqrt{r(0)^2 - (\mathrm{LI}_{T,x}^D)^2} \\ 0 \\ 1 \end{bmatrix}, \quad \lambda \in [-1,1]$$

因此,LI^D 在加工坐标系下的参数方程为

$$\begin{bmatrix} \mathrm{LI}_W^D(\lambda) \\ 1 \end{bmatrix} = \boldsymbol{M}_T^W \cdot \begin{bmatrix} \mathrm{LI}_T^D(\lambda) \\ 1 \end{bmatrix} = \boldsymbol{M}_T^W \cdot \begin{bmatrix} \mathrm{LI}_{T,x}^D \\ \lambda \cdot \sqrt{r(0)^2 - (\mathrm{LI}_{T,x}^D)^2} \\ 0 \\ 1 \end{bmatrix}, \quad \lambda \in [-1,1]$$

至此,关于瞬时磨削刃上的线段部分求解完毕。

(3)临界点参数求解。根据边界理论,砂轮运动包络求解的关键在于临界点的求解。前部分对砂轮在运动过程中可能与工件层 Γ_j 产生的相交状况进行了分类讨论,并成功构建了相交条件下产生的瞬时磨削刃上的环面曲线部分和线段部分的数学模型,基于此瞬时磨削刃上临界点的求解,同样在环面曲线部分和线段部分分别进行。

1)求解环面曲线临界点。瞬时磨削刃上的环面曲线部分在加工坐标系下的数学模型,有

$$TC_{w,x}(s) = M_{11} TC_{T,x}(s) + M_{12} TC_{T,Y}(s) + M_{13} TC_{T,z}(s) + M_{14}$$

$$TC_{w,Y}(s) = M_{21} TC_{T,x}(s) + M_{22} TC_{T,Y}(s) + M_{23} TC_{T,z}(s) + M_{24}$$

$$TC_{w,z}(s) = M_{31} TC_{T,x}(s) + M_{33} TC_{T,z}(s) + M_{34} = z_{\Gamma_j}$$

根据边界理论,某一时刻 t 下瞬时磨削刃上环面曲线上任意一点的速度矢量可以表示为

$$\boldsymbol{V}(s,t) = \frac{\partial TC_W(s)}{\partial t} = \begin{bmatrix} \dfrac{\partial TC_{W,X}(s)}{\partial t} \\[2mm] \dfrac{\partial TC_{W,Y}(s)}{\partial t} \\[2mm] \dfrac{\partial TC_{W,Z}(s)}{\partial t} \end{bmatrix}$$

因此可得

$$\frac{\partial TC_{W,X}(s)}{\partial t} = M'_{11} TC_{T,X}(s) + M_{11} \frac{\partial TC_{T,X}(s)}{\partial t} + M'_{12} TC_{T,Y}(s) +$$
$$M_{12} \frac{\partial TC_{T,Y}(s)}{\partial t} + M'_{13} TC_{T,z}(s) + M'_{14}$$

$$\frac{\partial TC_{W,Y}(s)}{\partial t} = M'_{21} TC_{T,X}(s) + M_{21} \frac{\partial TC_{T,X}(s)}{\partial t} + M'_{22} TC_{T,Y}(s) +$$
$$M_{22} \frac{\partial TC_{T,Y}(s)}{\partial t} + M'_{23} TC_{T,z}(s) + M'_{24}$$

$$\frac{\partial TC_{W,z}(s)}{\partial t} = 0$$

其中 $\dfrac{\partial TC_{T,X}(s)}{\partial t} = \dfrac{\left[-M'_{33} TC_{T,z}(s)\right] M_{31} - M'_{31}\left[z_{\Omega} - M_{33} TC_{T,z}(s) - M_{34}\right]}{M_{31}{}^2} \dfrac{\partial TC_{T,Y}(s)}{\partial t} = $

$$-\frac{TC_{T,X}(s)}{TC_{T,Y}(s)} \frac{\partial TC_{T,X}(s)}{\partial t}$$

式中,M'_{ij} 为矩阵 $\boldsymbol{M}_T^W$ 各项对时间 t 求导得到,有如下数学表达:

$$\boldsymbol{M'}_T^W = \begin{bmatrix} M'_{11} & M'_{12} & M'_{13} & M'_{14} \\ M'_{21} & M'_{22} & M'_{23} & M'_{24} \\ M'_{31} & 0 & M'_{33} & M'_{34} \\ 0 & 0 & 0 & 1 \end{bmatrix}$$

$$
其中
\begin{cases}
M'_{11} = -\Delta B \sin B \cos C - \Delta C \cos B \sin C \\[4pt]
M'_{12} = -\Delta C \cos C \\[4pt]
M'_{13} = \Delta B \cos B \cos C - \Delta C \sin B \sin C \\[4pt]
M'_{14} = \Delta x \cos B \cos C + x_0(-\Delta B \sin B \cos C - \Delta C \cos B \sin C) - \Delta y \sin C - \\
\qquad\quad y_0 \Delta C \cos C + \Delta z \sin B \cos C + z_0(\Delta B \cos B \cos C - \Delta C \sin B \sin C) \\[4pt]
M'_{21} = \Delta C \cos B \cos C - \Delta B \sin B \sin C \\[4pt]
M'_{22} = -\Delta C \sin C \\[4pt]
M'_{23} = \Delta B \cos B \sin C + \Delta C \sin B \cos C \\[4pt]
M'_{24} = \Delta x \cos B \sin C + x_0(\Delta C \cos B \cos C - \Delta B \sin B \sin C) + \\
\qquad\quad \Delta y \cos C - y_0 \Delta C \sin C + \Delta z \sin B \sin C - z_0(\Delta B \cos B \sin C + \Delta C \sin B \cos C) \\[4pt]
M'_{31} = -\Delta B \cos B \\[4pt]
M'_{33} = -\Delta B \sin B \\[4pt]
M'_{34} = -\Delta x \sin B - x_0 \Delta B \cos B + \Delta z \cos B - z_0 \Delta B \sin B
\end{cases}
$$

式中, $x_0 = x_M - \delta x_P$, $y_0 = y_M - \delta y_P$, $z_0 = z_M - \delta z_P - L$。

根据瞬时磨削刃上的环面曲线部分在加工坐标系下的数学模型,位于其上的任意一点处的切向矢量为

$$
\boldsymbol{T}(s,t) = \frac{\partial \mathrm{TC}_W(s)}{\partial s} =
\begin{bmatrix}
\dfrac{\partial \mathrm{TC}_{W,X}(s)}{\partial s} \\[10pt]
\dfrac{\partial \mathrm{TC}_{W,Y}(s)}{\partial s} \\[10pt]
\dfrac{\partial \mathrm{TC}_{W,Z}(s)}{\partial s}
\end{bmatrix}
$$

上式中各项可以分别表示为

$$
\frac{\partial \mathrm{TC}_{W,X}(s)}{\partial s} = M_{11}\frac{\partial \mathrm{TC}_{T,X}(s)}{\partial s} + M_{12}\frac{\partial \mathrm{TC}_{T,Y}(s)}{\partial s} + M_{13}\frac{\partial \mathrm{TC}_{T,Z}(s)}{\partial s}
$$

$$
\frac{\partial \mathrm{TC}_{W,Y}(s)}{\partial s} = M_{21}\frac{\partial \mathrm{TC}_{T,X}(s)}{\partial s} + M_{22}\frac{\partial \mathrm{TC}_{T,Y}(s)}{\partial s} + M_{23}\frac{\partial \mathrm{TC}_{T,Z}(s)}{\partial s}
$$

$$
\frac{\partial \mathrm{TC}_{W,Z}(s)}{\partial s} = M_{31}\frac{\partial \mathrm{TC}_{T,X}(s)}{\partial s} + M_{33}\frac{\partial \mathrm{TC}_{T,Z}(s)}{\partial s}
$$

式中

$$
\frac{\partial \mathrm{TC}_{T,X}(s)}{\partial s} = -\frac{M_{33}}{M_{31}}\frac{\partial \mathrm{TC}_{T,Z}(s)}{\partial s}
$$

$$
\frac{\partial \mathrm{TC}_{T,Y}(s)}{\partial s} = \frac{r(s)\dfrac{\partial r(s)}{\partial s} - \mathrm{TC}_{T,X}(s)\dfrac{\partial \mathrm{TC}_{T,X}(s)}{\partial s}}{\mathrm{TC}_{T,Y}(s)}
$$

$$
\frac{\partial \mathrm{TC}_{T,Z}(s)}{\partial s} = \frac{\partial H(s)}{\partial s} = \begin{bmatrix} 0 & 1 & 2s \end{bmatrix}\begin{bmatrix} 1 & 0 & 0 \\ -2 & 2 & 0 \\ 1 & -2 & 1 \end{bmatrix}\begin{bmatrix} z_1 \\ z_2 \\ z_3 \end{bmatrix}
$$

其中
$$\frac{\partial r(s)}{\partial s} = \begin{bmatrix} 0 & 1 & 2s \end{bmatrix} \begin{bmatrix} 1 & 0 & 0 \\ -2 & 2 & 0 \\ 1 & -2 & 1 \end{bmatrix} \begin{bmatrix} x_1 \\ x_2 \\ x_3 \end{bmatrix}$$

环面曲线上一点处的切向矢量确定之后,该点处的外法矢方向可以由切向矢量沿顺时针方向旋转 $\pi/4$ 弧度得到,从而该点处外法矢为可以表示为

$$N(s,t) = \begin{bmatrix} \cos\left(-\frac{\pi}{4}\right) & -\sin\left(-\frac{\pi}{4}\right) & 0 \\ \sin\left(-\frac{\pi}{4}\right) & \cos\left(-\frac{\pi}{4}\right) & 0 \\ 0 & 0 & 1 \end{bmatrix} \cdot T(s,t) = \begin{bmatrix} \dfrac{\partial TC_{w,Y}(s)}{\partial s} \\ -\dfrac{\partial TC_{w,X}(s)}{\partial s} \\ \dfrac{\partial TC_{w,Z}(s)}{\partial s} \end{bmatrix}$$

根据边界理论中临界点的判定条件,可得环面曲线上的临界点一定满足

$$V(s,t)^{\mathrm{T}} \cdot N(s,t) = \frac{\partial TC_{w,X}(s)}{\partial t} \cdot \frac{\partial TC_{w,Y}(s)}{\partial s} - \frac{\partial TC_{w,Y}(s)}{\partial t} \cdot \frac{\partial TC_{w,X}(s)}{\partial s} = 0$$

因此可以求解得到临界点对应的参数 s。需要注意的是,对求解得到的 s 做进一步判断:若求得的 $s \in s_{\text{range}}$,则 s 为有效解,对应一个临界点;若 $s \notin s_{\text{range}}$,则 s 为无效解,直接舍去。

2) 求解线段部分临界点。首先求解上端面线段部分临界点。根据上端面线段部分在加工坐标系下的数学表达,对于此类线段上的任意一点,该点的速度矢量可以通过求解 $LI_W^U(\lambda)$ 对时间 t 的偏导进行求解。对于线段 $LI_W^U(\lambda)$ 有

$$LI_{W,X}^U(\lambda) = M_{11} LI_{T,X}^U + M_{12} LI_{T,Y}^U + M_{13} H(1) + M_{14}$$
$$LI_{W,Y}^U(\lambda) = M_{21} LI_{T,X}^U + M_{22} LI_{T,Y}^U + M_{23} H(1) + M_{24}$$
$$LI_{W,Z}^U(\lambda) = M_{31} LI_{T,X}^U + M_{33} H(1) + M_{34}$$

从而某一时刻 t 下的瞬时磨削刃的上端面线段部分上任意一点的速度矢量可以表示为

$$V(\lambda,t) = \frac{\partial LI_W^U(\lambda)}{\partial t} = \begin{bmatrix} \dfrac{\partial LI_{W,X}^U(\lambda)}{\partial t} \\ \dfrac{\partial LI_{W,Y}^U(\lambda)}{\partial t} \\ \dfrac{\partial LI_{W,Z}^U(\lambda)}{\partial t} \end{bmatrix}$$

上式中各项分别为

$$\frac{\partial LI_{W,X}^U(\lambda)}{\partial t} = M_{11}' LI_{T,X}^U + M_{11} \frac{\partial LI_{T,X}^U}{\partial t} + M_{12}' LI_{T,Y}^U + M_{12} \frac{\partial LI_{T,Y}^U}{\partial t} + M_{13}' H(1) + M_{14}'$$

$$\frac{\partial LI_{W,Y}^U(\lambda)}{\partial t} = M_{21}' LI_{T,X}^U + M_{21} \frac{\partial LI_{T,X}^U}{\partial t} + M_{22}' LI_{T,Y}^U + M_{22} \frac{\partial LI_{T,Y}^U}{\partial t} + M_{23}' H(1) + M_{24}'$$

$$\frac{\partial LI_{W,Z}^U(\lambda)}{\partial t} = M_{31}' LI_{T,X}^U + M_{31} \frac{\partial LI_{T,X}^U}{\partial t} + M_{33}' H(1) + M_{34}'$$

其中
$$\frac{\partial LI_{T,X}^U}{\partial t} = \frac{\partial}{\partial t}\left[\frac{z_{\Gamma_j} - M_{33} H(1) - M_{34}}{M_{31}}\right] = -\frac{[M_{34}' + M_{33} H(1)]M_{31} + [z_{\Gamma_j} - M_{33} H(1) - M_{34}]M_{31}'}{M_{31}^2}$$

$$\frac{\partial LI_{T,Y}^U}{\partial t} = \lambda \frac{LI_{T,X}^U}{\sqrt{r(1)^2 - (LI_{T,X}^U)^2}} \frac{\partial LI_{T,X}^U}{\partial t} = \frac{\lambda^2 LI_{T,X}^U}{LI_{T,Y}^U} \frac{\partial LI_{T,X}^U}{\partial t}$$

此外,瞬时磨削刃在某一点的切矢可以表示为

$$T(\lambda,t)=\frac{\partial \mathrm{LI}_W^U(\lambda)}{\partial \lambda}=\begin{bmatrix}\dfrac{\partial \mathrm{LI}_{W,X}^U(\lambda)}{\partial \lambda}\\[2mm]\dfrac{\partial \mathrm{LI}_{W,Y}^U(\lambda)}{\partial \lambda}\\[2mm]\dfrac{\partial \mathrm{LI}_{W,Z}^U(\lambda)}{\partial \lambda}\end{bmatrix}=\begin{bmatrix}M_{12}\sqrt{r(1)^2-(\mathrm{LI}_{T,X}^U)^2}\\[2mm]M_{22}\sqrt{r(1)^2-(\mathrm{LI}_{T,X}^U)^2}\\[2mm]0\end{bmatrix}$$

则该点处的外法矢为

$$N(\lambda,t)=\begin{bmatrix}\cos\left(-\dfrac{\pi}{4}\right) & -\sin\left(-\dfrac{\pi}{4}\right) & 0\\[2mm]\sin\left(-\dfrac{\pi}{4}\right) & \cos\left(-\dfrac{\pi}{4}\right) & 0\\[2mm]0 & 0 & 1\end{bmatrix}\cdot T(\lambda,t)=\begin{bmatrix}M_{22}\sqrt{r(1)^2-(\mathrm{LI}_{T,X}^U)^2}\\[2mm]-M_{12}\sqrt{r(1)^2-(\mathrm{LI}_{T,X}^U)^2}\\[2mm]0\end{bmatrix}$$

因此,根据边界点判定方程 $V(\lambda,t)^{\mathrm{T}}\cdot N(\lambda,t)=0$,可以得到砂轮上端面与工件层相交产生的线段部分临界点对应的 λ 值。

然后求解下端面线段部分临界点。砂轮下端面和工件层相交产生的瞬时磨削刃上线段部分的数学描述展开后可得

$$\mathrm{LI}_{W,X}^D(\lambda)=M_{11}\mathrm{LI}_{T,X}^D+M_{12}\mathrm{LI}_{T,Y}^D+M_{14}$$
$$\mathrm{LI}_{W,Y}^D(\lambda)=M_{21}\mathrm{LI}_{T,X}^D+M_{22}\mathrm{LI}_{T,Y}^D+M_{24}$$
$$\mathrm{LI}_{W,Z}^D(\lambda)=M_{31}\mathrm{LI}_{T,X}^D+M_{34}$$

对于位于 $\mathrm{LI}_W^D(\lambda)$ 线段上的任意一点,其速度矢量为

$$V(\lambda,t)=\frac{\partial \mathrm{LI}_W^D(\lambda)}{\partial t}=\begin{bmatrix}\dfrac{\partial \mathrm{LI}_{W,X}^D(\lambda)}{\partial t}\\[2mm]\dfrac{\partial \mathrm{LI}_{W,Y}^D(\lambda)}{\partial t}\\[2mm]\dfrac{\partial \mathrm{LI}_{W,Z}^D(\lambda)}{\partial t}\end{bmatrix}$$

分别对上式中各项进行表示,有

$$\frac{\partial \mathrm{LI}_{W,X}^D(\lambda)}{\partial t}=M_{11}'\mathrm{LI}_{T,X}^D+M_{11}\frac{\partial \mathrm{LI}_{T,X}^D}{\partial t}+M_{12}'\mathrm{LI}_{T,Y}^D+M_{12}\frac{\partial \mathrm{LI}_{T,Y}^D}{\partial t}+M_{14}'$$

$$\frac{\partial \mathrm{LI}_{W,Y}^D(\lambda)}{\partial t}=M_{21}'\mathrm{LI}_{T,X}^D+M_{21}\frac{\partial \mathrm{LI}_{T,X}^D}{\partial t}+M_{22}'\mathrm{LI}_{T,Y}^D+M_{22}\frac{\partial \mathrm{LI}_{T,Y}^D}{\partial t}+M_{24}'$$

$$\frac{\partial \mathrm{LI}_{W,Z}^D(\lambda)}{\partial t}=M_{31}'\mathrm{LI}_{T,X}^D+M_{31}\frac{\partial \mathrm{LI}_{T,X}^D}{\partial t}+M_{34}'$$

其中

$$\frac{\partial \mathrm{LI}_{T,X}^D}{\partial t}=\frac{\partial}{\partial t}\left[\frac{z_{\mathrm{r}_j}-M_{34}}{M_{31}}\right]=-\frac{M_{34}'M_{31}+(z_{\mathrm{r}_j}-M_{34})M_{31}'}{M_{31}^2}$$

$$\frac{\partial \mathrm{LI}_{T,Y}^D}{\partial t}=\lambda\frac{\mathrm{LI}_{T,X}^D}{\sqrt{r(0)^2-(\mathrm{LI}_{T,X}^U)^2}}\frac{\partial \mathrm{LI}_{T,X}^D}{\partial t}=\frac{\lambda^2 \mathrm{LI}_{T,X}^D}{\mathrm{LI}_{T,Y}^U}\frac{\partial \mathrm{LI}_{T,X}^D}{\partial t}$$

此外,该点处的切矢可以通过将 $\mathrm{LI}_W^U(\lambda)$ 对其参数 λ 求导得到,有

$$T(\lambda,t) = \frac{\partial \mathrm{LI}_W^D(\lambda)}{\partial \lambda} = \begin{bmatrix} \dfrac{\partial \mathrm{LI}_{W,X}^D(\lambda)}{\partial \lambda} \\[2mm] \dfrac{\partial \mathrm{LI}_{W,Y}^D(\lambda)}{\partial \lambda} \\[2mm] \dfrac{\partial \mathrm{LI}_{W,Z}^D(\lambda)}{\partial \lambda} \end{bmatrix} = \begin{bmatrix} M_{12}\sqrt{r(0)^2 - (\mathrm{LI}_{T,X}^D)^2} \\[2mm] M_{22}\sqrt{r(0)^2 - (\mathrm{LI}_{T,X}^D)^2} \\[2mm] 0 \end{bmatrix}$$

因此该点处的外法矢为

$$N(\lambda,t) = \begin{bmatrix} \cos\left(-\dfrac{\pi}{4}\right) & -\sin\left(-\dfrac{\pi}{4}\right) & 0 \\[2mm] \sin\left(-\dfrac{\pi}{4}\right) & \cos\left(-\dfrac{\pi}{4}\right) & 0 \\[2mm] 0 & 0 & 1 \end{bmatrix} \cdot T(\lambda,t) = \begin{bmatrix} M_{22}\sqrt{r(0)^2 - (\mathrm{LI}_{T,X}^D)^2} \\[2mm] -M_{12}\sqrt{r(0)^2 - (\mathrm{LI}_{T,X}^D)^2} \\[2mm] 0 \end{bmatrix}$$

在此基础上,根据边界点判定条件可以求得砂轮下端面和工件层相交产生的瞬时磨削刃上的线段部分的临界点对应的 λ 值。

(4)求解砂轮运动二维包络。某一工件层上的砂轮运动二维包络由初始相交时刻的瞬时磨削刃上的有效已切段、中间时刻的有效临界点以及结束相交时刻的瞬时磨削刃上的有效待切段组成。在此基础上,为了高效建立回转体砂轮运动的二维包络,提出了砂轮从刀位点 CL_1 运动到刀位点 CL_2 的过程中在任意一个工件层 Γ_j 上产生的二维运动包络的求解方法,具体如下:

1)将运动时间段离散成多个时刻。

2)建立各个时刻瞬时磨削刃模型。

3)计算 t_0 时刻已切段、所有时刻临界点以及 t_n 时刻待切段的参数域。

4)确定 t_0 时刻已切段、中间时刻临界点以及 t_n 时刻待切段的有效性。

5)将有效已切段、有效临界点以及有效待切段连接成砂轮运动二维包络。

瞬时未变形磨屑指的是在不考虑磨削过程中工件材料受力变形的情况下,砂轮在一个极短的磨削过程中从工件毛坯上去除材料的形状,其反映了在此过程中砂轮与工件毛坯的啮合情况。对于磨削加工,瞬时未变形磨屑形状是综合了砂轮转速、工件进给、磨削深度三大磨削要素以及运动过程中砂轮-工件相对位置关系的外在表现。在几何层面上对瞬时未变形磨屑进行精确建模,是本书砂轮磨损预测的关键。

(1)工件毛坯分层模型建模。在加工坐标系下,前面已经建立了一系列平行于 $X_w O_w Y_w$ 平面的离散工件层,对于毛坯曲面 S^B,其与工件层的交线即为该曲面在此工件层上的截面线。在一定程度上,当相邻两个工件层之间的距离 Δz_Γ 越小,工件层的数目越多,这些截面线的二维轮廓反映的毛坯曲面的空间几何模型也就越精确,这里将借助一系列截面线构建的工件毛坯曲面模型称为工件毛坯分层模型,如图 8-19 所示。其中毛坯曲面在工件层 Γ_j 上的截面线可以表达为

$$C_j^B = S^B \bigcap \left[f(x,y) = z_{\Gamma_j} \right]$$

(2)瞬时未变形磨屑求解。在磨削过程中,砂轮从刀位点 CL_1 运动到刀位点 CL_2,这个过程被离散成若干个中间时刻,将砂轮运动到刀位点 CL_1 的时刻记为 t_0,运动到刀位点 CL_2 的时刻记为 t_n,将此过程离散成 $n+1$ 个中间时刻,分别用 $t_i (i \in [0,n])$ 表示。

如图 8-20 所示,在工件层 Γ_j 上,t_0 到 t_{i-1} 时间内生成的砂轮运动二维包络用虚线表示,而实线轮廓则反映了 $t_0 \sim t_i$ 时间内生成的砂轮运动二维包络,这两个相邻时刻的二维运动包络的布尔差区域(图中蓝色阴影部分),即代表了 $t_{i-1} \sim t_i$ 时间段内砂轮运动可以去除的材料,将这种在工件层上不考虑加工过程中工件毛坯情况下建立的瞬时未变形磨屑模型,称为 t_i 时刻对应的理想未变形磨屑模型。

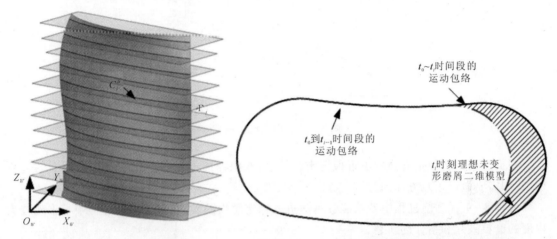

图 8-19　工件分层模型　　　　图 8-20　t_i 时刻对应的理想未变形磨屑二维模型

　　在实际加工过程中,上述理想未变形磨屑并不是真实产生的未变形磨屑,不能反映磨削加工过程工件材料去除情况,因为理想未变形磨屑模型的构建过程尚未考虑加工过程中砂轮与工件毛坯的啮合情况。事实上,理想未变形磨屑二维轮廓上只有位于工件毛坯几何边界内的部分才成为实际加工中产生的未变形磨屑轮廓,如图 8-21 所示,将这一部分称为工件层 Γ_j 上 t_i 时刻对应的瞬时未变形磨屑模型。

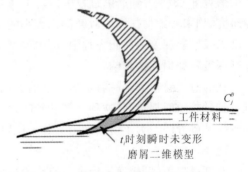

图 8-21　瞬时未变形磨屑二维模型

8.2.3　复杂曲面磨削过程中的砂轮磨损预测

　　磨损比是评价砂轮磨削性能和计算砂轮磨损量的重要指标,指的是单位时间内工件材料去除量与砂轮磨损量之间的比值。一般而言,磨损比又可以分为体积磨损比和质量磨损比。鉴于前面的工作已经建立了精确的瞬时未变形磨屑几何模型,因此工件材料去除体积可以被准确地计算,所以本书中采用体积磨损比作为砂轮磨损量计算的参数。

　　根据前面的研究,砂轮磨损体积与工件材料去除体积之间的关系曲线并不是一条直线,而是呈现出图 8-22 所示的情况。可以看出,在初始磨损阶段和结束磨损阶段,砂轮磨损比不断变化,但是稳定磨损状态的砂轮磨损比处于一个近似恒值的状态,而且从整个砂轮磨损过程来看,砂轮磨削大部分处于稳定磨损状态。当磨削条件相同时,可将磨损比的大小视为常数,其值通常是用该曲线上的稳态区域处梯度倒数计算得到的。

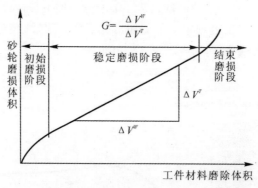

图 8-22   砂轮磨耗曲线

根据磨损比在稳定磨损阶段近似恒定的特性,在根据磨损比对砂轮磨损进行预测的过程中,我们需要做以下几方面的假设:

假设 8-1   磨削过程中砂轮能够迅速进入稳定磨损阶段,在稳定磨损过程中不出现较大程度的磨粒破碎和结合剂断裂。

假设 8-2   当砂轮、工件及机床确定时,砂轮磨损比在稳定磨损阶段保持恒定。

假设 8-3   五轴磨削过程中砂轮上各处的磨削深度可能并不相同,根据之前有关磨损比的研究,均未考虑磨削深度对磨损比大小的影响;对于建立的描述磨损比与砂轮线速度、进给速度以及磨削深度的回归方程中,磨削深度对磨损比的影响极小;因此本书不考虑五轴磨削中磨削深度对磨损比的影响。

在通过实验得到某一特定工况下的磨损比系数后,若已知工件材料去除体积,则通过计算可得到砂轮的磨损量,将这种计算砂轮磨损量的方法称为磨损比法,这是本书对砂轮进行磨损预测的基础方法。为了得到砂轮上各个位置的材料去除量,首先对砂轮进行磨削盘和磨削微元的建模。

磨削过程中,砂轮通过沿进给速度方向的进给运动以及沿自身轴线的回转运动达到去除工件材料的目的。在此过程中,为了确定砂轮上哪些位置参与了工件层 Γ_j 上材料的磨削(见图 8-23),在砂轮坐标系下插入一系列垂直于砂轮轴向的等距截平面,从而将砂轮沿轴向划分成 n_{Π} 个磨削盘,将截平面与砂轮回转面的交线记为砂轮离散层 Π_k,且有 Π_0 位于砂轮下端面,$\Pi_{n_{\Pi}}$ 位于砂轮上端面。定义位于 Π_k 和 Π_{k-1} 之间的砂轮部分为第 k 个磨削盘,记为 CD_k。将相邻两个离散层之间的距离称为磨削盘厚度记为 ΔH,ΔH 越小,离散精度越高,对于参与磨削的砂轮位置判定也越精确。

对于上述任意一个离散层,其在砂轮坐标系下对应的 z_T 向坐标可以表示为

$$z_{\Pi_k} = \frac{k}{n_{\Pi}} \big[H(1) - H(0) \big]$$

根据

$$z_{\Pi_k} = H(s)$$

可以求得满足该方程且位于 s 取值范围内的解,将解得的 s 记为 s_{Π_k},代表砂轮坐标系下位于 Π_k

上的点对应的参数。因此由砂轮数学模型,位于该砂轮分层 Π_k 上的点坐标可以表示为

$$S_{\Pi_k}^T(\theta) = \begin{bmatrix} r(s_{\Pi_k})\cos\theta \\ r(s_{\Pi_k})\sin\theta \\ z_{\Pi_k} \end{bmatrix}, \quad \theta \in [0, 2\pi]$$

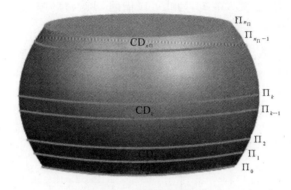

图 8-23　磨削盘建模

借助砂轮坐标系到加工坐标系下的转换矩阵,该分层上的点在加工坐标系下的坐标可以表示成

$$\begin{bmatrix} S_{\Pi_k}^W(\theta) \\ 1 \end{bmatrix} = \boldsymbol{M}_T^W \cdot \begin{bmatrix} S_{\Pi_k}^T(\theta) \\ 1 \end{bmatrix} = \boldsymbol{M}_T^W \cdot \begin{bmatrix} r(s_{\Pi_k})\cos\theta \\ r(s_{\Pi_k})\sin\theta \\ z_{\Pi_k} \\ 1 \end{bmatrix}$$

对于每一个参与了工件层 Γ_j 磨削的磨削盘而言,磨削盘上不同位置去除工件材料的情况不同,根据磨损比法可知,同一个磨削盘上不同位置处的磨损各不相同。为了实现对砂轮上不同位置处磨损的预测,本节在任意一个磨削盘上,根据磨削盘上的不同位置在砂轮坐标系下对应的 θ 值处将其沿周向划分成 N 个磨削微元(见图 8-24)。若用磨削微元对应 θ 范围的中值代表此磨削微元的角度,则磨削盘 CD_k 上第 m 个磨削微元对应的角度可以表示为

$$\theta_k^m = \frac{\left(m - \dfrac{1}{2}\right) \cdot 2\pi}{N}$$

进而,通过将求得的 $\theta_{k,m}$ 代入砂轮坐标系和加工坐标系表达式中,即可得到磨削盘 CD_k 上第 m 个磨削微元在砂轮坐标系和加工坐标系下的数学表达。

时刻 t_{i-1} 和 t_i 为砂轮从刀位点 CL_1 运动到刀位点 CL_2 过程中两个相邻的离散中间时刻,根据磨削路径中给出的两个磨削刀位点 CL_1 和 CL_2

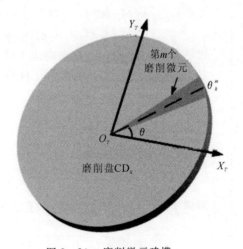

图 8-24　磨削微元建模

及其对应的刀轴矢量,可以根据机床的后置处理方法将其转换为相应的机床输入量,进而可得 t_{i-1} 和 t_i 时刻对应的机床输入量参数,分别记为 $[x_M(t_{i-1}),y_M(t_{i-1}),z_M(t_{i-1}),B(t_{i-1}),C(t_{i-1})]$ 和 $[x_M(t_i),y_M(t_i),z_M(t_i),B(t_i),C(t_i)]$。

根据计算得到的两个中间时刻对应的机床输入量,在砂轮坐标系下可以确定理论上可能被磨削到的工件层范围。z_Γ 与 l_0 存在正比例关系,故当机床输入量确定后,最小的 z_Γ 对应着最小的 l_0,最大的 z_Γ 对应着最大的 l_0,因此可以借助 l_0 对被磨削到的工件层范围进行判断。如图 8 - 25 所示,在砂轮坐标系下,被磨削到的工件层的范围由 $z_{\Gamma,\mathrm{min}1}$、$z_{\Gamma,\mathrm{min}2}$、$z_{\Gamma,\mathrm{max}1}$ 和 $z_{\Gamma,\mathrm{max}2}$ 四个值界定,其中 $z_{\Gamma,\mathrm{min}1}$ 与 $z_{\Gamma,\mathrm{max}1}$ 为经过 $X_TO_TZ_T$ 平面内两侧母线 $C^L(s)$ 与 $C^R(s)$ 端点的工件层,是一定存在的,而 $z_{\Gamma,\mathrm{min}2}$ 与 $z_{\Gamma,\mathrm{max}2}$ 为与两侧母线相切的工件层,与砂轮母线形状相关,不一定存在。

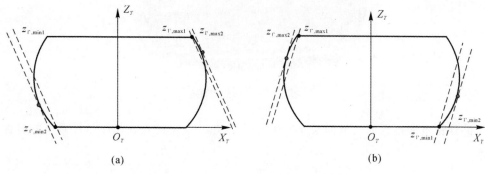

图 8 - 25　$z_{\Gamma,\mathrm{min}1}$、$z_{\Gamma,\mathrm{min}2}$、$z_{\Gamma,\mathrm{max}1}$ 和 $z_{\Gamma,\mathrm{max}2}$

(a)$B<0$；　(b)$B<0$

当 $B<0$ 时,四个工件层临界值与砂轮的相对位置关系如图 8 - 25(a) 所示,可得

$$z_{\Gamma,\mathrm{min}1} = M_{33}[C_Z^L(0) - C_X^L(0)\tan B] + M_{34} =$$
$$-M_{33}C_X^L(0)\tan B + M_{34}z_{\Gamma,\mathrm{max}1} = M_{33}[C_Z^R(1) - C_X^R(1)\tan B] + M_{34}$$

当 $B>0$ 时,四个工件层临界值与砂轮的相对位置关系如图 8 - 25(b) 所示,同样可得

$$z_{\Gamma,\mathrm{min}1} = M_{33}[C_Z^R(0) - C_X^R(0)\tan B] + M_{34} =$$
$$-M_{33}C_X^R(0)\tan B + M_{34}z_{\Gamma,\mathrm{max}1} = M_{33}[C_Z^L(1) - C_X^L(1)\tan B] + M_{34}$$

对于 $z_{\Gamma,\mathrm{min}2}$ 与 $z_{\Gamma,\mathrm{max}2}$,根据对应工件层与砂轮两侧母线相切条件进行如下求解:

对于左侧母线 $C^L(s)$,若存在工件层与其相切,则有

$$\frac{\mathrm{d}C_Z^L}{\mathrm{d}C_X^L} = \frac{\dfrac{\mathrm{d}C_Z^L}{\mathrm{d}s}}{\dfrac{\mathrm{d}C_X^L}{\mathrm{d}s}} = \frac{-2(x_1-2x_2+x_3)s+2(x_1+x_2)}{2(z_1-2z_2+z_3)s-2(z_1+z_2)} = \tan B$$

若解得 $s\in[0,1]$,则有

$$z_\Gamma^L = M_{33}[C_Z^L(s) - C_X^L(s)\tan B] + M_{34}$$

同样地,对于右侧母线 $C^R(s)$,若存在工件层与其相切,则有

$$\frac{\mathrm{d}C_Z^R}{\mathrm{d}C_X^R} = \frac{\dfrac{\mathrm{d}C_Z^R}{\mathrm{d}s}}{\dfrac{\mathrm{d}C_X^R}{\mathrm{d}s}} = \frac{2(x_1-2x_2+x_3)s-2(x_1+x_2)}{2(z_1-2z_2+z_3)s-2(z_1+z_2)} = \tan B$$

若解得 $s \in [0,1]$，则有

$$z_\Gamma^R = M_{33}[C_Z^R(s) - C_X^R(s)\tan B] + M_{34}$$

综合上述，得到

$$z_{\Gamma,\min 2} = z_\Gamma^L, z_{\Gamma,\max 2} = z_\Gamma^R, \quad B < 0$$

$$z_{\Gamma,\min 2} = z_\Gamma^R, z_{\Gamma,\max 2} = z_\Gamma^L, \quad B > 0$$

因此被磨削到的工件层范围为

$$z_\Gamma \in [\min(z_{\Gamma,\min 1}, z_{\Gamma,\min 2}), \quad \max(z_{\Gamma,\max 1}, z_{\Gamma,\max 2})]$$

对于满足上述条件的任一工件层 Γ_j，可以得到 t_i 时刻砂轮上具备去除工件层 Γ_j 上工件材料能力的砂轮分层的 z_T 向坐标取值范围，其对应于瞬时磨削刃环面曲线部分参数 s 的取值范围为 s_{range}，即有

$$z_T \in \mathbf{Z} = [H(s_{\min}), H(s_{\max})]$$

其中，$s_{\min}$ 和 $s_{\max}$ 分别为当前状态下环面曲线部分对应 s 的最小值和最大值。对于第 k 个砂轮分层 Π_k，在砂轮坐标系下对应有 z_T 向高度 z_{Π_k}，$z_{\Pi_k} \in \mathbf{Z}$ 是该砂轮离散分层参与了工件层 Γ_j 上材料磨除的必要条件，对于不满足上述限制的砂轮分层一定不会参与该工件层上工件表面的磨屑成形过程。除此之外，还需将该工件层上的瞬时未变形磨屑模型纳入考虑范围，建立砂轮分层与瞬时未变形磨屑关系模型[32-35]。

为了建立上述模型，根据 t_i 时刻砂轮对应的刀位点 $[x_w(t_i), y_w(t_i), y_w(t_i)]$、刀轴矢量 $[n_x(t_i), n_y(t_i), n_z(t_i)]$，该时刻下砂轮轴线所在直线在加工坐标系下的参数方程可以表示为

$$r(t_i, \xi) = [x_w(t_i) + \xi n_x(t_i), y_w(t_i) + \xi n_y(t_i), z_w(t_i) + \xi n_z(t_i)]$$

其中，ξ 为参数。将砂轮轴线与工件层 Γ_j 的交点记为 O_E，则由

$$z_w(t_i) + \xi n_z(t_i) = z_{\Gamma_j}$$

可得 $\xi = \dfrac{z_{\Gamma_j} - z_w(t_i)}{n_z(t_i)}$。

因此交点 O_E 点的坐标为

$$\begin{cases} x_E = x_w(t_i) + \dfrac{z_{\Gamma_j} - z_w(t_i)}{n_z(t_i)} \cdot n_x(t_i) \\[2mm] y_E = y_w(t_i) + \dfrac{z_{\Gamma_j} - z_w(t_i)}{n_z(t_i)} \cdot n_y(t_i) \\[2mm] z_E = z_{\Gamma_j} \end{cases}$$

如图 8-26 所示，以砂轮轴线与工件层 Γ_j 的交点 O_E 为原点，在工件层 Γ_j 上建立辅助坐标系 $O_E\text{-}X_E Y_E Z_E$，坐标系各个坐标轴方向均与加工坐标系保持一致，则从加工坐标系转换到辅助坐标系 $O_E\text{-}X_E Y_E Z_E$ 的变换矩阵可以表示为

$$\mathbf{M}_W^E = \begin{bmatrix} 1 & 0 & 0 & -x_E \\ 0 & 1 & 0 & -y_E \\ 0 & 0 & 1 & -z_E \\ 0 & 0 & 0 & 1 \end{bmatrix}$$

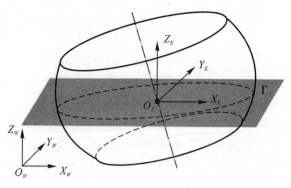

图 8-26　辅助坐标系 O_E-$X_E Y_E Z_E$

对于第 k 个砂轮离散分层 Π_k，若其对应 z_T 向高度满足 $z_{\Pi_k} \in \mathbf{Z}$，则 $[r(s_{\Pi_k})\cos\theta_k,$ $r(s_{\Pi_k})\sin\theta_k, z_{\Pi_k}]^{\mathrm{T}}$ 即为砂轮坐标系下 t_i 时刻砂轮该离散分层上与工件层 Γ_j 相接触的点的坐标。由公式

$$\begin{bmatrix} M_{31} & 0 & M_{33} & M_{34} \end{bmatrix} \begin{bmatrix} r(s_{\Pi_k})\cos\theta_k \\ r(s_{\Pi_k})\sin\theta_k \\ z_{\Pi_k} \\ 1 \end{bmatrix} = M_{31}r(s_{\Pi_k})\cos\theta_k + M_{33}z_{\Pi_k} + M_{34} = z_{\Gamma_j}$$

可以求得

$$\cos\theta_k = \frac{z_{\Gamma_j} - M_{33}z_{\Pi_k} - M_{34}}{M_{31}r(s_{\Pi_k})}$$

通过上式可以发现 θ_k 存在两个解，分别为

$$\theta_k^+ = \arccos\left(\frac{z_{\Gamma_j} - M_{33}\cdot z_{\Pi_k} - M_{34}}{M_{31}\cdot R}\right), \quad \theta_k^- = -\arccos\left(\frac{z_\Gamma - M_{33}\cdot z_{\Pi_k} - M_{34}}{M_{31}\cdot R}\right)$$

如图 8-27 所示，将 θ_k^+ 对应的交点记为 P_k^{T+}，θ_k^- 对应的交点记为 P_k^{T-}。

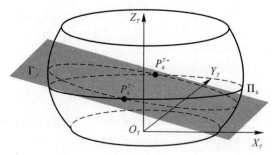

图 8-27　砂轮分层 Π_k 与工件层 Γ_j 的交点 P_k^{T+} 和 P_k^{T-}

根据磨削过程中砂轮坐标系与加工坐标系的关系，在已知砂轮从工件层 Γ_j 去除材料产生瞬时未变形磨屑的前提下，对于上述求得的两个交点，实际加工中砂轮在 t_i 时刻有且仅有一个处于切除工件材料的状态。对于 θ_k 的取值方法进行如下说明：

如图 8-28 所示，砂轮在 t_{i-1} 时刻到 t_i 时刻的运动过程中从工件层 Γ_j 去除了工件材料，产生了瞬时未变形磨屑。前面的工作已经在该工件层上建立了辅助坐标系 $O_E - X_E Y_E Z_E$，在该坐标系的 $X_E O_E Y_E$ 平面内，以坐标系原点 O_E 为起点沿着 X_E 轴正向引一条射线，令其原点做逆时针旋转，则第一个接触到的瞬时未变形磨屑边界上的点为该磨削过程的切入点，将此时射线旋转过的角度记为切入角 φ_{st}，最后一个接触到的边界点称为切出点，对应的角度记为切出角 φ_{ex}。

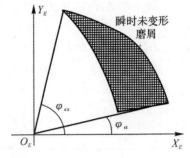

图 8-28　切入角 φ_{st} 和切出角 φ_{ex}

上面计算得到的 P_k^{T-} 和 P_k^{T+} 既位于砂轮分层 Π_k 上，也一定位于工件层 Γ_j 平面内，将砂轮坐标系下的 P_k^{T-} 和 P_k^{T+} 转换到辅助坐标系 $O_E - X_E Y_E Z_E$ 下，得到点 P_k^{T+} 和 P_k^{T-} 的坐标为

$$
P_k^{E\pm} = \boldsymbol{M}_W^E \cdot \boldsymbol{M}_T^W \cdot
\begin{bmatrix}
r(s_{\Pi_k})\cos\theta_k \\
r(s_{\Pi_k})\sin\theta_k \\
z_{\Pi_k} \\
1
\end{bmatrix}
=
\begin{bmatrix}
x_k^{E\pm} \\
y_k^{E\pm} \\
0 \\
1
\end{bmatrix}
$$

其中

$$
x_k^{E\pm} = M_{11} r(s_{\Pi_k})\cos\theta_k^{\pm} + M_{12} r(s_{\Pi_k})\sin\theta_k^{\pm} + M_{13} z_{\Pi_k} + M_{14} - \left(x_w + \frac{z_{\Gamma_j} - z_w}{n_z} \cdot n_x \right)
$$

$$
y_k^{E\pm} = M_{21} r(s_{\Pi_k})\cos\theta_k^{\pm} + M_{22} r(s_{\Pi_k})\sin\theta_k^{\pm} + M_{23} z_{\Pi_k} + M_{24} - \left(y_w + \frac{z_{\Gamma_j} - z_w}{n_z} \cdot n_y \right)
$$

对于点 P_k^{T-} 和 P_k^{T+}，在 $X_E O_E Y_E$ 平面内，$O_E P_k^{E+}$（或 $O_E P_k^{E-}$）与 X_E 轴正向所成夹角为

$$
\alpha_k^{E\pm} = \arctan\left(\frac{y_k^{E\pm}}{x_k^{E\pm}} \right)
$$

若有 $\alpha_k^{E+} \in [\varphi_{st}, \varphi_{ex}]$（或 $\alpha_k^{E-} \in [\varphi_{st}, \varphi_{ex}]$），则 P_k^{E+}（或 P_k^{E-}）为前面提到的处于切除工件材料状态的交点，以下将符合条件的交点记为 P_k^E，并将其在砂轮坐标系下对应的角度记为 θ_k^E，在辅助坐标系下 $O^E P_k^E$ 与 X_E 轴正向所成夹角记为 α_k^E。如图 8-29 所示，直线 $O_E P_k^E$ 与瞬时未变形磨屑边界存在两个交点，其中一个为 P_k^E，另一个交点记为 Q_k^E。

以上阐述了砂轮分层 Π_k 是否参与某一工件层上瞬时未变形磨屑生成的判别方法，并确定了 t_i 瞬时下砂轮分层 Π_k 上参与材料去除的点的位置。在此基础上，提出 t_i 瞬时下每个磨削盘去除材料体积的计算方法。通过对磨削盘的定义可知，磨削盘 CD_k 被砂轮离散层 Π_{k-1} 与离散层 Π_k 所限定，相应地，对于磨削盘 CD_k 去除的某一工件层上未变形磨屑的体积，可以根据两个离散层之间去除的材料进行计算。对于存在瞬时未变形磨屑的工件层 Γ_j，相邻两个砂轮分层 Π_k、Π_{k-1} 与瞬时未变形磨屑存在以下 4 种关系：

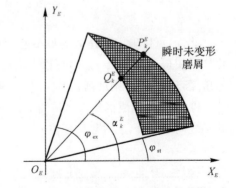

图 8-29　砂轮分层 Π_k 与瞬时未变形磨屑边界的交点

(1)$z_{\Pi_k} \notin \mathbf{Z}$，$z_{\Pi_{k-1}} \notin \mathbf{Z}$。如图 8-30 所示，$t_i$ 瞬时情况下工件层 Γ_j 与砂轮分层 Π_{k-1} 与 Π_k 在砂轮坐标系下均未相交，即两个分层均未参与工件层 Γ_j 上的材料去除。由此可以判断，当 $z_{\Pi_k} \notin \mathbf{Z}$ 且 $z_{\Pi_{k-1}} \notin \mathbf{Z}$ 时，磨削盘 CD_k 不可能参与该工件层上材料的磨除，因此该条件下磨削盘 CD_k 去除的工件层 Γ_j 上的材料体积为 $V_{i,k}^j = 0$。

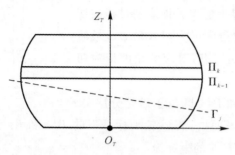

图 8-30　$z_{\Pi_i} \notin \mathbf{Z}$，$z_{\Pi_{i-1}} \notin \mathbf{Z}$ 情况

(2)$z_{\Pi_k} \in \mathbf{Z}$，$z_{\Pi_{k-1}} \notin \mathbf{Z}$。此情况下，如图 8-31(a) 所示，可以判断 t_i 瞬时磨削盘 CD_k 的上边界与工件层 Γ_j 存在交点 P_k^T，下边界与其无交点，因此该条件下 CD_k 可能参与了该工件层上工件表面材料的去除，将交点 P_k^T 转换到辅助坐标系 $O_E - X_E Y_E Z_E$ 下得到点 P_k^T 及其对应的角度 α_k^E。

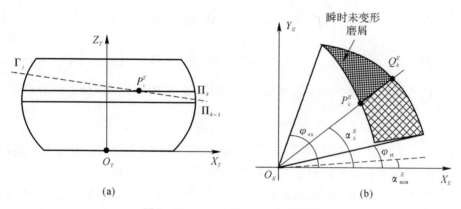

图 8-31　$z_{\Pi_k} \in \mathbf{Z}$，$z_{\Pi_{k-1}} \notin \mathbf{Z}$ 情况

此外，可以确定的是 $\mathbf{Z}$ 的最小值 $H(s_{\min}) \in [z_{\Gamma_{k-1}}, z_{\Gamma_k}]$，在磨削盘 CD_k 范围内添加新的砂轮分层使得 $z_{\Pi_{\min}} = H(s_{\min})$，可以求得此砂轮分层与工件层交点在坐标系 $O_E - X_E Y_E Z_E$ 下对应的角度，记为 $\alpha_{\min}^E$，则磨削盘 CD_k 去除的 Γ_j 上的材料由该工件层上瞬时未变形磨屑模型位于 $\alpha_{\min}^E$ 和 α_k^E 共同构成的扇形区域内的部分所表征。将这一部分的面积记为 S_k，已知相邻两个工件层之间的距离（工件层的厚度）为 Δz_{Γ}，则磨削盘 CD_k 去除的工件层 Γ_j 材料体积为 $V_{i,k}^j = S_k \cdot \Delta z_{\Gamma}$。

(3)$z_{\Pi_k} \notin \mathbf{Z}$，$z_{\Pi_{k-1}} \in \mathbf{Z}$。此情况与情况(2)类似，根据图 8-32(a) 可以确定 t_i 时刻下磨削盘 CD_k 的上边界与工件层 Γ_j 无交点存在，下边界与工件层交于一点 P_{k-1}^T，则 CD_k 具有从该工件层上去除材料的可能，因此将交点 P_{k-1}^T 转换到辅助坐标系 $O_E - X_E Y_E Z_E$ 下得到点 P_{k-1}^E，$O_E P_{k-1}^E$ 与 X_E 轴正向所成夹角为 α_k^E。

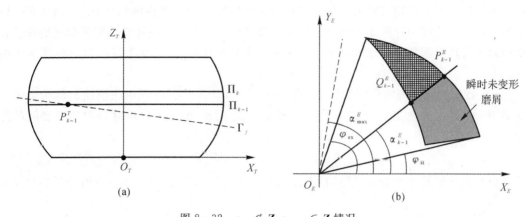

图 8 - 32　$z_{\Pi_k} \notin \mathbf{Z}, z_{\Pi_{k-1}} \in \mathbf{Z}$ 情况

此外，与工件层 Γ_j 有接触的砂轮分层范围的最大值 $H(s_{\max}) \in [z_{\Gamma_{k-1}}, z_{\Gamma_k}]$，在磨削盘 CD_k 范围内添加新的砂轮分层使得 $z_{\Gamma_{\max}} = H(s_{\max})$，同样可以求得此砂轮分层与工件层 Γ_j 的交点在辅助坐标系下对应的角度 $\alpha_{\max}^E$，此时磨削盘 CD_k 去除该工件层上的材料部分位于由 $\alpha_{\max}^E$ 和 α_{k-1}^E 围成的扇形区域内。如图 8 - 32(b) 所示，将该工件层上瞬时磨削刃在扇形区域内的面积记为 S_k，工件层厚度为 Δz_Γ，则磨削盘去除的材料体积为 $V_{i,k}^j = S_k \cdot \Delta z_\Gamma$。

(4) $z_{\Pi_k} \in \mathbf{Z}, z_{\Pi_{k-1}} \in \mathbf{Z}$。通过图 8 - 33(a) 可知，磨削盘 CD_k 的上下边界都属于 $\mathbf{Z}$ 范围内，砂轮分层 Π_{k-1}、Π_k 与工件层 Γ_j 分别交于点 P_{k-1}^T 和 P_k^T。在辅助坐标系下，两个交点对应的角度分别为 α_{k-1}^E 与 α_k^E。如图 8 - 33(b) 所示，该工件层上瞬时未变形磨屑的深蓝色阴影部分位于由 α_{k-1}^E 与 α_k^E 两者围成的扇形区域内，这一部分即为磨削盘 CD_k 在此 t_i 瞬时去除掉的位于 Γ_j 上的工件材料，将这一部分的面积为记 S_k，工件层厚度为 Δz_Γ，则磨削盘去除的材料体积为 $V_{i,k}^j = S_k \cdot \Delta z_\Gamma$。

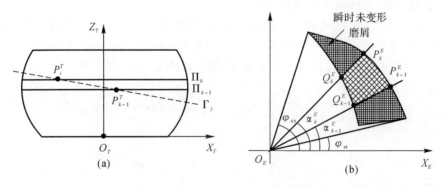

图 8 - 33　$z_{\Pi_h} \in \mathbf{Z}, z_{\Pi_{k-1}} \in \mathbf{Z}$ 情况

时刻 t_{i-1} 和 t_i 为砂轮从刀位点 CL_1 运动到刀位点 CL_2 过程中两个相邻的离散中间时刻，$[x_M(t_{i-1}), y_M(t_{i-1}), z_M(t_{i-1}), B(t_{i-1}), C(t_{i-1})]$ 和 $[x_M(t_i), y_M(t_i), z_M(t_i), B(t_i), C(t_i)]$ 分别为其对应的机床输入量。事实上，这两个相邻时刻的时间间隔非常小，如果经过前面的计算确定了磨削盘 CD_k 参与了工件层 Γ_j 上的材料去除，则认为在两个时刻之间磨削盘 CD_k 一直处于去除材料的状态，即磨削盘 CD_k 上的磨削微元接连从工件表面将材料磨除，这是一个连续的过程。

五轴磨削过程中砂轮刀轴矢量的变化也会导致砂轮上参与磨削的角度发生改变,有关砂轮上参与磨削的位置的计算尤为复杂。因此计算磨削盘 CD_k 上参与工件层磨削角度变化量在考虑由砂轮旋转引起角度变化的基础上,增加了对于由刀位点、刀轴矢量引起的角度变化的思考。

(1) 由砂轮旋转引起的角度变化量。显而易见,砂轮在磨削过程中绕轴线的旋转运动会导致磨削盘上参与磨削工件层的角度发生改变。t_{i-1} 时刻刀位点与 t_i 时刻刀位点之间的距离为

$$\mathrm{Dis}_i = \sqrt{[x_M(t_i) - x_M(t_{i-1})]^2 + [y_M(t_i) - y_M(t_{i-1})]^2 + [z_M(t_i) - z_M(t_{i-1})]^2}$$

若已知机床进给速度为 v_f,则砂轮从 t_{i-1} 时刻刀位点运动到 t_i 时刻刀位点所经历的时间为 $T_i = t_i - t_{i-1} = \dfrac{\mathrm{Dis}_i}{v_f}$。

已知砂轮转速为 n_w,则砂轮在此过程中绕轴线转过的角度为

$$\gamma_{\mathrm{ro}} = 2\pi n_w T = \frac{2\pi n_w \mathrm{Dis}_i}{v_f}$$

(2) 由刀位点、刀轴矢量引起的角度变化量。当砂轮位于 t_i 时刻的位置时,对应的机床输入量为 $[x_M(t_i), y_M(t_i), z_M(t_i), B(t_i), C(t_i)]$。若该磨削盘从位于该工件层上的工件表面磨除了材料,则该磨削盘的上边界 Π_k 和下边界 Π_{k-1} 两者之中至少存在一个与该工件层相交,即 P_k^T 和 P_{k-1}^T 至少有一个是存在的。对于两个交点 P_k^T 和 P_{k-1}^T,其在砂轮坐标系下的对应角度分别为 θ_k 和 θ_{k-1},则磨削盘 CD_k 在 t_i 时刻参与材料去除的磨削微元的标记值取值为

$$\theta_{k,i} = \begin{cases} \theta_{k-1}, & \theta_k \text{ 不存在} \\ \dfrac{\theta_{k-1} + \theta_k}{2}, & \text{两者均存在} \\ \theta_k, & \theta_{k-1} \text{ 不存在} \end{cases}$$

并将其对应的磨削微元的编号记为 $m_{i,k}$。

如图 8-34 所示,当砂轮位于 t_{i-1} 时刻的位置时,机床输入量与 t_i 时刻的机床输入量相比较发生了变化。通过前面的计算可以得知,在当前情况下,磨削盘的上边界 Π_k 和下边界 Π_{k-1} 与工件层的交点对应的 θ 值相应地也会发生变化,磨削盘 CD_k 在 t_{i-1} 时刻参与材料去除的磨削微元的标记值取值为

$$\theta_{k,i-1} = \begin{cases} \theta_{k-1}, & \theta_k \text{ 不存在} \\ \dfrac{\theta_{k-1} + \theta_k}{2}, & \text{两者均存在} \\ \theta_k, & \theta_{k-1} \text{ 不存在} \end{cases}$$

并将 $\theta_{i-1,k}$ 对应的磨削微元的编号为 m_{i-1}。上式中,θ_k 和 θ_{k-1} 分别为 t_{i-1} 时刻砂轮分层 Π_k、Π_{k-1} 与工件层 Γ_j 的交点在砂轮坐标系下对应的 θ 值。因此,在砂轮从 t_{i-1} 时刻运动到 t_i 时刻过程中,由于刀位点和刀轴矢量的变化造成的砂轮上参与磨削的角度变化量为 $\gamma_{\mathrm{re}} = \theta_{k,i} - \theta_{k,i-1}$。

综合上述两种情况,砂轮从时刻 t_{i-1} 运动到时刻 t_i 过程中,磨削盘 CD_k 上参与去除工件层 Γ_j 上材料的角度的变化量为 $\gamma = \gamma_{\mathrm{ro}} + \gamma_{\mathrm{re}}$。那么在此过程中参与磨削的磨削微元的数量为

$$N_{i,k}^j = \left\lceil \frac{N \cdot \gamma}{2\pi} \right\rceil$$

其中,$\lceil\ \rceil$ 为向上取整符号,N 为每个磨削盘上划分的磨削微元数量。当 $N_{i,k}^j \leqslant N$ 时,则磨削盘

CD_k 上的磨削微元部分或全部参与磨削；当 $N^j_{i,k} > N$ 时，则磨削盘 CD_k 不仅全部参与磨削，而且部分磨削微元重复磨削。

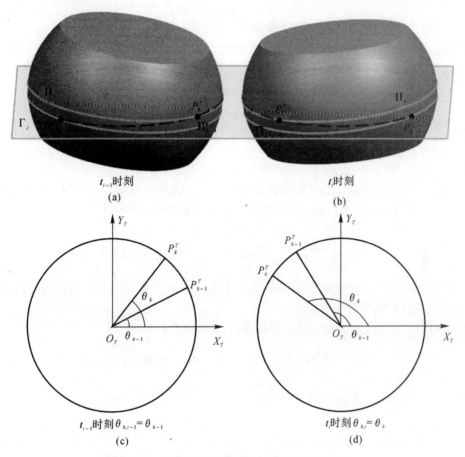

t_{i-1}时刻
(a)

t_i时刻
(b)

t_{i-1}时刻 $\theta_{k,i-1} = \theta_{k-1}$
(c)

t_i时刻 $\theta_{k,i} = \theta_k$
(d)

图 8 - 34　刀位点和刀轴矢量对磨削角度的影响

(a)t_{i-1} 时刻；　(b)t_i 时刻；　(c)t_{i-1} 时刻 $\theta_{k,i-1} = \theta_{k-1}$；　(d)$t_i$ 时刻 $\theta_{k,i} = \theta_k$

根据前文的叙述，已知砂轮转速为 n_w，则砂轮在运动过程中旋转的角速度大小为 $\|\boldsymbol{\omega}\| = 2\pi n_w$，$\boldsymbol{\omega}$ 的正负满足右手坐标系下"顺负逆正"的规范。为了方便对砂轮旋转过程进行描述，以 t_{i-1} 砂轮状态为初始状态，砂轮表面上各点在砂轮坐标系下的坐标可以计算，此时刻之后砂轮开始以角速度 $\boldsymbol{\omega}$ 绕轴线旋转，则旋转过程中某一时刻 t 下砂轮上各个点在砂轮坐标系下的坐标可以表示为

$$
\boldsymbol{S}_R^T(s,\theta,t) = \begin{bmatrix} \cos[\boldsymbol{\omega}(t-t_{i-1})] & -\sin[\boldsymbol{\omega}(t-t_{i-1})] & 1 \\ \sin[\boldsymbol{\omega}(t-t_{i-1})] & \cos[\boldsymbol{\omega}(t-t_{i-1})] & 0 \\ 0 & 0 & 1 \end{bmatrix} \begin{bmatrix} r(s)\cos\theta \\ r(s)\sin\theta \\ H(s) \end{bmatrix} =
$$

$$
\begin{bmatrix} r(s)\cos[\theta + \boldsymbol{\omega}(t-t_{i-1})] \\ r(s)\sin[\theta + \boldsymbol{\omega}(t-t_{i-1})] \\ H(s) \end{bmatrix}
$$

因此 t_i 时刻下的砂轮有如下表达：

$$S_R^{\mathrm{T}}(s,\theta,t_i) = \begin{bmatrix} r(s)\cos[\theta + \boldsymbol{\omega}(t_i - t_{i-1})] \\ r(s)\sin[\theta + \boldsymbol{\omega}(t_i - t_{i-1})] \\ H(s) \end{bmatrix}$$

在上述条件下,如果经过前面的计算和判定得到,在不考虑砂轮旋转的情况下,砂轮坐标系下磨削盘 CD_k 在 t_i 时刻参与工件层 Γ_j 上材料去除的磨削微元的标记值为 $\theta_{k,i}$,则考虑砂轮旋转后,t_i 时刻该处磨削微元实际对应角度 $\theta'_{k,i}$ 与 $\theta_{k,i}$ 存在如下关系:

$$\theta_{k,i} = \theta'_{k,i} + \boldsymbol{\omega}(t_i - t_{i-1})$$

即有

$$\theta'_{k,i} = \theta_{k,i} - \boldsymbol{\omega}(t_i - t_{i-1})。$$

由此,t_i 时刻磨削盘 CD_k 上正在去除工件层 Γ_j 上材料的磨削微元对应的编号为 $m_i = \left[\dfrac{N\theta'_{k,i}}{2\pi}\right]$。

相应地,可以计算得到 t_{i-1} 时刻磨削盘 CD_k 上正在去除工件层 Γ_j 上材料的磨削微元的编号,记为 m_{i-1}。实际上,本书以 t_{i-1} 时刻砂轮状态为初始状态,因此有

$$\theta'_{k,i-1} = \theta_{k,i-1} - \boldsymbol{\omega}(t_{i-1} - t_{i-1}) = \theta_{k,i-1}$$

$$m_{i-1} = \left[\dfrac{N\theta'_{k,i-1}}{2\pi}\right] = \left[\dfrac{N\theta_{k,i-1}}{2\pi}\right]$$

在此基础上,关于砂轮上位于磨削盘 CD_k 上编号为 m 的磨削微元 t_i 瞬时去除的位于工件层 Γ_j 上的工件材料体积有如下计算:

(1) 如图 8-35 所示,当砂轮顺时针旋转时,若 $m_{i-1} \geqslant m_i$,有

$$V_{i,k,m}^j = \begin{cases} [T_i n_{\mathrm{w}}]\dfrac{V_{i,k}^j}{N_{i,k}^j}, & 0 \leqslant m \leqslant m_i \text{ 或 } m_{i-1} \leqslant m \leqslant N \\[3mm] ([T_i n_{\mathrm{w}}] - 1)\dfrac{V_{i,k}^j}{N_{i,k}^j}, & m_i \leqslant m \leqslant m_{i-1} \end{cases}$$

若 $m_{i-1} < m_i$,有

$$V_{i,k,m}^j = \begin{cases} [T_i n_{\mathrm{w}}]\dfrac{V_{i,k}^j}{N_{i,k}^j}, & m_{i-1} \leqslant m \leqslant m_i \\[3mm] ([T_i n_{\mathrm{w}}] - 1)\dfrac{V_{i,k}^j}{N_{i,k}^j}, & 0 \leqslant m < m_{i-1} \text{ 或 } m_i < m \leqslant N \end{cases}$$

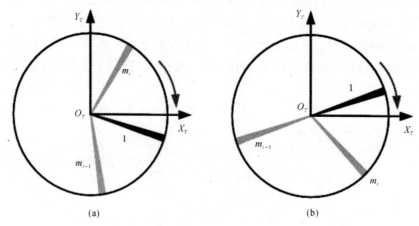

图 8-35　砂轮顺时针旋转磨削微元去除材料体积计算

(a)$m_{i-1} \geqslant m_i$; (b)$m_{i-1} \geqslant m_i$

（2）如图 8-36 所示，当砂轮逆时针旋转时，若 $m_{i-1} \geqslant m_i$，有

$$V_{i,k,m}^j = \begin{cases} [T_i n_w] \dfrac{V_{i,k}^j}{N_{i,k}^j}, & m_i \leqslant m \leqslant m_{i-1} \\[3mm] ([T_i n_w]-1) \dfrac{V_{i,k}^j}{N_{i,k}^j}, & 0 \leqslant m \leqslant m_i \ \text{或} \ m_{i-1} \leqslant m \leqslant N \end{cases}$$

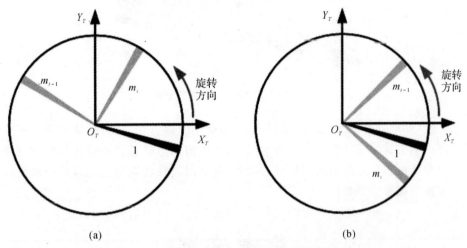

图 8-36　砂轮逆时针旋转磨削微元去除材料体积计算

(a)$m_{i-1} \geqslant m_i$;　(b)$m_{i-1} < m_i$

若 $m_{i-1} < m_i$，有

$$V_{i,k,m}^j = \begin{cases} [T_i n_w] \dfrac{V_{i,k}^j}{N_{i,k}^j}, & 0 \leqslant m < m_{i-1} \ \text{或} \ m_i < m \leqslant N \\[3mm] ([T_i n_w]-1) \dfrac{V_{i,k}^j}{N_{i,k}^j}, & m_{i-1} \leqslant m \leqslant m_i \end{cases}$$

通过上面的工作，对于 t_{i-1} 时刻到 t_i 时刻的磨削过程中磨削盘 CD_k 上每个磨削微元去除的位于工件层 Γ_j 上的工件材料体积已经得到了求解[36-37]。按照同样的方法，可得到每个磨削微元在此磨削过程中去除的工件材料体积总量为

$$V_{k,m} = \sum_{i=0}^{n} \sum_{j=1}^{n_\Gamma} V_{i,k,m}^j$$

根据工件材料去除体积与工件磨损体积之间的关系，可得砂轮上每个磨削微元处对应的磨损体积为

$$V_{k,m}^T - \frac{V_{k,m}}{G_V}$$

如图 8-37 所示，将磨削盘 CD_k 上编号为 m 的磨削微元处磨损后的砂轮半径记为 $r_{k,m}$，则有

$$\left[\pi r\,(s_{\Pi_k})^2 - \pi r_{k,m}^2\right] \frac{\Delta H}{N} = V_{k,m}^T$$

从而解得

$$r_{k,m} = \sqrt{r\left(s_{\Pi_k}\right)^2 - \frac{NV_{k,m}^T}{\Delta H \pi}}$$

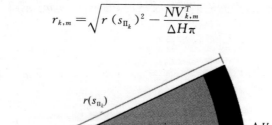

图 8 - 37　磨削微元处砂轮磨损

　　因此,当已知规划好的磨削刀位路径后,可以利用上述方法,对刀位路径中每一组相邻的刀位点之间产生的瞬时未变形磨屑进行求解,从而提前知道砂轮在经过各行磨削路径后甚至经过相邻两个磨削刀位点后的磨损情况,进而实现磨削路径的调整优化以及合理安排磨削过程中砂轮修正更换和自动补偿。

参 考 文 献

[1]　陈贵林,赵春蓉. 航空发动机精锻叶片数字化生产线[J]. 航空制造技术,2015(22):78 - 83.

[2]　黄云,肖贵坚,邹莱. 航空发动机叶片机器人精密砂带磨削研究现状及发展趋势[J]. 航空学报,2019,40(3):53 - 72.

[3]　WILLIAMS R E, MELTON V L. Abrasive flow finishing of stereolithography prototypes[J]. Rapid Prototyping Journal, 1998, 4(2):56 - 67.

[4]　TAHVILIAN A M, LIU Z H, CHAMPLIAUD H, et al. Characterization of grinding wheel grain topography under different robotic grinding conditions using confocal microscope[J]. The International Journal of Advanced Manufacturing Technology, 2015, 80(5/6/7/8):1159 - 1171.

[5]　王亚杰. 基于接触理论的精准砂带磨削基础研究[D]. 重庆:重庆大学,2015.

[6]　AXINTE D A, KRITMANOROT M, AXINTE M, et al. Investigations on belt polishing of heat - resistant titanium alloys[J]. Journal of Materials Processing Technology, 2004, 166(3):398 - 404.

[7]　吴海龙. 航空发动机精锻叶片数控砂带磨削工艺基础研究[D]. 重庆:重庆大学,2012.

[8]　HE Z, LI J Y, WU Y F, et al. Quantitative study on abrasive belt wear based on geometric parameters[J]. Key Engineering Materials, 2018, 764:156 - 163.

[9]　HE Z, LI J Y, LIU Y M, et al. Investigation on wear modes and mechanisms of abrasive belts in grinding of U71Mn steel[J]. International Journal of Advanced Manufacturing Technology, 2019, 101:1821 - 1835.

[10] REN X, CABARAVDIC M, ZHANG X, et al. A local process model for simulation of robotic belt grinding[J]. International Journal of Machine Tools and Manufacture, 2007, 47(6):962 - 970.

[11] 黄云, 朱派龙. 砂带磨削原理及其应用[M]. 重庆:重庆大学出版社, 1993.

[12] 黄智, 黄云. 砂带磨削原理及其应用[J]. 金属加工(冷加工), 2008(24):28 - 30.

[13] 黄梦真, 王晓梅. 浅谈砂带磨削技术的优势和发展现状[J]. 科技信息, 2009(11):160 - 161.

[14] 陈庆延. 螺旋曲面砂带抛光工艺方法及专用数控抛光机研究[D]. 沈阳:沈阳工业大学, 2009.

[15] 朱凯旋, 陈延君, 黄云, 等. 叶片型面砂带磨削技术的现状和发展趋势[J]. 航空制造技术, 2007(2):102 - 104.

[16] 蔺小军, 杨艳, 吴广, 等. 面向叶片型面的五轴联动柔性数控砂带抛光技术[J]. 航空学报, 2015(6):2074 - 2082.

[17] 杨旭. 新型叶片混联抛磨机床及其关键技术研究[D]. 长春:吉林大学, 2010.

[18] 崔海军, 张明岐. 航空发动机叶片抛光技术现状及发展趋势[J]. 航空制造技术, 2015(11):128 - 131.

[19] 何瑛俏. 航空发动机叶片磨抛工艺的研究及优化[D]. 杭州:浙江工业大学, 2020.

[20] 薛小飞. 汽轮机叶片材料砂带磨削的相关研究[D]. 沈阳:东北大学, 2008.

[21] 王洋. 核电高压容器壳体堆焊层高效砂带磨削基础技术研究[D]. 重庆:重庆大学, 2007.

[22] XU Q, HUANG Y, HUANG Z, et al. Experimental research on ultrasonic vibration precision abrasive belt grinding Cr17Ni4Cu4Nb stainless steel[J]. Tool Engineering, 2007, 41(10):26 - 29.

[23] 黄智, 黄云, 张明德, 等. 自由曲面六轴联动砂带磨削机床试验[J]. 重庆大学学报, 2008(6):598 - 602.

[24] 杨宇航. 基于砂带磨削工艺的航空发动机叶片数控加工自动编程方法研究[D]. 重庆:重庆大学, 2015.

[25] 任敬心, 华定安, 黄奇, 等. 磨削钛合金时砂轮磨损机理的研究[J]. 航空学报, 1991, 12(6):266 - 272.

[26] YASTLKCL B, JAMSHIDI H, BUDAK E. Experimental investigation of wear mechanisms with electroplated CBN wheel[C]//19th International Symposium on Advances in Abrasive Technology. Stockholm:ISAAT, 2016:1 - 5.

[27] 郭昉, 张保国, 田欣利, 等. 工程陶瓷小砂轮轴向大切深缓进给磨削加工的砂轮磨损分析[J]. 金刚石与磨料磨具工程, 2012, 32(2):47 - 51.

[28] 王金宝. 超高速数控点磨削成型机理与砂轮磨损仿真研究[D]. 沈阳:东北大学, 2008.

[29] 刘玉娇. 超高速点磨削成型机理与砂轮磨损仿真研究[D]. 沈阳:东北大学, 2009.

[30] HERMAN D, KRZOS J. Influence of vitrified bond structure on radial wear of cBN grinding wheels[J]. Journal of Materials Processing Technology, 2009, 209(14):

5377 - 5386.

[31] LINKE B S. Review on grinding tool wear in terms of sustainability[C]// Proceedings of the ASME 2014 International Manufacturing Science and Engineering Conference. Detroit, Michigan:ASME, 2014, 13(9):1 - 9.

[32] BUTTERY T C, ARCHARD J F, CENG. Grinding and abrasice wear[J]. ARCHIVE Proceedings of the institution of Mechanical Engineers, 1969,185(1970):537 - 552.

[33] 梅益铭. 单磨粒磨削中的磨粒磨损过程及磨损状态监测方法研究[D]. 杭州:浙江大学, 2017.

[34] DING W, XU J, CHEN Z, et al. Wear behavior and mechanism of single - layer brazed CBN abrasive wheels during creep - feed grinding cast nickel - based superalloy [J]. International Journal of Advanced Manufacturing Technology, 2010, 51(5/6/7/ 8):541 - 550.

[35] WU H, HUANG H, JIANG F, et al. Mechanical wear of different crystallographic orientations for single abrasive diamond scratching on Ta12W[J]. International Journal of Refractory Metals and Hard Materials, 2016, 54:260 - 269.

[36] KACALAK W, KASPRZYK M, KRZYZYNSKI T. On modelling of stochastic processes of abrasive wear and durability of grinding wheel[J]. Pamm, 2003, 2(1):278 - 279.

[37] NOVOSELOV Y, BRATAN S, BOGUTSKY V. Analysis of relation between grinding wheel wear and abrasive grains wear[J]. Procedia Engineering, 2016, 150:809 - 814.